21世纪高等学校精品规划教材

电路分析

主　编　吴安岚
副主编　智贵连

中国水利水电出版社
www.waterpub.com.cn

内 容 提 要

本教材按照应用型本科、高职高专“电路及磁路”课程教学基本要求编写，参考学时80～120。编写内容理论推导从简，计算思路交代详细，概念阐明来龙去脉，增加例题数量和难度档次，章节分“重计算”及“重概念”两类区别对待，编排讲究逐步深入的递进关系，联系工程实际，训练动手能力，着力为后续课程铺垫。借助类比及对偶手法，语言朴实简练，图文印刷结合紧密，节省理论教学时数，便于自学与记忆。除常规篇章外，还备有非线性电阻电路、对称三相电路中的高次谐波、均匀传输线等内容供不同专业选择。

本教材适用于应用型本科及高职高专电力类、自动化类、机电类、电气类、仪器仪表类、电子类及测控技术类专业，还适合于专升本升学复习及电力、电子企业新员工入职前强化培训用。

图书在版编目（CIP）数据

电路分析 / 吴安岚主编. -- 北京 : 中国水利水电出版社, 2009.10

21世纪高等学校精品规划教材
ISBN 978-7-5084-6882-2

Ⅰ. ①电… Ⅱ. ①吴… Ⅲ. ①电路分析－高等学校－教材 Ⅳ. ①TM133

中国版本图书馆CIP数据核字(2009)第185019号

书　　名	21世纪高等学校精品规划教材 **电路分析**
作　　者	主编　吴安岚　副主编　智贵连
出版发行	中国水利水电出版社 （北京市海淀区玉渊潭南路1号D座　100038） 网址：www.waterpub.com.cn E-mail：sales@waterpub.com.cn 电话：(010) 68367658（营销中心）
经　　售	北京科水图书销售中心（零售） 电话：(010) 88383994、63202643 全国各地新华书店和相关出版物销售网点
排　　版	中国水利水电出版社微机排版中心
印　　刷	北京瑞斯通印务发展有限公司
规　　格	184mm×260mm　16开本　18.75印张　445千字
版　　次	2009年10月第1版　2009年10月第1次印刷
印　　数	0001—4000册
定　　价	**34.00**元

本书编写人员

主　　编　吴安岚

副主编　智贵连

参　　编　姬昌利　李博森

前言

为了适应“21世纪应用型高等学校”的教学要求，我们研究了从一般本科过渡而来的电路教材，这些教材删减了一些内容，降低了例题的难度，但编排方法和侧重点变化不大。“应用型高等学校”包括高职高专院校、应用型本科院校等，这些学校理论教学学时偏少、学生理论推导能力一般、学生今后的工作方向不做理论研究，因此电路理论教学够用就行。我们对“够用”的理解是：后续电类课程用到的概念要牢固建立，理论知识能够正确理解，电路的电流、电压、功率能够准确计算。本教材的编写原则是：定理的推导过程适当从简；必须牢固建立概念的章节重点在原理讲述；必须掌握计算方法的章节，强化计算训练，增加例题数量和难度档次，详细交代计算思路；醒目印刷记忆要点以吸引学生注意力；联系电力、电子工程实际，适量增加实用测试技术的篇幅，着力为后续课程铺垫；便于学生阅读与自学。

本教材的编排讲究章节间的承上启下，让学生明白各章节存在的意义；语言的运用上采用类比及对偶手法阐明来龙去脉，简明严谨，朴实通俗，便于理解、记忆和掌握；重计算的章节，章节名中注明“计算”二字；重概念的章节，章节名中注明“概念”二字；章节名还突出了容易忽视的重点概念，如伏安关系式、同名端、分流分压公式等。本教材为不同专业备有非线性电阻电路、三相电路中的高次谐波、均匀传输线等内容待选。

本教材适用于应用型本科及高职高专电力类、自动化类、机电类、电气类、仪器仪表类、电子类及测控技术类专业，还适用于专升本升学复习及电力、电子企业新员工入职前强化培训用。

本教材第1、2、9、10章由吴安岚、李博森编写，第3～6章由吴安岚、姬昌利编写，第7、8、11章由智贵连、吴安岚编写。全书由吴安岚统稿。编写过程中受到西安电力高等专科学校领导及电力工程系大力支持；还受到王爱国、李建兴、陈延枫、徐益敏老师的帮助；此外我校11065班优秀毕业生王超、李炜、狄雯也提出了很好的修改意见，在此一并感谢。

由于编写时间紧，编者水平有限，本教材中难免会有疏漏之处，恳请读者批评指正。

为了方便本教材的教师教学，编者编制了配套的多媒体课件，使用本教材的教师请与出版社联系拷贝。

编 者

2009年5月

目录

第 1 章　电路的基本概念和定律

在科技领域、生产领域、流通领域、人类生活领域，电路无处不在。人类为了适应恰当的社会角色，为了生存与发展，必须了解电路的特性，掌握必要的计算方法。

电路是电荷流通的路径，是为了某种需要由电气元器件按一定方式组合而成的通路。多元件组成的电路又称为网络，许多网络连接在一起称为电路系统。电路中的电流、电压分配是遵循一定规律的，首先要掌握电流、电压的分配规律。

阅读本教材时请注意：**凡用黑体字印刷的内容均属重点内容，须加强记忆和理解**。

1.1　电路与电路模型

1.1.1　电路的分类

电路按功能不同可以分为两大类：第一类用于生产、传输、分配和使用电能，如图 1-1所示的发电机、变压器、输电线、电动机等主要设备构成的电力线路；另一类用于变换、控制和处理电信号，如图 1-2 所示的收音机，从天线输入的是微弱音频载波信号，通过调谐器、放大器等电子器件，输出了放大的音频信号，由扬声器还原成声音。

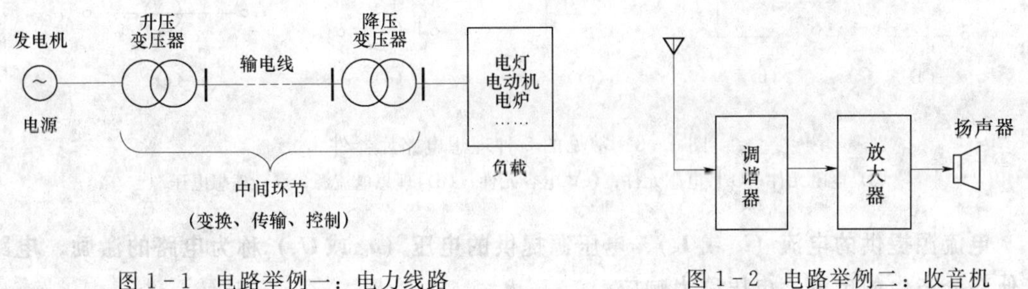

图 1-1　电路举例一：电力线路　　　图 1-2　电路举例二：收音机

电路按其特性不同还可分为高压电路和低压电路、恒定电流电路和时变电流电路、稳态电路和暂态电路、线性电路和非线性电路、模拟电路和数字电路以及集总参数电路和分布参数电路等。

1.1.2　电路的组成

电路的组成包括电源、负载和中间环节 3 部分，如图 1-1 所示。电源用来提供电能或电信号，它将其他形式的能量转换成电能或将一种电能转换成另一种电能。中间环节是电源和负载之间的变换、传输、控制装置。负载是消耗电能的装置，它将电能转换成光能、声能、热能、机械能、化学能或另一种电能。

1.1.3　由理想电路元件组成电路模型

实际电路中的各种元器件，其电能的消耗和电场能、磁场能的储存与释放交织在一起，使电路计算复杂。在一定条件下，可以忽略这些元器件的次要性质，仅讨论它们单一的主要电磁性能，并用一个准确的数学表达式来描述其主要电磁性能，使电路计算简单、明确。这种**用一个准确的数学表达式来描述其主要电磁性能的元器件就称为理想电路元件**。

若将实际电路使用的各种元器件用理想电路元件来替代，并用理想导线连接起来，就组成了原实际电路的电路模型，那么对电路模型进行计算就纳入了准确的数学范畴。**电路计算的对象是电路模型，不是实际电路**。

本书所说的"电路"均指由理想电路元件组成的电路模型。因为理想电路元件反映了实际元器件的主要电磁性能，所以计算结果能够指导实际电路的设计和应用，但要注意实际元器件在不同条件下电路模型可能有所不同。

电路模型简称为电路，各种电路千差万别，但组成电路的理想电路元件种类并不多，图 1－3 所示是常见的 5 种。其中**电阻元件的主要电磁性能是消耗电能；电感元件的主要电磁性能是储存磁场能；电容元件的主要电磁性能是储存电场能；理想电流源的主要电磁性能是输出确定的已知电流；理想电压源的主要电磁性能是输出确定的已知电压**。电阻、电感、电容元件是无源元件；电流源、电压源是有源元件，有源元件才可能独立向外提供功率。

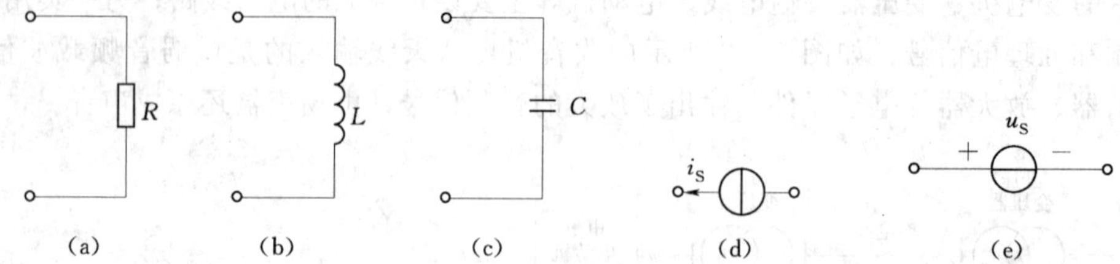

图 1－3　常见的 5 种理想电路元器件

（a）电阻元件；（b）电感元件；（c）电容元件；（d）理想电流源；（e）理想电压源

电流源提供的电流（i_S 或 I_S）、电压源提供的电压（u_S 或 U_S）称为电路的激励，电路其他部分产生的电流、电压称为响应。

1.2　电流、电压及其参考方向

与电能的传输、分配、消耗有关的物理量有电流、电压及功率，**《电路分析》课程的任务是要计算给定电路中的电流、电压及与两者乘积有关的功率**。

1.2.1　电流及其参考方向

电荷的定向移动形成电流，电流是一种物理现象，也是电流强度的简称，用符号 i 表示，常用单位为安培（A）。**电流是通过导体横截面的电量 q 与通过这些电量所用时间 t 的比值，即**

$$i = \frac{q}{t} \tag{1-1}$$

电流不随时间变化时其大小等于单位时间内通过导体横截面的电荷量，若电流随时间变化，则应用高等数学导数的概念来定义电流更准确。

$$i = \frac{dq}{dt} \tag{1-2}$$

1.3 节至第 2 章述及的电流其大小和方向不随时间变化，称为直流电流（DC），常用大写字母 I 表示。

习惯上**将正电荷移动的方向规定为电流的实际方向**。在分析复杂电路时，事先难以判定某路径中电流的实际方向，可任意假定某一方向作为电流的参考方向，用箭头或双下标表示，如图 1-4 所示。规定了电流的参考方向以后，电流才有正、负之分，电流才是一个代数量。**若某电流参考方向与实际方向一致，则该电流为正值，$i>0$；若参考方向与实际方向相反，则该电流为负值，$i<0$**。事先未在电路图中假定电流的参考方向，计算电流的正、负是没有意义的。

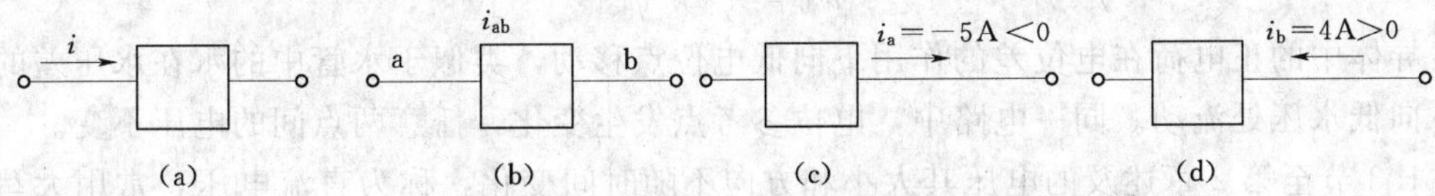

图 1-4　电流的参考方向

在图 1-4 中，图 1-4（a）所示电流的参考方向向右；图 1-4（b）所示电流的参考方向由前下标 a 点流向后下标 b 点；图 1-4（c）、（d）所示电流的实际方向向左。

图 1-5 是“理想电流源”的图形符号，其主要电磁性能是输出确定的已知电流。**理想电流源是一个二端元件**（有两个端子与外电路相接），**无论在它的输出端 ab 以外接什么样的电路，它输出的电流 i 恒等于它的确定电流值 i_S 或确定的时间函数**。品质优良的光电池在一定工作范围内其性能接近于理想电流源。

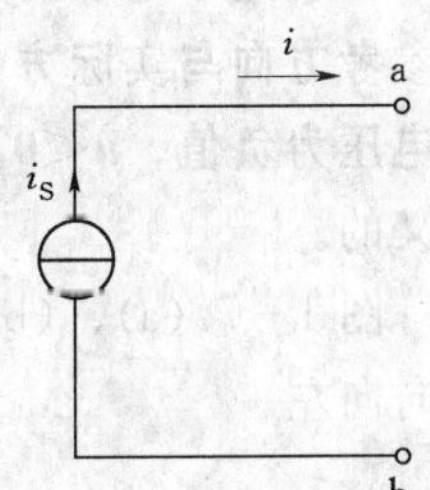

图 1-5　理想电流源

1.2.2　电压、电位、电动势及其参考方向

1. 电压与电位

图 1-6（a）中，人用力推动小车向前运动要对小车做功。同理，图 1-6（b）中，电场力 f 推动正电荷⊕从 a 点移动到 b 点，也要对正电荷做功，同时将电能转变为其他形式的能。

电荷在电场中从 a 点移动到 b 点时，电场力所做的功 W 与它移动的电荷 q 的比值称为 a、b 两点间的电压，用符号 u_{ab} 表示，常用单位为伏特（V）。

$$u_{ab} = \frac{W}{q} \tag{1-3}$$

若电压随时间变化，则应用高等数学导数的概念来定义电压更准确。

$$u_{ab} = \frac{dW}{dq} \tag{1-4}$$

电路中任选一点为参考点，如图 1-6（b）中选“0”点为参考点，参考点用“⊥”

表示。**电路中 a 点的电位 φ_a 就是该点与参考点 0 之间的电压 u_{a0}**。参考点 0 的电位假设为零，电系统中一般选设备外壳或接地点作为参考点。高于参考点的电位是正电位，低于参考点的电位是负电位。电路中某点的电位是个相对量，因为电位参考点 0 可以任意选取，参考点发生变化，电路中各点的电位也要随之变化。

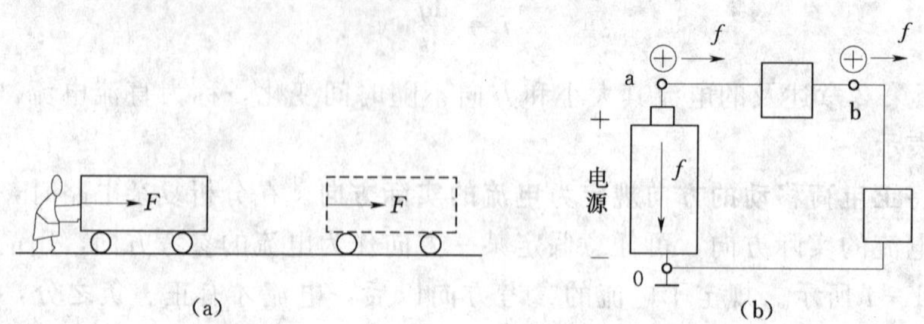

图 1-6　电场中电场力 f 对正电荷做功

电压也可以用电位来表述：**电路中两点间的电压就是这两点间的电位之差**。

$$u_{ab} = \varphi_a - \varphi_b \tag{1-5}$$

导体中的正电荷在电位差的作用下向低电位点移动，类似于水管中的水在水压差的作用下向低水压处流动。同一电路中，电位参考点发生变化，任意两点间的电压不变。

1.3 节至第 2 章述及的电压其大小和方向不随时间变化，称为直流电压，常用大写字母 U 表示。

电压的实际极性是高电位点为正极、低电位点为负极；电压的实际方向是电位降低的方向，即由高电位点指向低电位点。在分析复杂电路时，可任意假定电压的参考极性（设某一点极性为正、另一点极性为负）或用双下标和箭头表示电压的参考方向，如图 1-7 所示。规定了电压的参考方向以后，电压才有正、负之分，电压才是一个代数量。**若某电压参考方向与实际方向一致，则该电压为正值，$u>0$；若参考方向与实际方向相反，则该电压为负值，$u<0$**。事先未在电路图中假定电压的参考极性，计算电压的正负是没有意义的。

图 1-7（a）、（b）、（c）所示电压的参考方向向右；图 1-7（d）、（e）所示电压实际方向向左。

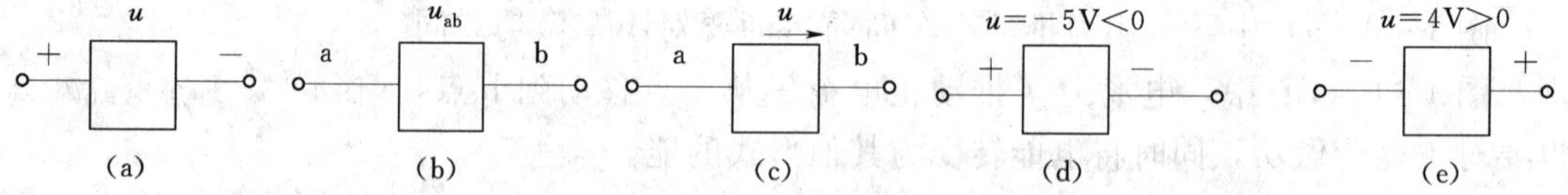

图 1-7　电压的参考方向

图 1-8（a）所示是理想电压源的图形符号，其主要电磁性能是输出确定的已知电压。直流情况下也可以用图 1-8（b）中的电池来表示。**理想电压源是一个二端元件，无论在它的输出端 ab 以外接什么样的电路，它的输出电压 u 恒等于它的确定电压值 u_S 或确定的时间函数**。品质优良的干电池或电子稳压电源在一定工作范围内其性能接近理想电压源。

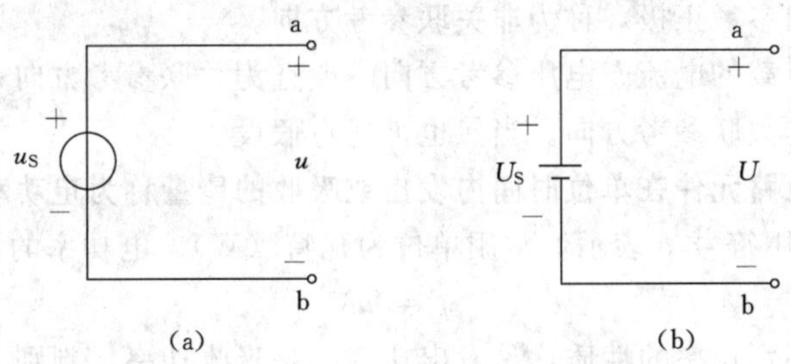

图 1-8　理想电压源

2. 电动势

观察图 1-6（b）所示电路，在电源的外电路正电荷顺时针方向流动，从高电位点 a 向低电位点 b 及 0 移动，移至电源负极。为了形成连续的电流，正电荷必须在电源内部从低电位点回到高电位点。而电场力 f 的方向是从电源的正极指向负极，这就要求在电源内部有一个电源力作用在正电荷上，使之逆着电场力 f 的方向移动回到 a 点，并把其他形式的能量转换成电能。例如，在发电机中，当导体在磁场中旋转而切割磁感线时，导体内便出现这种电源力；在电池中，化学力充当了这种电源力。电源中的电源力克服电场力做功，使正电荷的电能增加。这如同循环水系统，水自然流淌总是从高处流向低处，为了形成连续的水流，在水泵内部必须有一个力将水逆着水的重力方向提升到高处的水泵出水口，水在提升的过程中消耗了水泵的机械能使水的势能增加。

电源力将正电荷从电源的负极移动至正极时所做的功 W_S 与电荷量 q 的比值称为该电源的电动势。电动势用符号 e（直流时用 E）表示，单位也为伏特（V）。

$$e=\frac{W_S}{q}\quad \text{或}\quad e=\frac{dW_S}{dq} \tag{1-6}$$

电动势 e 的实际方向是从电源的负极指向正极，即电源力的指向，与电源电压的实际方向刚好相反。电动势的参考方向用箭头表示，同一电源其电动势的参考方向有两种标法：图 1-9（a）所示 u、e 参考方向一致，则 $u=\ \ e$；图 1-9（b）所示 u、e 参考方向相反，则 $u=e$，两者绝对值是相等的。

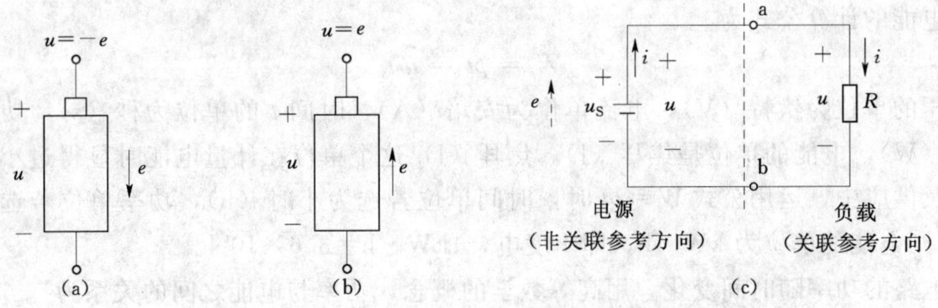

图 1-9　电动势 e 的参考方向及关联参考方向的概念

1.2.3　功率

图 1-9（c）中，右侧 R 的电流参考方向从电压的参考正极流向参考负极，**这种电压、电流指向一致的参考方向称为关联参考方向**；而流过电压源 u_S 的电流参考方向是从

电压的参考负极流向参考正极，称为**非关联参考方向**。

为方便起见：负载的电流、电压参考方向一般选为关联参考方向；电源的电流、电压参考方向一般选为非关联参考方向。当然也可任意假设。

一段电路或某电路元件在单位时间内发出或吸收的能量称为电功率。**电功率等于电压 u 与电流 i 的乘积**。用符号 p 表示，常用单位为瓦特（W）。电功率的计算公式为

$$p = ui \tag{1-7}$$

计算功率必须判别功率的性质，是发出功率还是吸收功率，判别方法如表 1-1 所列，**假设所有元件均在吸收功率，若某元件发出功率，则功率为负值**。表 1-1 中，**电流、电压间选择非关联参考方向时，式（1-7）前面必须加上负号**。注意有处于负载地位的电源存在，如正在被充电的电池。

表 1-1　　元件吸收功率与发出功率的判别

假定的参考方向	图　形	功率的计算公式	功率的性质
电流、电压为关联参考方向	i（向下），$+$ u $-$，元件	$p=ui>0$	该元件吸收功率
		$p=ui<0$	该元件发出功率
电流、电压为非关联参考方向	i（向上），$+$ u $-$，元件	$p=-ui>0$	该元件吸收功率
		$p=-ui<0$	该元件发出功率

同一个独立电路中，电源发出的功率等于电阻消耗的功率，或者说**负载功率与电源功率的代数和应等于零**，这是自然界普遍遵守的功率守恒原理。

1.2.4　电能

电路元件在一段时间内吸收或发出的能量称为电能，用符号 W（斜体字母印刷）表示，常见单位为焦耳（J）。注意这里物理量“W”不要与功率的单位“W”（正体印刷）混淆。电能的计算公式为

$$W = pt = uit \tag{1-8}$$

其中电压的单位为伏特（V），电流单位为安培（A），时间 t 的单位为秒（s），功率单位为瓦特（W），电能的单位是焦耳（J）。焦耳（J）这个单位在计量电能时显得过小，在电力生产及供应中，运用公式 $W=pt$ 时，时间单位若选为小时（h），功率单位若选为千瓦（kW），则电能的单位为 kW·h，即 1 度电，$1\text{kW}\cdot\text{h}=3.6\times10^6\text{J}$。

若电路的功率随时间变化，用高等数学的概念，功率与电能之间的关系为

$$p = \frac{\mathrm{d}W}{\mathrm{d}t},\ W = \int_{t_1}^{t_2} p\,\mathrm{d}t \tag{1-9}$$

本教材物理量采用国际单位制，简称 SI 单位。当电流、电压、电阻、时间、功率、电能的单位**用国际单位制中的主单位 A、V、Ω、S、W、J 时，算式中可以不带单位，仅**

计算结果带单位，使算式更简洁。工程中有时会觉得主单位太大或太小，要用到它们的十进制倍数单位和分数单位，这时的单位名称要在其主单位前添加 SI 词头，常用的 SI 词头如表 1-2 所列。换算举例如下：

$$1\text{kA}=10^3\text{A},\ 1\text{A}=10^3\text{mA}=10^6\mu\text{A},\ 1\text{kV}=10^3\text{V},\ 1\text{V}=10^3\text{mV}=10^6\mu\text{V}$$

$$1\text{MW}=10^3\text{kW},\ 1\text{kW}=10^3\text{W},\ 1\text{W}=10^3\text{mW}=10^6\mu\text{W}$$

表 1-2　　十进制倍数单位和分数单位 SI 词头

对应的数量级	10^9	10^6	10^3	10^{-3}	10^{-6}	10^{-9}	10^{-12}
名称	吉	兆	千	毫	微	纳	皮
符号	G	M	k	m	μ	n	p

1.3 基尔霍夫定律

1.3.1 几个名词术语

支路：把电路中几个元件首尾相连组成的没有分叉、流过同一电流的分支称为支路，图 1-10 中共有 5 条支路 ab、bc、ad、cd、bed。

节点：把 3 条和 3 条以上支路的连接点叫节点。图 1-10 中共有 3 个节点：a、b、d；c 与 a 在一根理想导线（忽略其导线电阻）两端，两点同电位，应看成是同一节点。

回路：从电路的一个节点出发不重复地经过若干支路和节点，再回到原出发节点所经过的闭合路径称为回路。图 1-10 中共有 7 个回路：abca、acda、bedcb、abeda、abcda、acbeda、abedca。

网孔：平面电路是各支路间无空间立体交叉的电路。网孔是平面电路平铺开来形成的网洞，是特殊的回路，该回路中间没有包围不属于本回路的支路，如图 1-10 中的 abca、acda、bedcb。

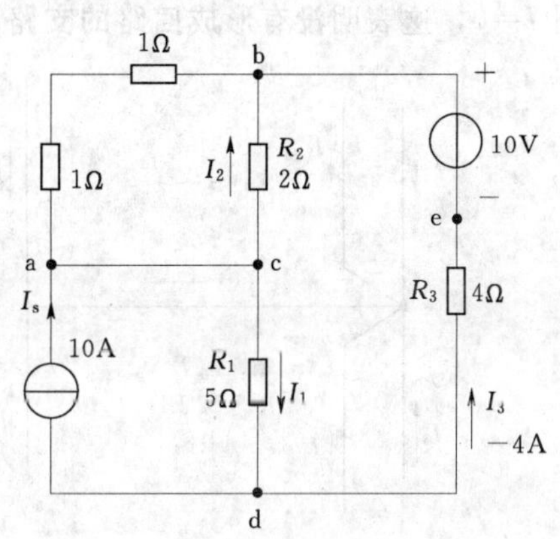

图 1-10　认识电路结构

1.3.2 基尔霍夫电流定律

基尔霍夫电流定律（KCL）：**电路中任一节点，在任一瞬间，流入节点的电流总和等于流出该节点的电流总和**，即

$$\sum_{\text{流入}} I = \sum_{\text{流出}} I \tag{1-10}$$

也就是说电荷在节点处，不会消失，也不会堆积，电流应是连续的。这类似于一段具有分支的水管，在分支点流入的水流量总和等于流出的水流量总和。

例如，在图 1-10 中，流入节点 d 的电流为 I_1，流出节点 d 的电流为 I_3、I_s，得到的 KCL 方程为

$$I_1 = I_3 + I_s \tag{1-11}$$

由于

$$I_3 = -4\text{A},\ I_s = 10\text{A}$$

得 $$I_1 = I_3 + I_s = (-4) + 10 = 6\ (\mathrm{A})$$

若将式（1-11）进行移项，得到 d 节点 KCL 的另一种表达形式为

$$I_1 - I_3 - I_s = 0 \tag{1-12}$$

式（1-12）表明：**在任一瞬间，任一个节点上电流的代数和等于零**，即

$$\sum I = 0 \tag{1-13}$$

运用式（1-13）时，流进节点的电流前若加正号，则流出节点的电流前加负号，也可以相反。KCL 定律通常应用于节点，但对包围几个节点的闭合面也是适用的。

【例 1-1】　图 1-11 所示电路中，已知 $I_1=1\mathrm{A}$，$I_2=2\mathrm{A}$，$I_3=-3\mathrm{A}$，$I_4=-1\mathrm{A}$，$I_5=2\mathrm{A}$，求其余各支路电流。

解　设流进左节点的电流为正，流出的为负，可得左侧节点的 KCL 方程

$$I_1 + I_2 + I_3 - I_4 - I_7 = 0$$

所以 $$I_7 = I_1 + I_2 + I_3 - I_4 = 1 + 2 + (-3) - (-1) = 1\ (\mathrm{A})$$

图 1-11 中，包围两个节点的封闭面（虚线所示）有 6 条支路穿过，电荷在封闭面内不会消失，也不会堆积，因此这 6 条支路电流的代数和应等于零，此处封闭面相当于一个放大了的节点。可得

$$I_1 + I_2 + I_3 - I_4 + I_5 + I_6 = 0$$

$$I_6 = -I_1 - I_2 - I_3 + I_4 - I_5 = -1 - 2 - (-3) + (-1) - 2 = -3\ (\mathrm{A})$$

观察图 1-12 所示电路，虚线封闭面仅切割到一条支路，根据 KCL 定律，$\sum I=0$，则 $I=0$，这表明**没有形成回路的支路电流必为零**。

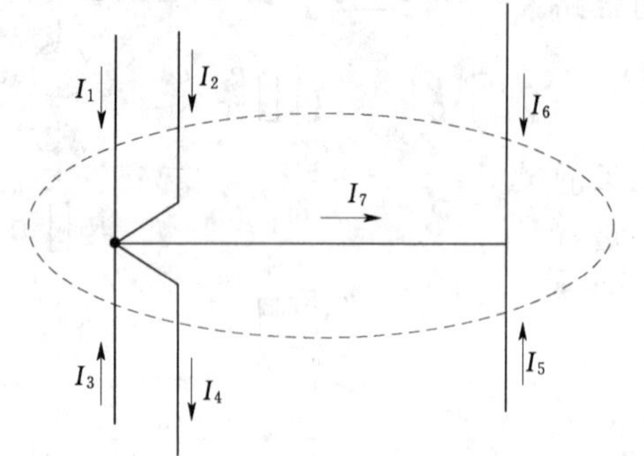

图 1-11　［例 1-1］图

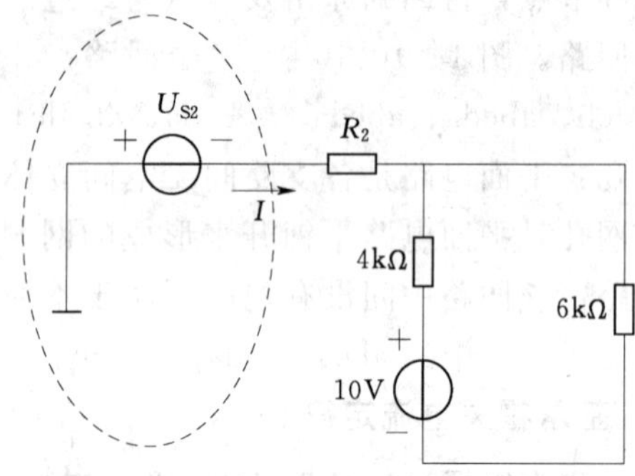

图 1-12　没有形成回路的支路电流为零

1.3.3　基尔霍夫电压定律

基尔霍夫电压定律（KVL）：**在任一瞬间，沿任一闭合回路绕行一周，在绕行方向上各元件电位降低的总和等于电位升高的总和**，即

$$\sum_{降低} U = \sum_{升高} U \tag{1-14}$$

该定律可用电位的唯一性（单值性）来解释，从电路的某点出发沿闭合回路绕行一周，中途电位虽有降有升，但回到出发点电位不变。这与图 1-13 所示人沿 BACDB 绕行一周下楼再上楼回到出发点高度的变化量为零的道理类似。

因此 KVL 还可表述为：**在任一瞬间，沿任一闭合回路绕行一周，在绕行方向上各元**

件的电位降（即电压）代数和等于零。

$$\sum U=0 \quad (1-15)$$

按该式列写 KVL 方程，遇电位降低，它的电压前加正号；遇电位升高，它的电压前加负号。在图 1-10 中，沿右网孔 bedcb 顺时针绕行一周，首先从正极到负极走过 10V 电压源，电位降低 10V，"10V"前加正号；接着逆着 I_3 的方向走过 R_3，**电位越走越高，类似于逆水而上**，电位升高了 R_3I_3，"R_3I_3"前面加负号；然后逆着 I_1 的方向走过 R_1，电位升高了 R_1I_1，"R_1I_1"前面加负号；最后顺着 I_2 的方向走过 R_2，**电位越走越低，类似于顺水而下**，电位降低了 R_2I_2，"R_2I_2"前面加正号，故 KVL 方程为

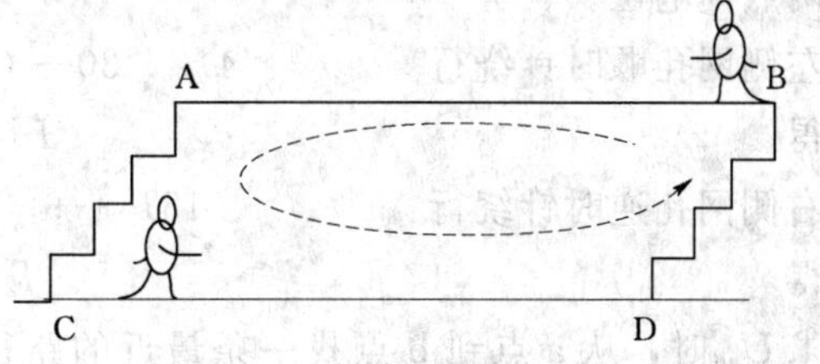

图 1-13　沿 BACDB 绕行一周高度的变化量为零

$$\sum U=10-R_3I_3-R_1I_1+R_2I_2=0$$

其中 R_1、R_2、R_3、I_1、I_3 均为已知数，代入上式就可求出未知数 I_2，即

$$I_2=\frac{-10+R_3I_3+R_1I_1}{R_2}=\frac{-10+4\times(-4)+5\times 6}{2}=2\ (\text{A})$$

【例 1-2】　某局部电路如图 1-14 所示，试利用 KVL 定律求出 U_5，并用两种方法求出 a、b 两点间的电压 U_{ab}。

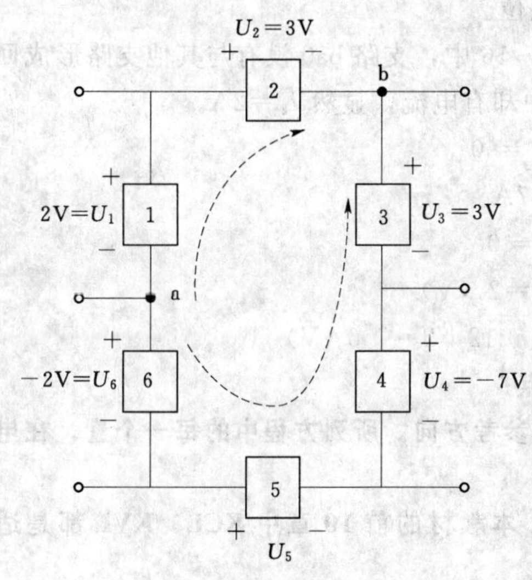

图 1-14　[例 1-2] 图

解　从 a 点出发顺时针绕行一周，得 KVL 方程为

$$-U_1+U_2+U_3+U_4-U_5-U_6=0$$

$$U_5=-U_1+U_2+U_3+U_4-U_6$$

$$=-2+3+3+(-7)-(-2)$$

$$=-1\ (\text{V})$$

对已标注了电压参考极性的元件，列 KVL 方程时，从正极绕到负极者，该项电压前加正号；从负极绕到正极者，该项电压前加负号。若从 U_5 正极出发，逐个元件绕到 U_5 的负极，可直接得到

$$U_5=-U_6-U_1+U_2+U_3+U_4$$

求 U_{ab} 有两种绕行方向

往上绕　$U_{ab}=-U_1+U_2$

$$=-2+3=1\ (\text{V})$$

往下绕　$U_{ab}=U_6+U_5-U_4-U_3=(-2)+(-1)-(-7)-3=1\ (\text{V})$

该例表明 KVL 可用于求任意两点间的电压，且求电压与绕行路径无关，这反映了电压的唯一性。

【例 1-3】　试求图 1-15 中的 U_{ab}、I_1、I_2。

解　5Ω 电阻所在支路没有和其他支路形成回路，因此该支路电流和 U_{cd} 为零，c、d

两点同电位。

左侧网孔顺时针绕行　　$4I_1 + 30 + (-10) + 6I_1 = 0$

得　　$I_1 = -2A$

右侧网孔逆时针绕行　　$15I_2 - 9 - 16 + 10I_2 = 0$

得　　$I_2 = 1A$

求 U_{ab} 时，从 a 点到 b 点找一条最近的路径，途经 4Ω 电阻、30V 电压源、5Ω 电阻、9V 电压源、15Ω 电阻，KVL 方程为

$$U_{ab} = 4I_1 + 30 + 9 - 15I_2$$

代入 I_1、I_2 的值　　$U_{ab} = 16V$

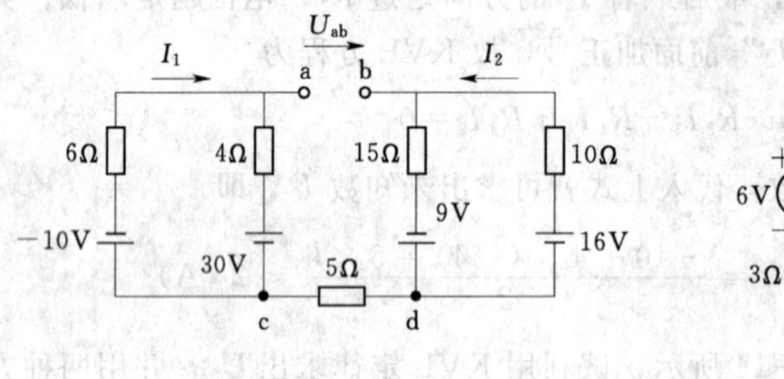

图 1-15　[例 1-3] 图

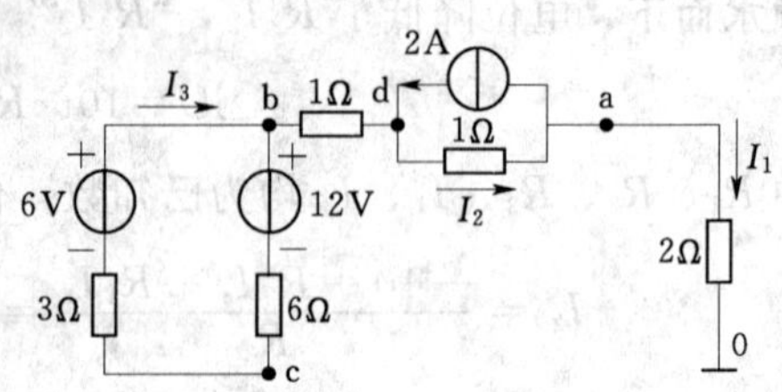

图 1-16　[例 1-4] 图

【例 1-4】　计算图 1-16 中 b、c 两点的电位。

解　计算电位可以转变为计算电压。在图 1-16 中，支路 ba0 没有与其他支路形成回路，故 I_1 为零，但这条支路包含的一个小网孔中却有电流，显然 $I_2 = 2A$。

左侧网孔 KVL 方程　　$6 - 9I_3 - 12 = 0$

解之得　　$I_3 = -0.67A$

求 b 点电位时，由于　　$U_{bd} = U_{a0} = 0$

故　　$\varphi_b = U_{b0} = 1 \times I_2 = 2\ (V)$

求 c 点的电位　　$\varphi_c = U_{c0} = U_{cb} + U_{b0} = -6I_3 - 12 + 2 = -6\ (V)$

在应用 KCL、KVL 定律时，应注意以下几点：

(1) 计算前必须在电路图中标出所计算量的参考方向。所列方程中的每一个量，在电路图中能够找到并正确标注，一一对应。

(2) 无论元件性质及电流、电压波形如何，本教材的前 10 章中 KCL、KVL 都是适用的。

(3) 列 KCL、KVL 方程，每一项前面加的正、负号依据的是电流、电压参考方向；而代入的具体数据本身又可能有正有负。这两套正、负符号不能混淆，错一不可。

【例 1-5】　分析图 1-17 所示电路中哪个电源发出功率，并验证电路功率守恒。

解　图 1-17 (a) 中 3 个元件串联，流过同一个电流

$$I = 2A,\ U_R = 2I = 4V$$

根据 KVL　　$U = -10 + U_R = -10 + 4 = -6\ (V)$

分别设 10V 电压源、2A 电流源、2Ω 电阻的功率为 P_1、P_2、P_3，则

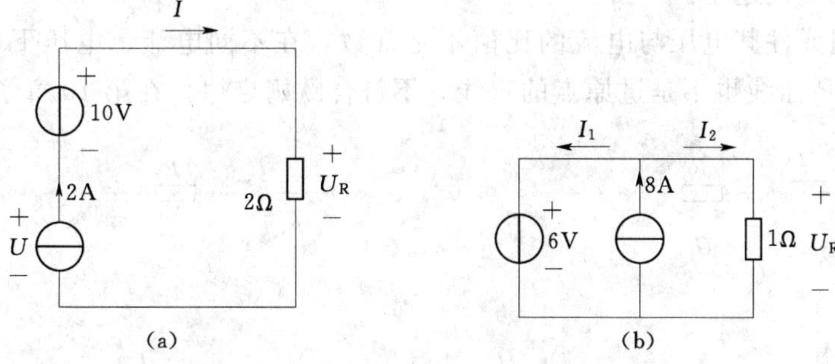

图 1-17 [例 1-5] 图

非关联参考方向下　　$P_1=-10I=-10\times2=-20$ (W)(发出功率)

非关联参考方向下　　$P_2=-2U=-2\times(-6)=12$ (W)(吸收功率)

关联参考方向下　　$P_3=U_RI=4\times2=8$ (W)(吸收功率)

验证功率守恒　　$P_1+P_2+P_3=-20+12+8=0$

图 1-17 (b) 中 3 个元件并联，电压相等，均为 6V，则

$$U_R=6\text{V}\quad I_2=U_R/1=6/1=6\ (\text{A})$$

根据 KCL　　$I_1=8-I_2=8-6=2$ (A)

分别设 6V 电压源、8A 电流源、1Ω 电阻的功率为 P_1、P_2、P_3，则

关联参考方向下　　$P_1=6I_1=6\times2=12$ (W)(吸收功率)

非关联参考方向下　　$P_2=-8U_R=-8\times6=-48$ (W)(发出功率)

关联参考方向下　　$P_3=U_RI_2=6\times6=36$ (W)(吸收功率)

验证功率守恒　　$P_1+P_2+P_3=12-48+36=0$

表 1-1 中的公式均**设元件吸收功率，则电源的功率为负值时，实际向外发出功率；电源的功率为正值时，实际在吸收功率，这时电源处于负载地位。计算功率必须注明吸收还是发出。**

从上例可总结：**电流、电压实际方向相同的元件，必吸收功率；电流、电压实际方向相反的元件，必发出功率。**

1.4 欧姆定律及有源二端网络的伏安关系式

1.4.1 线性电阻元件的伏安关系式

线性电阻元件的电压与电流之间的关系简称为伏安关系(VCR)，可以用 $U-I$ 平面上一条过原点的直线来描述，这条直线称为伏安关系曲线。

关联参考方向下，线性电阻元件及伏安关系曲线如图 1-18 (a) 所示，而欧姆定律就是线性电阻元件的伏安关系式(VCR 式)，即

$$R=\frac{U}{I},\ U=RI \tag{1-16}$$

线性电阻元件的电压与电流的比值是一个常数，等于它的电阻值 R，R 值越大，加相

同电压时通过的电流越小。

非线性电阻元件其电压与电流的比值不是常数，在不同电流、电压下电阻值 R 会发生变化，其 VCR 曲线也不是过原点的直线，不符合欧姆定律，在第 10 章学习。

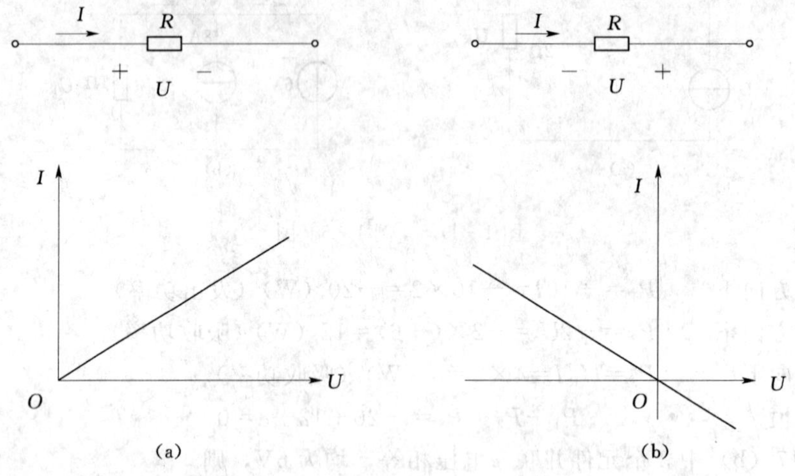

图 1-18　线性电阻元件

(a) 关联参考方向下的伏安关系曲线；(b) 非关联参考方向下的伏安关系曲线

非关联参考方向下，为了保证线性电阻元件的电阻值 R 恒为正值，欧姆定律的表达形式有所变化，为

$$R=-\frac{U}{I},U=-RI \tag{1-17}$$

线性电阻元件总是吸收功率的，其电流、电压的实际方向总是相同的，因此在非关联参考方向下，电流、电压值会一正一负，其伏安关系曲线如图 1-18 (b) 所示。

电阻在电路中阻碍电流通过的特性反映在电阻值 R 中，电阻值越大阻碍电流的能力越强；另外，电阻也有导通电流的特性，没有电阻在电路的两点之间“搭桥”，电流就流不过去，电阻导通电流的特性反映在电导值中，电导用字母 G 表示，关联参考方向下用电导表示的欧姆定律为

$$G=\frac{I}{U}=\frac{1}{R}\quad 或\quad I=GU \tag{1-18}$$

电导的单位为西门子$\left(\text{S，西门子}=\frac{1}{\text{欧姆}}\right)$，电导值越大导通电流的能力越强。

一根导线在电路中往往看成理想导线，忽略其电阻。但也在某些特定场合要考虑其电阻值，导线的电阻为

$$R=\rho\frac{L}{S}\quad 或者\quad R=\frac{L}{\sigma S} \tag{1-19}$$

式中，L 为导线长度；S 为导线横截面积；ρ 为电阻率；σ 为电导率，电导率是表示导线材料导通电流能力的物理量，与电阻率互为倒数，即 $\sigma=\frac{1}{\rho}$。

电阻的常用单位是 Ω，它与其十进制倍数单位和分数单位的换算关系如下：

$$1\text{M}\Omega=1000\text{k}\Omega，1\text{k}\Omega=1000\Omega，1\Omega=1000\text{m}\Omega=10^6\mu\Omega。$$

电阻元件的功率计算如下：

(1) 关联参考方向下　$$P=UI=\frac{U^2}{R}=I^2R \tag{1-20}$$

(2) 非关联参考方向下　$$P=-UI=-U\left(-\frac{U}{R}\right)=I^2R \tag{1-21}$$

式 (1-20)、式 (1-21) 表明**电阻元件的功率与其电流或电压的平方成正比，恒为正值，线性电阻元件始终吸收功率**。

电阻元件在工作中有以下两种特殊状态，应该引起注意：

(1) 开路状态 ($R=\infty$)，此时无论电压 U 为何值，电流 $I=0$。

(2) 短路状态 ($R=0$)，此时无论电流 I 为何值，电压 $U=0$。

在运用欧姆定律时要注意单位的统一，下面两种形式最常见：

$$I(\text{A})=\frac{U(\text{V})}{R(\Omega)},\ I(\text{mA})=\frac{U(\text{V})}{R(\text{k}\Omega)}$$

1.4.2　有源二端网络的伏安关系式

电路计算有两个基本依据：一个是 KCL、KVL 定律；另一个是各元件、各支路的 VCR 式。前者反映了电路结构对计算结果的影响；后者反映了各元件、各支路的固有特性对计算结果的影响。

图 1-19、图 1-20、图 1-21 所示的**有源二端网络，是完整电路的一部分，其中有独立电源、两个输出端子（也称为一对输出端口）与外部的其他电路相连**。图 1-19 (a)、(b) 所示是理想电压源与电阻的串联组合，VCR 式写成电压表达式更方便，此时的 VCR 式就是 KVL 式。必须看清端口电流、电压间参考方向是否关联，写电压表达式时从端口的正极出发逐个元件写到负极，**途经电阻逆着 I 的方向通过时，电位升高了，其电压项前面加负号；顺着 I 的方向通过时，电位降低了，其电压项前面加正号**。图 1-19 (a)、(b) 所示的 VCR 式分别为

$$U=RI-U_S=2I-10$$

$$U=-RI-U_S=-2I-5 \tag{1-22}$$

图 1-19 (c)、(d) 所示是理想电流源与电阻的并联组合，VCR 式写成电流表达式更方便，此时的 VCR 式就是 KCL 式。图 1-19 (c)、(d) 所示的 VCR 式分别为

$$I=I_S+I_1=6+\frac{U}{R}=6+2U$$

$$I=I_S-I_1=(-26)-\frac{U}{R}=-26-0.2U \tag{1-23}$$

当然，对图 1-19 (c)、(d) 所示电路也可以写电压表达式

$$U=RI_1=(I-I_S)R=(I-6)\times 0.5=0.5I-3$$

$$U=RI_1=(I_S-I)R=[(-26)-I]\times 5=-130-5I \tag{1-24}$$

式 (1-24) 就是式 (1-23) 的反函数，可互相转换。

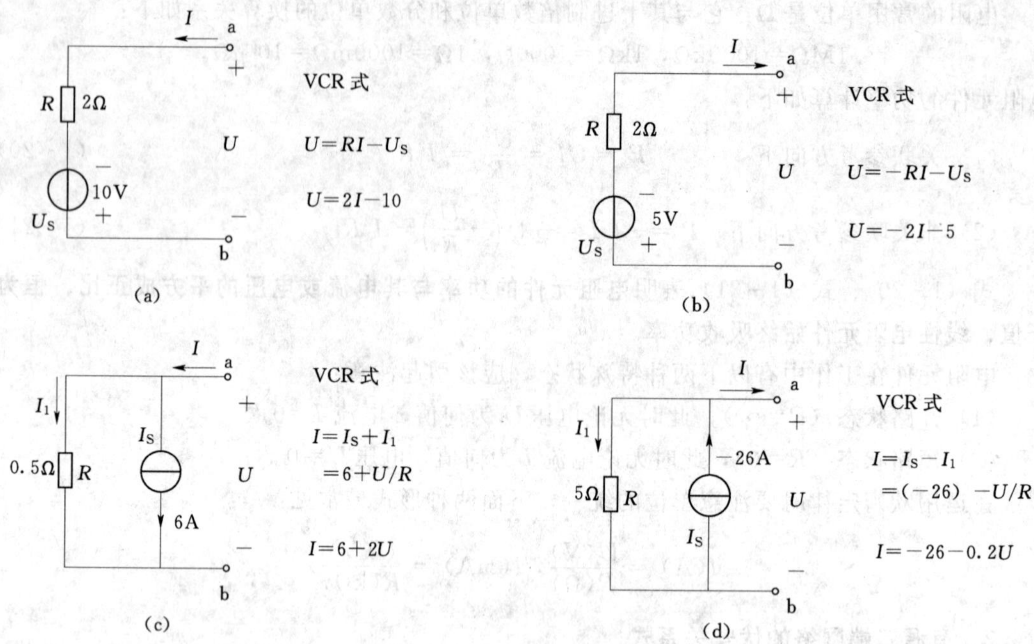

图 1-19　最简单的有源二端网络

【例 1-6】　列写图 1-20 所示有源二端网络的 VCR 式。

解　要列写 VCR 式，最好将每条支路的电流先用端子电流或端子电压表示出来。列 c 点的 KCL 方程，有

$$I_1 = I - I_S = I - 1$$

该有源二端网络的结构以串联为主，串中有并，这种结构的 VCR 式以电流为自变量、电压为因变量，列写电压表达式更方便，得

$$U = 7I - U_{S1} + 2I_1 - U_{S2} = 7I - 2 + 2(I - 1) - 10$$

即

$$U = 9I - 14 \tag{1-25}$$

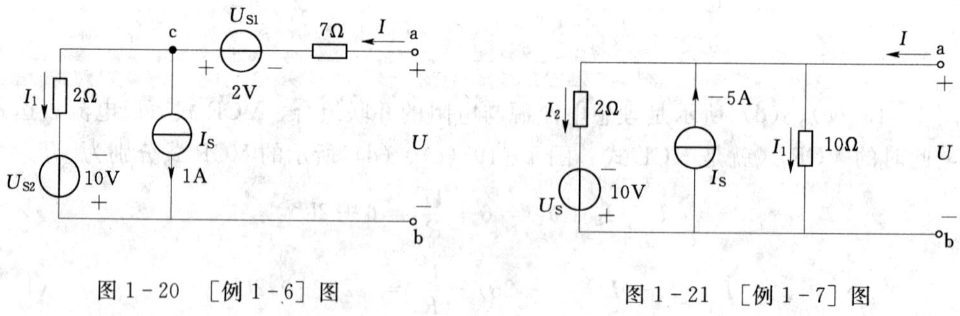

图 1-20　[例 1-6] 图　　　　图 1-21　[例 1-7] 图

【例 1-7】　列写图 1-21 所示有源二端网络的 VCR 式。

解　该有源二端网络的结构以并联为主，并中有串，这种结构的 VCR 式以电压为自变量、电流为因变量，列写电流的表达式更方便。也需将每条支路的电流先用端子电流或端子电压表示出来。

由最左支路 VCR 式，得

$$U = 2I_2 - U_S = 2I_2 - 10$$

即

$$I_2 = \frac{U+10}{2}$$

10Ω 电阻的 VCR 式

$$I_1 = \frac{U}{10}$$

然后再列写 a 点的 KCL 方程

$$I = I_1 - I_S + I_2 = \frac{U}{10} - (-5) + \frac{U+10}{2} = 0.6U + 10 \qquad (1-26)$$

式（1-22）～式（1-26）都是端子电流、电压的一次方程，已知电压就可计算出电流，已知电流就可计算出电压。

【例 1-8】　求图 1-22 所示电路的电流 I 及各元件的功率，并验证功率守恒。

解　先按顺时针方向列写 KVL 方程

$$(R_1 + R_2 + R_3)I - U_{S1} + U_{S2} = 0$$

$$I = \frac{U_{S1} - U_{S2}}{R_1 + R_2 + R_3} = \frac{12-6}{3+1+2} = 1\ (\text{A})$$

3 个电阻吸收的功率为　$P_R = I^2(R_1 + R_2 + R_3) = 6\ (\text{W})$（吸收功率）

U_{S1}与 I 非关联参考方向　$P_1 = -U_{S1}I = -12\times1 = -12\ (\text{W})$（发出功率）

U_{S2}与 I 关联参考方向　$P_2 = U_{S2}I = 6\times1 = 6\ (\text{W})$（吸收功率）

验证功率守恒　$P_R + P_1 + P_2 = 6 + (-12) + 6 = 0$

电压源 U_{S1}通过电阻 R_3 向另一个电压源 U_{S2}充电，正电荷从 U_{S2}的正极流入，U_{S2}处于负载地位（受电地位）。

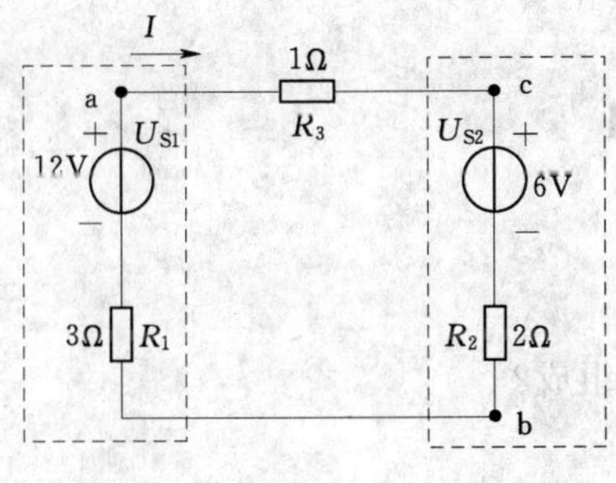

图 1-22　［例 1-8］图

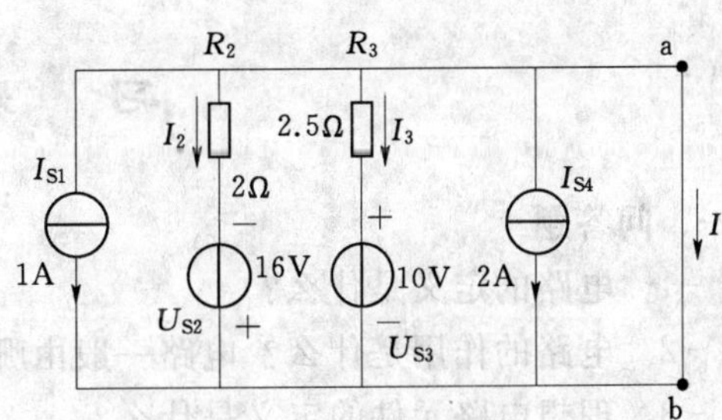

图 1-23　［例 1-9］图

【例 1-9】　电路如图 1-23 所示，求 I。

解　该电路所有支路并联在一起，a、b 间短路，$U_{ab}=0$，若能设法先求得左边四条支路的电流，则根据 KCL 可求出 I。

左侧第二条支路的 VCR 式

$$U_{ab} = R_2 I_2 - U_{S2} = 2I_2 - 16 = 0$$

$$I_2 = 8\text{A}$$

正中支路的 VCR 式

$$U_{ab}=R_3I_3+U_{S3}=2.5I_3+10=0$$

$$I_3=-4A$$

列写 a 节点的 KCL 方程，设流出 a 点的电流为正，得

$$I_{S1}+I_2+I_3+I_{S4}+I=0$$

$$I=-I_2-I_3-I_{S4}-I_{S1}=-8-(-4)-2-1=-7\ (A)$$

【例 1-10】　计算图 1-24 所示电路的 I_1、I_2、I_3 和 U_{ab}。

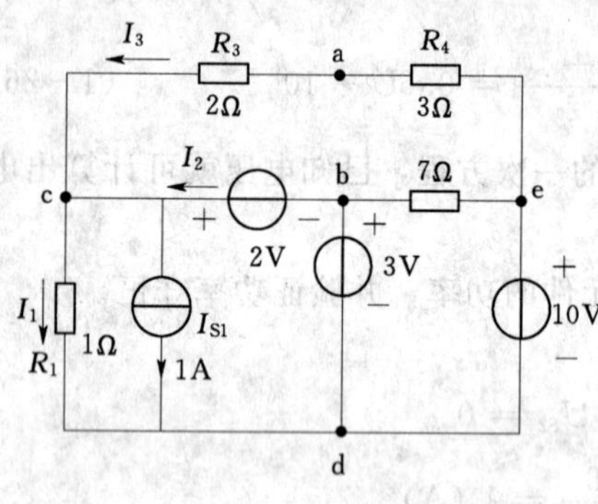

图 1-24　[例 1-10] 图

解　该电路虽然支路数较多，但许多支路都是电源，其电流、电压为已知，这种情况单独运用 KCL、KVL 定律就能达到计算目的。

先寻找解题突破口，看哪个量列出 KCL、KVL 方程后只有一个未知量，就先计算这个量。

$$I_1=\frac{U_{cd}}{R_1}=\frac{U_{cb}+U_{bd}}{R_1}=\frac{2+3}{1}=5\ (A)$$

$$I_3=\frac{U_{ec}}{R_3+R_4}=\frac{U_{ed}+U_{db}+U_{bc}}{R_3+R_4}$$

$$=\frac{10-3-2}{2+3}=1\ (A)$$

列出 c 点的 KCL 方程

$$I_1+I_{S1}-I_2-I_3=0$$

$$I_2=I_1+I_{S1}-I_3=5+1-1=5\ (A)$$

计算 U_{ab} 有两种绕法，分别从左侧或右侧都可以

$$U_{ab}=R_3I_3+U_{cb}=2\times1+2=4\ (V)$$

$$U_{ab}=-R_4I_3+U_{ed}+U_{db}=-3\times1+10-3=4\ (V)$$

习　题　1

一、问答题

1-1　电路的定义是什么？

1-2　电路的作用是什么？电路一般由哪些部分组成？

1-3　理想电路元件的定义是什么？

1-4　为什么要对电路中的电流、电压设参考方向？

1-5　电压、电位、电位差、电动势有何区别与联系？

1-6　支路、节点、回路和网孔的定义分别是什么？

1-7　说明 KCL、KVL 的含义及应用范围。

1-8　线性电阻元件的伏安关系式是线性的，吸收的功率与电压（或电流）的关系是否也是线性的？

1-9　电阻短路状态和开路状态时电流与电压间的关系如何？

1-10　什么是有源二端网络？

二、计算题

1-1 列出题图 1-1 中电路的 KVL 方程。

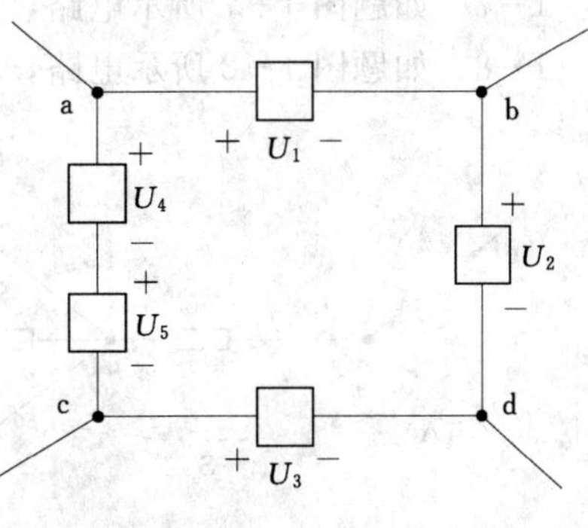

题图 1-1

1-2 在一电路中，A、B、C 三点的电位分别为 3V、2V、−2V，则电压 U_{AB}、U_{CA} 分别为多少伏？如果以 C 点为参考点，则电位 φ_A、φ_B 分别为多少伏？

1-3 如题图 1-3 所示电路，若已知元件 C 发出功率为 −20W，求元件 A 和 B 吸收的功率。

1-4 如题图 1-4 所示电路，已知 $I_1=3A$，$I_2=-2A$，$I_3=1A$，电位 $\varphi_a=8V$，$\varphi_b=6V$，$\varphi_c=-3V$，$\varphi_d=8V$。求元件 1、3、5 吸收的功率。

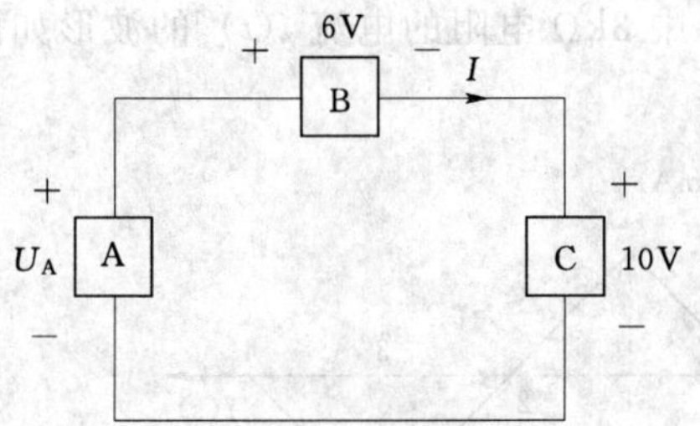

题图 1-3

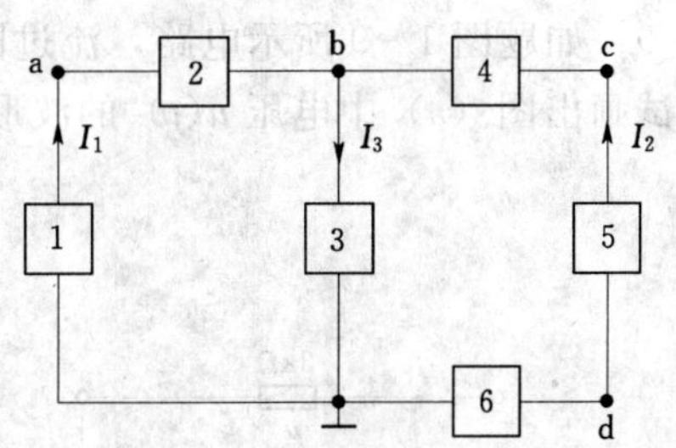

题图 1-4

1-5 如题图 1-5 所示电路，试求各图中的 I。

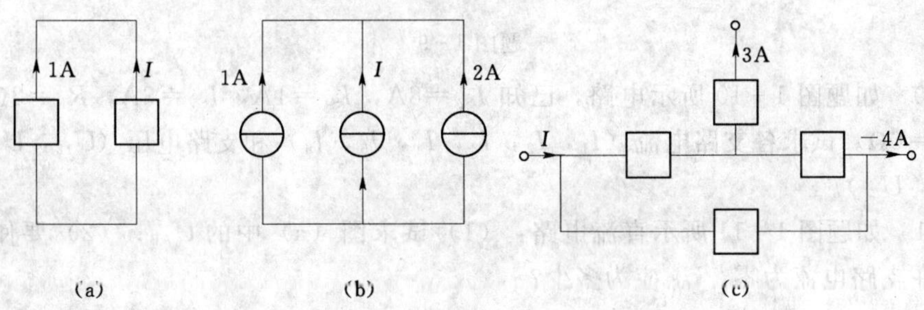

题图 1-5

1-6 如题图 1-6 所示电路，试求各图中的 U。

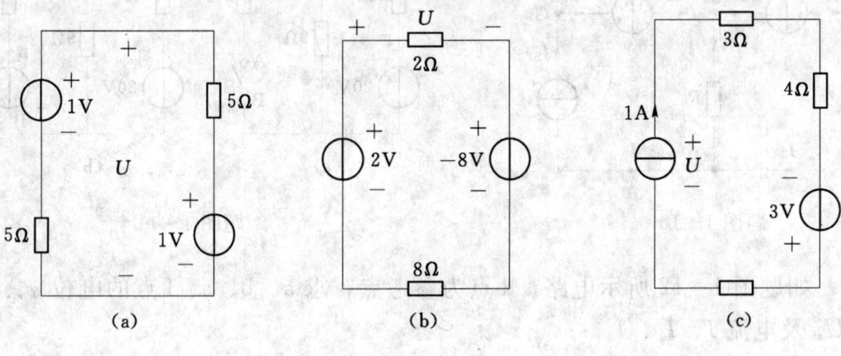

题图 1-6

1-7　如题图 1-7 所示电路，试求电流 I_1 和 I_2 的大小。

1-8　如题图 1-8 所示电路，求电压 U_1、U_2 和电流 I 的大小。

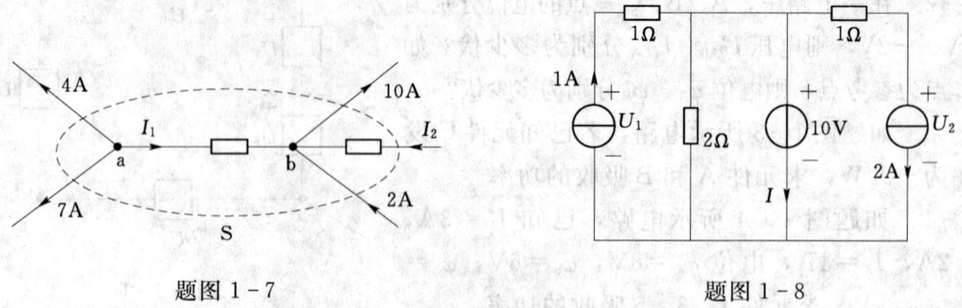

题图 1-7　　　　题图 1-8

1-9　如题图 1-9 所示电路，流过图（a）中 3kΩ 电阻的电流 $i(t)$ 的波形如图（b）所示，试画出图（a）中电压 $u(t)$ 的波形图。

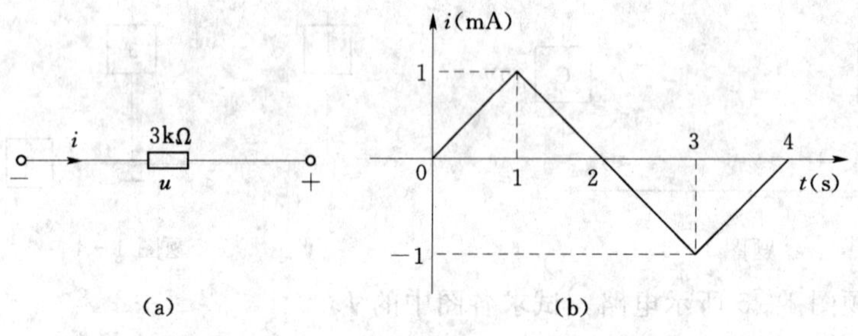

题图 1-9

1-10　如题图 1-10 所示电路，已知 $I_{S2}=8\text{A}$，$I_{S4}=1\text{A}$，$I_{S5}=3\text{A}$，$R_1=2\Omega$，$R_3=3\Omega$ 和 $R_6=6\Omega$。试求各支路电流（I_1，I_2，I_3，I_4，I_5，I_6）和支路电压（U_{12}，U_{13}，U_{14}，U_{23}，U_{24}，U_{34}）。

1-11　如题图 1-11 所示直流电路：(1) 试求图（a）中的 U_{AB}；(2) 要使图（b）中 U_S 所在支路电流为零，U_S 应为多少？

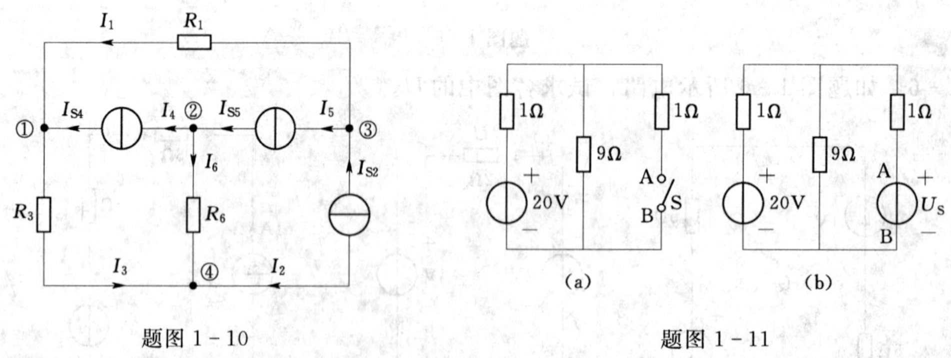

题图 1-10　　　　题图 1-11

1-12　如题图 1-12 所示电路，d 点为参考点，求 a、b、c、f 点的电位 φ_a、φ_b、φ_c、φ_f 和电压 U_{ab} 及电流 I、I_1、I_2。

1-13　如题图 1-13 所示二端网络，求各图中端口电压 U 电流 I 的 VCR 式。

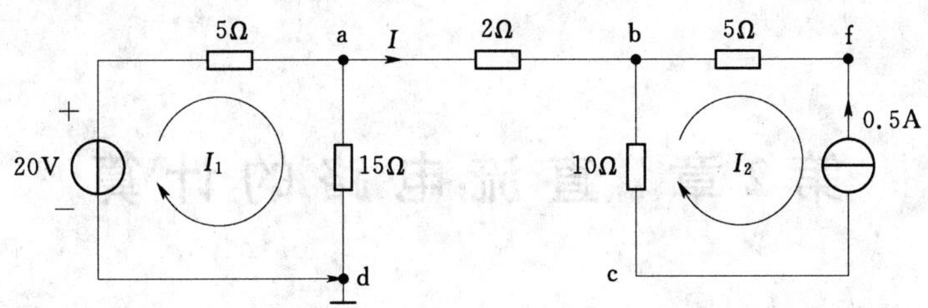

题图 1-12

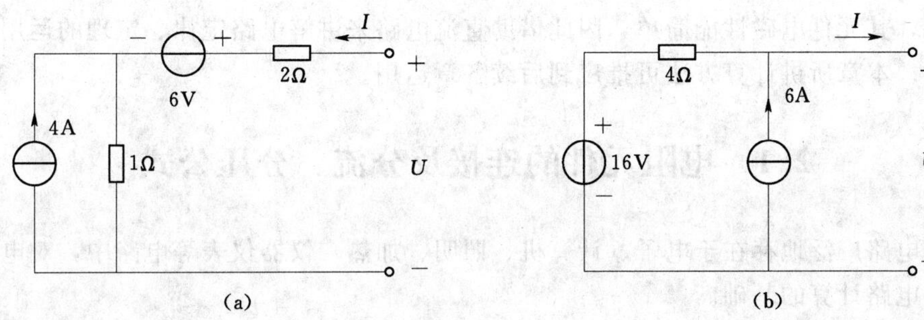

题图 1-13

第 2 章　直流电路的计算

直流电路主要由电阻元件、理想电流源、理想电压源组成，是最简单的电路，又称为电阻电路，其元件电磁性能简单，因此借助直流电路来讲解电路定律、定理的运用容易理解和掌握。本章所讲计算方法可推广到后续各章运用。

2.1　电阻元件的连接及分流、分压公式

电阻电路广泛地存在于电子、计算机、照明、加热、仪器仪表等电路中，对电阻电路的计算是电路计算的基础。

2.1.1　电阻的串联及分压公式

数个电阻首尾相连，其间没有分叉路径，流过同一电流时称为电阻串联，如图 2-1 所示。电阻串联后的总电压等于各个分电压之和，即

$$U = U_1 + U_2 = IR_1 + IR_2 = I(R_1 + R_2)$$

$$R = \frac{U}{I} = R_1 + R_2 = \sum R_K$$

式中：R 为该串联电路对外的等效电阻值，该值大于每一个分电阻。

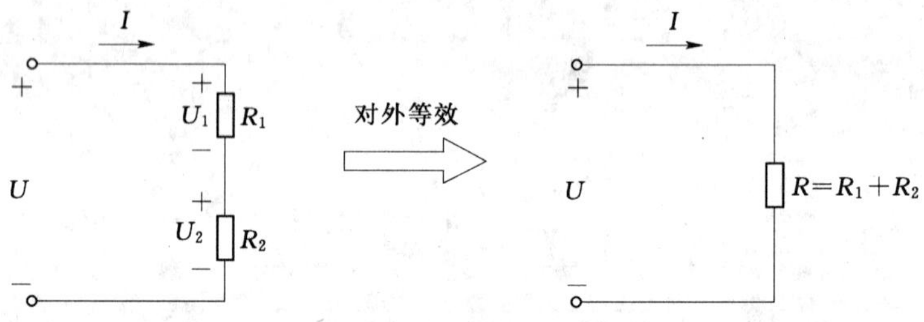

图 2-1　电阻的串联

电阻串联电路中的分压公式——已知总电压求分电压

$$U_1 = R_1 I = R_1 \frac{U}{R_1 + R_2} = \frac{R_1}{\sum R_K} U$$

$$U_2 = R_2 I = R_2 \frac{U}{R_1 + R_2} = \frac{R_2}{\sum R_K} U \qquad (2-1)$$

式（2-1）可以推广应用到 3 个及 3 个以上电阻的串联分压电路中。

电阻串联电路中电压分配和功率分配还有以下规律

$$\frac{U_1}{U_2} = \frac{P_1}{P_2} = \frac{R_1}{R_2} \qquad (2-2)$$

即串联电阻间的电压之比、功率之比均等于其电阻值之比，串联电路中电阻值越大者所分配的电压和功率越大。

图 2-1 所示电路的右图是左图的对外等效电路，**等效的意义是"两电路输出端子上的伏安关系一致"；等效后的效果是"两电路输出端子上接同一外电路时，外电路中的电流、电压相等"，因此"等效"是对外电路等效**。求出原电路的对外等效电路的过程称为等效变换。

2.1.2　电阻的并联及分流公式

数个电阻的一端连在一起，另一端也连在一起，所加电压相同时称为电阻并联，如图 2-2 所示。电阻并联后的总电流等于各个分电流之和，即

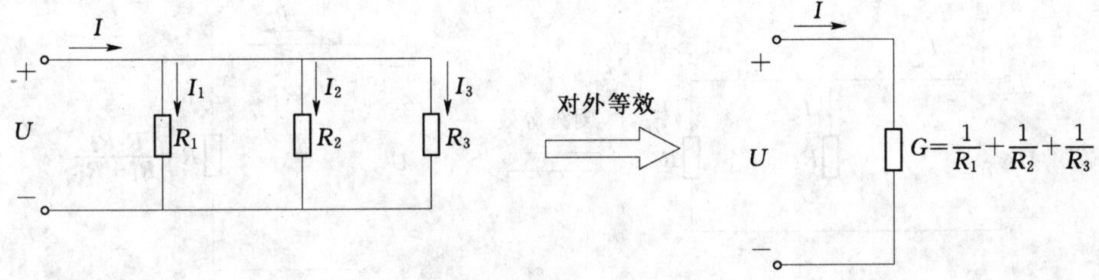

图 2-2　电阻的并联

$$I=I_1+I_2+I_3=\frac{U}{R_1}+\frac{U}{R_2}+\frac{U}{R_3}=U\left(\frac{1}{R_1}+\frac{1}{R_2}+\frac{1}{R_3}\right)$$

等效电导为

$$G=\frac{1}{R}=\frac{I}{U}=\frac{1}{R_1}+\frac{1}{R_2}+\frac{1}{R_3}=G_1+G_2+G_3=\sum G_K \tag{2-3}$$

等效电阻为

$$R=R_1//R_2//R_3=\frac{1}{G}=\frac{U}{I}=\frac{1}{\dfrac{1}{R_1}+\dfrac{1}{R_2}+\dfrac{1}{R_3}}$$

等效电导值 G 等于各支路电导之和，大于每一个分电导。等效电阻值 R 为 G 的倒数，小于每一个分电阻。符号"//"表示电阻的并联关系。

电阻并联电路中的分流公式——已知总电流求分电流

$$I_1=G_1U=G_1\frac{I}{G_1+G_2+G_3}=\frac{G_1}{\sum G_K}I$$

$$I_2=G_2U=G_2\frac{I}{G_1+G_2+G_3}=\frac{G_2}{\sum G_K}I \tag{2-4}$$

电阻并联电路中电流分配和功率分配还有以下规律

$$\frac{I_1}{I_2}=\frac{P_1}{P_2}=\frac{\dfrac{1}{R_1}}{\dfrac{1}{R_2}}=\frac{G_1}{G_2} \tag{2-5}$$

即并联电阻间的电流之比、功率之比均等于其电导值之比，电导值越大者（即电阻值越小者）所分配的电流和功率越大。

实际电路中存在大量两个电阻并联的情况，如图 2-3 所示，其等效电阻

$$R = R_1 // R_2 = \frac{1}{\frac{1}{R_1} + \frac{1}{R_2}} = \frac{R_1 R_2}{R_1 + R_2} \tag{2-6}$$

两个电阻并联电路中的分流公式为

$$I_1 = \frac{U}{R_1} = \frac{1}{R_1} I \frac{R_1 R_2}{R_1 + R_2} = I \frac{R_2}{R_1 + R_2}$$

$$I_2 = \frac{U}{R_2} = \frac{1}{R_2} I \frac{R_1 R_2}{R_1 + R_2} = I \frac{R_1}{R_1 + R_2} \tag{2-7}$$

注意式 **(2-6)、式 (2-7) 不能推广应用到 3 个及 3 个以上电阻的并联电路中，式 (2-4)可以推广。**

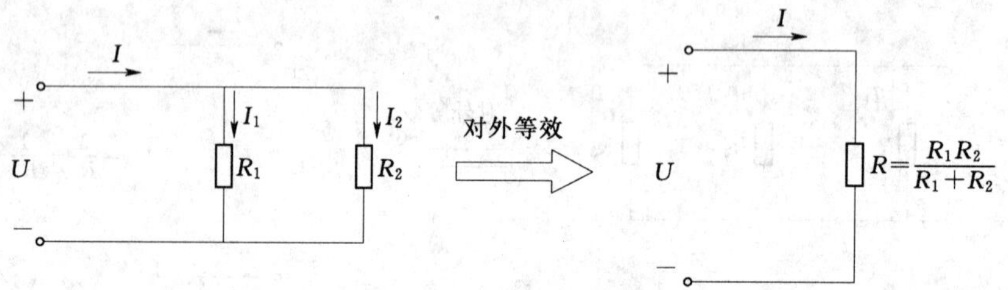

图 2-3　两个电阻的并联

运用分流、分压公式进行计算时应注意：若分电流、分电压与总电流、总电压的参考方向不相同，式（2-1）、式（2-4）、式（2-7）前应加负号。

2.1.3　电阻的混联及等效电阻计算

电路中既有电阻串联又有电阻并联称为电阻混联。对电阻混联电路有三大计算任务：首先计算 ab 端口的等效电阻；其次端口 ab 外有电源作用时计算端口电压、端口电流（总电压、总电流）；最后根据要求计算分电压、分电流。

图 2-4 所示为电阻混联的两种基本形式。图 2-4（a）所示电路串中有并；图 2-4（b）所示电路并中有串。电阻混联都可转变为这两种连接的组合。

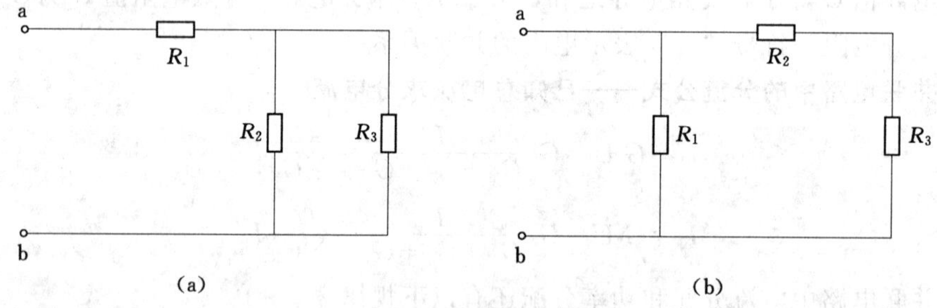

图 2-4　电阻混联的两种基本形式

(a) $R_{ab}=\frac{R_2R_3}{R_2+R_3}+R_1$；(b) $R_{ab}=\frac{(R_2+R_3)\ R_1}{R_1+R_2+R_3}$

【例 2-1】　求图 2-5 所示电路中的等效电阻 R_{ab}。

解　为理清元件的连接方式，**可以在不改变元件间连接关系的情况下将电路改画**。图 2-5（a）中 1、2、3 点是等电位点，将 1—2、2—3 点之间的短路线缩短为一点，改画成图 2-5（b）所示，元件间的串并联关系就清晰了。

求等效电阻从局部开始，将局部可以串联合并或并联合并的支路先行化简。右上侧两个 6Ω 电阻并联为 3Ω，下侧 2Ω 和 8Ω 电阻并联为 1.6Ω，化简为图 2-5（c）所示，则有

$$R_{ab}=\frac{(3+3)\times 4}{(3+3)+4}+1.6=2.4+1.6=4\ (\Omega)$$

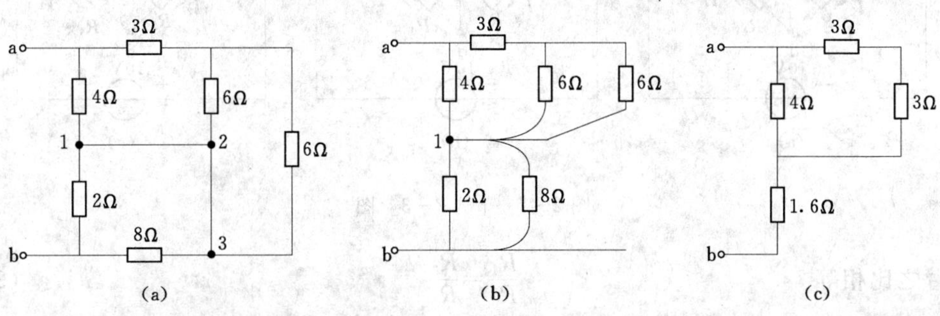

图 2-5　［例 2-1］图

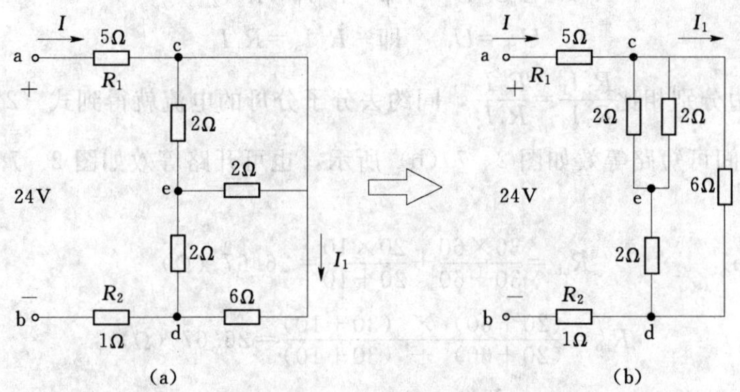

图 2-6　［例 2-2］图

【例 2-2】　求图 2-6（a）所示电路中的 I、I_1、U_{cd}。

解　先将图 2-6（a）所示电路改画为图 2-6（b）所示，则

$$R_{ab}=R_1+R_{cd}+R_2=5+\frac{3\times 6}{3+6}+1=8\ (\Omega)$$

用改画后的电路图进行分流、分压计算十分方便。

端口电流　$$I=\frac{U_{ab}}{R_{ab}}=\frac{24}{8}=3\ (\mathrm{A})$$

应用分流公式　$$I_1=\frac{I}{6+R_{ced}}R_{ced}=\frac{3}{6+3}\times 3=1\ (\mathrm{A})$$

应用分压公式　$$U_{cd}=\frac{U_{ab}}{R_1+R_2+R_{cd}}R_{cd}=\frac{24}{8}\times 2=6\ (\mathrm{V})$$

【例 2-3】　图 2-7 所示电路中 $R_1=60\Omega$、$R_2=30\Omega$、$R_3=20\Omega$、$R_4=10\Omega$。求 R_{ab} 和 I。

解　该电路为桥式电路，ab 间接电源支路，cd 间接检流计支路，4 个桥臂的电阻值符合以下条件：

对臂之积相等　$$R_1R_4=R_2R_3$$

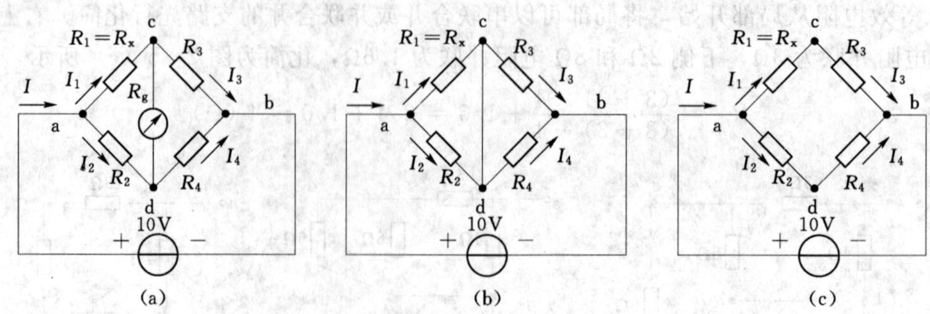

图 2-7　[例 2-3] 图

或邻臂之比相等

$$\frac{R_1}{R_3}=\frac{R_2}{R_4} \tag{2-8}$$

就称为平衡电桥，则检流计支路电流为零，$I_1=I_3$、$I_2=I_4$；cd 间等电位，使得

$$U_{ac}=U_{ad} \quad 即 \quad R_1I_1=R_2I_2$$

$$U_{cb}=U_{db} \quad 即 \quad R_3I_3=R_4I_4$$

将上两式的两边分别相比$\frac{R_1I_1}{R_3I_3}=\frac{R_2I_2}{R_4I_4}$，同约去分子分母的电流就得到式（2-8）。

平衡电桥的 cd 间可短路等效如图 2-7（b）所示，也可开路等效如图 2-7（c）所示，计算结果相同。

根据图 2-7（b）　$R_{ab}=\frac{30\times60}{30+60}+\frac{20\times10}{20+10}=26.67\ (\Omega)$

根据图 2-7（c）　$R_{ab}=\frac{(20+60)\times(30+10)}{(20+60)+(30+10)}=26.67\ (\Omega)$

则总电流　$I=\frac{U_S}{R_{ab}}=\frac{10}{26.67}=0.375\ (A)$

凡是符合平衡条件的桥式电路计算等效电阻时，都可按照图 2-7（b）或图 2-7（c）所示的方法来化简。若将图 2-7 中的 R_1 换成被测电阻 R_x，就可利用电桥的平衡原理来测量未知电阻 R_x，即电桥平衡使检流计指零时，有

$$R_1=R_x=\frac{R_2}{R_4}\times R_3$$

2.1.4　电阻元件的 Y—△连接及其等效变换

图 2-8（a）、（b）所示的两个电路均为某完整电路中的一部分，图 2-28（a）称为星形（Y 形）连接、图 2-8（b）称为三角形（△形）连接，保持 1、2、3 这 3 个端点的位置不变，两种电路之间可等效变换，即**变换后两者外部接相同电路时，对应端口的电流、电压相等**。等效条件推导如下：欲达到等效结果，Y 形、△形两种连接中，对应两个端子间的电阻应相等。如设 3 端点处开路，两种连接中 1、2 端点间的电阻应相等

$$R_1+R_2=\frac{R_{12}(R_{23}+R_{31})}{R_{12}+R_{23}+R_{31}}$$

同理　$R_2+R_3=\frac{R_{23}(R_{31}+R_{12})}{R_{12}+R_{23}+R_{31}}$，$R_3+R_1=\frac{R_{31}(R_{12}+R_{23})}{R_{12}+R_{23}+R_{31}}$

从以上 3 式解得△形等效变换为 Y 形的 3 个电阻为

$$\begin{cases} R_1 = \dfrac{R_{12}R_{31}}{R_{12}+R_{23}+R_{31}} \\ R_2 = \dfrac{R_{23}R_{12}}{R_{12}+R_{23}+R_{31}} \\ R_3 = \dfrac{R_{31}R_{23}}{R_{12}+R_{23}+R_{31}} \end{cases} \tag{2-9'}$$

Y 形等效变换为△形的 3 个电阻为

$$\begin{cases} R_{12} = R_1 + R_2 + \dfrac{R_1R_2}{R_3} \\ R_{23} = R_2 + R_3 + \dfrac{R_2R_3}{R_1} \\ R_{31} = R_1 + R_3 + \dfrac{R_1R_3}{R_2} \end{cases} \tag{2-9''}$$

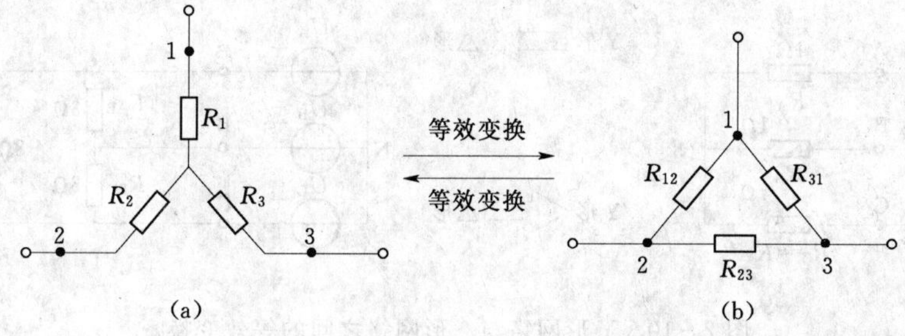

图 2-8　电阻元件的 Y-△等效变换

【例 2-4】　求图 2-9 所示电路中的电流 I。

解　该电路也是桥式电路，但不符合平衡条件，因此 5 个电阻之间的连接关系不是简单的串并联关系，利用式（2-9′）可将图 2-9（a）所示电路等效为图 2-9（b）所示电路，使之变为串并联电路，则有

$$R_1 = \frac{R_{12}R_{31}}{R_{12}+R_{23}+R_{31}} = \frac{1\times 1}{1+1+2} = 0.25\ (\Omega)$$

$$R_2 = \frac{R_{23}R_{12}}{R_{12}+R_{23}+R_{31}} = \frac{2\times 1}{1+1+2} = 0.5\ (\Omega)$$

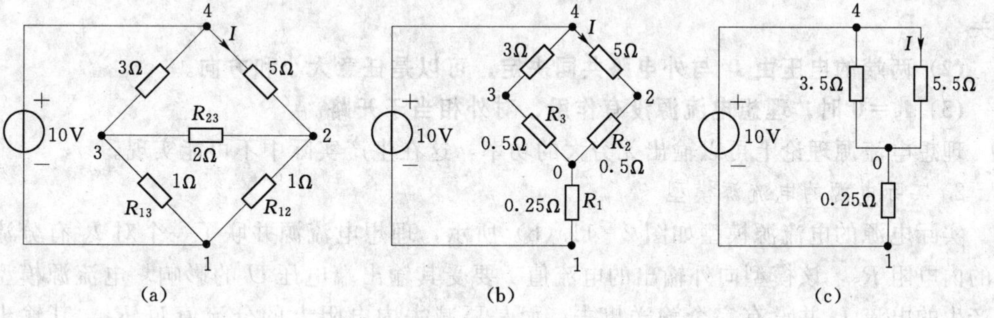

图 2-9　［例 2-4］图

$$R_3 = \frac{R_{23}R_{31}}{R_{12}+R_{23}+R_{31}} = \frac{2\times 1}{1+1+2} = 0.5\ (\Omega)$$

最后对图 2-9（c）所示电路采用分流公式得

$$I = \frac{10}{\dfrac{3.5\times 5.5}{3.5+5.5}+0.25} \times \frac{3.5}{3.5+5.5} = \frac{70}{43}\ (\mathrm{A})$$

第 5 章将要讨论结构如图 2-10 所示的三相电路，该三相电路各相负载电阻相等时，有

$$R_{\Delta} = R_{AB} = R_{BC} = R_{CA} = R_A + R_B + \frac{R_A R_B}{R_C} = 3R_Y$$

即

$$R_{\Delta} = 3R_Y \quad 或 \quad R_Y = \frac{R_{\Delta}}{3}$$

星形连接的电阻是三角形连接电阻的 1/3。

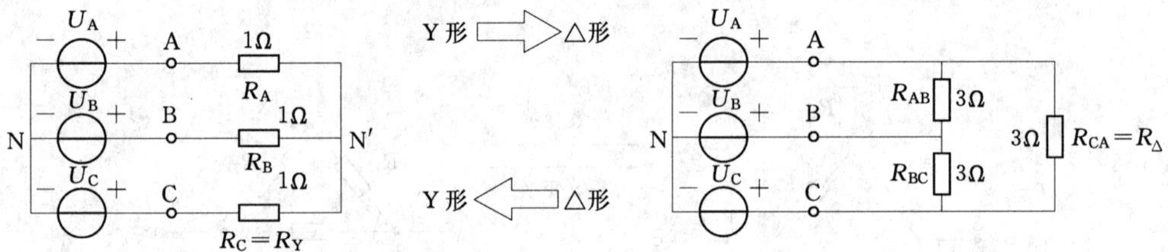

图 2-10　Y 形网络与△形网络之间的等效变换

2.2　实际电源间的等效变换

对较复杂的电路，单独运用 KCL 或 KVL 或分流分压公式，不容易达到计算目的，若对电源支路进行等效变换，可化简电路。

2.2.1　理想电流源与电阻并联组合构成电流源模型

1. 理想电流源的特性

理想电流源 I_S 的伏安关系曲线如图 2-11（c）中的曲线①所示，其特性如下：

(1) 输出的电流 I 恒等于它的确定电流值 I_S（或确定的时间函数），与其两端的电压无关。

(2) 两端的电压由 I_S 与外电路共同决定，可以是任意大小和方向。

(3) $I_S=0$ 时，理想电流源没有作用，对外相当于开路。

理想电流源理论上可以输出无穷大的功率，这在生产实际中不可能实现。

2. 实际电源的电流源模型

实际电源的电流源模型如图 2-11（b）所示，理想电流源并联了一个对 I_S 有分流作用的内电阻 R_S，该模型向外输出的电流值 I 要受其输出端电压 U 的影响。电流源模型内部产生的电流 I_S 并没有完全输送出去，而是要减去内电阻上的分流值 U/R_S，其输出电流为

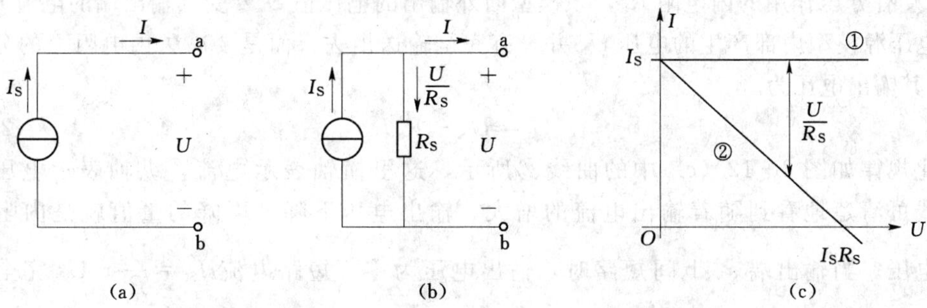

图 2-11 电流源模型及其伏安关系曲线

(a) 理想电流源；(b) 电流源模型；(c) 两者的伏安关系曲线

$$I = I_S - \frac{U}{R_S} \tag{2-10}$$

其变化规律如图 2-11（c）中的曲线②所示，从该曲线可清楚地看到随着端电压的增高输出电流下降，下降的量值就是内阻上分去的电流。当输出端 a、b 间开路时，输出电流为零，开路电压 $U_{OC}=R_SI_S$，I_S 全部通过内电阻形成通路；当输出端 a、b 间短路时，输出电压为零，内电阻上没有分流，短路电流 $I_{SC}=I_S$。

电流源模型的内电阻越大，越接近于理想电流源。

2.2.2 理想电压源与电阻的串联组合构成电压源模型

1. 理想电压源的特性

理想电压源 U_S 的伏安关系曲线如图 2-12（c）中的曲线①所示，其特性如下：

(1) 输出的电压 U 恒等于它的确定电压值 U_S（或确定的时间函数），与其流过的电流无关。

(2) 流过的电流由 U_S 与外电路共同决定，可以是任意大小和方向。

(3) $U_S=0$ 时，理想电压源没有作用，对外相当于短路。

理想电压源理论上可以输出无穷大的功率，这在生产实际中也不可能实现。

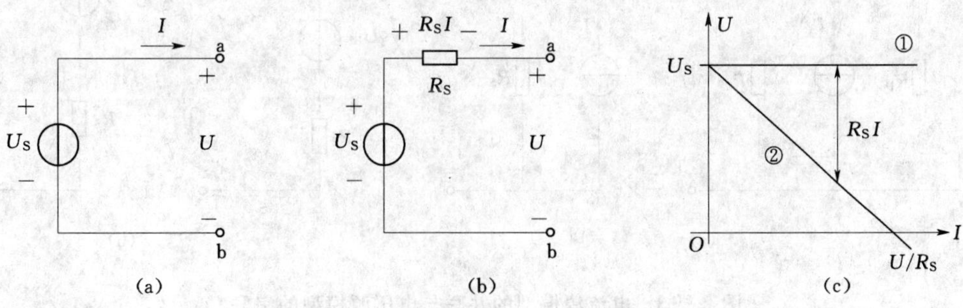

图 2-12 电压源模型及其伏安关系曲线

(a) 理想电压源；(b) 电压源模型；(c) 两者的伏安关系曲线

2. 实际电源的电压源模型

实际电源的电压源模型如图 2-12（b）所示。电压源模型中，理想电压源串联了一

个对 U_S 有分压作用的内电阻 R_S，该模型向外输出的电压值 U 要受其输出端的电流 I 的影响。电压源模型内部产生的电压 U_S 并没有完全输送出去，而是要减去内电阻上的分压值 $R_S I$，其输出电压为

$$U = U_S - R_S I \tag{2-11}$$

其变化规律如图 2-12（c）中的曲线②所示，这里横轴表示电流，纵轴表示电压，从该曲线可清楚地看到随着输出电流的增大，输出电压下降，下降的量值就是内阻上分去的电压。当输出端 a、b 间短路时，输出电压为零，短路电流 $I_{SC}=\dfrac{U_S}{R_S}$，U_S 完全降落在内电阻上；当输出端 a、b 间开路时，输出电流为零，内电阻上没有分压，开路电压 $U_{OC}=U_S$。

电压源模型的内电阻越小，越接近于理想电压源。

2.2.3　电流源模型的并联与电压源模型的串联

实际生产中，为了提高电源的带负载能力，即提高电源输出的电流，往往多个电源并联运行，如图 2-13（a）所示。这时若采用电流源模型，则并联后等效电源的参数为

$$I_S = I_{S1} + I_{S2},\ R_S = \frac{R_1 R_2}{R_1 + R_2}$$

当一个电源的输出电压不够时，为了提高输出电压，则多个电源串联运行，如图 2-13（b）所示。这时若采用电压源模型，则等效电源的参数为

$$U_S = U_{S1} + U_{S2},\ R_S = R_1 + R_2$$

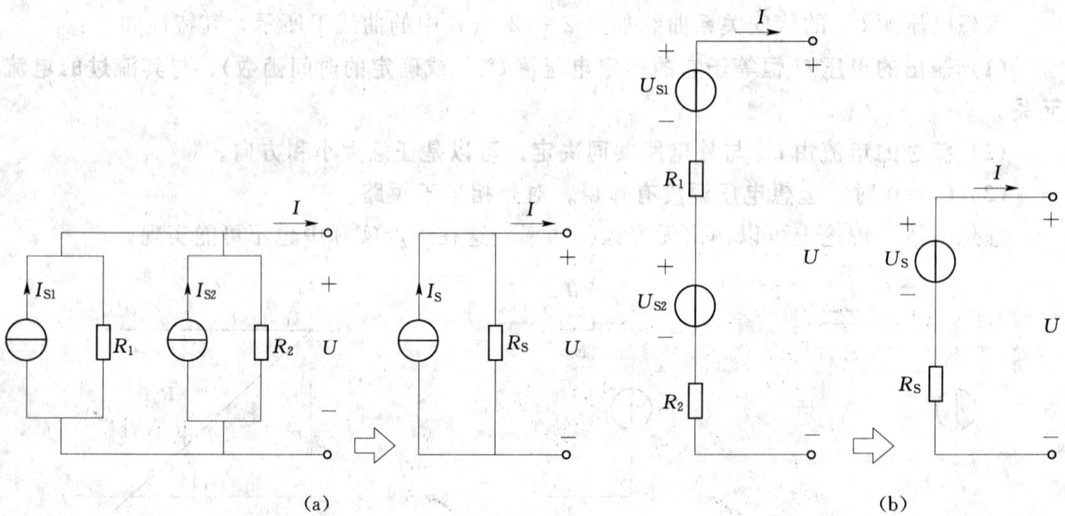

图 2-13　电流源模型的并联与电压源模型的串联

2.2.4　电流源模型与电压源模型之间的等效变换

同一实际电源既可用电流源模型等效，也可用电压源模型等效，两者的输出端接相同的外电路时，端口的伏安关系式应相等，在外电路中引起的电流、电压分配应相等，所以两者之间必然存在相互等效的条件。图 2-14（a）、（b）所示电路中 ab 端口的 VCR 式分别为

$$U=U_S-R'_S I \qquad ①$$

$$I=I_S-\frac{U}{R_S} \qquad ②$$

若将第②式移项，也把电压作为因变量，则有

$$\frac{U}{R_S}=I_S-I,\ U=R_S I_S-R_S I \qquad ③$$

将第③式与第①式比较，令对应项相等，得等效条件为

$$\begin{cases} R_S=R'_S \\ U_S=R_S I_S \quad 或 \quad I_S=\dfrac{U_S}{R'_S} \end{cases} \qquad (2-12)$$

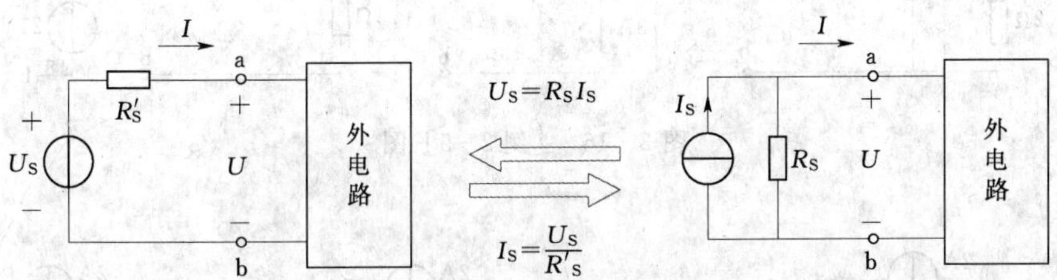

图 2-14　电流源模型与电压源模型之间的等效变换

满足等效条件时，两者间可进行等效变换。最基本的变换如图 2-15 所示，**变换时应特别注意：理想电流源电流的箭头端与理想电压源的正极性端对应**。

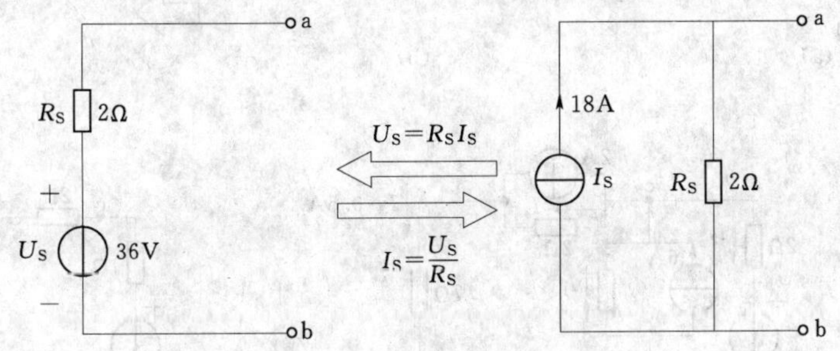

图 2-15　最基本的变换示例

实际计算中**凡是与理想电压源串联的电阻、与理想电流源并联的电阻都可看成是其内电阻，参与等效变换**。这时变换演变成有源二端网络间的变换。

【例 2-5】　利用电源等效变换，化简图 2-16 所示有源二端网络。

解　化简过程如图 2-16 所示。

【例 2-6】　利用电源等效变换，求图 2-17（a）所示电路的电流 I。

解　欲求最右支路 7Ω 电阻上的电流，把这条支路看作外电路，**保持原样不变形**，而将虚线以左的有源二端网络进行变换化简。化简从离 a、b 端口最远的支路（端尾）开始，逐步向端口推进。

在 c、d 之间，两条支路要并联合并。**并联合并的支路应先变换成电流源模型**，如图 2-17（b）所示，并联合并后的电路如图 2-17（c）所示。这时 a、c、d 这 3 点间有两个

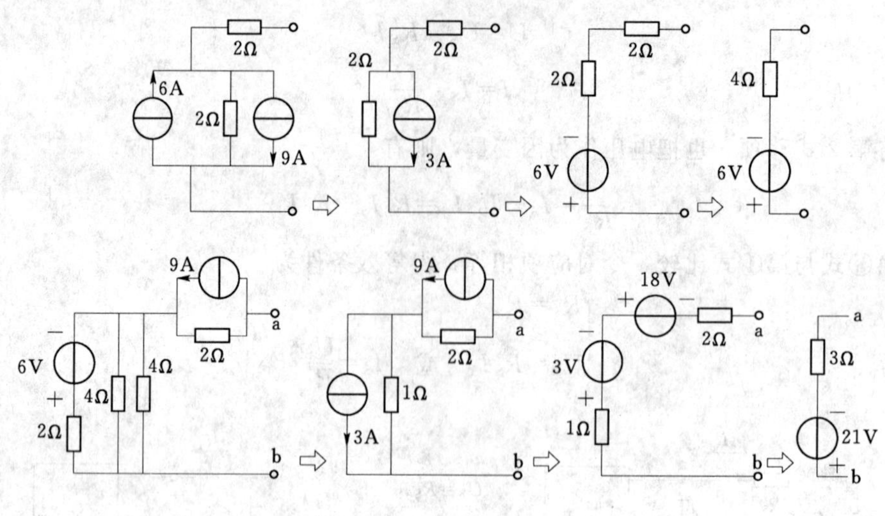

图 2-16　[例 2-5] 图

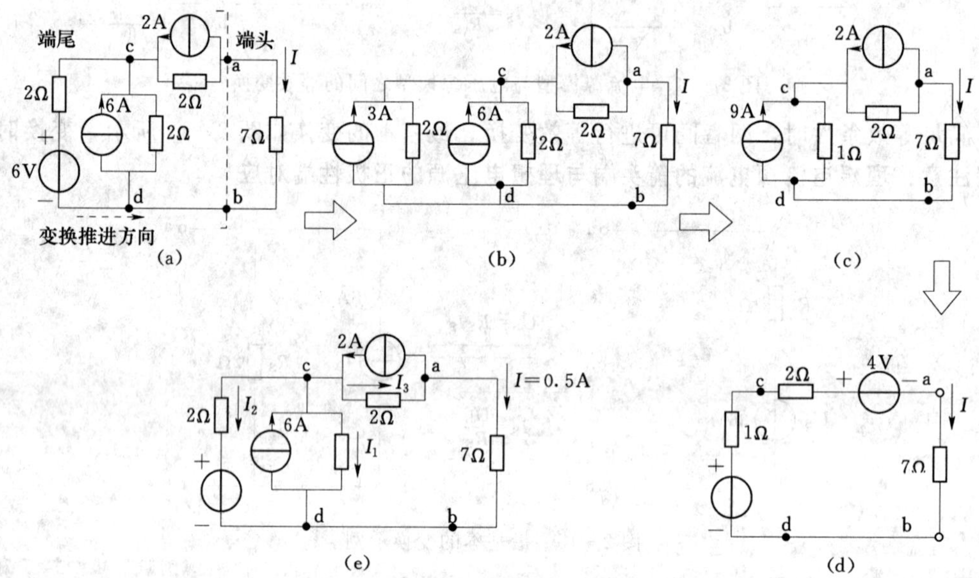

图 2-17　[例 2-6] 图

电流源模型要串联合并，**串联合并的支路应先变换成电压源模型**，如图 2-17 (d) 所示。图 2-17 (d) 变成单网孔回路，顺时针列出 KVL 方程

$$7I-9+3I+4=0 \quad I=0.5\text{A}$$

该题求出电流 I 以后，若还要求出 I_1、I_2、I_3、U_{cd}，在图 2-17 (d) 中这 4 个量因电路变换已不存在，必须回到变换前的原图才能进行计算，如图 2-17 (e) 所示，这时 $I=0.5\text{A}$已是已知条件了。

根据 KCL　　　　　　　$I_3=2+0.5=2.5\ (\text{A})$

根据 KVL　　　　　　　$U_{cd}=2I_3+7I=8.5\ (\text{V})$

$$I_1=\frac{U_{cd}}{2}=4.25\ (A)$$

$$I_2=\frac{U_{cd}-6}{2}=1.25\ (A)$$

电源等效变换时还应注意以下几点：

（1）电源模型的等效变换是对相同的外电路等效，对内并不等效。如当外电路断开时，电压源模型中没有能量的产生与消耗，而电流源模型内部却有电流流通，I_S 全部通过内电阻形成通路，理想电流源 I_S 发出功率，内电阻 R_S 消耗功率。

（2）理想电流源和理想电压源之间不能进行等效变换，如图 2-18 所示。

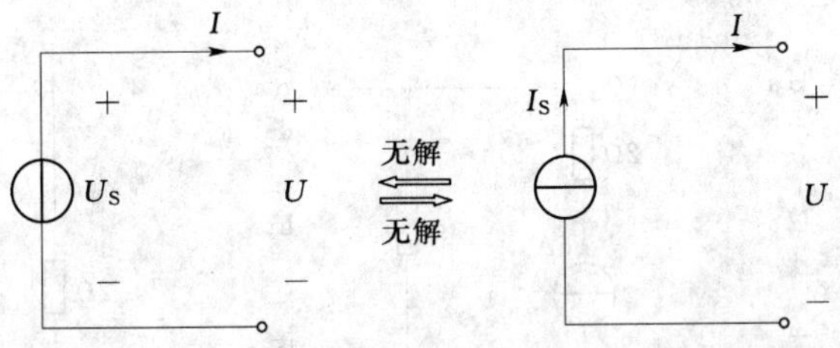

图 2-18 理想电流源、理想电压源之间不能进行等效变换

2.2.5 电源等效变换电路的难点分析

在图 2-19（a）中，ab 左侧的理想电流源串联了一个电阻 R，这个电阻不能对 I_S 分流，因此不是理想电流源的内电阻。对外电路 R_{ab} 而言，左侧的等效电路就是理想电流源本身，电阻 R 的大小不影响流过 R_{ab} 的电流，R_{ab} 的电流仅由 I_S 决定，因此，**与理想电流源串联的元件对外电路而言可短路对待**。R 的存在只会影响理想电流源两端的电压 U，上图中 $U=3V$，而在等效图中 $U=2V$。

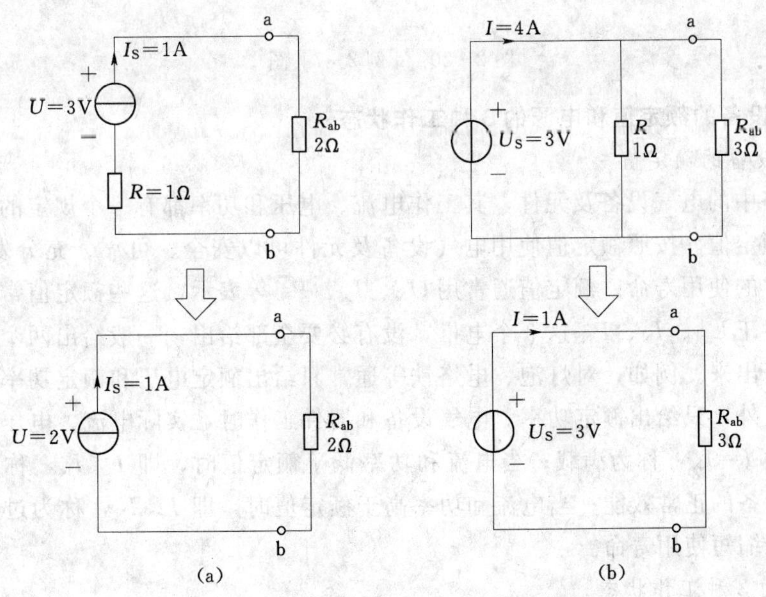

图 2-19 有源二端网络等效电路的难点分析

在图2-19（b）中，ab左侧的理想电压源并联了一个电阻R，这个电阻不能对U_S分压，因此不是理想电压源的内电阻，对外电路R_{ab}而言，左侧的等效电路就是理想电压源本身，电阻R的大小不影响R_{ab}两端的电压，R_{ab}两端的电压仅由U_S决定，因此**与理想电压源并联的元件对外电路而言可开路对待**。R的存在只会影响流过理想电压源的电流I，上图中$I=4A$，而在等效图中$I=1A$。

【例2-7】　求图2-20所示电路上面三图的对外等效电路。

解　图2-20（a）中3Ω电阻对外电路而言可开路对待。

图2-20（b）中2Ω电阻对外电路而言可短路对待。

图2-20（c）中2Ω电阻与5V理想电压源的并联环节对外电路而言可短路对待。

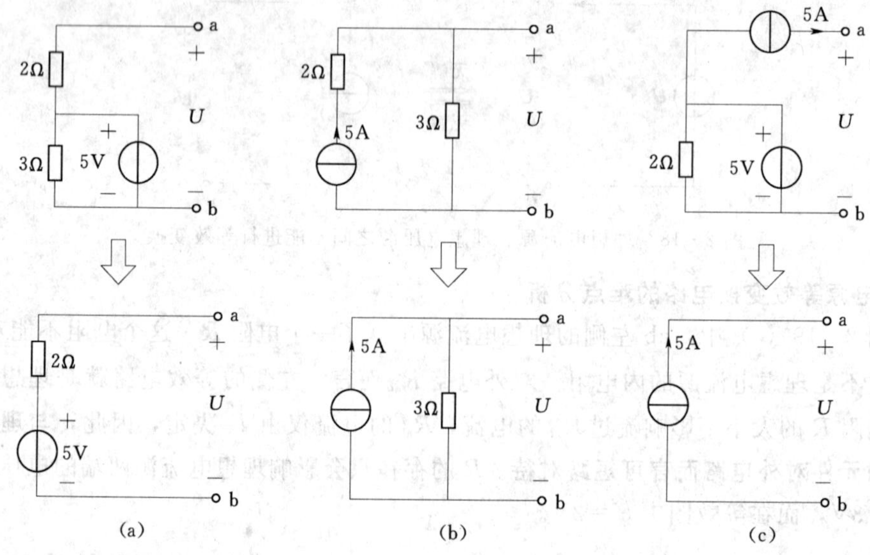

图2-20　［例2-7］图

2.2.6　电气设备的额定值和电源的3种工作状态

1. 电气设备的额定值

接在电路中的电气设备及元件，其工作电流、电压和功率都有一个规定的限额值，这个数值称为额定值。按照额定值使用电气设备及元件可以安全、可靠、充分发挥其效能，并且保证正常的使用寿命。额定值通常用U_N、I_N、P_N等表示，这些额定值常标记在设备的铭牌上。对于U_N、I_N、P_N这3个电量，没有必要全部给出，一般给出两个，其余的可以由公式推算出来。例如，对灯泡、电烙铁等通常只给出额定电压和额定功率；而对于电阻器除电阻值外，只给出额定功率。电气设备和器件工作时，实际电流、电压和功率等于额定值，这时$I=I_N$，称为满载；当电流和功率低于额定值时，即$I<I_N$，称为轻载，这时不能发挥设备的正常效能；当电流和功率高于额定值时，即$I>I_N$，称为过载，设备可能因为过热而缩短使用寿命。

2. 电源的3种工作状态

（1）电源的有载工作状态。将图2-21（a）所示电路中的开关S闭合，电源与负载

接通，电源有一定的电流输出，这种工作状态称为有载工作状态。电流大小为

$$I=\frac{U_S}{R+R_S} \tag{2-13}$$

可见 R 越小，I 越大。值得注意的是，**常说的"负载大"指的是负载取用的电流大**，并不是指负载电阻值的大小。

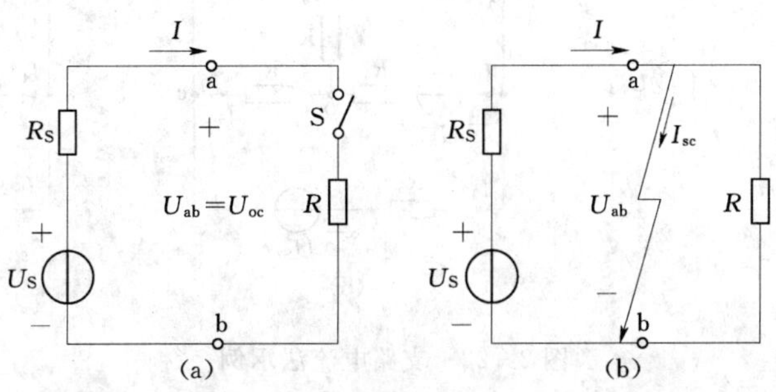

图 2-21　电源的工作状态

(a) 电源的开路工作状态；(b) 电源的短路工作状态

(2) 电源的开路工作状态。将图 2-21 (a) 所示电路中的开关 S 断开，电源处于开路状态（又称为空载），开路时可认为外电路电阻为无穷大。这时电源输出端无电流流过，$I=0$；其输出电压称为开路电压，用 U_{oc} 表示，此时 $U_{ab}=U_{oc}=U_S$，电源的内电阻上没有分压。

(3) 电源的短路工作状态。在图 2-21 (b) 中，如果 a、b 间通过一段理想导体连接起来，则 a、b 两点等电位。电流 I 全部从该导体流过，负载电压为 0，这种情况称为短路，其短路电流用 I_{sc} 表示，有

$$I_{sc}=\frac{U_S}{R_S} \tag{2-14}$$

此时由于电源内阻 R_S 很小，故 I_{sc} 很大，这会引起电源和导线绝缘的损坏，甚至引起火灾。生产实际中往往安装熔断器或电流保护装置来预防这种情况的发生。

2.3　支路电流法与网孔电流法

用电源等效变换对电路进行计算，各支路的连接关系必须是串、并联关系，只有这样含电源的支路间才可能串联合并或并联合并。因此需要讨论更完备、更简捷的计算方法。

2.3.1　支路电流法

对具有 b 条支路、n 个节点的电路，以 b 个支路电流为未知量，列写 $n-1$ 个独立的 KCL 方程，再选择回路列写 $b-(n-1)$ 个独立的 KVL 方程，每个回路都至少包含一条新的支路，共 b 个方程联立求出各支路电流的方法称为支路电流法。在图 2-22 (a) 中，设 3 条支路的电流分别为 I_a、I_b、I_c，顺时针绕行列写两个网孔的 KVL 方程，支路电流法的联立方程组为

$$\begin{cases} I_a + I_b + I_c = 0 \\ -U_{S1} + R_1 I_a - R_2 I_b + U_{S2} = 0 \\ -U_{S2} + R_2 I_b - R_3 I_c + U_{S3} = 0 \end{cases} \tag{2-15}$$

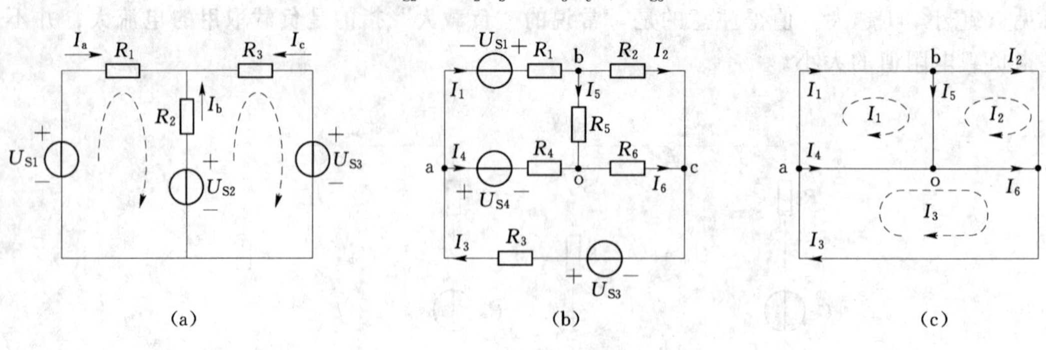

图 2-22　支路电流法示例

图 2-22（b）所示电路更复杂，各支路间不是串并联关系，支路数 $b=6$，节点数 $n=4$，网孔数 $b-(n-1)=3$，支路电流法的联立方程组为

$$\begin{cases} \text{a 节点：} I_4 = I_3 - I_1 \\ \text{b 节点：} I_5 = I_1 - I_2 \\ \text{c 节点：} I_6 = I_3 - I_2 \\ \text{网孔 aboa：} -U_{S1} + R_1 I_1 + R_5 I_5 - R_4 I_4 - U_{S4} = 0 \\ \text{网孔 bcob：} R_2 I_2 - R_6 I_6 - R_5 I_5 = 0 \\ \text{网孔 aoca：} U_{S4} + R_4 I_4 + R_6 I_6 - U_{S3} + R_3 I_3 = 0 \end{cases} \tag{2-16}$$

6 个方程联立，用计算机编程借助专用软件来计算容易实现，但人工手算就很繁琐，还需寻找更简捷的方法。

2.3.2　网孔电流法联立方程的标准形式

图 2-22（b）所示的平面电路按网孔列 KVL 方程，每个方程必定是独立的，因为每个网孔都至少包含一条其他网孔所没有的支路。通过分析可知，该电路第 1、第 2、第 3 条支路是外围支路，仅属于本网孔所有；而第 4、第 5、第 6 条支路是两个网孔之间的公共支路，I_4、I_5、I_6 可以用 I_1、I_2、I_3 来表示，若将式（2-16）的前三式代入后三式，就消去了 I_4、I_5、I_6 这 3 个未知量，并将所有电压源 U_S 移项至方程右侧，得到

$$\begin{cases} \text{网孔 aboa：} R_1 I_1 + R_5(I_1 - I_2) - R_4(I_3 - I_1) = U_{S4} + U_{S1} \\ \text{网孔 bcob：} R_2 I_2 - R_6(I_3 - I_2) - R_5(I_1 - I_2) = 0 \\ \text{网孔 aoca：} R_4(I_3 - I_1) + R_6(I_3 - I_2) + R_3 I_3 = -U_{S4} + U_{S3} \end{cases}$$

整理后

$$\begin{cases} (R_1 + R_4 + R_5)I_1 - R_5 I_2 - R_4 I_3 = U_{S1} + U_{S4} \\ -R_5 I_1 + (R_2 + R_5 + R_6)I_2 - R_6 I_3 = 0 \\ -R_4 I_1 - R_6 I_2 + (R_3 + R_4 + R_6)I_3 = U_{S3} - U_{S4} \end{cases} \tag{2-17}$$

式（2-17）简称为网孔方程，联立方程数减少了。图 2-22（c）仅保留了图 2-22（b）中各支路间的连接关系，去掉了各支路具体的元件，称为原电路的拓扑图，拓扑图反映了电路的结构。**可以将 I_1、I_2、I_3 理解成围绕本网孔环形流动的网孔电流，外围支路的支路**

电流就等于本网孔的网孔电流；而公共支路电流 I_4、I_5、I_6 可由网孔电流的组合来表示。例如，第 5 条支路有 I_1、I_2 两个网孔电流流过，I_1 与 I_5 方向一致看成是 I_5 的“主流”，I_2 与 I_5 方向相反看成是 I_5 的“逆流”，所以有

$$I_5 = I_1 - I_2$$

因此先列网孔方程求出网孔电流，就可一一计算出每条支路上的电流。

网孔方程的标准形式为

$$\begin{cases} R_{11}I_1 + R_{12}I_2 + R_{13}I_3 = \sum U_{SS1} \\ R_{21}I_1 + R_{22}I_2 + R_{23}I_3 = \sum U_{SS2} \\ R_{31}I_1 + R_{32}I_2 + R_{33}I_3 = \sum U_{SS3} \end{cases} \tag{2-18}$$

该方程每一项都是电压量，方程右侧的电压源在沿网孔电流绕行方向上电位升高时，前面加正号。其中有相同下标的电阻 R_{ii} 称为第 i 个网孔的**自电阻，是该网孔中全部电阻之和，恒为正值**；有不同下标的电阻 R_{ij} 称为第 i 个网孔与第 j 个网孔之间的**互电阻，是两网孔公共支路上的电阻，两网孔电流流经该支路方向一致时为正值、相反时为负值，两网孔间无公共电阻时 R_{ij} 为零**；$\sum U_{SSk}$ 是沿网孔电流绕行方向理想电压源电位升的代数和。式（2-18）扩展行和列就可以应用于更多网孔的电路。

【例 2-8】 用网孔电流法计算图 2-23 所示电路各支路电流，检验计算的正确性，并计算①、②节点间的电压 U_{12}。

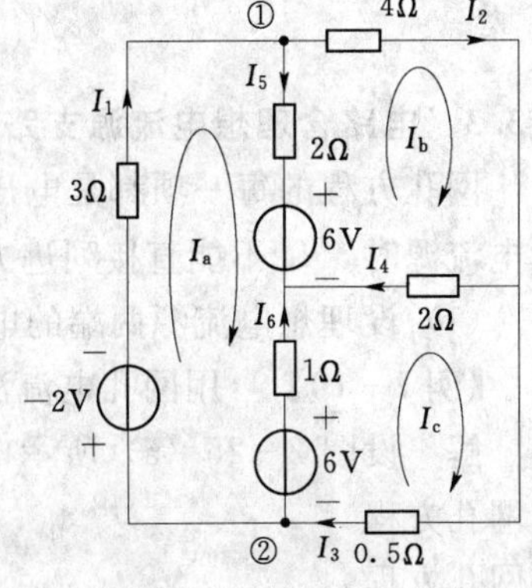

图 2-23 ［例 2-8］图

解 第一步：在电路图上标明网孔电流 I_a、I_b、I_c 及其绕行方向。若全部网孔电流均选为顺时针（或逆时针）绕行方向，则互电阻均取负号。

第二步：用观察法直接列网孔方程：

$$\begin{cases} (3+2+1)I_a - 2I_b - I_c = -(-2) - 6 - 6 \\ -2I_a + (2+4+2)I_b - 2I_c = 6 \\ -I_a - 2I_b + (1+2+0.5)I_c = 6 \end{cases}$$

第三步：求解网孔方程，得到各网孔电流为

$$I_a = -1\text{A},\ I_b = 1\text{A},\ I_c = 2\text{A}$$

第四步：计算各支路电流为

外围支路：　　$I_1 = I_a = -1\text{A}$，$I_2 = I_b = 1\text{A}$，$I_3 = I_c = 2\text{A}$

公共支路：　　$I_4 = I_b - I_c = -1\text{A}$，$I_5 = I_a - I_b = -2\text{A}$，$I_6 = I_c - I_a = 3\text{A}$

第五步：任意挑选一个网孔，代入已求出的支路电流，列写 KVL 方程，检验各元件电压的代数和是否为零。

顺时针检验左侧网孔：$-2 + 3I_1 + 2I_5 + 6 - I_6 + 6 = -2 - 3 - 4 + 6 - 3 + 6 = 0$

表明计算正确。

第六步：根据要求计算 U_{12}。

$$U_{12} = -3I_1 - (-2) = 5\text{V}$$

【例 2-9】 用网孔电流法计算图 2-24 所示电路各支路电流，检验计算的正确性。

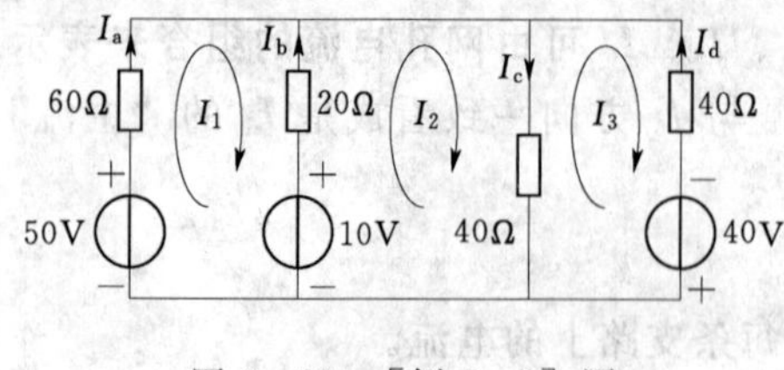

图 2-24 ［例 2-9］图

解 (1) 在电路图中标出网孔电流绕行方向。

(2) 列网孔方程

$$\begin{cases}80I_1-20I_2=50-10\\-20I_1+60I_2-40I_3=10\\-40I_2+80I_3=40\end{cases}$$

(3) 解得各网孔电流

$$I_1=0.786\text{A}$$
$$I_2=1.143\text{A}$$
$$I_3=1.071\text{A}$$

(4) 求出各支路电流

$$I_a=I_1=0.786\text{A}$$
$$I_b=-I_1+I_2=0.357\text{A}$$
$$I_c=I_2-I_3=0.072\text{A}$$
$$I_d=-I_3=-1.071\text{A}$$

(5) 检验外围回路

$$60I_a-40I_d-50-40=0$$

90－90＝0，表明答案正确

2.3.3 电路含理想电流源支路时的网孔方程

网孔方程的每一项都是电压量，激励源为电压源时，U_S 直接列进方程右侧；激励源为电流源时，I_S 不能直接列进方程，处理方法有以下两种。

(1) 设理想电流源两端的电压为 U，将 U 计入网孔方程右侧。

【例 2-10】 用网孔电流法计算图 2-25 (a) 所示各支路电流。

解 设图 2-25 (a) 所示电路中间 7A 电流源两端的电压为 U，则有

左网孔方程 $$1\times I_1=5-U \quad (1)$$

右网孔方程 $$2I_2=U-10 \quad (2)$$

多了一个未知量，必须再多列一个方程才能求解。中间公共支路上的电流为 7A，它与左、右两个网孔电流的关系是

$$I_1-I_2=7\text{A} \quad (3)$$

该式称为理想电流源支路**附加方程**。联立以上三式，求得

$$I_1=3\text{A} \quad I_2=-4\text{A} \quad U=2\text{V}$$

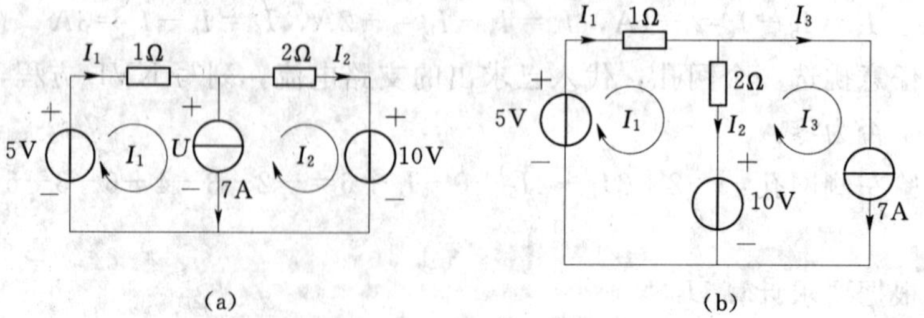

(a)　　(b)

图 2-25 ［例 2-10］图

(2) 理想电流源可以转移到外围支路时，该理想电流源所在网孔电流为已知。

在不改变元件间连接关系的情况下，将图 2-25（a）中间 7A 电流源转移到最右侧，成为外围支路，如图 2-25（b）所示，右侧网孔的网孔电流为已知 $I_3=7\text{A}$，不需要再列写该网孔的方程，对图 2-25（b），有

$$\begin{cases}(1+2)I_1-2I_3=5-10\\ I_3=7\end{cases}$$

解之得　　$I_1=3\text{A}\quad I_2=I_1-I_3=3-7=-4\ (\text{A})$

两种解法结果一致，后者更快捷。

【例 2-11】　用网孔电流法求图 2-26（a）所示各支路的电流。

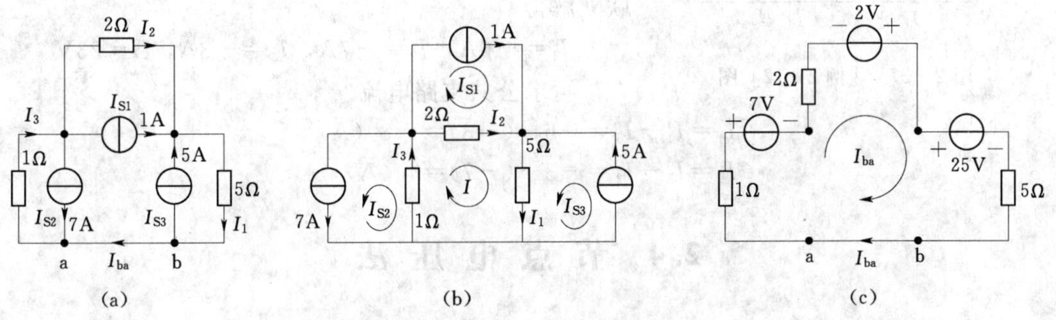

图 2-26　［例 2-11］图

解法一　将图 2-26（a）改画为图 2-26（b），理想电流源全部转移到外围支路，靠外围的 3 个网孔电流均已知，仅需列中间网孔的方程。注意该例的 4 个网孔电流绕行方向不一致，互电阻则有正有负。

$$8I-2\times I_{S1}+1\times I_{S2}+5\times I_{S3}=0$$

即

$$8I-2\times 1+1\times 7+5\times 5=0$$

$$I=-3.75\text{A}$$

注意区别图 2-26（b）中的网孔电流和支路电流，3 个支路电流分别为

$$I_1=I+I_{S3}=1.25\text{A}$$

$$I_2=I-I_{S1}=-4.75\text{A}$$

$$I_3=I+I_{S2}=3.25\text{A}$$

解法二　将 ab 间的短路线看成不变的外电路，图 2-26（a）中的其余部分等效变换为图 2-26（c），再列网孔方程，这时仅一个网孔只有自电阻项，没有互电阻项，得

$$(1+2+3)I_{ba}=-25+2-7$$

$$I_{ba}=-3.75\text{A}$$

由于电路变形严重，I_{ba}求出后应回到图 2-26（a）再求其他支路电流。

$$I_1=I_{ba}+I_{S3}=-3.75+5=1.25\ (\text{A})$$

$$I_2=I_{ba}-I_{S1}=-3.75-1=-4.75\ (\text{A})$$

$$I_3=I_{ba}+I_{S2}=-3.75+7=3.25\ (\text{A})$$

应用网孔电流法时，凡是遇到理想电流源与电阻的并联电路，都可先进行电源等效变换，变成理想电压源与电阻的串联电路，再列网孔方程。

【例 2-12】 用网孔电流法计算图 2-27 所示各支路电流。

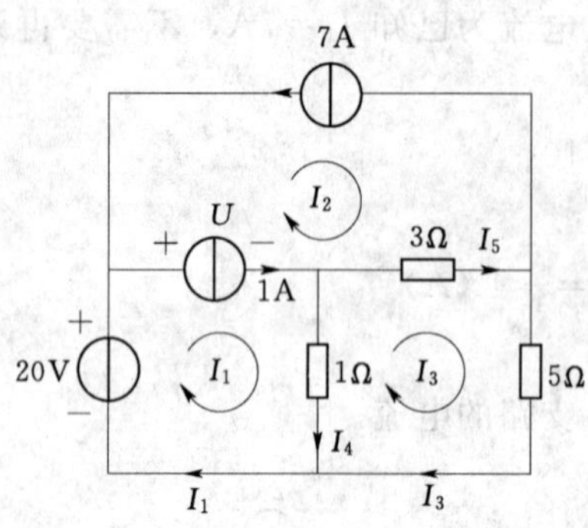

图 2-27 [例 2-12] 图

解 7A 理想电流源在外围支路上，使网孔电流 $I_2=-7\text{A}$ 为已知；1A 理想电流源在公共支路上，设其电压为 U，则网孔方程为

$$\begin{cases}1\text{ 网孔：}1\times I_1-1\times I_3=20-U\\ 2\text{ 网孔：}I_2=-7\\ 3\text{ 网孔：}(1+3+5)I_3-3I_2-I_1=0\\ 1\text{A 电流源支路附加方程：}I_1-I_2=1\end{cases}$$

联立解得

$$I_1=-6\text{A},\ I_2=-7\text{A},\ I_3=-3\text{A},\ U=23\text{V}$$

再求公共支路电流

$$I_4=I_1-I_3=-6-(-3)=-3\ (\text{A})$$

$$I_5=I_3-I_2=-3-(-7)=4\ (\text{A})$$

2.4 节点电压法

更完备、更简捷的计算方法还有节点电压法。电路的节点数少于网孔数时，采用节点电压法计算更方便。

2.4.1 节点方程的标准形式

具有 n 个节点的电路，选其中一个节点作为零电位参考点，设其余 $n-1$ 个独立节点指向参考点的电压为未知量，列 $n-1$ 个 KCL 方程，整理后可得到节点电压方程。

图 2-28 所示的电路，选节点 0 为参考点，以①、②两节点指向 0 的电压 U_{n1}、U_{n2} 为未知量，列①、②两节点的 KCL 方程

$$\begin{cases}1\text{ 节点的 KCL 方程}\quad I_1+I_2+I_3=I_{S1}\quad\rightarrow\quad \dfrac{U_{n1}}{R_1}+\dfrac{U_{n1}}{R_2}+\dfrac{U_{n1}-U_{n2}}{R_3}=I_{S1}\\ 2\text{ 节点的 KCL 方程}\quad I_4-I_3=-I_{S1}\quad\rightarrow\quad \dfrac{U_{n2}}{R_4}-\dfrac{U_{n1}-U_{n2}}{R_3}=-I_{S2}\end{cases}$$

该方程的左侧是从与该节点相连的电阻流出的电流，右侧是从电流源流进该节点的电流。整理后得

$$\begin{cases}\left(\dfrac{1}{R_1}+\dfrac{1}{R_2}+\dfrac{1}{R_3}\right)U_{n1}-\dfrac{1}{R_3}U_{n2}=I_{S1}\\ -\dfrac{1}{R_3}U_{n1}+\left(\dfrac{1}{R_3}+\dfrac{1}{R_4}\right)U_{n2}=-I_{S2}\end{cases}\qquad(2-19)$$

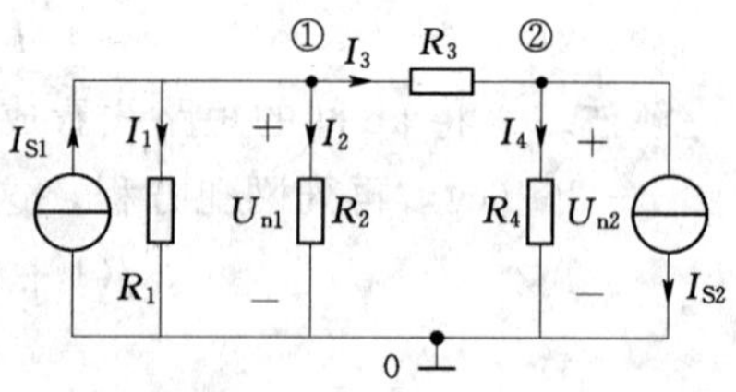

图 2-28 节点电压法示例

式 (2-19) 简称为节点方程，扩展该方程的行和列就可以应用于更多节点的电路。其标准形式为

$$\begin{cases}G_{11}U_{n1}+G_{12}U_{n2}+G_{13}U_{n3}=\sum I_{SS1}\\ G_{21}U_{n1}+G_{22}U_{n2}+G_{23}U_{n3}=\sum I_{SS2}\\ G_{31}U_{n1}+G_{32}U_{n2}+G_{33}U_{n3}=\sum I_{SS3}\end{cases}\qquad(2-20)$$

该方程每一项都是电流量，方程右侧的电流源 I_S 流进该节点时，前面加正号。其中有相

同下标的电导 G_{ii} 称为第 i 个节点的**自电导，是与该节点直接连接的全部电导之和，恒为正值**；有不同下标的电导 G_{ij} 称为第 i 个节点与第 j 个节点之间的**互电导，是两节点间互连支路上的电导之和，恒为负值，两节点间无互连电导时 G_{ij} 为零**；$\sum I_{SSk}$ 是直接流进 k 节点的理想电流源的代数和。

【例 2-13】 用节点电压法求图 2-29 所示各支路电压，检验计算的正确性；并求流过 R_6 的电流 I_{32}。已知 $R_1=R_5=0.5\Omega$，$R_2=R_3=1/3\Omega$，$R_4=1\Omega$，$R_6=1/6\Omega$。

解 第一步：选 0 点为参考点，给其余 4－1＝3 个独立节点命名①、②、③，并在图中标注清楚。

第二步：用观察法列节点方程。

$$\begin{cases}\left(\dfrac{1}{R_1}+\dfrac{1}{R_4}+\dfrac{1}{R_5}\right)U_{n1}-\dfrac{1}{R_5}U_{n2}-\dfrac{1}{R_4}U_{n3}=6-18\\ -\dfrac{1}{R_5}U_{n1}+\left(\dfrac{1}{R_2}+\dfrac{1}{R_5}+\dfrac{1}{R_6}\right)U_{n2}-\dfrac{1}{R_6}U_{n3}=18-12\\ -\dfrac{1}{R_4}U_{n1}-\dfrac{1}{R_6}U_{n2}+\left(\dfrac{1}{R_3}+\dfrac{1}{R_4}+\dfrac{1}{R_6}\right)U_{n3}=25-6\end{cases}$$

代入数据得

$$\begin{cases}(2+2+1)U_{n1}-2U_{n2}-U_{n3}=6-18\\ -2U_{n1}+(2+3+6)U_{n2}-6U_{n3}=18-12\\ -U_{n1}-6U_{n2}+(1+6+3)U_{n3}=25-6\end{cases}$$

第三步：解该节点方程，求出节点电压 U_{n1}、U_{n2}、U_{n3}。

$$U_{n1}=-1\text{V},\ U_{n2}=2\text{V},\ U_{n3}=3\text{V}$$

第四步：利用 U_{n1}、U_{n2}、U_{n3}，求连接于独立节点之间的各支路电压。

$$U_4=U_{n3}-U_{n1}=4\text{V}$$
$$U_5=U_{n1}-U_{n2}=-3\text{V}$$
$$U_6=U_{n3}-U_{n2}=1\text{V}$$

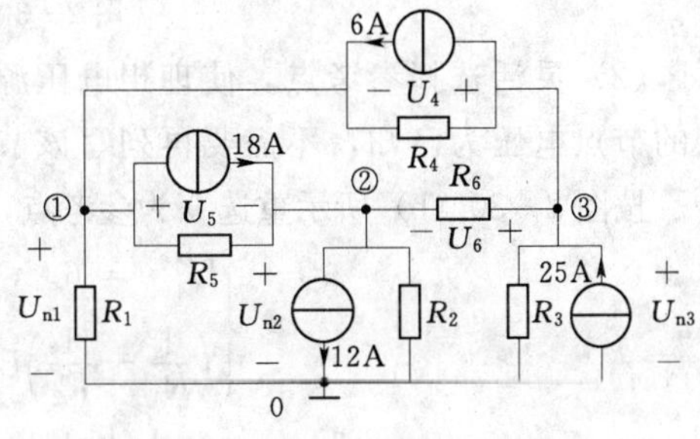

图 2-29 ［例 2-13］图

第五步：任意挑选一个节点，代入已求出的节点间电压，列写 KCL 方程检验计算结果的正确性。

检验②节点，设流进②节点的电流为正流出为负，即

$$18+\frac{U_{n1}-U_{n2}}{R_5}-12-\frac{U_{n2}}{R_2}-\frac{U_{n2}-U_{n3}}{R_6}$$
$$=18+2\times(-1-2)-12-3\times2-6\times(2-3)=0$$

表明计算正确。

第六步：根据要求计算各支路电流。

求流过 R_6 的电流： $$I_{32}=\frac{U_{n3}-U_{n2}}{R_6}=6U_6=6\text{A}$$

2.4.2 含理想电压源支路时的节点方程

节点方程的每一项都是电流量，激励源为电流源时，I_S 直接列进方程右侧；激励源

为电压源时，U_S 不能直接列进方程，处理方法有以下两种。

（1）设流过理想电压源的电流为 I，将 I 计入节点方程右侧。

【例 2-14】 用节点电压法求图 2-30（a）所示各支路的电压。

解 图 2-30（a）中设 0 为参考点，设流过理想电压源的电流为 I，则节点方程为

①节点方程 $$\frac{1}{R_1}\times U_{n1}=5-I \tag{1}$$

②节点方程 $$\frac{1}{R_2}\times U_{n2}=I-2 \tag{2}$$

该方程中互电导为零。两个方程有 3 个未知量，必须再多列一个方程才能求解。①、②两节点间的电压为 6V，就是理想电压源的值，它与左、右两个节点电压的关系是

$$U_{n1}-U_{n2}=6\text{V} \tag{3}$$

该式称为理想电压源支路**附加方程**。联立以上 3 式，求得

$$U_{n1}=4\text{V},U_{n2}=-2\text{V},I=1\text{A}$$

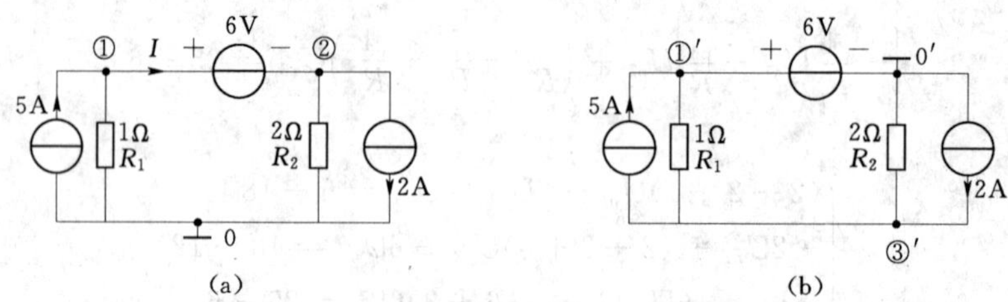

图 2-30 ［例 2-14］图

（2）灵活选择参考点，使理想电压源支路处于某独立节点与参考点之间，则该独立节点的节点电压为已知，不需要再列写该节点的方程。

按图 2-30（b）所示重选 0′为参考点，$U'_{n1}=6\text{V}$ 为已知，只需列写③′点的节点方程，即

$$\begin{cases}U'_{n1}=6\\ \left(\dfrac{1}{R_1}+\dfrac{1}{R_2}\right)U'_{n3}-\dfrac{1}{R_1}U'_{n1}=2-5\end{cases}$$

解之得 $$U'_{n1}=6\text{V},U'_{n3}=2\text{V}$$

进一步求出 $$U'_{13}=4\text{V}$$

两种解法结果一致，后者更快捷。

【例 2-15】 用节点电压法求图 2-31（a）所示电路的节点电压 U_{n1}、U_{n2}、U_{n3}。

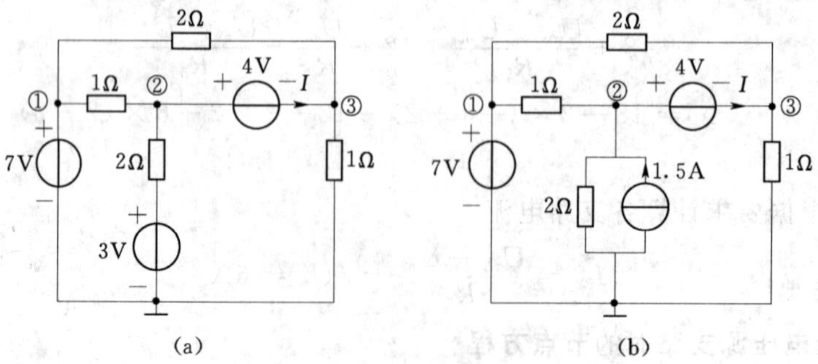

图 2-31 ［例 2-15］图

解 图 2-31（a）中有 3 个电压源，其中电压源与电阻的串联组合可等效变换为电流源与电阻的并联组合，如图 2-31（b）所示；7V 理想电压源处于独立节点①与地之间，$U_{n1}=7\text{V}$ 为已知，不需要列写节点①的节点方程；设流过 4V 理想电压源的电流为 I，其节点方程为

$$\begin{cases}U_{n1}=7\\ -\dfrac{1}{1}U_{n1}+\left(\dfrac{1}{1}+\dfrac{1}{2}\right)U_{n2}=1.5-I\\ -\dfrac{1}{2}U_{n1}+\left(\dfrac{1}{1}+\dfrac{1}{2}\right)U_{n3}=I\\ \text{附加方程：}U_{n2}-U_{n3}=4\end{cases}$$

解之得

$$U_{n1}=7\text{V},\ U_{n2}=6\text{V},\ U_{n3}=2\text{V},\ I=-0.5\text{A}$$

列写节点电压方程时，凡是遇到理想电压源与电阻的串联组合，都可先进行电源等效变换，变成理想电流源与电阻的并联组合。

【例 2-16】 列出图 2-32（a）、（b）所示的节点方程，并分别写出节点电压与所标注的 U、I 之间的关系式。

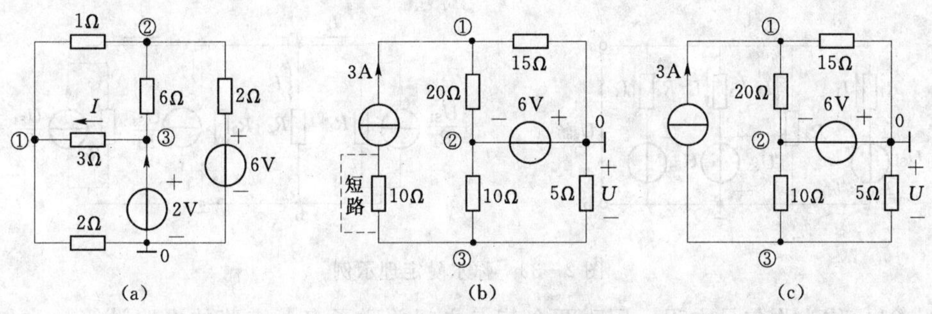

图 2-32 ［例 2-16］图

解 图 2-32（a）所示电路的节点方程为

$$\begin{cases}\left(\dfrac{1}{2}+\dfrac{1}{3}+\dfrac{1}{1}\right)U_{n1}-\dfrac{1}{1}U_{n2}-\dfrac{1}{3}U_{n3}=0\\ -\dfrac{1}{1}U_{n1}+\left(\dfrac{1}{2}+\dfrac{1}{6}+\dfrac{1}{1}\right)U_{n2}-\dfrac{1}{6}U_{n3}=\dfrac{6}{2}\\ U_{n3}=2\end{cases}$$

I 与节点电压之间的关系式为

$$I=\frac{U_{n3}-U_{n1}}{3}$$

图 2-32（b）所示电路最左支路一个电阻与理想电流源串联，该支路对外的等效电路就是理想电流源本身，列写节点方程前可将该电阻作短路处理，因为节点①、②、③对该支路来说属于外电路。短路后得到图 2-32（c），按图 2-32（c）所示电路列写的节点方程为

$$\begin{cases}\left(\dfrac{1}{20}+\dfrac{1}{15}\right)U_{n1}-\dfrac{1}{20}U_{n2}=3\\ U_{n2}=-6\\ -\dfrac{1}{10}U_{n2}+\left(\dfrac{1}{10}+\dfrac{1}{5}\right)U_{n3}=-3\end{cases}$$

U 与节点电压之间的关系式为　　　$U=-U_{n3}$

必须注意：与理想电流源串联的电阻绝对不能写进自电导和互电导中。

2.4.3　弥尔曼方程

图 2－33 所示电路的特点是支路多、网孔多，却只有两个节点。设其中一个节点为参考点，仅需要列写一个独立节点方程就能计算出 U_{ab}，进一步可计算出各支路的电流。设 b 点为参考点，电源等效变换后画出右图，a 点的节点方程为

$$\left(\frac{1}{R_1}+\frac{1}{R_2}+\frac{1}{R_3}+\frac{1}{R_4}\right)U_{ab}=\frac{U_{S1}}{R_1}-\frac{U_{S3}}{R_3}+\frac{U_{S4}}{R_4} \tag{2-21}$$

整理后得

$$U_{ab}=\frac{\dfrac{U_{S1}}{R_1}-\dfrac{U_{S3}}{R_3}+\dfrac{U_{S4}}{R_4}}{\dfrac{1}{R_1}+\dfrac{1}{R_2}+\dfrac{1}{R_3}+\dfrac{1}{R_4}}=\frac{\sum\dfrac{U_{SK}}{R_K}}{\sum\dfrac{1}{R_K}}=\frac{\sum I_{SK}}{\sum\dfrac{1}{R_K}} \tag{2-22}$$

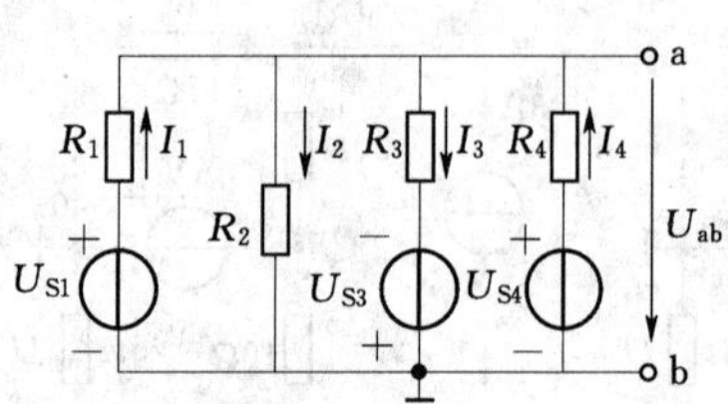

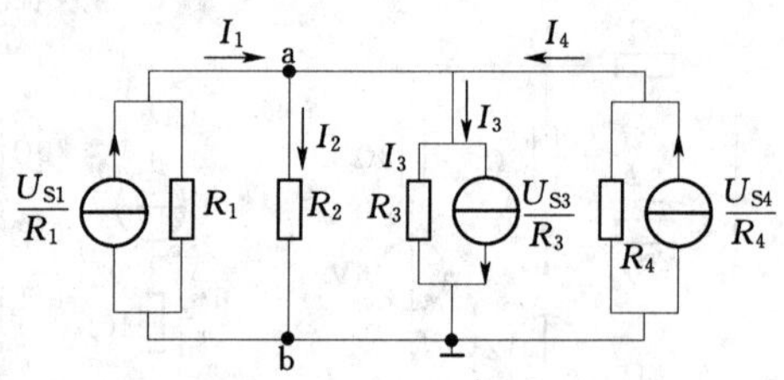

图 2－33　弥尔曼定理示例

式（2－21）称为弥尔曼方程，用于两个节点之间并联了多条支路的电路计算。弥尔曼方程的分母是各支路电导（电阻的倒数）之和，分子是电压源与电阻串联支路变换成电流源与电阻并联支路后的电流源的值 I_{SK}，I_{SK} 流进 a 节点时取正号。并联着的几条支路中也可以包括理想电流源，这时直接将理想电流源 I_S 加进 I_{SK} 中即可。

进一步由 1 支路 VCR 式：$U_{ab}=-R_1I_1+U_{S1}$，得

$$I_1=\frac{U_{S1}-U_{ab}}{R_1}$$

由 2 支路 VCR 式：$U_{ab}=R_2I_2$，得

$$I_2=\frac{U_{ab}}{R_2}$$

由 3 支路 VCR 式：$U_{ab}=R_3I_3-U_{S3}$，得

$$I_3=\frac{U_{ab}+U_{S3}}{R_3}$$

由 4 支路 VCR 式：$U_{ab}=-R_4I_4+U_{S4}$得

$$I_4=\frac{U_{S4}-U_{ab}}{R_4}$$

这里必须注意 $I_1 \neq \frac{U_{S1}}{R_1}$、$I_3 \neq \frac{U_{S3}}{R_3}$、$I_4 \neq \frac{U_{S4}}{R_4}$

它们不是同一条支路上的电流。

【例 2-17】 用弥尔曼方程计算图 2-34（a）所示电路中 A 点的电位。

解 该电路经常出现在电子电路中，由＋50V、－50V 两个对称的电压源供电，而为了电路走线清晰，仅在供电点标注所供电压值及极性。计算时为使电路完整，可将电压源补画如图 2-34（b），B 点原来标注的是正极，则 B 点接 50V 电压源的正极；C 点原来标注的是负极，则 C 点接另一 50V 电压源的负极；两个电压源的另一极都规定接参考点。然后根据图 2-34（b）所示电路列写弥尔曼方程

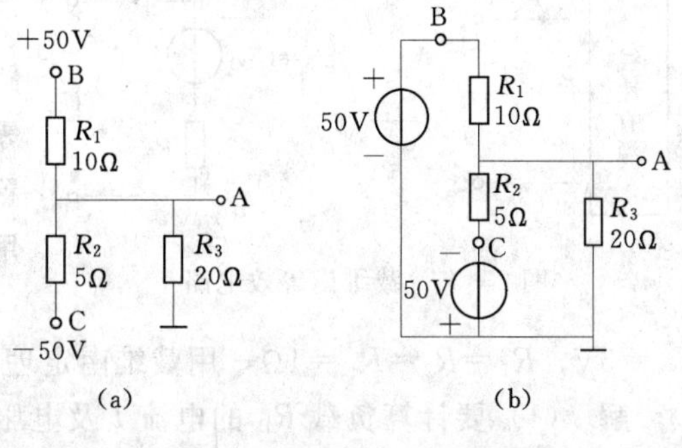

图 2-34 ［例 2-17］图

$$U_A = \frac{\frac{50}{10} + \frac{-50}{5}}{\frac{1}{10} + \frac{1}{5} + \frac{1}{20}} = -14.3 \text{ (V)}$$

网孔电流法与节点电压法在原理上、方程的结构上、讲述的手法上，都有相对应的地方，如表 2-1 所列，读者可联系起来记忆总结。

表 2-1　　网孔电流法与节点电压法的对照

项　　目	网孔电流法	节点电压法
所设未知量	网孔电流 I_{l1}、I_{l2}、I_{l3}	节点电压 U_{n1}、U_{n2}、U_{n3}
方程性质	KVL 方程	KCL 方程
独立方程数	网孔数 $b-(n-1)$	独立节点数 $n-1$
易处理的激励源	电压源	电流源
方程每一项的意义	电压	电流
难点	遇理想电流源支路	遇理想电压源支路
适用范围	只适用于平面电路	适用面广

2.5 戴维南定理和诺顿定理

网孔电流法与节点电压法十分有效，可以求出所有支路的电流与电压。但是有时并不需要求出所有支路的电流与电压，而是仅要求求出负载支路上的电流或电压，这时运用戴维南定理和诺顿定理更快捷。

负载是无源的，往往连接在有电源供电的电路末端，将负载看成外电路不作变化，那么负载前方的有源二端网络可以等效为一个理想电压源与电阻的串联支路，或者一个理想电流源与电阻的并联支路，使计算得以简化。

戴维南定理、诺顿定理仅适用于线性电路，统称为等效电源定理。

2.5.1　戴维南定理

戴维南定理的内容为：**任何线性有源二端网络可以用一个理想电压源（U_S）和内阻（R_0）相串联的支路来对外等效**。如图 2-35 所示，**等效电路中的 U_S 等于该有源网络的开路电压 U_{OC}，内阻 R_0 则等于网络中所有电源置零后所得的无源二端网络的等效电阻**。“**电源置零**”**指理想电压源用短路替代，理想电流源用开路替代**。

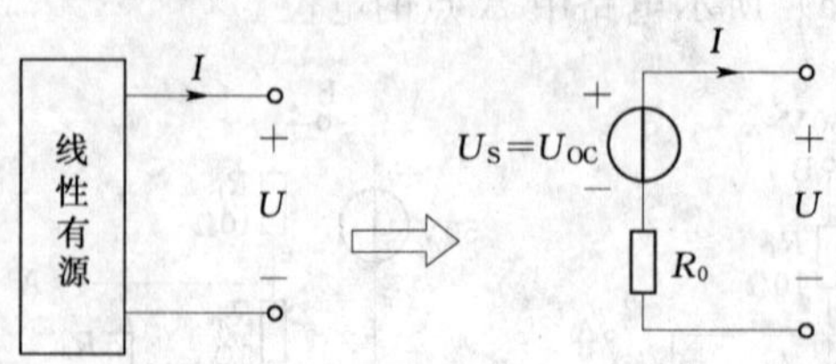

图 2-35　戴维南等效电路

【例 2-18】　图 2-36（a）中 $U_{S1}=3\text{V}$，$U_{S2}=5\text{V}$，$R_1=R_2=R_L=1\Omega$，用戴维南定理求负载 R_L 的电流 I 及电压 U。

解　(1) 要计算负载 R_L 的电流 I 及电压 U，为达此目的先求 ab 左侧有源二端网络的戴维南等效电路。**移开负载 R_L 使 ab 间开路**，得到图 2-36（b）所示端口开路的有源二端网络，求其开路电压 U_{OC}。求 U_{OC} 有两种方法。

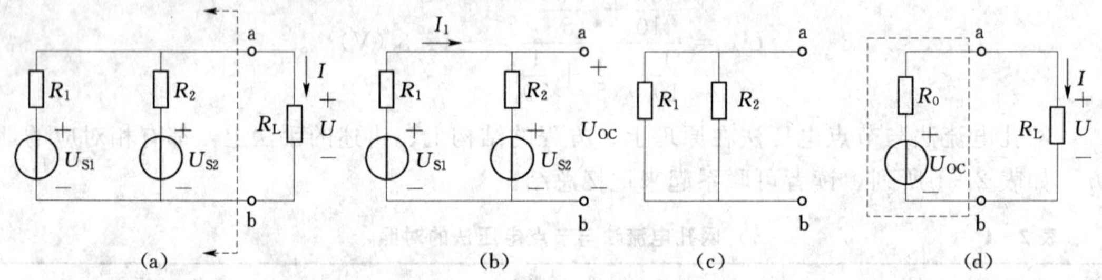

图 2-36　[例 2-18] 图

方法一　列写图 2-36（b）所示电路左侧网孔的 KVL 方程，求出此图中的 I_1，进而求出 U_{OC}。

$$(R_1+R_2)I_1+U_{S2}-U_{S1}=0$$

$$I_1=\frac{U_{S1}-U_{S2}}{R_1+R_2}=\frac{3-5}{1+1}=-1\ (\text{A})$$

$$U_{OC}=U_S=R_2I_1+U_{S2}=4\text{V}$$

或者

$$U_{OC}=U_S=-R_1I_1+U_{S1}=4\text{V}$$

方法二　求图 2-36（b）所示电路的 U_{OC} 也可用弥尔曼方程来实现。

$$U_{OC}=U_S=\frac{\frac{U_{S1}}{R_1}+\frac{U_{S2}}{R_2}}{\frac{1}{R_1}+\frac{1}{R_2}}=\frac{\frac{3}{1}+\frac{5}{1}}{\frac{1}{1}+\frac{1}{1}}=4\ (\text{V})$$

(2) 然后将图 2-36（b）中的理想电压源 U_{S1}、U_{S2} 置零后用短路线替代，得到对应的无源二端网络图 2-36（c），用于求等效电阻 R_0。

$$R_0=\frac{R_1R_2}{R_1+R_2}=\frac{1\times1}{1+1}=0.5\ (\Omega)$$

(3) 画出戴维南等效电路，如图 2-36 (d) 中虚线框中所示，此时重新接上负载 R_L，已是一个单孔回路，计算 I 及 U 十分方便。

$$I=\frac{U_{OC}}{R_L+R_0}=\frac{4}{0.5+1}=2.67\ (A)$$

$$U=R_L I=2.67V$$

该例在概念上一定注意 $U_{OC}\neq U$，前者为 ab 端所接负载开路时的电压，此时负载电流 $I=0$；后者为 ab 端重新接上负载时的电压，$I\neq 0$。

【例 2-19】 用戴维南定理求图 2-37 (a) 所示电路中流过 R_3 的电流 I。

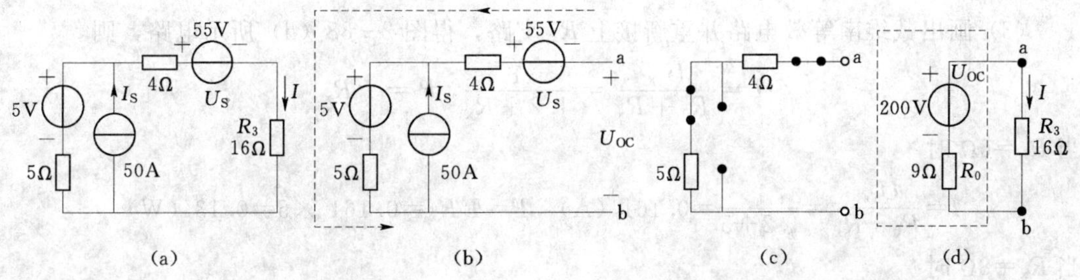

图 2-37 ［例 2-19］图

解 (1) **先将被求支路 R_3 移开**，得到图 2-37 (b)，其中 4Ω 电阻上的电流为零，沿着虚线方向从 a 点绕行到 b 点，可直接计算出开路电压 U_{OC}

$$U_{OC}=-55+5+5\times 50=200\ (V)$$

(2) 按图 2-37 (c) 求等效电阻，**将电源的圆环擦去即可，容易记忆**，则

$$R_0=4+5=9\ (\Omega)$$

(3) 画出戴维南等效电路，如图 2-37 (d) 中虚线框中所示，此时重新接上负载 R_3，得

$$I=\frac{U_{OC}}{R_0+R_3}=\frac{200}{9+16}=8\ (A)$$

从以上两例可以看出，移开负载支路后，开路点的电流为零，电路变得简单了。

【例 2-20】 计算图 2-38 (a) 所示电桥中 R_x 分别等于 5Ω、8Ω 时，该支路的电流和功率。

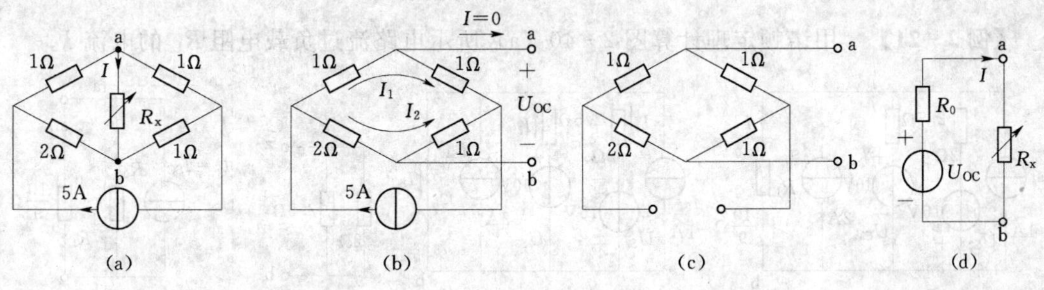

图 2-38 ［例 2-20］图

解

(1) 移开 R_x 支路，将 ab 两点向右侧引出得图 2-38 (b) 所示电路，求开路电压 U_{OC}。

利用分流公式　　$I_1=\frac{3}{3+2}\times5=3$ (A)，$I_2=5-3=2$ (A)

则由右侧从 a 绕行到 b，得　$U_{OC}=1\times I_1-1\times I_2=1$ (V)

或由左侧从 a 绕行到 b，得　$U_{OC}=-1\times I_1+2\times I_2=1$ (V)

(2) 按图 2-38 (c) 求等效电阻 R_0。

$$R_0=\frac{3\times2}{3+2}=1.2\ (\Omega)$$

(3) 画出戴维南等效电路并重新接上 R_x 支路，得图 2-38 (d) 所示电路，则

$$I=\frac{U_{OC}}{R_0+R_x}=\frac{1}{1.2+R_x},\ P=I^2R_x$$

当 $R_x=5\Omega$ 时

$$I=\frac{U_{OC}}{R_0+R_x}=\frac{1}{1.2+5}=0.161\ (\text{A}),\ P=I^2R_x=0.161^2\times5=0.13\ (\text{W})$$

当 $R_x=8\Omega$ 时

$$I=\frac{U_{OC}}{R_0+R_x}=\frac{1}{1.2+8}=0.108\ (\text{A}),\ P=I^2R_x=0.108^2\times8=0.09\ (\text{W})$$

该电路 R_x 为可变电阻有两个取值，如果用网孔电流法或节点电压法求解，需前后列写两组方程分别求解。

2.5.2　诺顿定理

诺顿定理的内容为：**任何线性有源二端网络可以用一个理想电流源 (I_S) 和内阻 (R_0) 相并联的支路来对外等效**。如图 2-39 所示，**等效电路中的 I_S 等于该有源网络的短路电流 I_{SC}，内阻 R_0 则等于网络中所有电源置零后所得的无源二端网络的等效电阻**。

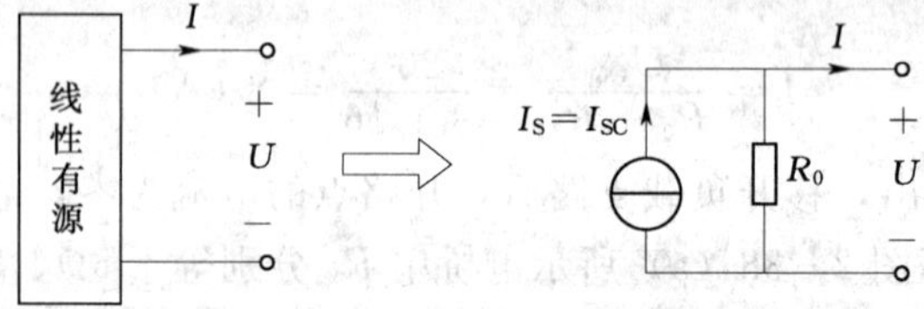

图 2-39　诺顿等效电路

【例 2-21】　用诺顿定理计算图 2-40 (a) 所示电路流过负载电阻 R_L 的电流 I。

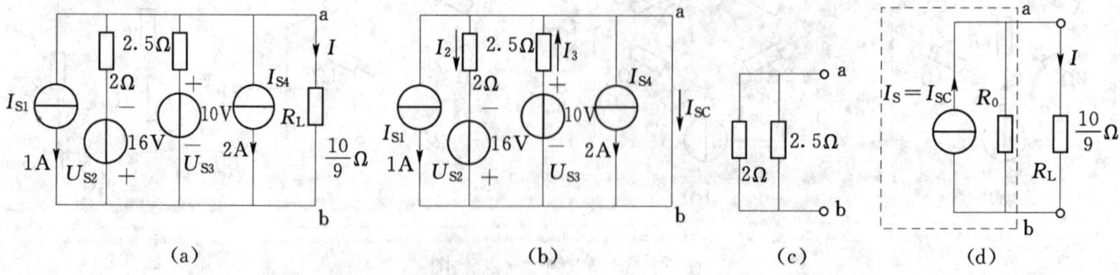

图 2-40　[例 2-21] 图

解 (1) 要计算负载 R_L 的电流 I，为达此目的先求 ab 左侧有源二端网络的诺顿等效电路。**移开负载 R_L 并使 ab 间短路**，使 $U_{ab}=0$，得到图 2-40 (b)，列写 a 节点的 KCL 方程，求其短路电流 I_{SC} 得

$$I_{SC}=I_3-I_2-I_{S1}-I_{S4}=\frac{U_{S3}}{2.5}-\frac{U_{S2}}{2}-1-2=\frac{10}{2.5}-\frac{16}{2}-1-2=-7\ (\text{A})$$

(2) 按图 2-40 (c) 所示求等效电阻。

$$R_0=\frac{2\times 2.5}{2+2.5}=\frac{5}{4.5}=\frac{10}{9}\ (\Omega)$$

(3) 画出诺顿等效电路如图 2-40 (d) 虚线框中所示，此时要**特别注意图 2-40 (b) 中短路电流 I_{SC} 的参考方向向下时，图 2-40 (d) 中 I_{SC} 的参考方向则要向上**。在 ab 之间重新接上负载 R_L，根据分流公式，得

$$I=\frac{I_{SC}}{R_L+R_0}R_0=\frac{-7}{\frac{10}{9}+\frac{10}{9}}\times\frac{10}{9}=-3.5\ (\text{A})$$

该例在概念上一定注意 $I_{SC}\neq I$，前者为 ab 端所接负载短路时的电流，此时 $U_{ab}=0$；后者为 ab 端重新接上负载时的电流，$U_{ab}\neq 0$。

【例 2-22】 用戴维南定理计算图 2-41 (a) 所示电路的电流 I。

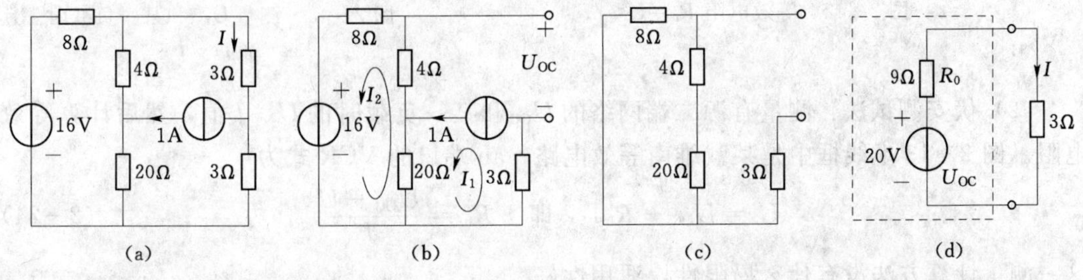

图 2-41 ［例 2-22］图

解 将右上角 3Ω 电阻移开得图 2-41 (b)，形成两个网孔，理想电流源支路处于外围支路，$I_1=1\text{A}$ 为已知，仅需列 2 网孔的网孔方程。

$$\begin{cases}I_1=1\\-20I_1+32I_2=-16\end{cases}$$

解之得
$$I_2=0.125\text{A}$$

$$U_{OC}=8I_2+16+3I_1=20\ (\text{V})$$

根据图 2-41 (c) 计算等效电阻

$$R_0=\frac{(4+20)\times 8}{(4+20)+8}+3=9\ (\Omega)$$

戴维南等效电路如图 2-41 (d) 虚线框中所示，该单孔回路中

$$I=\frac{U_{OC}}{R_0+3}=\frac{20}{9+3}=1.67\ (\text{A})$$

该例题若要求诺顿等效电路，步骤很繁琐，可先求出戴维南电路再等效变换为诺顿

电路。

2.5.3　求线性有源二端网络等效电阻的方法

(1) 开路短路法：分别计算或测量出线性有源二端网络的开路电压 U_{OC} 和短路电流 I_{SC}，那么其等效电阻

$$R_0 = \frac{U_{OC}}{I_{SC}} \tag{2-23}$$

该结论可从图 2-42 (a) 所示诺顿等效电路的开路电压，或图 2-42 (b) 所示戴维南等效电路的短路电流图中直接得到。当某一有源二端网络的等效电阻太小而 I_{SC} 很大时，不允许测量 I_{SC}，否则会损坏电源。

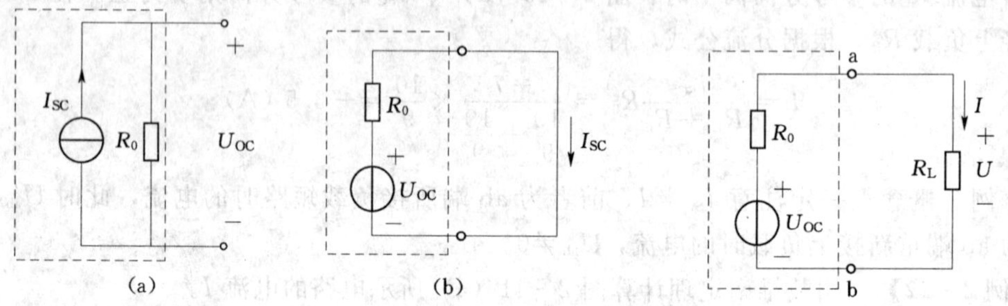

图 2-42　等效电阻 $R_0=U_{OC}/I_{SC}$

图 2-43　测量 U_{OC} 和某一负载时的 U、I

(2) 伏安测试法：测量有源二端网络的 U_{OC} 和某一负载时的 U、I 值，然后计算等效电阻。图 2-43 虚线框中是某戴维南等效电路，ab 端口的 VCR 式为

$$U = U_{OC} - R_0 I \quad 即 \quad R_0 = \frac{U_{OC} - U}{I} \tag{2-24}$$

这一测量计算方法没有什么局限性，适用性好。

(3) 将有源二端网络中所有电源置零后，用串并联法计算其等效电阻；或在输出端口用欧姆表直接测量其等效电阻。当内部电源不能置零时，这种测量方法不适用。

2.5.4　最大功率传输定理

图 2-44 (a) 虚线框中是线性有源二端网络的戴维南等效电路，设负载电阻 R_L 可变，则当 R_L 很大时，流过 R_L 的电流很小，故 R_L 所得的功率 I^2R_L 很小；反之，若 $R_L\to 0$ 时，R_L 上的电压 $U\to 0$，所得的功率 U^2/R_L 自然也很小。由此可推论：R_L 在 $0\sim\infty$ 之间必将有一个恰当的数值使得负载获得的功率最大，如图 2-44 (b) 所示。

图 2-44 (a) 中，负载 R_L 的功率为 $P_L=I^2R_L$ 而

$$I = \frac{U_{OC}}{R_0 + R_L}$$

则

$$P_L = \frac{R_L U_{OC}^2}{(R_0 + R_L)^2}$$

为求 P_L 的极大值，先求 P_L 对 R_L 的导数

$$\frac{dP_L}{dR_L} = \frac{(R_0 + R_L)^2 U_{OC}^2 - 2R_L(R_0 + R_L)U_{OC}^2}{(R_0 + R_L)^4} = \frac{R_0 - R_L}{(R_0 + R_L)^3} U_{OC}^2$$

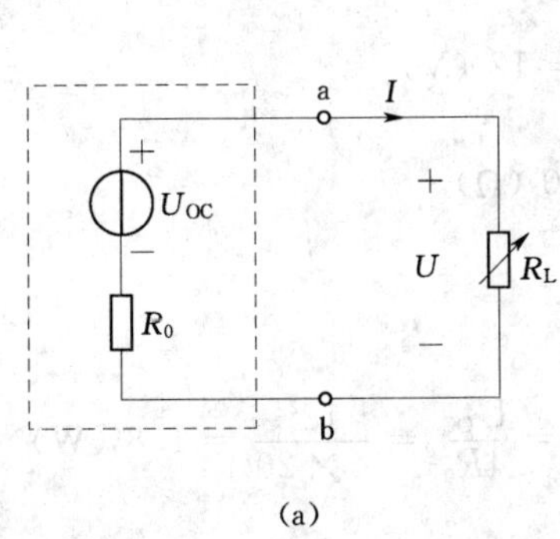

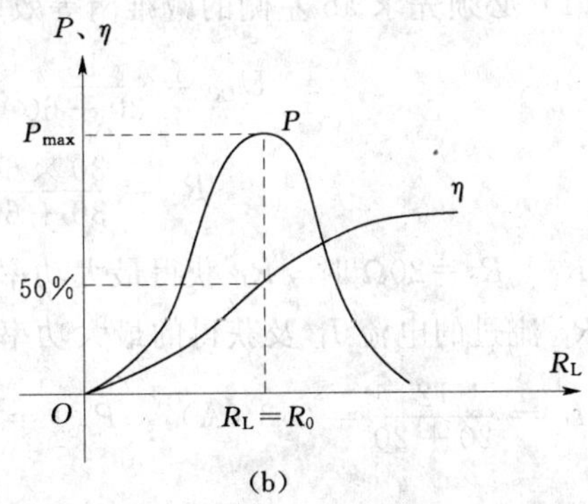

图 2-44　最大功率传输定理

令该导数为零，即

$$\frac{dP_L}{dR_L}=0$$

得

$$R_L=R_0 \tag{2-25}$$

推导表明：**当负载电阻 R_L 与戴维南等效电阻 R_0 相等时，负载电阻可从线性有源二端网络获得最大功率**——此为最大功率传输定理（或称为负载与电源内阻匹配）。最大功率为

$$P_{max}=I^2R_L=\left(\frac{U_{OC}}{R_0+R_L}\right)^2R_L=\left(\frac{U_{OC}}{R_0+R_0}\right)^2R_0=\frac{U_{OC}^2}{4R_0} \tag{2-26}$$

这时戴维南等效电路中电源 U_{OC} 的供电效率为

$$\eta=\frac{R_LI^2}{(R_0+R_L)I^2}=\frac{R_0I^2}{(R_0+R_0)I^2}=\frac{1}{2}=50\%$$

可见供电效率不高，有一半功率和电能会损失在等效电阻 R_0 上。而有源二端网络及其等效电路两者仅对外等效，其内部是不等效的，因此变换前的原有源二端网络的供电效率 $\eta\neq50\%$，可以证明会更低。

【例 2-23】　如图 2-45 所示电路中 R_L 可变，计算：

(1) R_L 为多少欧姆时获得最大功率；

(2) R_L 获得的最大功率值 P_{max}；

(3) 当 R_L 获得最大功率时，求原有源二端网络的供电效率 η'。

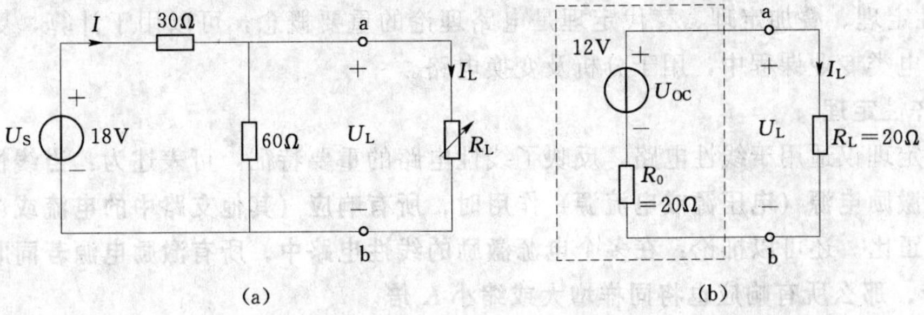

图 2-45　[例 2-23] 图

解　(1) 必须先求 ab 左侧的戴维南等效电路，如图 2-45 (b) 所示。由分压公式得

$$U_{OC} = \frac{18}{30+60} \times 60 = 12\ (\text{V})$$

$$R_0 = \frac{30 \times 60}{30+60} = 20\ (\Omega)$$

因此，当 $R_L = R_0 = 20\Omega$ 时，R_L 获得最大功率。

(2) R_L 流过的电流 I_L 及获得的最大功率为

$$I_L = \frac{12}{20+20} = 0.3\ (\text{A}),\quad P_{max} = I_L^2 R_L = \frac{U_{OC}^2}{4R_0} = \frac{12^2}{4 \times 20} = 1.8\ (\text{W})$$

(3) 当 $R_L = 20\Omega$ 时，其两端的电压为

$$U_L = \frac{1}{2} U_{OC} = 6\ (\text{V})$$

原电路电压源 U_S 提供的电流 I 为

$$I = \frac{U_S - U_L}{30} = \frac{18-6}{30} = 0.4\ (\text{A})$$

原电路电压源 U_S 提供的功率为

$$P_S = U_S I = 18 \times 0.4 = 7.2\ (\text{W})$$

戴维南等效电路中电源 U_{OC} 的供电效率为

$$\eta = \frac{I_L^2 R_L}{U_{OC} I_L} = \frac{0.3^2 \times 20}{12 \times 0.3} = \frac{1.8}{3.6} = 50\%$$

原电路电压源 U_S 的供电效率为

$$\eta' = \frac{R_L I_L^2}{P_S} = \frac{1.8}{7.2} = 25\%$$

最大功率传输定理在电子技术中得到应用，因为电子线路传输的信号微弱，希望负载电阻获得的功率最大，要求负载与电源内阻匹配。但在电力系统中不允许负载与电源内阻匹配，因为供电效率太低，往往尽量减小电源的内阻，以提高供电效率。

2.6　齐性定理、叠加定理、替代定理

齐性定理、叠加定理、替代定理是电路理论的重要概念，可以用于计算，更重要的是在后续电类专业课程中，用于分析及变换电路。

2.6.1　齐性定理

齐性定理仅适用于线性电路，反映了线性电路的重要特征，可表述为：**当线性电路中只有一个激励电源（电压源或电流源）作用时，所有响应（其他支路中的电流或电压）与该激励成正比**。还可以推论：**在多个电源激励的线性电路中，所有激励电源若同时增大或缩小 K 倍，那么所有响应也将同样增大或缩小 K 倍**。

用齐性定理对梯形电路进行计算，采用倒推法十分方便，即在离梯形电路输入端口最远处设一个数值简单的电流或电压值，应用 KCL、KVL 定律逐一向前推算各中间环节上

的电流、电压直至激励源，再应用齐性定理，求梯形电路在指定激励下的响应。

【例 2-24】　图 2-46 所示线性电路中，$R_0=R_2=R_4=R_6=4\Omega$，$R_1=R_3=R_5=8\Omega$，激励源 $U_S=8V$，求响应 I_0。

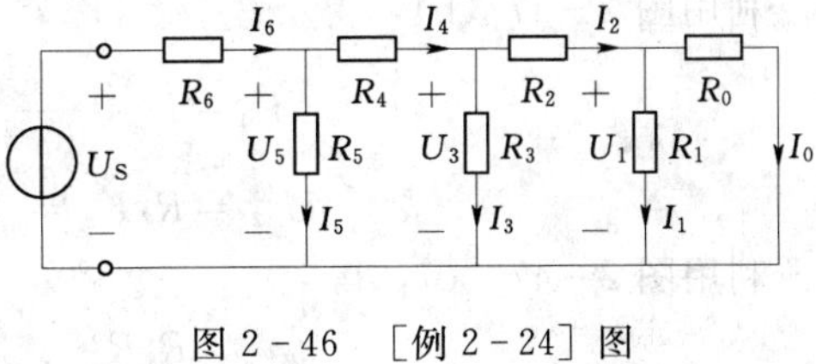

图 2-46　[例 2-24] 图

解　该线性电路只有一个激励源 U_S，则响应 I_0 与 U_S 成正比。假设 $I'_0=1A$，采用倒推法推算过程如下：

$$I'_0=1A$$

$$I'_1=\frac{R_0I'_0}{R_1}=\frac{4\times1}{8}=0.5\ (A)$$

$$I'_2=I'_0+I'_1=1+0.5=1.5\ (A)$$

$$I'_3=\frac{R_2I'_2+R_0I'_0}{R_3}=\frac{4\times1.5+4\times1}{8}=1.25\ (A)$$

$$I'_4=I'_2+I'_3=1.5+1.25=2.75\ (A)$$

$$I'_5=\frac{R_4I'_4+R_3I'_3}{R_5}=\frac{4\times2.75+8\times1.25}{8}=2.625\ (A)$$

$$I'_6=I'_4+I'_5=2.75+2.625=5.375\ (A)$$

$$U'_S=R_6I'_6+R_5I'_5=4\times5.375+8\times2.625=42.5\ (V)$$

以上推算表明：$U'_S=42.5V$ 时，$I'_0=1A$，响应与激励之间的比例系数 H 为 $H=\frac{I'_0}{U'_S}=\frac{1}{42.5}$。

那么 $U_S=8V$ 时的响应为

$$I_0=HU_S=\frac{1}{42.5}U_S=\frac{8}{42.5}=0.188\ (A)$$

2.6.2　叠加定理

与齐性定理一样，叠加定理仅适用于线性电路，可表述为：**在有多个电源共同作用的线性电路中，任一支路中的电流或电压（响应）等于各个电源（激励）分别单独作用时在该支路中产生的电流或电压的代数和**。某个电源单独作用是指：其他电源置零（即不起作用），理想电压源置零用短路替代，理想电流源置零用开路替代。

【例 2-25】　在图 2-47（a）中，$U_{S1}=10V$，$I_{S2}=4A$，$R_1=6\Omega$，$R_2=4\Omega$。(1) 应用叠加定理计算图 2-47（a）中的 U_2、I_1、I_2。(2) 用节点电压法证明计算 I_2 的正确性。

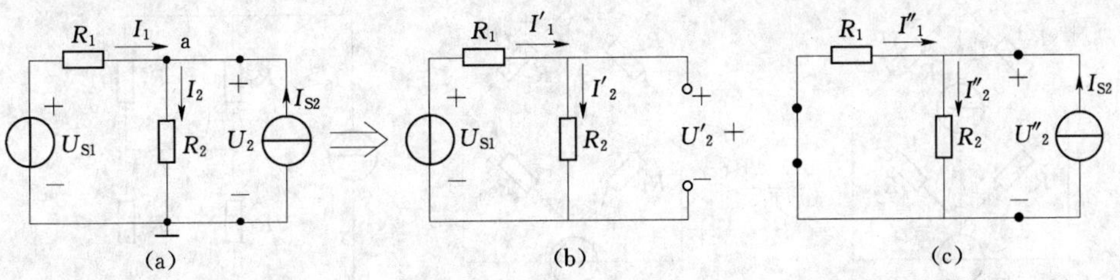

图 2-47　[例 2-25] 图

解　(1) **用叠加定理解题，先要画出每个电源单独作用时的分图**，如图 2-47（b）

和图 2-47 (c) 所示。

利用图 2-47 (b)，得

$$I'_1=I'_2=\frac{U_{S1}}{R_1+R_2}=\frac{10}{6+4}=1\ (A) \tag{2-27}$$

$$U'_2=R_2I'_2=4\times1=4\ (V)$$

利用图 2-47 (c)，得

$$U''_2=\frac{R_1R_2}{R_1+R_2}I_{S2}=\frac{6\times4}{6+4}\times4=9.6\ (V)$$

$$I''_2=\frac{R_1}{R_1+R_2}I_{S2}=\frac{U''_2}{R_2}=\frac{9.6}{4}=2.4\ (A) \tag{2-28}$$

$$I''_1=I''_2-I_{S2}=-\frac{U''_2}{R_1}=-\frac{9.6}{6}=-1.6\ (A)$$

两个分量相加，得

$$I_1=I_1'+I_1''=1+(-1.6)=-0.6\ (A)$$
$$I_2=I'_2+I''_2=1+2.4=3.4\ (A)$$
$$U_2=U'_2+U''_2=4+9.6=13.6\ (V)$$

(2) 对图 2-47 (a) 设下侧节点为参考点，列写 a 点的节点方程计算 I_2。

$$\left(\frac{1}{R_1}+\frac{1}{R_2}\right)U_a=\frac{U_{S1}}{R_1}+I_{S2}$$

因为
$$U_a=R_2I_2$$

所以
$$\frac{R_1+R_2}{R_1R_2}(R_2I_2)=\frac{U_{S1}}{R_1}+I_{S2}$$

整理后
$$I_2=\frac{1}{R_1+R_2}U_{S1}+\frac{R_1}{R_1+R_2}I_{S2}=I'_2+I''_2$$

上式中 $I'_2=\frac{1}{R_1+R_2}U_{S1}$，与 U_{S1} 成正比，就是 U_{S1} 单独作用的结果，与式 (2-27) 一致；$I''_2=\frac{R_1}{R_1+R_2}I_{S2}$，与 I_{S2} 成正比，就是 I_{S2} 单独作用的结果，与式 (2-28) 一致，验证了叠加定理的正确性。

用叠加定理进行计算，关键要正确画出每个电源单独作用时的分图。图 2-48 (a) 所示电路要求计算 R_4 上的电压 U，用节点法计算需联立 3 个方程，用网孔法计算需联立 4 个方程，用叠加定理可计算如下：

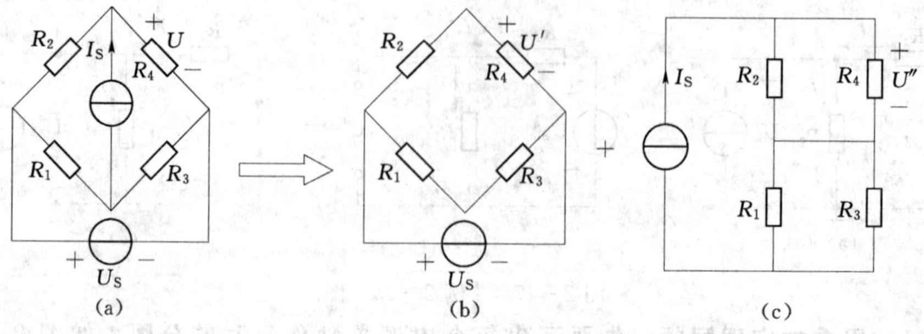

图 2-48　叠加定理示例

电压源单独作用时　　$U' = \frac{U_S}{R_1 + R_4} R_4$

电流源单独作用时　　$U'' = \frac{R_2 R_4}{R_2 + R_4} I_S$

则　　$$U = U' + U'' = \frac{U_S}{R_1 + R_4} R_4 + \frac{R_2 R_4}{R_2 + R_4} I_S$$

【例 2-26】　如图 2-49 所示，已知 $U_{S1} = U_{S2} = 5V$ 时，$U = 0$；$U_{S1} = 8V$，$U_{S2} = 6V$ 时，$U = 4V$；求 $U_{S1} = 3V$，$U_{S2} = 4V$ 时 U 的值。

解　设 U_{S1} 或 U_{S2} 单独作用时，在 R 上产生的电压响应分别为 U' 和 U''，则有 $U' = K_1 U_{S1}$，$U'' = K_2 U_{S2}$；K_1、K_2 为比例常数。由叠加定理可得

$$U = U' + U'' = K_1 U_{S1} + K_2 U_{S2} \tag{2-29}$$

根据已知条件，则有

$$\begin{cases} 0 = K_1 \times 5 + K_2 \times 5 \\ 4 = K_1 \times 8 + K_2 \times 6 \end{cases}$$

联立求解以上两式，得 $K_1 = 2$，$K_2 = -2$。由此，当 $U_{S1} = 3V$，$U_{S2} = 4V$ 时，可得

$$U = K_1 U_{S1} + K_2 U_{S2} = 2 \times 3 - 2 \times 4 = -2\ (V)$$

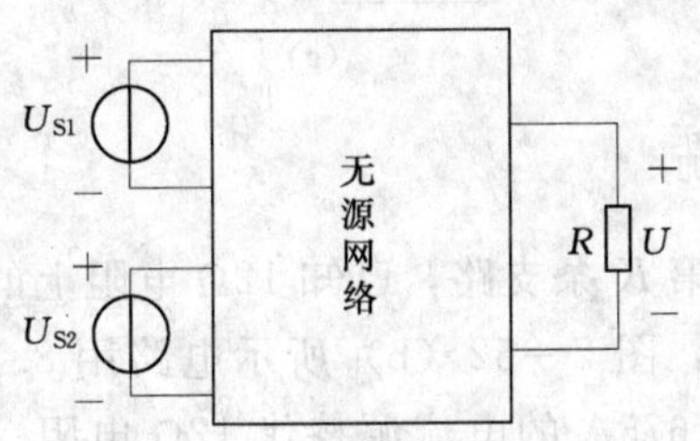

图 2-49　[例 2-26] 图

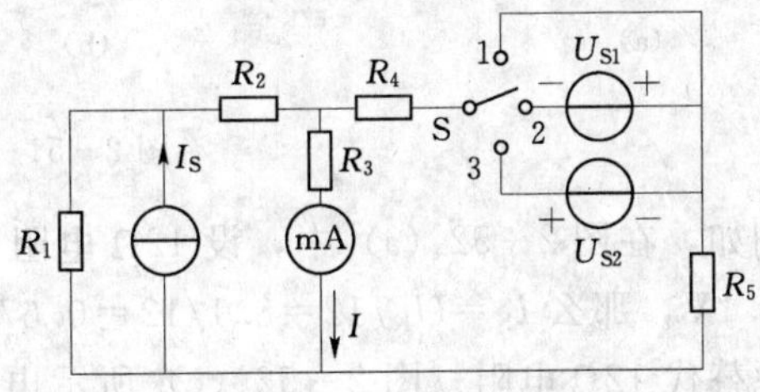

图 2-50　[例 2-27] 图

【例 2-27】　在图 2-50 所示电路中，$U_{S1} = 10V$，$U_{S2} = 15V$，当开关 S 在位置 1 时，毫安表的读数为 $I' = 40mA$；当开关 S 在位置 2 时，毫安表的读数为 $I'' = -60mA$。计算开关 S 在位置 3 时毫安表的读数。

解　开关 S 在位置 1 时，$I' = 40mA$ 是电流源 I_S 对 I 的单独贡献。开关 S 在位置 2 时，$I'' = -60mA$ 是电流源 I_S 和电压源 U_{S1} 对 I 的共同贡献，那么 $I'' - I' = -60 - 40 = -100mA$ 应该是 U_{S1} 对 I 的单独贡献，其响应与激励之间的比例系数为

$$H = \frac{-100mA}{10V} = -10\left(\frac{mA}{V}\right) \tag{2-30}$$

开关 S 在位置 3 时，U_{S2} 与 U_{S1} 位置相同、单位相同、方向相反，那么 U_{S2} 对 I 的单独贡献为

$$I''' = -HU_{S2} = -(-10) \times 15 = 150\ (mA)$$

这时电流源 I_S 仍作用着，所以毫安表的读数为

$$I' + I''' = 40 + 150 = 190\ (mA)$$

应用叠加定理时应注意以下几点：

(1) 电源不作用时，**理想电压源代以短路，理想电流源代以开路。**

（2）叠加定理不适用于非线性电路，因为在不同电流、电压下非线性电路的电阻值会发生变化。

（3）同一电流、电压响应在各个分图中的分量应与原电路图中的参考方向一致。

（4）不能用分图按叠加定理计算功率，因为功率与电流或电压间不是线性关系。

2.6.3　替代定理

替代定理可表述为：**在给定的电路中，若第 K 条支路的电压 U_K 和电流 I_K 为已知，那么此支路可以用一个电压等于 U_K 的电压源 U_S 或一个电流等于 I_K 的电流源 I_S 替代，替代后不会影响电路中其他部分的电流和电压。**上述的第 K 条支路可以是电阻，也可以是电压源与电阻的串联组合，或电流源与电阻的并联组合。替代定理可以应用于线性及非线性电路，如图 2－51 所示。这种替代的前后，被替代处电路的工作条件没有变化，所以不会影响电路其他部分的工作。

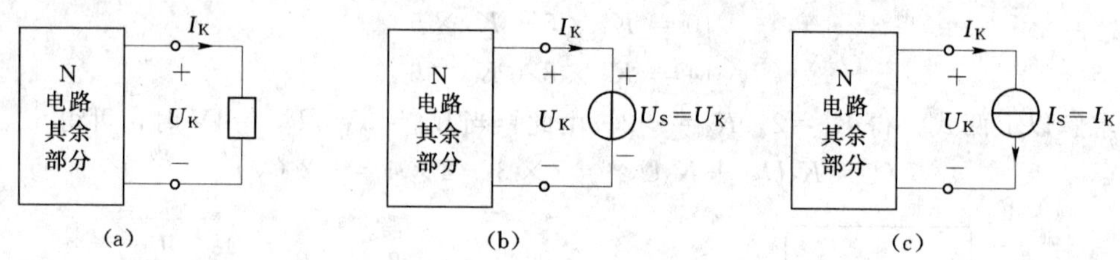

图 2－51　替代定理

例如，在图 2－52（a）中，设 12Ω 电阻支路为第 K 条支路，已知 12Ω 电阻上的电压 $U_K=8.1\text{V}$，那么 $I_K=U_K/12=8.1/12=0.675$（A），图 2－52（b）所示电路用 8.1V 的电压源替代 12Ω 电阻；图 2－52（c）所示电路用 0.675A 的电流源替代 12Ω 电阻；这种替代不影响其他支路上的电流、电压分配。

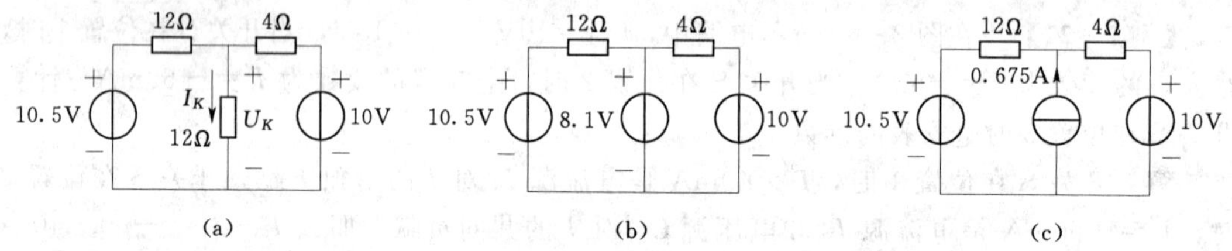

图 2－52　替代定理示例

2.7　受控源的原型及其含受控源电路的计算

前面各章节出现的用圆形符号表示的电流源、电压源，其值是确定的，能独立向外输出功率，称为独立源；电路中还存在另一类电源，它们的电流、电压值要受其他支路的电流或者电压控制，它们不能独立向外输出功率，称为受控源（非独立源），用菱形符号表示。**受控源反映了某处电流、电压信号能传递并影响另一处电流、电压这种特性，**受控源的出现使电路的计算复杂化，但只要恰当地写出**控制量关系式，**问题便能迎刃而解。

2.7.1　4 种受控源的原型器件

电子、电气线路中使用的场效应管、晶体三极管、真空三极管和他励直流发电机分别是电压控制电流源（VCCS）、电流控制电流源（CCCS）、电压控制电压源（VCVS）、电流控制电压源（CCVS）的原型器件之一。

在图 2－53（a）中，场效应管栅源间电压 U_{GS}（控制量）如增大，D 点通向 S 点的导电沟道加宽，使 D 点流向 S 点的电流 I_D（受控量）增加。右图用电压控制电流源（VCCS）作为场效应管的电路模型，支路 1 为控制支路，支路 2 为受控支路，其受控源的 VCR 式为 $I_2=gU_1$，其中常数 g 称为转移电导。图中的方框表示控制支路的某一电路元件。可见受控源是一个四端网络，包含控制和受控两条支路。

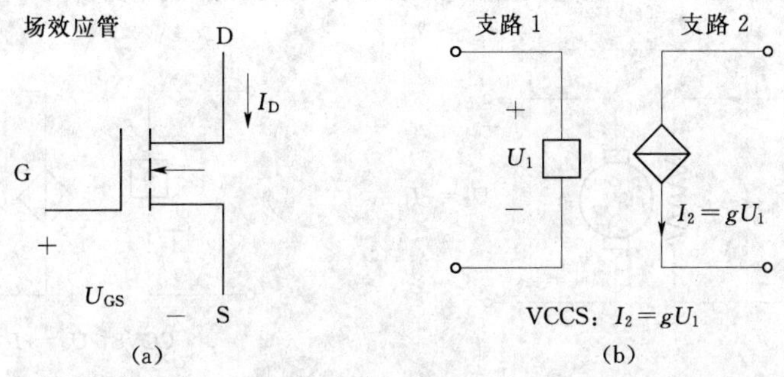

图 2－53　用电压控制电流源作为场效应管的电路模型

在图 2－54（a）中，晶体三极管的基极电流 I_b（控制量）如增大，会使集电极电流 I_c（受控量）成比例增大。右图用电流控制电流源（CCCS）作为晶体三极管的电路模型，其受控源的 VCR 式为 $I_2=\beta I_1$，其中常数 β 称为电流放大倍数。

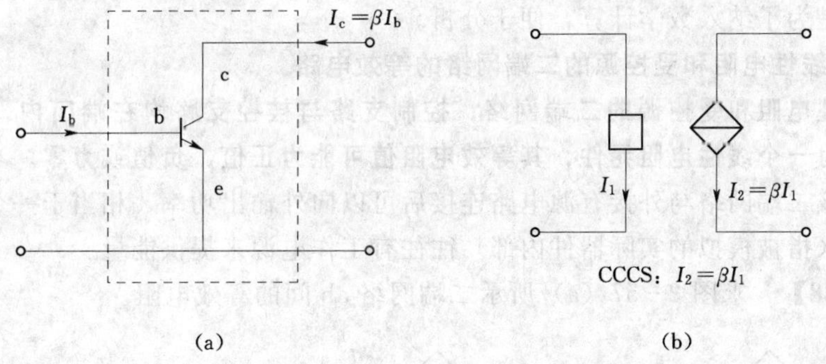

图 2－54　用电流控制电流源作为晶体三极管的电路模型

在图 2－55（a）中，真空三极管栅极电位增高，吸引阴极所发射电子的能力增强，使更多电子到达阳极，最终使阳极的对地电压（受控量）成比例变化。右图用电压控制电压源（VCVS）作为真空三极管的电路模型，其受控源的 VCR 式为 $U_2=\mu U_1$，其中常数 μ 称为电压放大倍数。

在图 2－56（a）中，他励直流发电机的励磁电流 I_1 通入发电机的转子，I_1（控制量）如增大，旋转磁场增强，会使定子绕组中的感应电压（受控量）成比例增大。右图用电流

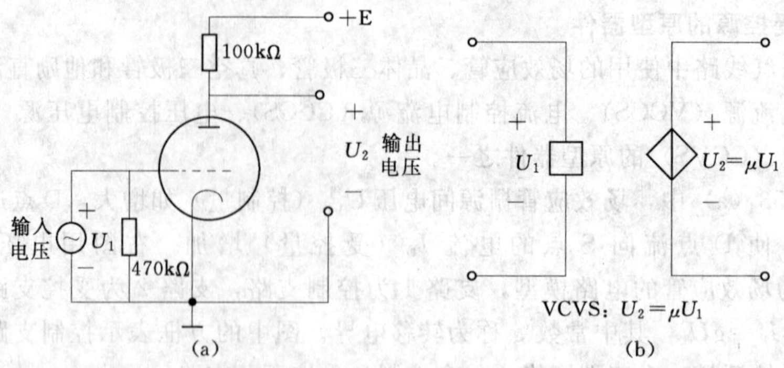

图 2－55　用电压控制电压源作为真空三极管的电路模型

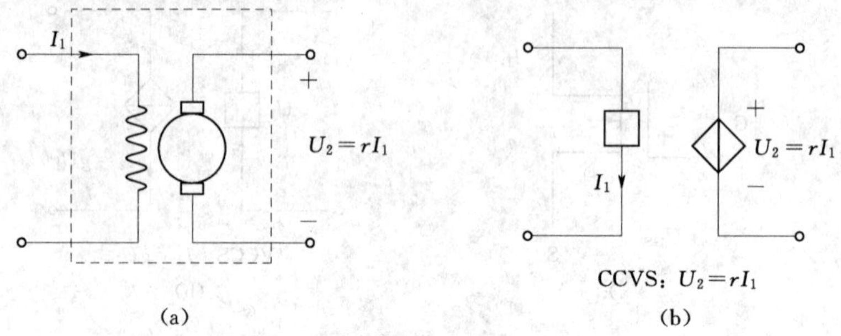

图 2－56　用电流控制电压源作为他励直流发电机的电路模型

控制电压源（CCVS）作为他励发电机的电路模型，其受控源的 VCR 式为 $U_2=rI_1$，其中常数 r 称为转移电阻。

本书所述受控源的 g、β、μ、r 均为常数，称为线性受控源。将实际器件用受控源来模拟的目的是为了纳入数学计算，便于分析。

2.7.2　仅含线性电阻和受控源的二端网络的等效电路

仅含线性电阻和受控源的二端网络，控制支路与被控支路均在端口内，对外电路而言，可等效为一个线性电阻元件，其等效电阻值可能为正值、负值或为零。当其等效电阻为负值时，该二端网络与外接有源电路连接后可以向外输出功率，相当于一个电源。因为受控源内部（指被模拟的实际器件内部）往往有工作电源来提供能量。

【例 2－28】　求图 2－57（a）所示二端网络 ab 间的等效电阻。

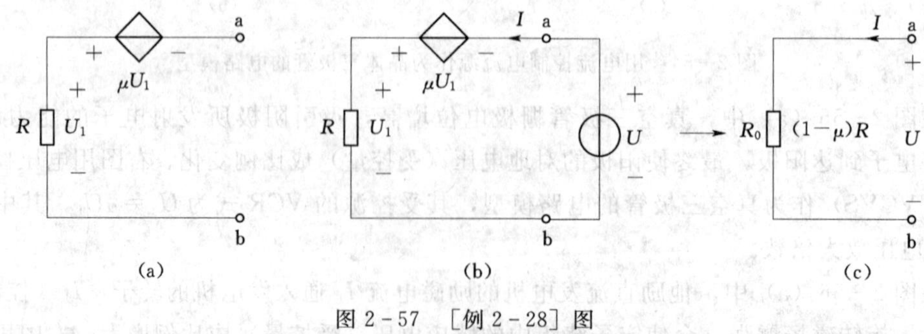

图 2－57　［例 2－28］图

解 图 2-57（a）所示电路没有独立电源存在，**为了计算该二端网络的等效电阻，假设在端口外加独立电压源 U，必定引起端口电流响应 I，列写该端口 U 和 I 的 VCR 式，则该二端网络的等效电阻定义为：$R_0=\dfrac{U}{I}$，这是求等效电阻的一般方法**。

ab 端口的 VCR 式

$$U=-\mu U_1+U_1=(1-\mu)U_1 \tag{2-31}$$

而 $U_1=RI$，则有
$$U=(1-\mu)RI$$

该二端网络对外等效电阻为

$$R_0=\frac{U}{I}=(1-\mu)R$$

其中 $U_1=RI$ 称为控制量关系式，该关系式将控制量用端口上的 U 和 I 来表示。**从 R_0 的表达式还可以看出，受控源本身相当于一个值为 $-\mu R$ 的电阻**。若电压放大倍数 $\mu>1$，则 R_0 为负值。

【例 2-29】 用求等效电阻的一般方法计算图 2-58（a）、（b）所示二端网络的等效电阻。

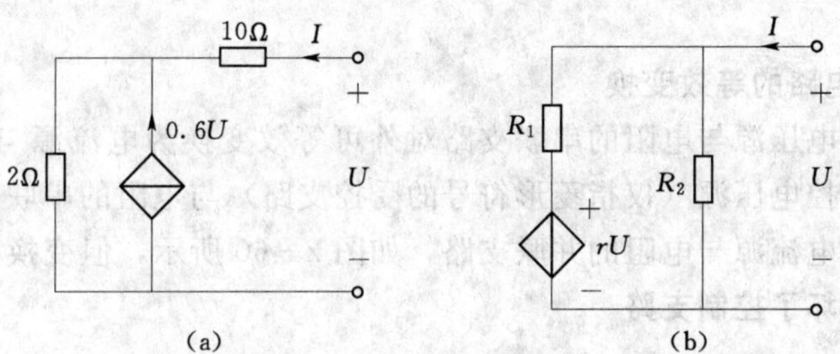

图 2-58 ［例 2-29］图

解 对图 2-58（a）列写端口的 VCR 式

$$U=10I+2\times(0.6U+I)$$

合并同类项得
$$(1-1.2)U=12I$$

图 2-58（a）所示二端网络对外等效电阻为

$$R_0=\frac{U}{I}=\frac{12}{1-1.2}=-60\ (\Omega)$$

对图 2-58（b）列写端口的 VCR 式

$$I=\frac{U}{R_2}+\frac{U-rU}{R_1}=U\left(\frac{1}{R_2}+\frac{1-r}{R_1}\right)$$

图 5-58（b）所示二端网络对外等效电阻为

$$R_0=\frac{U}{I}=\frac{1}{\dfrac{1}{R_2}+\dfrac{1-r}{R_1}}=\frac{R_1R_2}{R_1+R_2(1-r)}$$

【例 2-30】 图 2-59 所示是电子技术中共射极放大电路的微变等效图。试用求等效电阻的一般方法计算该二端网络的等效电阻。

解 输入端口的 VCR 式为

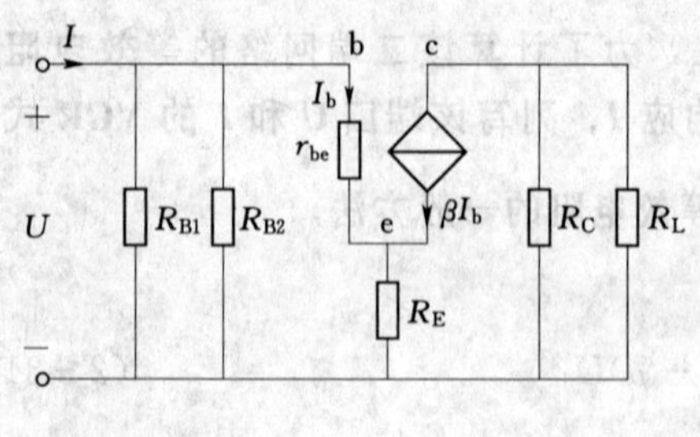

图 2-59　[例 2-30] 图

$$I = \frac{U}{R_{B1}} + \frac{U}{R_{B2}} + I_b \tag{2-32}$$

端子电压与控制量的关系式

$$U = r_{be} I_b + (I_b + \beta I_b) R_E$$

整理后得控制量关系式

$$I_b = \frac{U}{r_{be} + (1+\beta) R_E}$$

将 I_b 代入式（2-32）得

$$I = \frac{U}{R_{B1}} + \frac{U}{R_{B2}} + \frac{U}{r_{be} + (1+\beta) R_E}$$

根据等效电阻的定义

$$R_0 = \frac{U}{I} = \frac{1}{\frac{1}{R_{B1}} + \frac{1}{R_{B2}} + \frac{1}{r_{be} + (1+\beta) R_E}}$$

即
$$R_0 = R_{B1} // R_{B2} // [r_{be} + (1+\beta) R_E]$$

由此可知：受控电流源 βI_b 的存在，使 R_E 增大了 β 倍，从而增加了电路的总输入电阻。

2.7.3　含受控源电路的等效变换

在 2.2 节中，电压源与电阻的串联支路对外可等效变换为电流源与电阻的并联支路。与此相似，一个受控电压源（仅指菱形符号的受控支路）与电阻的串联支路，对外也可等效变换为一个受控电流源与电阻的并联支路，如图 2-60 所示，**但变换中要特别注意不能由于电路变形，破坏了控制支路**。

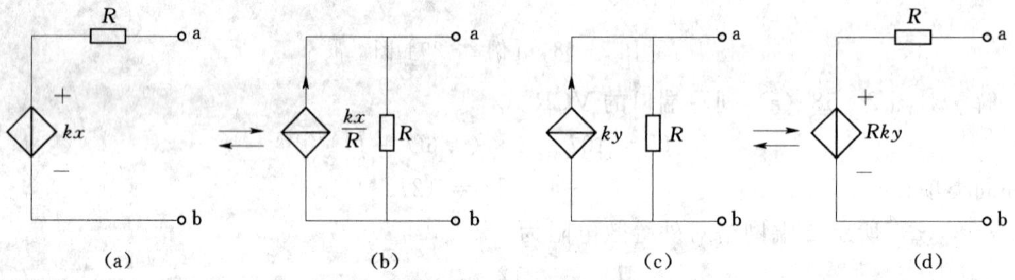

图 2-60　含受控源电路的等效变换

【例 2-31】　(1) 用等效变换法求图 2-61 (a) 所示二端网络的等效电阻。

(2) 若将控制量更改为 U_1，求图 2-61 (d) 所示二端网络的等效电阻。

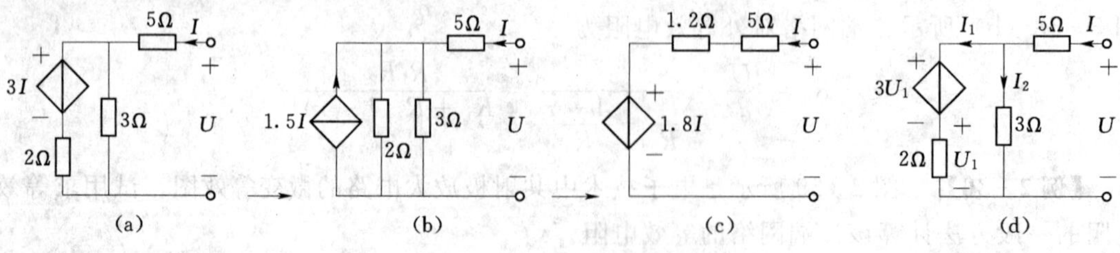

图 2-61　[例 2-31] 图

解 （1）等效变换的过程如图 2-61（a）、（b）、（c）所示。对图 2-61（c）可列写端口的 VCR 式，有

$$U=5I+1.2I+1.8I,R_0=\frac{U}{I}=8\Omega$$

（2）控制量更改为图 2-61（d）中的 U_1 后，因为等效变换会破坏 2Ω 电阻所在支路，U_1 不便标注，这时可直接列写端口 U 和 I 的 VCR 式，不必进行等效变换

$$U=5I+3U_1+U_1=5I+4U_1 \tag{2-33}$$

推导控制量关系式

$$I=I_1+I_2=\frac{U_1}{2}+\frac{4U_1}{3}=U_1\left(\frac{1}{2}+\frac{4}{3}\right)=\frac{11}{6}U_1$$

得控制量关系式为

$$U_1=\frac{6}{11}I$$

将控制量关系式代入式（2-33）得

$$U=5I+4\left(\frac{6}{11}I\right)=\frac{79}{11}I$$

则

$$R_0=\frac{U}{I}=\frac{79}{11}\Omega$$

2.7.4 网孔电流法应用于含受控源的电路

列含受控源电路的网孔方程时，先将受控源类似于独立源处理，这样列出的方程往往包含控制量这个未知量，因此未知量个数多于方程数，应该再列一个控制量关系式（**将控制量转换用网孔电流表示**），与原方程组联立。

【例 2-32】 列写图 2-62 所示电路的网孔方程并求解。

解 网孔 a

$$(2+1+3)I_a-I_b-3I_c=0$$

网孔 b

$$-I_a+(1+3)I_b-3I_c=6-12$$

网孔 c

$$-3I_a-3I_b+(3+3+2)I_c=12-2U$$

控制量关系式

$$U=1\times(I_b-I_a)$$

联立以上 4 个方程解得

$I_a=1.29\text{A},I_b=0.61\text{A},I_c=2.38\text{A},U=-0.68\text{V}$

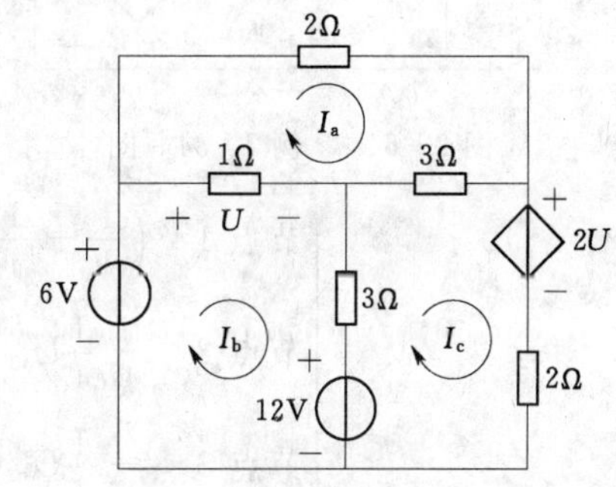

图 2-62 ［例 2-32］图

【例 2-33】 列写图 2-63 所示电路的网孔方程。

解 网孔方程的每一项都是电压量，遇到电压源可直接写进方程中。本例题有两个受控电流源，最下两条支路电源等效变换后得图 2-63（b）所示，没有破坏控制量；而 5U 受控电流源在外围支路上，那么该受控电流源所在网孔的方程不需要列写，直接得出 $I_b=-5U$，则有

$$\begin{cases}\text{网孔 a}\quad (2+2+2)I_a-2I_b-2I_c=16\\ \text{网孔 b}\quad I_b=-5U\\ \text{网孔 c}\quad -2I_a-2I_b+(2+2+2)I_c=8I\\ \text{控制量关系式}\quad I=I_a-I_b\\ \text{控制量关系式}\quad U=2I_a\end{cases}$$

5 个未知量，联立 5 个方程，解方程组即可。

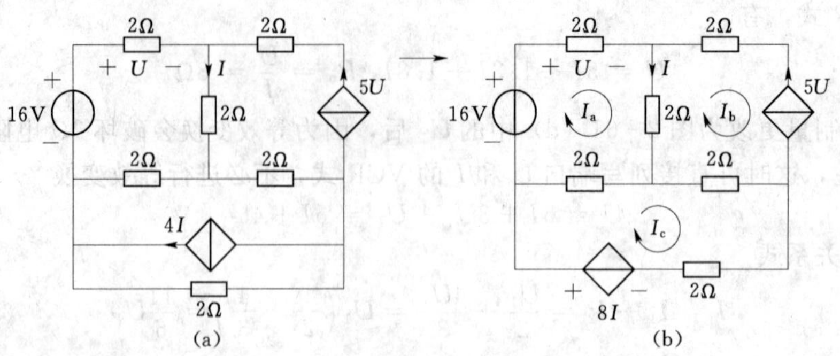

图 2-63　[例 2-33] 图

2.7.5　节点电压法应用于含受控源的电路

列含受控源电路的节点方程时，先将受控源类似于独立源处理，列出的方程必然包含控制量，使未知量个数多于方程数，再列控制量关系式（**将控制量转换用节点电压表示**），与原方程组联立。

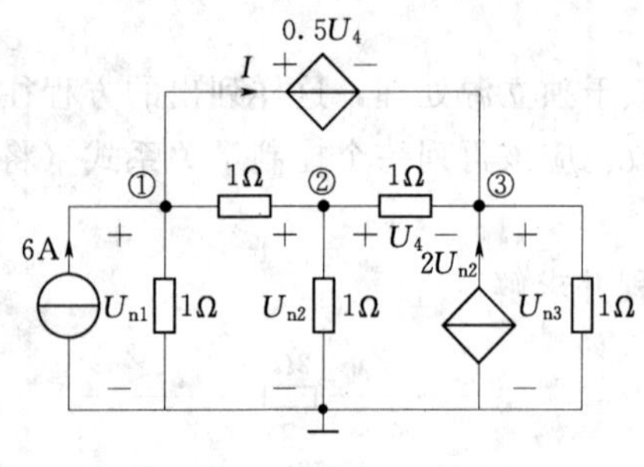

图 2-64　[例 2-34] 图

【例 2-34】　(1) 列写图 2-64 所示电路的节点方程并求解。

(2) 讨论受控电流源的功率。

解　(1) 电源较多时，一定先看清电源的类型。节点方程的每一项都是电流量，电流源直接写进节点方程，而最上支路是电压源支路，该支路上要设一个电流 I，增加一个电压源支路附加方程。

$$\begin{cases}\text{节点 1} \quad \left(\frac{1}{1}+\frac{1}{1}\right)U_{n1}-\frac{1}{1}U_{n2}=6-I \\ \text{节点 2} \quad -\frac{1}{1}U_{n1}+\left(\frac{1}{1}+\frac{1}{1}+\frac{1}{1}\right)U_{n2}-\frac{1}{1}U_{n3}=0 \\ \text{节点 3} \quad -\frac{1}{1}U_{n2}+\left(\frac{1}{1}+\frac{1}{1}\right)U_{n3}=2U_{n2}+I \\ \text{控制量关系式} \quad U_4=U_{n2}-U_{n3} \\ \text{电压源支路附加方程} \quad 0.5U_4=U_{n1}-U_{n3}\end{cases}$$

5 个未知量，联立 5 个方程，解方程组即可。解得 3 个节点电压：

$$U_{n1}=4\text{V}, U_{n2}=3\text{V}, U_{n3}=5\text{V}$$

(2) 受控电流源上的电流、电压为非关联参考方向，设其吸收功率，则有

$$P=-U_{n3}\times(2U_{n2})=-5\times2\times3\text{W}=-30\text{W（实际为发出功率）}$$

2.7.6　戴维南定理应用于含受控源的电路

【例 2-35】　用戴维南定理求图 2-65 (a) 中负载电流 I。

解　(1) 先移开负载 R_L 使端口开路，得到图 2-65 (b) 所示有源二端网络，求其开路电压 U_{oc}。由于控制量 $I=0$，则 $3I$ 受控电压源的值也为零。

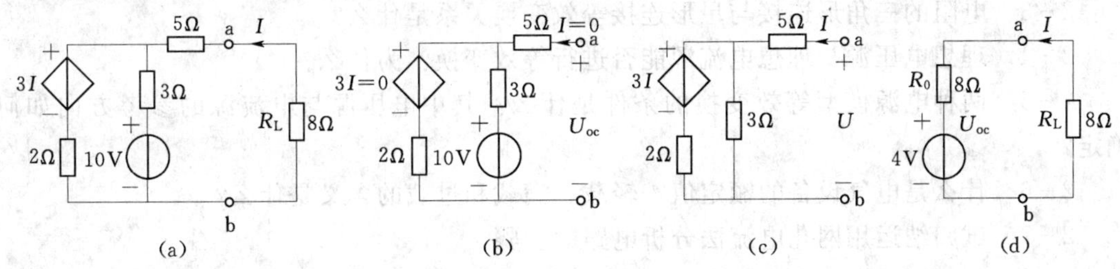

图 2-65 ［例 2-35］图

$$U_{oc} = \frac{10}{2+3} \times 2 = 4\ (\text{V})$$

（2）按图 2-65（c）所示求等效电阻，10V 独立电压源用短路替代，**但受控源的性质相当于一个电阻，应保留原地**。该等效电阻已在［例 2-31］中求出

$$R_0 = \frac{U}{I} = 8\Omega$$

（3）画出戴维南等效电路如图 2-65（d）所示，并重新接上负载 R_L，得

$$I = \frac{-U_{oc}}{R_0 + R_L} = \frac{-4}{8+8} = -0.25\ (\text{A})$$

该例题 $R_0 = R_L$，因此负载 R_L 能获得最大功率。

2.7.7 叠加定理应用于含受控源的电路

【例 2-36】 用叠加定理求图 2-66（a）中的电流 I_1。

解 图 2-66（a）有两个独立电源，每个单独作用画两张分图，但应注意**每张分图中受控源都必须保留原地，不能不作用，也不能单独作用，因为受控源的性质相当于一个电阻**。

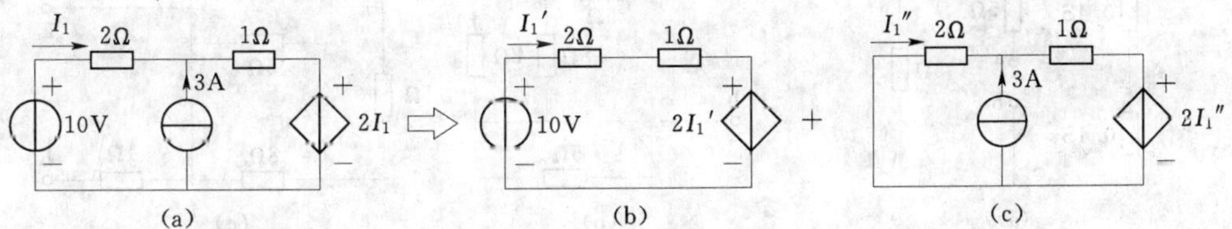

图 2-66 ［例 2-36］图

电压源单独作用时 $2I'_1 + I'_1 + 2I'_1 = 10$，解得 $I'_1 = 2\text{A}$。

电流源单独作用时 $2I''_1 + (3 + I''_1) \times 1 + 2I''_1 = 0$，解得 $I''_1 = -0.6\text{A}$。

根据叠加原理 $I_1 = I'_1 + I''_1 = 2 + (-0.6) = 1.4\ (\text{A})$。

习　题　2

一、问答题

2-1 求原电路等效电路的意义是什么？等效后的效果是什么？

2-2 等效变换的作用是什么？

2-3　电阻的三角形连接与星形连接等效变换关系是什么？

2-4　理想电压源与理想电流源能否进行等效变换？为什么？

2-5　两种电源模型等效变换的条件是什么？其中电压源与电流源的参考方向如何确定？

2-6　什么是电气设备的额定值？轻载、满载和过载的含义是什么？

2-7　试归纳运用网孔电流法分析电路的步骤。

2-8　运用网孔电流法分析电路时，如果电路中存在理想电流源，该如何处理？

2-9　运用网孔电流法列写电路方程时，自阻与互阻的正、负如何确定？

2-10　试归纳运用节点电压法分析电路的步骤。

2-11　运用节点电压法分析电路时，如果电路中存在理想电压源，该如何处理？

2-12　运用节点电压法列写电路方程时，自导与互导的正、负如何确定？

2-13　如何求有源二端网络的戴维南等效电路和诺顿等效电路？

2-14　求线性有源二端网络等效电阻的方法有哪些？比较几种方法的优缺点。

2-15　线性有源二端网络在什么条件下给负载传输的功率为最大值？

2-16　齐性定理、叠加定理和替代定理的应用范围分别是什么？

2-17　在功率计算中能否运用齐性定理和叠加定理？

2-18　受控源有哪几种类型？分别列出它们的电路符号与表达式。

2-19　受控源与独立源有哪些不同？

二、计算题

2-1　求题图2-1中各电路的等效电阻。

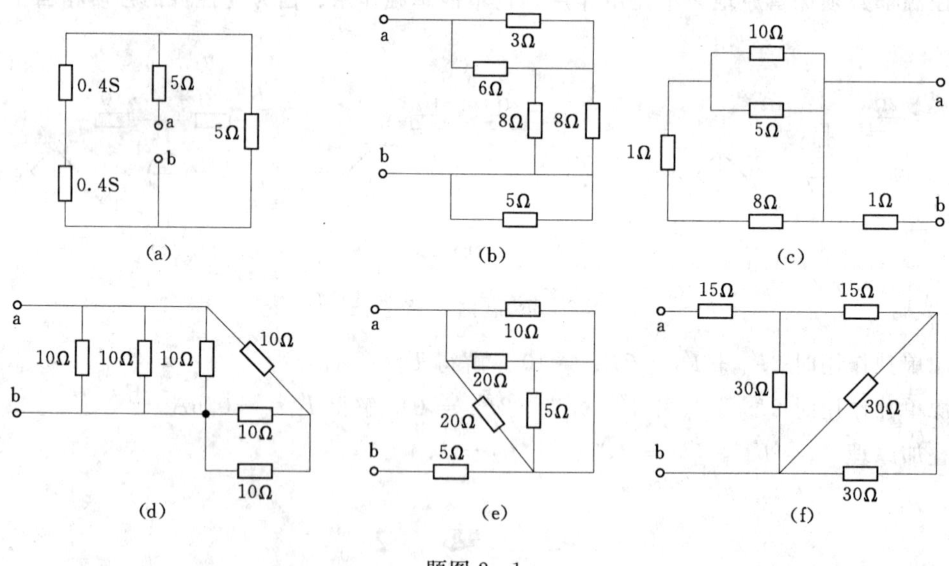

题图2-1

2-2　求题图2-2中各电路的等效电阻。

2-3　如题图2-3所示电路：(1) 求ab端的电压 U_{ab}；(2) 如ab间用理想导线短接，求短路电流 I_{ab}。

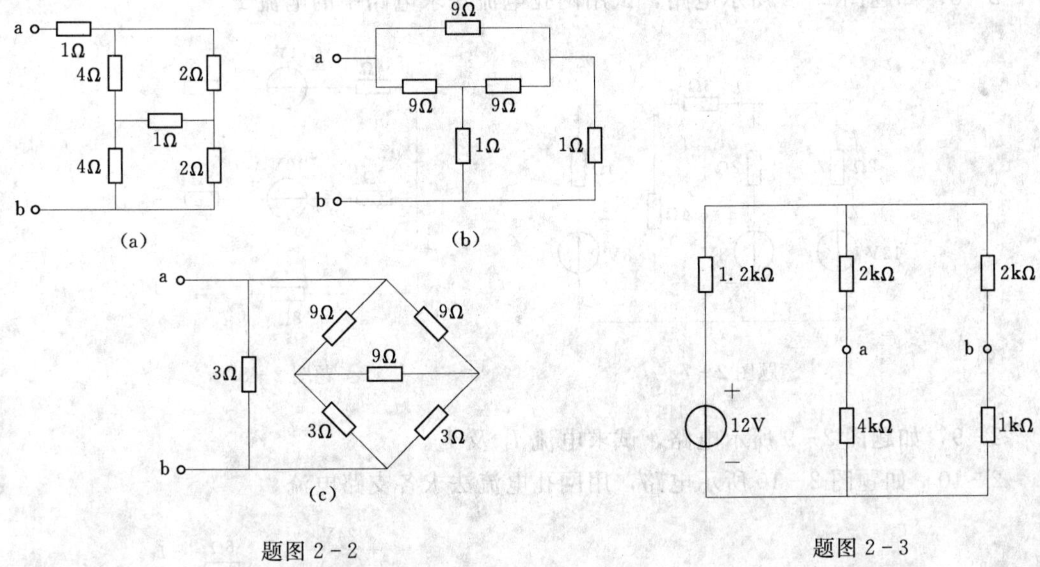

题图 2-2　　　　题图 2-3

2-4　求题图 2-4 中各电路的等效电源模型。

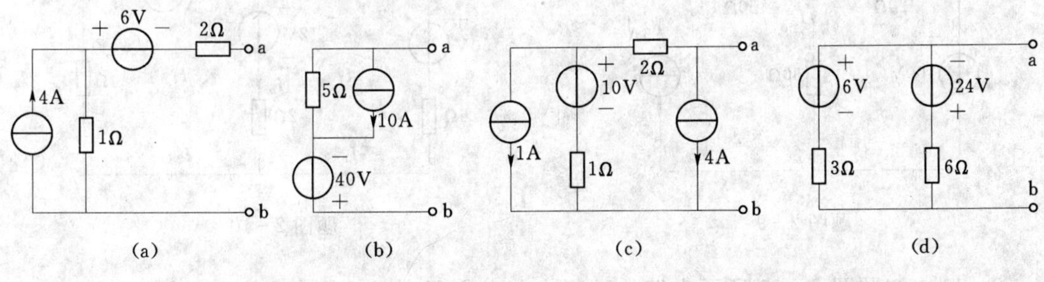

题图 2-4

2-5　如题图 2-5 所示电路，已知 $U_{S1}=10\text{V}$，$U_{S2}=-20\text{V}$，$U_{S3}=5\text{V}$，$R_1=2\Omega$，$R_2=4\Omega$，$R_3=6\Omega$ 和 $R_L=3\Omega$。求电阻 R_L 的电流和电压。

2-6　如题图 2-6 所示电路，已知 $I_{S1}=10\text{A}$，$I_{S2}=5\text{A}$，$I_{S3}=1\text{A}$，$G_1=1\text{S}$，$G_2=2\text{S}$ 和 $G_3=3\text{S}$，求 a、b 两点间的等效电源模型。若在 a、b 两点间接 $R_L=2\Omega$ 的负载电阻，求流过 R_L 的电流 I_{ab}。

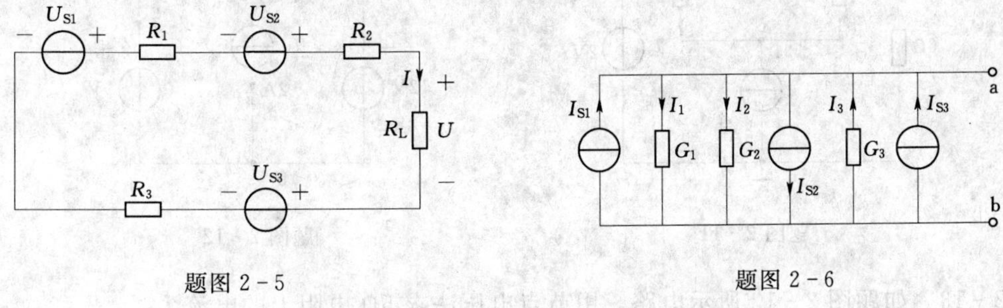

题图 2-5　　　　题图 2-6

2-7　如题图 2-7 所示电路，用等效变换法求电路中的电流 I。

2-8　如题图 2-8 所示电路，试用网孔电流法求电路中的电流 I。

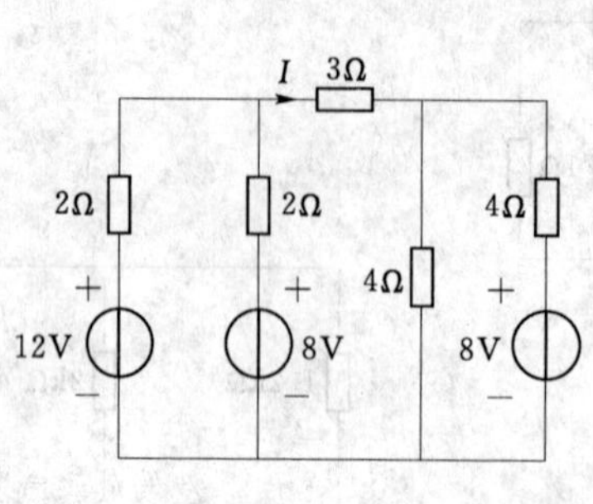

题图 2-7

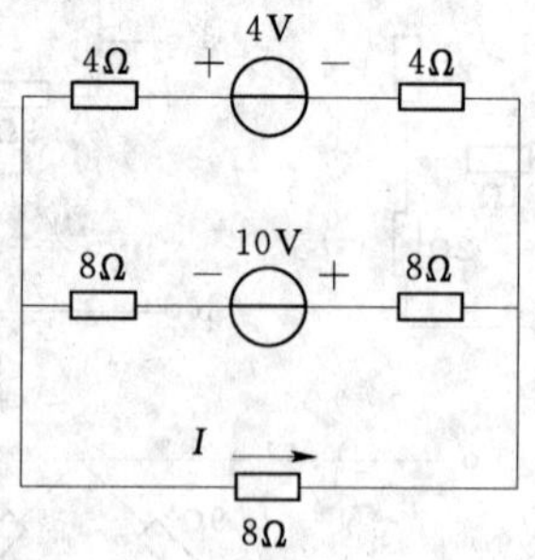

题图 2-8

2-9　如题图 2-9 所示电路，试求电流 I_1 及 I_2。

2-10　如题图 2-10 所示电路，用网孔电流法求各支路电流。

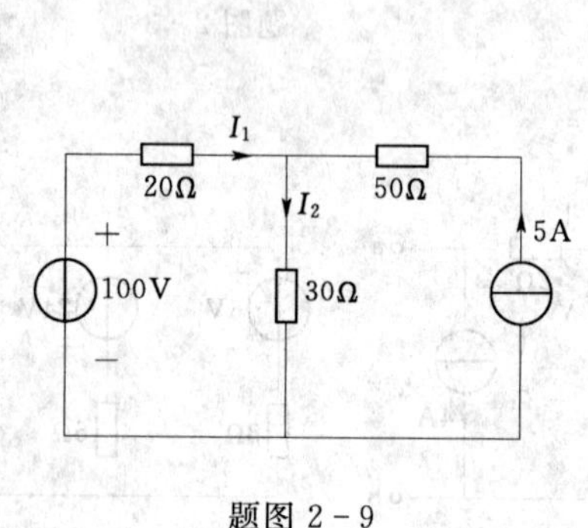

题图 2-9

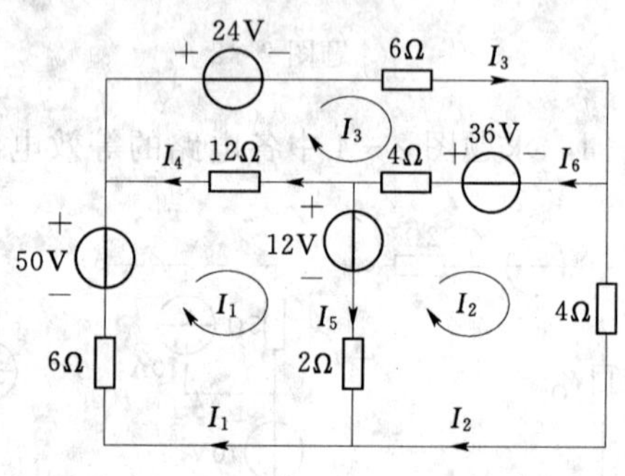

题图 2-10

2-11　如题图 2-11 所示电路，试列出节点方程（以 d 为参考点），并求 I。

2-12　如题图 2-12 所示电路，以 b 点为参考点，用弥尔曼方程求 U_{ab}，并求电流 I。

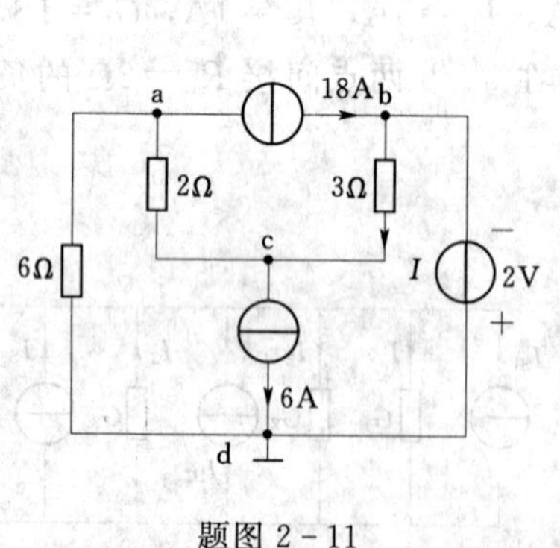

题图 2-11

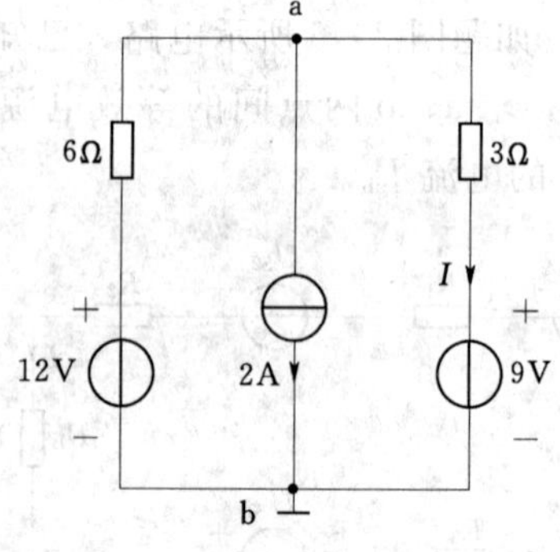

题图 2-12

2-13　如题图 2-13 所示电路，用节点电压法求 5Ω 电阻上的电流 I。

2-14　如题图 2-14 所示电路，用节点电压法求 S 断开和闭合时 a 点的电位。

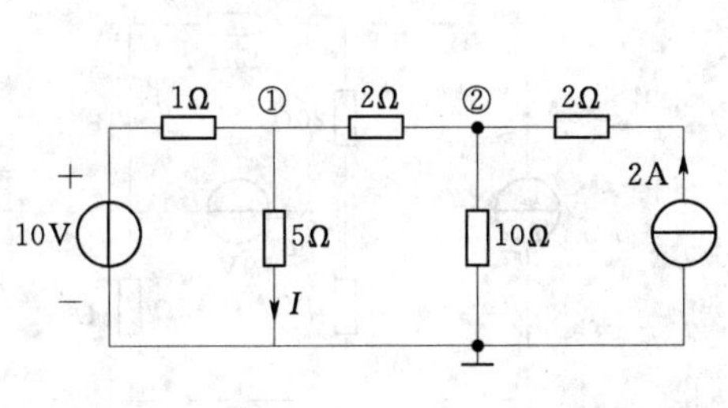

题图 2－13

题图 2－14

2－15　如题图 2－15 所示电路可用来测量电源的 U_S 值和内阻 R_0。图中 $R_1=28.7\Omega$，$R_2=57.7\Omega$。当开关 S_1 闭合、S_2 断开时，电流表读数为 0.2A；当开关 S_1 断开、S_2 闭合时，电流表读数为 0.1A。试求 U_S 值和内阻 R_0。

2－16　如题图 2－16 所示电路，求该有源二端网络的戴维南等效电路。

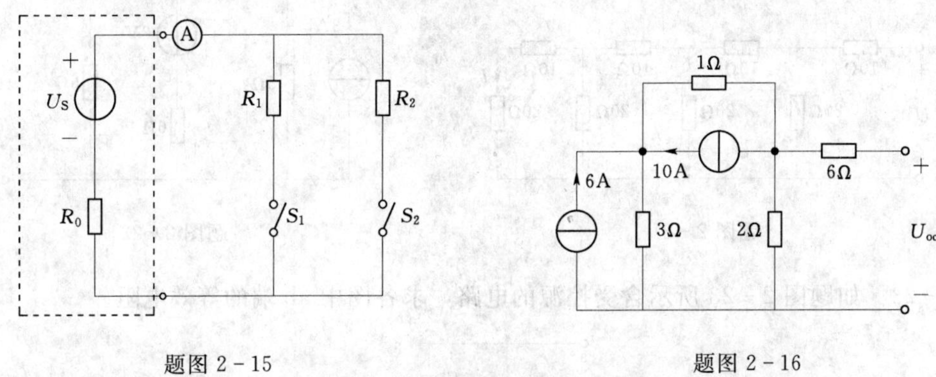

题图 2－15　　　　题图 2－16

2－17　如题图 2－17 所示电路，求该有源二端网络的戴维南及诺顿等效电路。

2－18　如题图 2－18 所示电路，试用戴维南定理求电路中的电流 I。

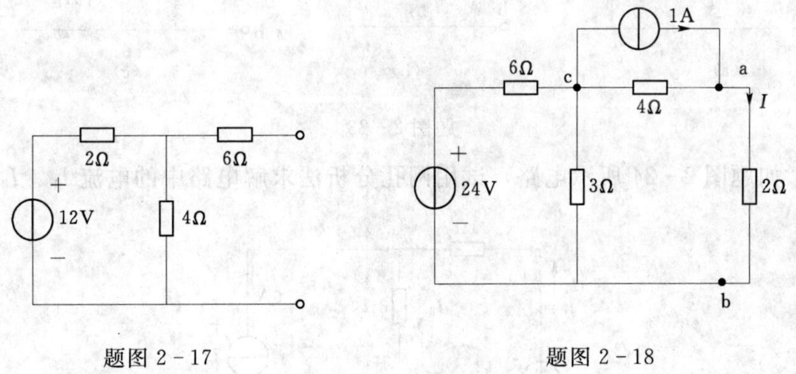

题图 2－17　　　　题图 2－18

2－19　如题图 2－19 所示电路，如 R_L 获得最大功率，求电阻 R_L 的值，并求该最大功率。

2－20　如题图 2－20 所示电路，试用叠加定理求电压 U。

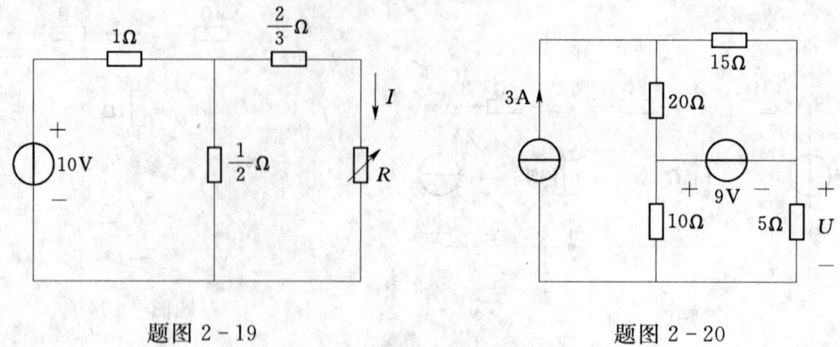

题图 2-19　　　　题图 2-20

2-21　如题图 2-21 所示电路，用齐性定理求电流 I（已知 U 为 12V）。

2-22　如题图 2-22 所示电路，试用叠加定理求电压 U_0。

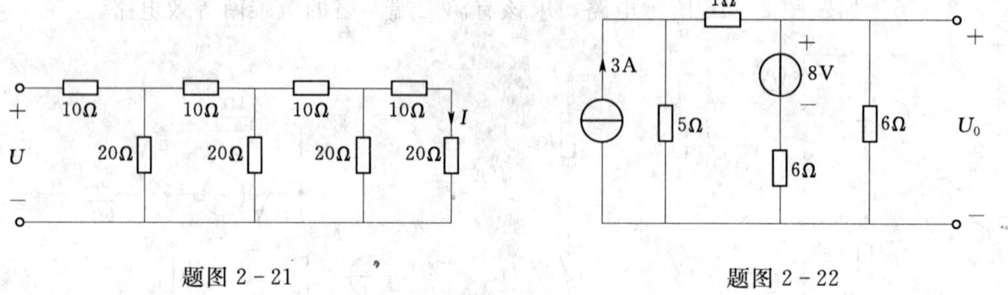

题图 2-21　　　　题图 2-22

2-23　如题图 2-23 所示含受控源的电路，求各图中 ab 端的等效电阻。

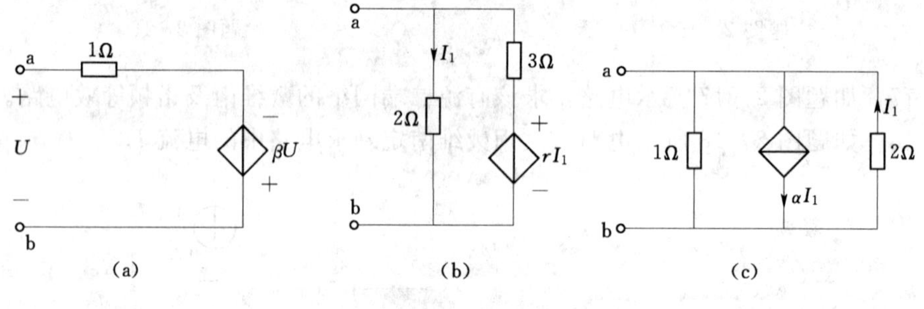

题图 2-23

2-24　如题图 2-24 所示电路，试用网孔分析法求解电路中的电流 I_1、I_2 和电压 U。

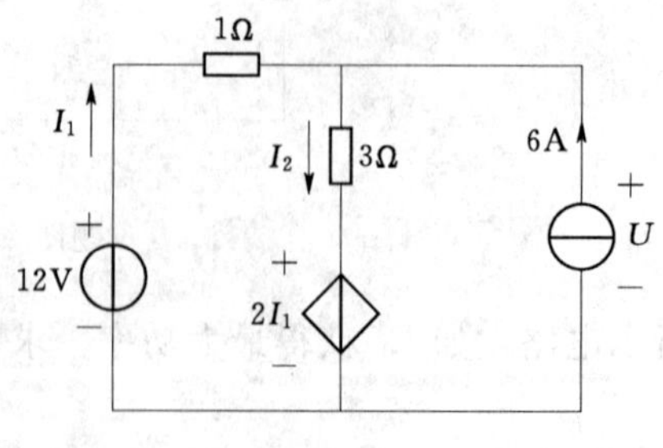

题图 2-24

2-25　如题图 2-25 所示电路，选下节点为参考点，试用节点分析法求电压 U。

2-26　如题图 2-26 所示电路，试求图示有源二端网络的戴维南等效电路。

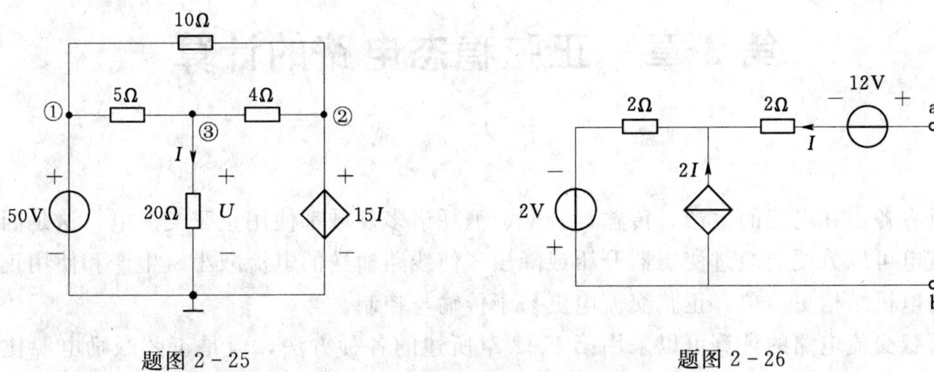

题图 2-25　　　　题图 2-26

第 3 章　正弦稳态电路的计算

世界各国在电能的生产、传输、分配、消耗诸多领域都使用正弦交流电，这是因为正弦交流电可以方便地通过变压器升压或降压，使线路输送的电流减小。生产和使用正弦交流电的电机结构更简单，正弦交流电更易于传输与控制。

正弦交流电路的计算可以采用第 1、2 章所述的各种方法，但是正弦激励电源比直流电源复杂，正弦电路的无源元件不仅包括电阻，更重要的是出现了性质相对立的感抗、容抗，使计算的趣味性增加，方法更丰富多样。

3.1　正弦量的三要素及相位差

大小随时间按一定规律作周期性变化，且在一个周期内平均值为零的电压、电流称为交流电，如图 3－1 所示。而大小随时间按正弦规律变化的电压、电流称为正弦交流电。

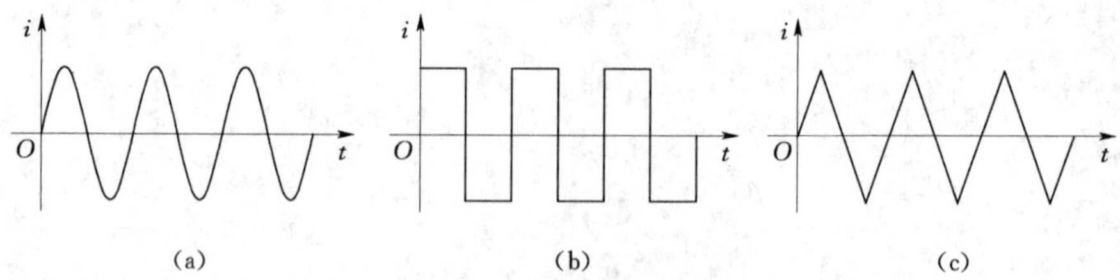

图 3－1　常见的交流电波形

(a) 正弦交流；(b) 方波；(c) 三角波

以正弦电流为例，正弦量的波形如图 3－2 所示，瞬时值不停变化可表达为

$$i = I_m \sin(\omega t + \psi_i) \tag{3-1}$$

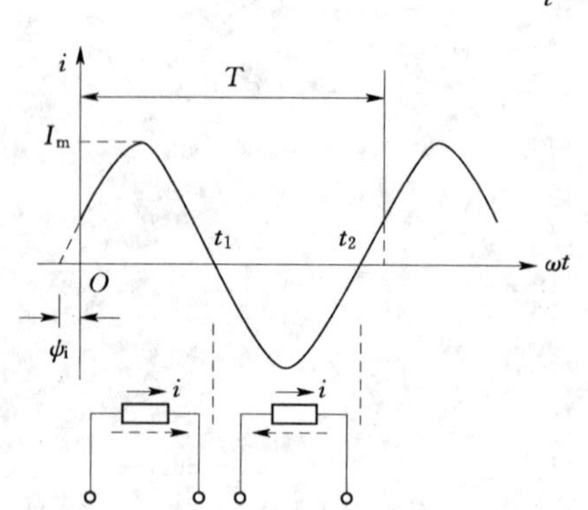

图 3－2　正弦电流的波形

瞬时值规定用小写字母表示，如 i、u、e。设该电流的参考方向（实线箭头）向右，在 $0 \sim t_1$ 时间内，$i>0$，则实际方向（虚线箭头）也向右，与参考方向相同；在 $t_1 \sim t_2$ 时间内，$i<0$，则实际方向向左与参考方向相反。

3.1.1　正弦量三要素

式（3－1）中 I_m 称为正弦量的最大值；ω 称为角频率；ψ_i 称为初相位。如果已知最大值、角频率和初相位，则 $i = I_m \sin(\omega t + \psi_i)$ 被确定，所以称它们为正弦量的三要素。

1. 最大值 I_m

最大值反映了正弦量的变化幅度，又称为振幅或峰值，用大写字母加下标 m 表示，如 I_m、U_m、E_m、I_{m1}、U_{m2} 等。

正弦量的有效值是与最大值成正比的量，**平常所说电压高低、电流大小以及电气设备上的额定电压、额定电流均指有效值；交流测量仪表所读出的指示值也指有效值**。有效值用大写字母表示，如 I、U、E、I_1、U_2 等。交流电的有效值是由它在电路中做功的效果来定义的，如图 3-3 所示两个标准电阻 R 值相等，一个通入已知大小的直流电流 I，另一个通入交流电流 i，在交流的一个周期时间 T 内若测得两个电阻产生的热能相等，即做功效果相等，那么该直流电流 I 的数值就定义为该交流电流的有效值。根据电阻产生热能的公式，有

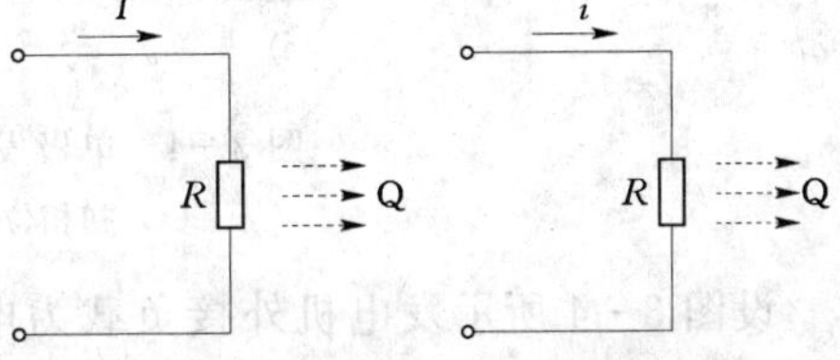

图 3-3 确定交流电流有效值——同时测量两个电阻发出的热能

$$Q = I^2RT = \int_0^T i^2 R\mathrm{d}t$$

$$I = \sqrt{\frac{1}{T}\int_0^T i^2\mathrm{d}t} \qquad (3-2)$$

式 (3-2) 适用于任何波形的周期电流，代入正弦电流 $i = I_m\sin\omega t$，得

$$I=\sqrt{\frac{1}{T}\int_0^T I_m^2\sin^2\omega t\,\mathrm{d}t}=\sqrt{\frac{1}{T}\int_0^T I_m^2\times\frac{1}{2}(1-\cos2\omega t)\mathrm{d}t}$$

$$=\frac{1}{\sqrt{2}}I_m\sqrt{\frac{1}{T}\int_0^T 1\mathrm{d}t-\frac{1}{T}\int_0^T\cos2\omega t\,\mathrm{d}t}=\frac{1}{\sqrt{2}}I_m$$

即

$$I=\frac{I_m}{\sqrt{2}} \qquad (3-3)$$

同理可得

$$U=\frac{U_m}{\sqrt{2}},\ E=\frac{E_m}{\sqrt{2}} \qquad (3-4)$$

可见，正弦交流量的最大值是其有效值的$\sqrt{2}$倍。通常所说的民用交流电压 220V 是指有效值，其最大值约为 311V。**确定电气设备的耐压值时，应按正弦电压的最大值来考虑。**

2. 角频率 ω

角频率 ω 反映了正弦量变化的快慢，它与频率 f、周期 T 有密切关系。频率 f 是正弦量每秒钟变化的次数，单位为赫兹（Hz）。而变化一次所需的时间称为周期 T，显然 $T=1/f$，周期的单位为 s。

我国电力系统的供电频率是 50Hz（国外有用 60Hz 的），这种频率称为工业频率，简称工频。不同技术领域对正弦波的频率要求是不一样的，分为低频、中频、高频等。

如图 3-4 所示的发电机其转子具有一对磁极（单极机），设转子每秒旋转 f 圈，则定子输出的正弦波频率为 f，转子每圈划过空间的角度是 2π 弧度（即 360°），那么转子每秒划过空间的角度是 $2\pi f$ 弧度。**将 $\omega=2\pi f$ 定义为正弦波的角速度或角频率**，单位为 rad/s。工频信号的角频率 $\omega=2\pi\times50=314$（rad/s）。

3. 初相位 ψ_i

初相位 ψ_i 反映了正弦量的初始状态，式（3-1）中的"$\omega t+\psi_i$"称为相位角，简称相位，相位反映了正弦量前进的进程。

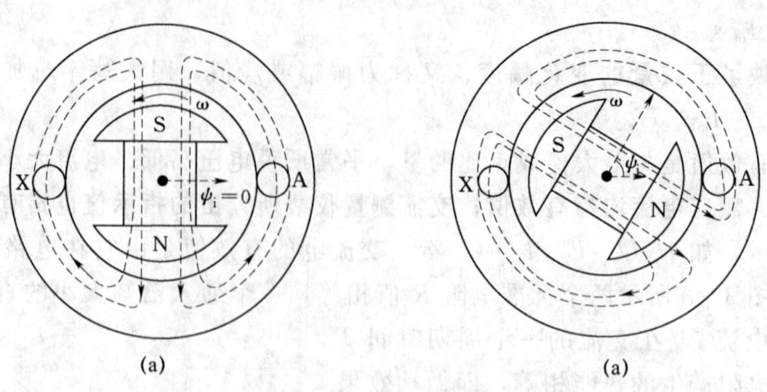

图 3-4　单极发电机的角频率 ω 与初相位 ψ_i

(a) 初相位 $\psi_i=0$；(b) 初相位 $\psi_i\neq0$

设图 3-4 所示发电机外接负载为电阻，停机时若转子的 N 极朝下，如图 3-4（a）所示，则下次开始运转时从定子线圈首端 A 点流出的感应电流初始值为零，因为此时定子线圈不切割磁感线，初相位 $\psi_i=0$；但转子停机位置是随机的，N 极可能停在圆周内的任意位置，如图 3-4（b）所示，那么下次一开机定子线圈就切割到磁感线，从 A 点流出的感应电流的初始值就不为零，初相位 ψ_i 也不为零。

正弦量一个完整周期的起点是由负到正的过零点，若该起点在原点 0，则正弦量的初始值为零，初相位 ψ_i 也为零；若该起点在纵轴之前，则正弦量的初始值为正，初相位 ψ_i 也为正，如图 3-5 (a)、(b) 所示，ψ_i 从原点往前（左）读取；若该起点在纵轴之后，则正弦量的初始值为负，初相位 ψ_i 也为负，如图 3-5 (c)、(d) 所示，ψ_i 从原点往后（右）读取。这里说的"起点"指离原点最近一个周期的起点。这说明正弦量的初相位与计时起点有关，计时起点发生变化，初相位就发生变化。

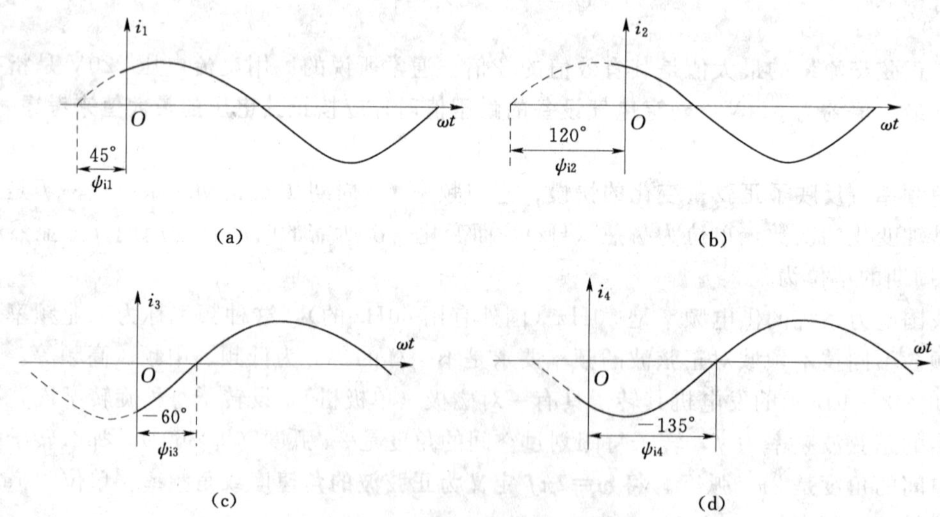

图 3-5　正弦量初相位 ψ_i 的正与负

(a) $\psi_{i1}=45°$；(b) $\psi_{i2}=120°$；(c) $\psi_{i3}=-60°$；(d) $\psi_{i4}=-135°$

为了确定正弦量初相位的正与负，习惯上用绝对值小于 180°的角度来表示初相

位，即

$$|\psi_i| \leqslant 180° \tag{3-5'}$$

若初相位的绝对值大于 180°，作以下处理

$$\psi_i \pm 360° \tag{3-5''}$$

仍等于原角度，但绝对值就在 180°以内了。原初相位为负时加 360°；原初相位为正时减 360°。如下面两例：

$$i_1 = I_{m1}\sin(\omega t - 270°)\text{A}，\ \psi_{i1} = -270° + 360° = 90°，\text{初相位为正}$$

$$i_2 = I_{m2}\cos(\omega t + 120°) = I_{m2}\sin(\omega t + 210°)\text{A}，\ \psi_{i2} = 210° - 360° = -150°，\text{初相位为负}$$

这里考虑到余弦函数的波形比正弦函数超前 90°。

另外还要注意，角度的单位可以是度（°）；也可以是弧度（rad），如 ωt 的乘积就是以弧度为单位的。弧度（rad）与度（°）之间的换算关系为

$$1° = \frac{\pi}{180}\text{rad} = 0.01744\text{rad}，1\text{rad} = \left(\frac{180}{\pi}\right)^{\circ} = \left(\frac{180}{3.14}\right)^{\circ} = 57.325°$$

实际上只要知道几个特殊值就可以了，如$\frac{\pi}{6} = 30°$，$\frac{\pi}{4} = 45°$，$\frac{\pi}{3} = 60°$，$\pi = 180°$。

3.1.2 正弦量的相位差 φ

正弦电路中，有两个以上的正弦信号时，一般不是同时达到最大值（也不是同时过零点），有先后次序，即它们之间存在相位差。**相位差是同频率正弦量之间的相位之差，即初相位之差**。如设

$$u = U_m\sin(\omega t + \psi_u)$$

$$i = I_m\sin(\omega t + \psi_i)$$

则 u 与 i 之间的相位差为

$$\varphi = (\omega t + \psi_u) - (\omega t + \psi_i) = \psi_u - \psi_i \tag{3-6}$$

若 $\varphi = \psi_u - \psi_i > 0$，则 u 超前于 i，如图 3-6（a）所示。

若 $\varphi = \psi_u - \psi_i < 0$，则 u 滞后于 i，如图 3-6（b）所示。

若 $\varphi = \psi_u - \psi_i = 0$，则 u 与 i 同相，如图 3-6（c）所示。

若 $\varphi = \psi_u - \psi_i = \pm 90°$，则 u 与 i 正交，如图 3-6（d）所示。

若 $\varphi = \psi_u - \psi_i = \pm 180°$，则 u 与 i 反相，如图 3-6（e）所示。

为了确定两个正弦量之间的超前或滞后关系，习惯上用绝对值小于 180° 的角度来表示相位差。即

$$\varphi = |\psi_1 - \psi_2| \leqslant 180° \tag{3-7}$$

【例 3-1】 求下面两组正弦波的相位差。

（1）$i_1 = I_{m1}\sin(\omega t + 90°)\text{A}$，$i_2 = I_{m2}\sin(\omega t - 120°)\text{A}$。

（2）$u_3 = U_{m3}\cos(\omega t - 120°)\text{V}$，$u_4 = -U_{m4}\sin(\omega t - 90°)\text{V}$。

解 （1）$\varphi_{12} = \psi_{i1} - \psi_{i2} = 90° - (-120°) = 210°$，类似于式（3-5″）的处理方法得

$$\varphi_{12} = 210° - 360° = -150°$$

表明 i_1 滞后 i_2 150°，或 i_2 超前 i_1 150°。

（2）先确定 u_3、u_4 的初相位 ψ_{u3}、ψ_{u4}。u_3 为余弦波，余弦波超前正弦波 90°，则有

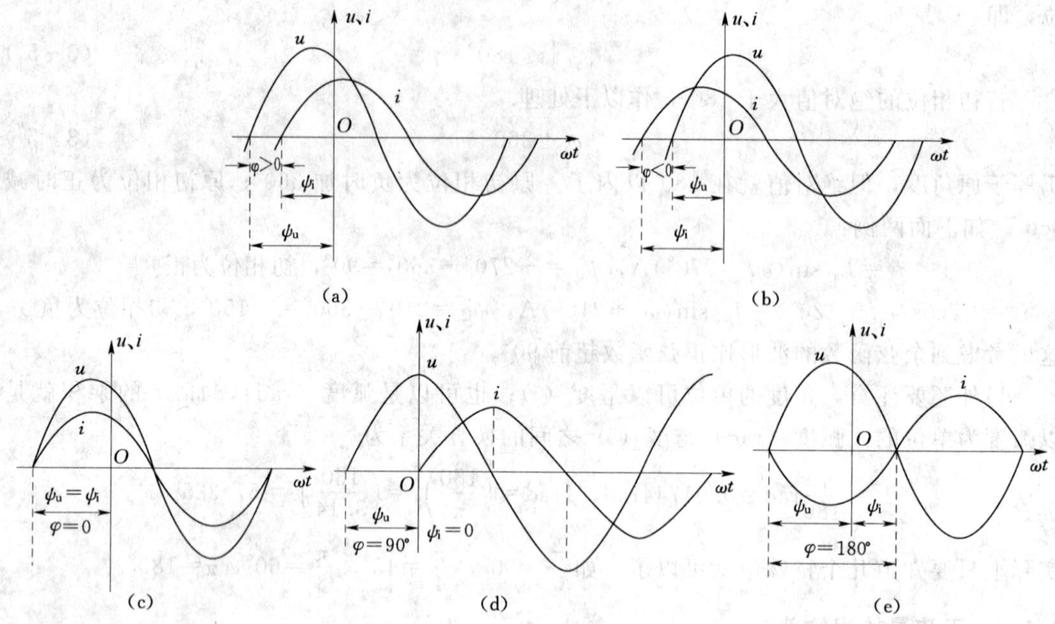

图 3-6　同频率正弦量的相位差

$$u_3 = U_{m3}\cos(\omega t - 120°) = U_{m3}\sin(\omega t - 120° + 90°) = U_{m3}\sin(\omega t - 30°)\,\text{V},\ \psi_{u3} = -30°$$

u_4 的瞬时值表达式前面有一个负号，表示反相，应在其初相位里加上（或减去）180°，即

$$u_4 = -U_{m4}\sin(\omega t - 90°) = U_{m4}\sin(\omega t - 90° + 180°) = U_{m4}\sin(\omega t + 90°),\ \psi_{u4} = 90°$$

$$\varphi_{34} = \psi_{u3} - \psi_{u4} = (-30°) - 90° = -120°$$

结果表明 u_3 滞后 u_4 120°。

3.2　正弦量的相量表示法及计算法

对正弦量进行计算，如采用瞬时值表达式 $i = I_m\sin(\omega t + \psi_i)$ 来进行，则要用到三角函数的诸多公式，过程繁琐，需要采取更有效的计算方法。

事实上，在讨论同一正弦交流电路的电流和电压时，各量的角频率相同。角频率 ω 一经给定便不再变化，因此 3 个要素中仅剩下有效值、初相位两个需进行计算，使问题得到简化。

借助初等数学中的复数，能很好地表达正弦量的有效值、初相位这两个要素，并且复数的四则混合运算法则易于理解、掌握。

3.2.1　复数的主要表达形式

复数可借助于复平面图来表示，复平面图的实轴用“+1”表示，虚轴用“+j”表示，而 $j^2 = -1$，$j = \sqrt{-1}$。在初等数学里，复平面的虚轴本来是用“+i”表示，由于电路课程中 i 用来表示电流，为不引起混淆，这里虚轴用“+j”表示。

复数的解析式主要有以下两种。

(1) 复数的极坐标形式：$\dot{A}=A\angle\psi$，如图 3-7 带箭头的直线所示。其中直线的长度 A 是复数的模，指量值的大小，恒为正；直线与横轴正方向的夹角 ψ 是复数的辐角，表示该复数在复平面内的方位。

(2) 复数的代数形式：$\dot{A}=a+jb$，图 3-7 中直线在横轴上的投影 a 是复数的实部；直线在纵轴上的投影 b 是复数的虚部。

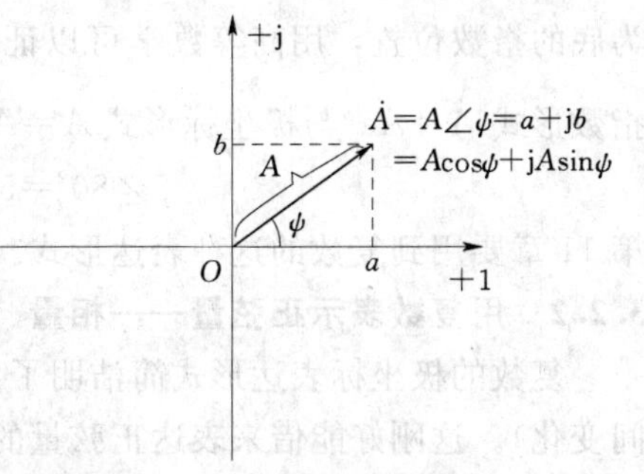

图 3-7 复数的表达形式

两种解析式之间的等效变换关系是：

极坐标形式变换为代数形式：**复数的实部 $a=A\cos\psi$，复数的虚部 $b=A\sin\psi$。**

代数形式变换为极坐标形式：**复数的模 $A=\sqrt{a^2+b^2}$，复数的辐角 $\psi=\arctan\dfrac{b}{a}$。**即

$$\begin{cases}\dot{A}=A\angle\psi=\sqrt{a^2+b^2}\angle\arctan\dfrac{b}{a}\\ \dot{A}=A\cos\psi+jA\sin\psi=a+jb\end{cases}\qquad(3-8)$$

复数的极坐标式与代数式之间的转换，可借助计算器进行，所用计算器的面板上最好能找到[a]、[b]两个按键。以 SHARP EL—501P 型计算器为例，第一排按键中的角度键选择“DEG”指多少“°”，“DEG”在显示屏顶部出现。如将 3－j4 转换成 5∠－53.13°，按键如图 3-8（a）所示；将 5∠－53.13°转换成 3－j4，按键如图 3-8（b）所示。凡是输入负数，先敲进数字，再敲“＋/－”号，但必须注意**“模”恒为正数，其后不能敲“＋/－”号。**

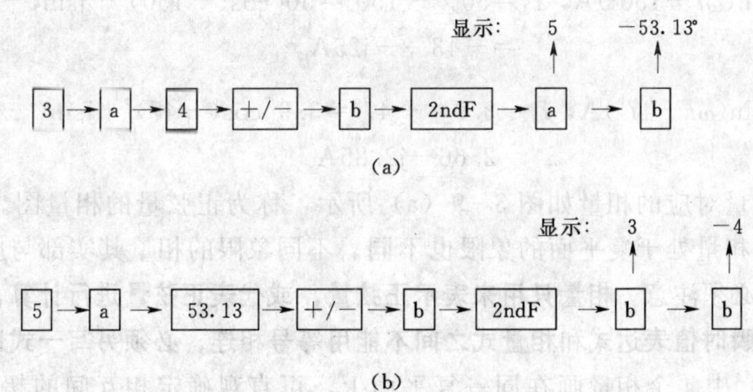

图 3-8 用计算器将复数的代数式与极坐标式互相转换

在转换过程中有以下特例：

1）1＋j100≈100∠90°（可忽略实部）。

2）100＋j1≈100∠0°（可忽略虚部）。

3）5＝5∠0°（位于横轴正方向，虚部和初相位为零）。

4）－5＝5∠180°（位于横轴负方向，**“－”号为旋转 180°的旋转因子**）。

5）$j5=5\angle 90°$（位于纵轴正方向，**"j" 为逆时针旋转 90°的旋转因子**）。

6）$-j5=5\angle -90°$（位于纵轴负方向，**"−j" 为顺时针旋转 90°的旋转因子**）。

复数还有一种表达形式，称为"指数形式"，如 $\dot{A}=Ae^{j\psi}$，指数形式将"$j\psi$"写在以 e 为底的指数位置，用高等数学可以证明该指数形式与 $\dot{A}=A\cos\psi+jA\sin\psi$ 是完全相等的。指数形式 $\dot{A}=Ae^{j\psi}$ 与极坐标形式 $\dot{A}=A_{\angle}\psi$ 之间的转换更加简单，如

$$5\angle 80°=5e^{j80°}，10\angle -90°=10e^{-j90°}$$

第 11 章要用到复数的这种表达形式。

3.2.2　用复数表示正弦量——相量

复数的极坐标表达形式简洁明了：①直线长度；②辐角（可在 0°～180°及 0°～−180°间变化）。这刚好能借来表达正弦量的有效值、初相位。

正弦量"$i=I_m\sin(\omega t+\psi_i)=\sqrt{2}I\sin(\omega t+\psi_i)$"对应的复数极坐标式如下，简称为相量。

振幅相量　　$\dot{I}_m = I_m\angle\psi_i = \sqrt{2}I\angle\psi_i$

有效值相量　　$\dot{I} = \dfrac{I_m}{\sqrt{2}}\angle\psi_i = I\angle\psi_i$　　(3-9)

计算中采用有效值相量。从正弦量的瞬时值表达式只能得到极坐标式，可根据需要转换成代数式：

$$i_1=2.5\sqrt{2}\sin(\omega t+32°)\text{A}，\dot{I}_1=2.5\angle 32°=2.5(\cos 32°+j\sin 32°)=2.12+j1.32\text{A}$$

$$i_2=10\sqrt{2}\sin(\omega t+120°)\text{A}，\dot{I}_2=10\angle 120°=10(\cos 120°+j\sin 120°)=-5+j8.66\text{A}$$

$$i_3=50\sqrt{2}\sin(\omega t-150°)\text{A}，\dot{I}_3=50\angle -150°=50[\cos(-150)°+j\sin(-150°)]$$
$$=-43.3-j25\text{A}$$

$$i_4=3.9\sqrt{2}\sin(\omega t-47°)\text{A}，\dot{I}_4=3.9\angle -47°=3.9[\cos(-47)°+j\sin(-47°)]$$
$$=2.66-j2.85\text{A}$$

这 4 个正弦量对应的相量如图 3-9（a）所示，称为正弦量的相量图。可见正弦量的初相位不同，其相量处于复平面的象限也不同。不同象限的相量其实部与虚部的正、负符号不同，书写时必须注意。**相量只用来表示正弦量，或代表正弦量进行计算，但绝不等于正弦量。以上 4 个瞬时值表达式和相量式之间不能用等号相连，必须另写一式以示概念不同。**

图 3-9（a）中 4 个相量画在同一复平面上，可直观确定相互间的超前、滞后关系，依次为 $\dot{I}_4$ 超前 $\dot{I}_3$，$\dot{I}_1$ 超前 $\dot{I}_4$，$\dot{I}_2$ 超前 $\dot{I}_1$，$\dot{I}_3$ 超前 $\dot{I}_2$。**两个夹角小于 180°的相量进行比较，在逆时针前方的相量为超前相量**。如要确定 $\dot{I}_3$ 与 $\dot{I}_1$ 间的超前、滞后关系，则

$$\varphi_{31}=\psi_3-\psi_1=(-150°)-32°=-182°$$

即

$$\varphi_{31}=-182°+360°=178°$$

表明 $\dot{I}_3$ 超前 $\dot{I}_1$ 为 178°。从图 3-9（a）的左上方看，$\dot{I}_3$、$\dot{I}_1$ 间夹角小于 180°，$\dot{I}_3$ 在 $\dot{I}_1$ 的逆时针前方。

这里所说的“相量”不是物理学中所述的“有大小和方向”的“向量”、“矢量”，只是借助于复平面对正弦量的一种表征方式，因此不能用“向量”这个词。

也可用复数的指数形式来表达正弦量，如

$i_1 = 2.5\sqrt{2}\sin(\omega t + 32°)\text{A}$　　得　　$\dot{I}_1 = 2.5\text{e}^{\text{j}32°}\text{A}$

$i_2 = 10\sqrt{2}\sin(\omega t + 120°)\text{A}$　　得　　$\dot{I}_2 = 10\text{e}^{\text{j}120°}\text{A}$

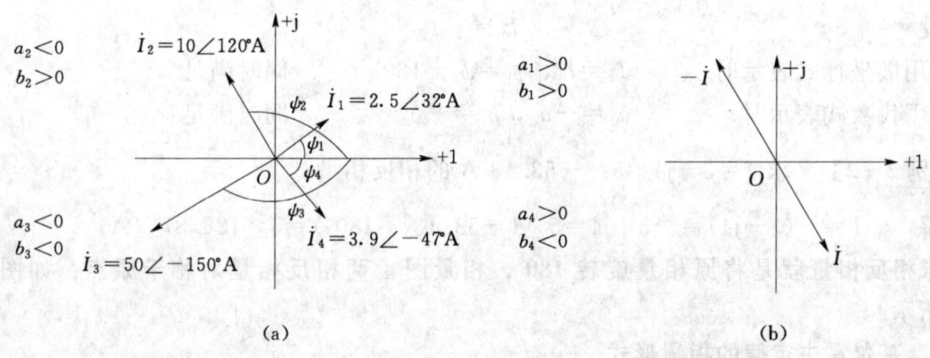

图 3-9　4 个不同象限的相量和相反相量

3.2.3　复数相量的运算法则

设有两个相量分别为：$\dot{I}_1 = a_1 + \text{j}b_1 = \text{I}_1\angle\psi_1$，$\dot{I}_2 = a_2 + \text{j}b_2 = I_2\angle\psi_2$，对两者进行计算的规则如下。

(1) 加、减法运算：解析法必须采用代数式，实部和虚部分别相加或相减。

$$\dot{I} = \dot{I}_1 \pm \dot{I}_2 = (a_1 \pm a_2) + \text{j}(b_1 \pm b_2) \tag{3-10}$$

相量的加减还可以用作图法进行。

(2) 乘法运算：采用极坐标式更方便，其乘积为“两个模相乘，两个辐角相加”。

$$\dot{I}_1 \cdot \dot{I}_2 = I_1 \cdot I_2\angle(\psi_1 + \psi_2) \tag{3-11}$$

乘法运算也可用代数式进行，但比较麻烦：

$$\begin{aligned}\dot{I}_1 \cdot \dot{I}_2 &= (a_1 + \text{j}b_1)\cdot(a_2 + \text{j}b_2) = a_1a_2 + \text{j}a_1b_2 + \text{j}b_1a_2 + \text{jj}b_1b_2 \\ &= (a_1a_2 - b_1b_2) + \text{j}(a_1b_2 + b_1a_2)\end{aligned}$$

(3) 除法运算：采用极坐标式更方便，其商为“两个模相除、分子的辐角减去分母的辐角”。

$$\frac{\dot{I}_1}{\dot{I}_2} = \frac{I_1}{I_2}\angle(\psi_1 - \psi_2) \tag{3-12}$$

除法运算也可用代数式进行，但很麻烦，需进行分母有理化：

$$\begin{aligned}\frac{\dot{I}_1}{\dot{I}_2} &= \frac{a_1 + \text{j}b_1}{a_2 + \text{j}b_2} = \frac{(a_1 + \text{j}b_1)(a_2 - \text{j}b_2)}{(a_2 + \text{j}b_2)(a_2 - \text{j}b_2)} \\ &= \frac{a_1a_2 - \text{j}a_1b_2 + \text{j}b_1a_2 + b_1b_2}{a_2^2 + b_2^2}\end{aligned}$$

(4) 相等运算：

设 $$\dot{I}_1=\dot{I}_2$$

$$\begin{cases}\text{用极坐标式表示时} & I_1=I_2,\ \psi_1=\psi_2 & \text{同时满足}\\ \text{用代数式表示时} & a_1=a_2,\ b_1=b_2 & \text{同时满足}\end{cases}\tag{3-13}$$

(5) 相反运算：

设 $$\dot{I}_1=-\dot{I}_2$$

$$\begin{cases}\text{用极坐标式表示时} & I_1=I_2,\ \psi_1=\psi_2\pm180° & \text{同时满足}\\ \text{用代数式表示时} & a_1=-a_2,\ b_1=-b_2 & \text{同时满足}\end{cases}\tag{3-14}$$

【例 3-2】 求 $\dot{I}=3-j4=5\angle-53.13°\text{A}$ 的相反相量。

解 $-\dot{I}=-(3-j4)=-3+j4=5\angle(-53.13°+180°)=5\angle126.87°\ (\text{A})$

所以求相反相量就是将原相量旋转 180°，相量图上两相反相量对称于原点，如图 3-9（b）所示。

3.2.4 基尔霍夫定律的相量形式

1. KCL 定律的相量形式

任一时刻，对电路中的任一节点有

$$i_1+i_2+\cdots+i_k=0 \quad 或 \quad \sum i=0$$

当所讨论的电路所有电流、电压都是同频率的正弦量时，理论推导可证明 KCL 的相量形式也成立，为

$$\dot{I}_1+\dot{I}_2+\cdots+\dot{I}_k=0 \quad 或 \quad \sum\dot{I}=0\tag{3-15}$$

2. KVL 定律的相量形式

任一时刻，对电路中的任一回路有

$$u_1+u_2+\cdots+u_k=0 \quad 或 \quad \sum u=0$$

同理，KVL 的相量形式也成立，为

$$\dot{U}_1+\dot{U}_2+\cdots+\dot{U}_k=0 \quad 或 \quad \sum\dot{U}=0\tag{3-16}$$

将式（3-15）、式（3-16）称为正弦量的相量和。

应该注意到，虽然 KCL、KVL 的相量形式都成立，但**由于正弦量的相量不仅有模的大小，更重要的是有相位的不同，或者说在复平面上的方位不同，因此电流（或电压）的有效值之间是不满足 KCL（KVL）表达式的**，即

$$I_1+I_2+\cdots+I_k\neq0,\ U_1+U_2+\cdots+U_k\neq0$$

【例 3-3】 已知正弦电流 $i_1=2.5\sqrt{2}\sin(\omega t+32°)\text{A}$，$i_2=3.9\sqrt{2}\sin(\omega t-47°)$ A。要求

（1）借助相量用解析法计算 $i=i_1+i_2$，验证 $I\neq I_1+I_2$。

（2）用画相量图的方法，计算 $i=i_1+i_2$，观察 $I\neq I_1+I_2$。

解（1）由两电流的瞬时值表达式直接写出它们的相量极坐标式为

$$\dot{I}_1=2.5\angle32°\text{A} \qquad \dot{I}_2=3.9\angle-47°\text{A}$$

则　　$\dot{I}=\dot{I}_1+\dot{I}_2=2.5\angle 32°+3.9\angle -47°$

$=2.5(\cos 32°+j\sin 32°)+3.9[\cos(-47°)+j\sin(-47°)]$

$=(2.12+j1.32)+(2.66-j2.85)=4.78-j1.53$

$=5.02\angle -17.75°$ (A)

相量计算结果 $\dot{I}$ 不是正弦量本身，应转变成瞬时值表达式

$$i=5.02\sqrt{2}\sin(\omega t-17.75°)\ \text{A}$$

验证　　$I=5.02\text{A}\neq I_1+I_2=2.5+3.9=6.4$ (A)

(2) $\dot{I}_1$ 与 $\dot{I}_2$ 的相量图如图 3-10 (a) 所示，**类似高中物理学中由两个分力求合力的方法，画出 $\dot{I}_1$ 与 $\dot{I}_2$ 形成的平行四边形的对角线，该对角线代表的相量就是 $\dot{I}_1$ 与 $\dot{I}_2$ 的和相量 $\dot{I}$——这种画图方法称为平行四边形法。**

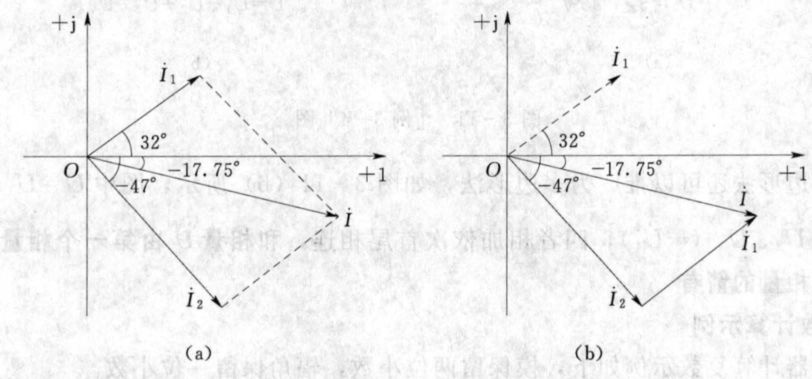

图 3-10　[例 3-3] 图

表征正弦量的相量可以在复平面内平移，平移时保持相量的大小和方向不变，就与原相量等效。图 3-10 (b) 中**将 $\dot{I}_1$ 平移，接在 $\dot{I}_2$ 相量的箭首，那么由 $\dot{I}_2$ 的箭尾指向 $\dot{I}_1$ 箭首的相量就是和相量 $\dot{I}$——这种方法称为三角形法**。只要作图准确，量取相量图中 $\dot{I}$ 的长度和角度就分别得到 $\dot{I}$ 的有效值和初相位。

观察图 3-10 (b) 中三角形的 3 条边长可知：$I\neq I_1+I_2$。

【例 3-4】　已知正弦电压 $u_1=10\sqrt{2}\sin(\omega t+30°)$V，$u_2=5\sqrt{2}\sin(\omega t+135°)$V。要求

(1) 借助相量用解析法计算 $u=u_1-u_2$，验证 $U\neq U_1-U_2$。

(2) 用画相量图的方法，计算 $u=u_1-u_2$，观察 $U\neq U_1-U_2$。

解　(1) 由两电压的瞬时值表达式直接写出它们的相量极坐标式为

$$\dot{U}_1=10\angle 30°\text{V}，\dot{U}_2=5\angle 135°\text{V}$$

则　　$\dot{U}=\dot{U}_1-\dot{U}_2=(10\cos 30°+j10\sin 30°)-(5\cos 135°+j5\sin 135°)$

$=12.2+j1.46=12.3\angle 7°\text{V}$

转变成瞬时值表达式　　$u=\sqrt{2}12.3\sin(\omega t+7°)\text{V}$

验证　　$U=12.3\text{V}\neq U_1-U_2=10-5=5$ (V)

(2) 根据 $\dot{U}=\dot{U}_1-\dot{U}_2=\dot{U}_1+(-\dot{U}_2)$，$\dot{U}_1$ 减 $\dot{U}_2$ 就是 $\dot{U}_1$ 加上负的 $\dot{U}_2$，可将减法转变为加法来做。将 $\dot{U}_2$ 旋转 180°得到"$-\dot{U}_2$"，再用平行四边形法按加法原则画出 $\dot{U}=\dot{U}_1+(-\dot{U}_2)$，如图 3-11 (a) 所示。

观察图 3-11 (a) 中三角形的 3 条边长可知：$U\neq U_1-U_2$。

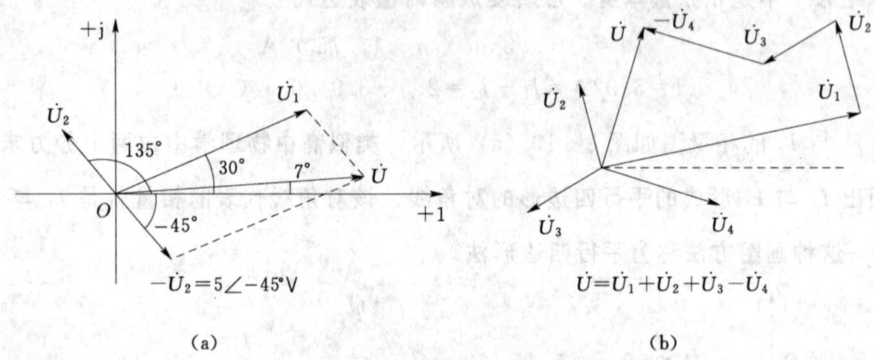

图 3-11　[例 3-4] 图

平行四边形法还可以推广为多边形法，如图 3-11 (b) 所示，图中 $\dot{U}=\dot{U}_1+\dot{U}_2+\dot{U}_3-\dot{U}_4$，$\dot{U}_1$、$\dot{U}_2$、$\dot{U}_3$ $(-\dot{U}_4)$，四者相加依次首尾相连，**和相量 $\dot{U}$ 由第一个相量的箭尾指向最后一个相量的箭首。**

3.2.5　复数计算示例

用计算器计算复数示例如下，模保留两位小数，辐角保留一位小数。

1) $9.38-j5.2=10.72\angle-29°$，$8-j6=10\angle-36.9°$，$-2-j3=3.61\angle-123.7°$

2) $-74.46\angle-50°=-(47.86-j57.04)=-47.86+j57.04$ **(注意：模不包含负号，模恒为正)**

3) $11\sqrt{2}\angle-45°+j11=11-j11+j11=11$

4) $\dfrac{220\angle0°-213.8\angle-22.8°}{j20}=\dfrac{220-(197.1-j82.85)}{20\angle90°}=4.3\angle-15.45°$ **(注意：$\dfrac{1}{j}=-j$)**

5) $5+\dfrac{(3+j4)(-j4)}{3+j4-j4}=5+\dfrac{16-j12}{3}=10.33-j4=11.08\angle-21.2°$

6) $11.2\angle116.6°-10\angle-180°=(-5.01+j10.01)+10=4.99+j10.01=11.18\angle63.5°$

7) $\dfrac{120\angle0°}{8+j10}=\dfrac{120\angle0°}{12.81\angle51.3°}=9.37\angle-51.3°$，$\dfrac{120\angle0°}{25-j15}=\dfrac{120\angle0°}{29.15\angle-30.9°}=4.12\angle30.9°$

8) $\dfrac{220\angle0°}{162\angle75.7°}+\dfrac{220\angle0°}{115.7\angle-80°}=1.36\angle-75.7°+1.9\angle80°=(0.34-j1.32)+(0.33+j1.87)=0.87\angle39.38°$

9) $\dfrac{(5+j35)(2-j38)}{5+j35+2-j38}=\dfrac{35.36\angle81.9°\times38.05\angle-87°}{7.62\angle-23.2}=176.57\angle18.1°=167.83+j54.86$

10) $\dfrac{2-j38}{2+j37+5-j40}\times(4.83-j1.29)=\dfrac{38.05\angle-87}{7.62\angle-23.2}\times5\angle-15°=24.97\angle-78.8°$

3.3　正弦电路中的电阻、感抗、容抗

正弦交流电路的无源元件有电阻、电感、电容三者，电阻消耗电能，其性质与在直流电路中相同；电感、电容仅储存电能，不消耗电能，而与电感、电容相联系的感抗、容抗其性质对立。本节讨论单个元件的伏安关系及其功率。

3.3.1　正弦电路中电阻元件的伏安关系及功率

1. 电阻元件的伏安关系

在图 3-12（a）中，设电阻元件的端电压 $u=\sqrt{2}U\sin(\omega t+\psi_u)$，根据欧姆定律，电流为

$$i=\frac{\sqrt{2}U}{R}\sin(\omega t+\psi_u)=\sqrt{2}I\sin(\omega t+\psi_i)$$

则电阻元件的伏安关系为：

(1) 电流、电压是同频率的正弦量。

(2) 电流、电压的有效值关系：$I=\frac{U}{R}$，$I_m=\frac{U_m}{R}$。

(3) 电流、电压的相位关系：$\psi_u=\psi_i$，两者同相。

2. 电阻元件伏安关系的相量形式

分别由电阻电流、电压的瞬时值表达式写出其相量表达式为

$$u=\sqrt{2}U\sin(\omega t+\psi_u)\rightarrow\dot{U}=U\angle\psi_u$$

$$i=\sqrt{2}I\sin(\omega t+\psi_i)\rightarrow\dot{I}=I\angle\psi_i=\frac{U\angle\psi_u}{R}$$

则电阻元件伏安关系的相量形式为

$$\dot{I}=\frac{\dot{U}}{R} \tag{3-17}$$

式（3-17）就是相量形式的欧姆定律。电阻元件电流、电压的波形如图 3-12（b）所示，图 3-12（a）所示下图称为电阻元件的相量模型，相量图如图 3-12（c）所示。

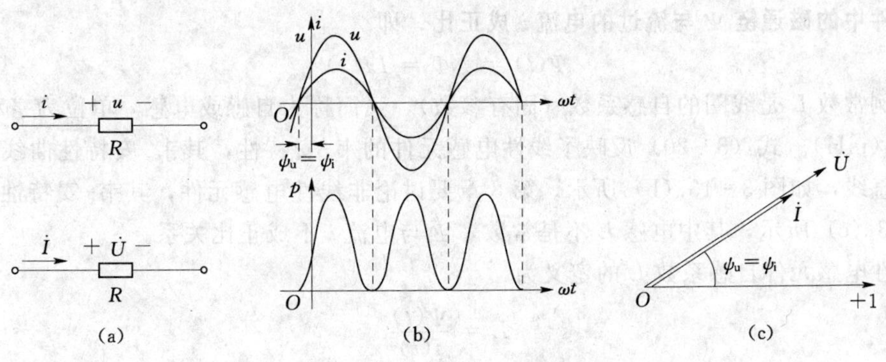

图 3-12　电阻元件的 u、i、p 波形及相量图

3. 电阻元件的功率

(1) 瞬时功率：电阻元件瞬时功率的波形如图 3-12 (b) 下图所示。

$$p = ui = U_m I_m \sin^2(\omega t + \psi_i) = UI[1 - \cos 2(\omega t + \psi_i)] \tag{3-18}$$

式 (3-18) 表明电阻元件的瞬时功率 $p \geqslant 0$，即电阻元件是耗能元件。

(2) 平均功率（又称为有功功率）：

$$P = \frac{1}{T}\int_0^T p\mathrm{d}t = \frac{1}{T}\int_0^T UI[1 - \cos 2(\omega t + \psi_i)]\mathrm{d}t = UI = I^2 R = \frac{U^2}{R} \tag{3-19}$$

式 (3-19) 表明电阻元件平均功率的计算公式与在直流电路中的形式相同，注意这里电流、电压用的是有效值。

【例 3-5】 已知电阻 $R=100\Omega$、电压 $u=\sqrt{2}220\sin(314t+30^\circ)\mathrm{V}$。计算电流 i 和平均功率 P。

解 已知电压相量

$$\dot{U} = 220\angle 30^\circ \mathrm{V}$$

求得电流相量为

$$\dot{I} = \frac{\dot{U}}{R} = \frac{220\angle 30^\circ}{100}\mathrm{A} = 2.2\angle 30^\circ \mathrm{A}$$

电流的瞬时值表示式为

$$i = 2.2\sqrt{2}\sin(314t + 30^\circ)\mathrm{A}$$

电阻的平均功率

$$P = UI = 220 \times 2.2 = 484\ (\mathrm{W})$$

3.3.2 正弦电路中线性电感元件的伏安关系及功率

1. 对线性电感元件的认识

若一个线圈缠绕在非铁磁物质的骨架上，又忽略其绕线电阻，在一定频率范围内该线圈的电路模型是线性电感元件，如图 3-13 (a) 所示。当有电流 i 流过电感元件时，线圈所在的空间形成许多磁感线，其中储存有磁场能量：$W_L = \frac{1}{2}Li^2$，W_L 与电感电流的平方成正比。设磁感线与电流的方向符合右手螺旋关系，穿过每匝线圈的磁感线数量称为磁通 Φ，穿过 N 匝线圈磁通的总和称为磁通链，磁通链用 Ψ 表示，单位为韦伯 (Wb)。**线性电感元件中的磁通链 Ψ 与流过的电流 i 成正比**，即

$$\Psi(t) = N\Phi = Li(t) \tag{3-20}$$

其中比例常数 L 是线圈的自感系数（固有参数），又简称为自感或电感，单位为亨利 (H) 或毫亨 (mH)。式 (3-20) 反映了线性电感元件的韦-安特性，其韦-安特性曲线是通过原点的直线，如图 3-13 (b) 所示。第 8 章要讨论非线性电感元件，其韦-安特性曲线如图 3-13 (c) 所示，其中电感 L 不是常数，Ψ 与电流 i 不成正比关系。

线性电感元件自感系数 L 的定义为

$$L = \frac{\Psi(t)}{i(t)} \tag{3-21}$$

式 (3-21) 表明了 **“某线圈的自感系数较大”** 的意义是 **“流过单位电流激起的磁通链较**

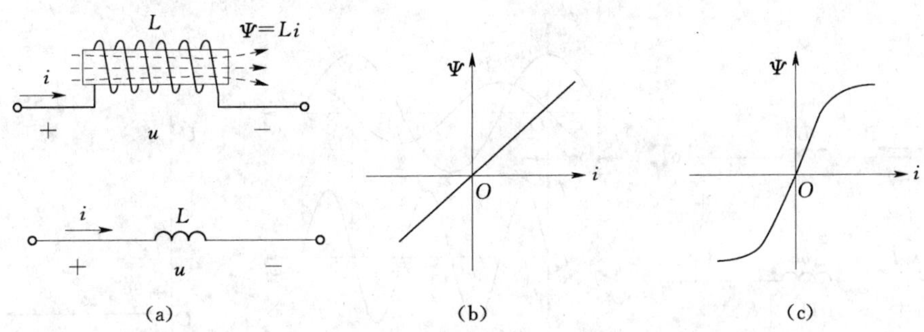

图 3-13　电感元件的韦-安特性曲线

多”。

2. 电感元件的伏安关系

根据高中物理学原理可知，线圈中的磁通随时间发生变化，就会在线圈两端产生感应电动势，测量该线圈的两端就有感应电压出现，磁通随时间的变化率决定了感应电压的大小。$\Psi(t)=Li(t)$ 是电感元件的定义式，其中包含电流，但与电感电压无关，为确定电感元件的伏安关系，将该式两侧同时对时间 t 求导数，得关联参考方向下电感元件的伏安关系式为

$$u(t)=\frac{\mathrm{d}\Psi(t)}{\mathrm{d}t}=L\frac{\mathrm{d}i(t)}{\mathrm{d}t}\quad 即\quad u=L\frac{\mathrm{d}i}{\mathrm{d}t} \tag{3-22}$$

式（3-22）表明，**电感电压不是与该时刻的电流值本身成正比，而是与该时刻电流的变化率成正比**，反映了电感元件是一个动态元件。**电流变化越快，电压越高；电流变化越慢，电压越低；电感电流若不发生变化，磁通也不变化，即使电流再大，电感电压也为零**。

图 3-14（a）中设电感电流 $i=\sqrt{2}I\sin\omega t$，则根据电感元件的伏安关系得

$$u=L\frac{\mathrm{d}}{\mathrm{d}t}(\sqrt{2}I\sin\omega t)=\sqrt{2}\omega\ LI\cos\omega t=\sqrt{2}\omega LI\sin(\omega t+90^\circ)=\sqrt{2}U\sin(\omega t+\psi_u)$$

则电感元件的伏安关系为

（1）电流、电压是同频率的正弦量。

（2）电流、电压有效值的关系：$U=\omega L\times I$，$I=\frac{U}{\omega L}$。

（3）电流、电压相位的关系：$\psi_u=\psi_i+90^\circ$，关联参考方向下电感电压超前电流 90°。

电感元件电流、电压之间的相位正交，一个为零时，另一个达到最大，这与电阻元件有本质区别。

3. 电感元件伏安关系的相量形式

分别由电感电流、电压的瞬时值表达式写出其相量表达式

$$i=\sqrt{2}I\sin\omega t\rightarrow\dot{I}=I\angle\psi_i=I\angle 0^\circ$$

$$u=\sqrt{2}\omega LI\sin(\omega t+90^\circ)=\sqrt{2}U\sin(\omega t+\psi_u)\rightarrow\dot{U}=U\angle\psi_u=\omega LI\angle 90^\circ=\mathrm{j}\omega L\times\dot{I}$$

则电感元件在关联参考方向下伏安关系的相量形式为

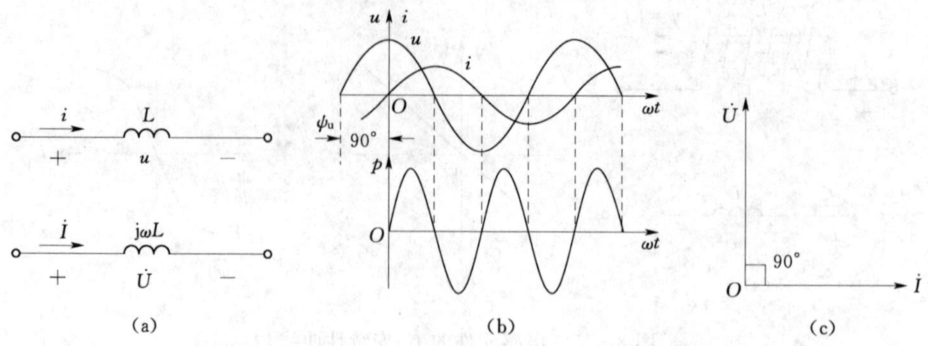

图 3-14　电感元件的 u、i、p 波形及相量图

$$\dot{U} = U\angle\psi_u = \omega LI\angle 90° = j\omega L \times \dot{I} \tag{3-23}$$

或
$$\dot{I} = \frac{\dot{U}}{j\omega L}$$

式（3-23）与欧姆定律有相同的结构，其中 $j\omega L$ 取代了原来电阻的位置。**ωL 表征了电感元件对正弦交流电流通过有阻碍作用，称为感抗，是电压与电流的有效值之比，用 X_L 表示；$j\omega L$ 称为复感抗，等于电感电压相量与电流相量之比，用 Z_L 表示，单位均为 Ω。**即

感抗
$$X_L = \frac{U}{I} = \omega L = 2\pi fL \tag{3-24}$$

复感抗
$$Z_L = \frac{\dot{U}}{\dot{I}} = jX_L = j\omega L \tag{3-25}$$

复感抗本身不是相量（字母顶端不打点），是一个计算用复数，其中“j”由于电感电压超前电流 90°而存在。电感元件电流、电压的波形如图 3-14（b）所示，图 3-14（a）下图称为电感元件的相量模型，图 3-14（c）是对应的相量图。

电感元件的感抗 X_L 不仅与自感系数 L 有关，还与频率 f 成正比，如图 3-15 所示。**频率为零时，电流为直流不随时间变化，感抗为零，因此直流电路中电感元件可用短路替代；电流信号的频率增加，电流变化加快，感抗随之增加。因此，电感元件对高频电流有更大的扼制作用。**

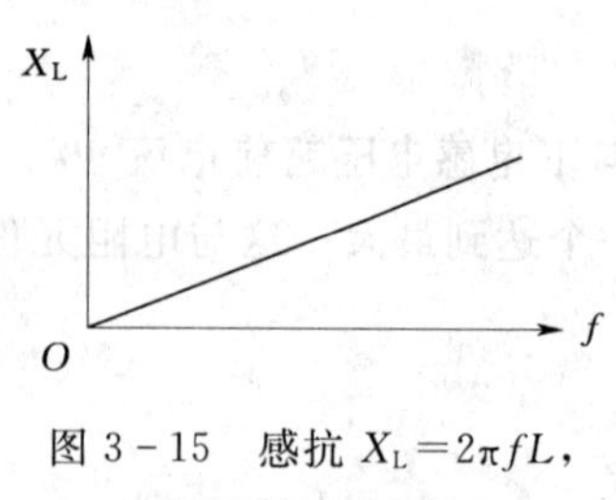

图 3-15　感抗 $X_L=2\pi fL$，与频率 f 成正比

4. 电感元件的功率

（1）瞬时功率：电感元件瞬时功率的波形如图 3-14（b）下图所示。

$$\begin{aligned} p &= ui = I_m\sin\omega t \times U_m\cos\omega t \\ &= 2UI\cos\omega t\sin\omega = UI\sin 2\omega t \end{aligned} \tag{3-26}$$

分析：①在第一个和第三个 1/4 周期，u、i 同号，p 为正值，i 从零增大到绝对值最大，电感元件吸收电源的能量，作为磁场能储存起来；②在第二个和第四个 1/4 周期，u、i 异号，p 为负值，i 从绝对值最大减小到零，储存的磁场能向外界电源释放。从瞬时功率的波形图可看到，吸收与释放的磁场能相等，因此电感元件是储能元件，并不消耗电

功率。

(2) 平均功率（又称为有功功率）：

$$P=\frac{1}{T}\int_0^T p\mathrm{d}t=\frac{1}{T}\int_0^T UI\sin 2\omega t\,\mathrm{d}t=0 \tag{3-27}$$

式 (3-27) 表明**电感元件的有功功率为零**。

(3) 无功功率：**电感元件的无功功率是电感元件与外界电源之间能量往返交换的规模，其大小等于瞬时功率的最大值，用 Q_L 来表示，单位为乏 (var) 或千乏 (kvar)**。

$$Q_L=UI=I^2X_L=\frac{U^2}{X_L} \tag{3-28}$$

【例 3-6】 自感系数 $L=19.1\mathrm{mH}$ 的电感元件，接在 $u=220\sqrt{2}\sin(314t+30°)\mathrm{V}$ 的电源端。

(1) 计算复感抗 Z_L、电流 i 和无功功率 Q_L。

(2) 如果电源的频率增加为原频率的 2000 倍，其他不变，重新计算 (1)。

(3) 画出电感电压与电流的相量图。

解 (1) 电感的复感抗

$$Z_L=\mathrm{j}X_L=\mathrm{j}\omega L=\mathrm{j}314\times 19.1\times 10^{-3}=\mathrm{j}6\ (\Omega)$$

电源电压相量

$$\dot{U}=220\angle 30°\mathrm{V}$$

电感的电流相量

$$\dot{I}=\frac{\dot{U}}{Z_L}=\frac{\dot{U}}{\mathrm{j}X_L}=\frac{220\angle 30°}{6\angle 90°}=36.67\angle -60°(\mathrm{A})$$

电流瞬时值表达式

$$i=36.67\sqrt{2}\sin(314t-60°)\mathrm{A}$$

无功功率

$$Q_L=UI=220\times 36.67\mathrm{var}=8067.4\mathrm{var}=8.07\mathrm{kvar}$$

(2) 电源频率增加为原频率的 2000 倍时，$\omega'=314\times 2000\mathrm{rad/s}$，计算得到：

电感的复感抗

$$Z'_L=\mathrm{j}X'_L=\mathrm{j}2000\omega L=\mathrm{j}2000\times 6=\mathrm{j}12\mathrm{k}\Omega \quad \text{(增加 2000 倍)}$$

电感的电流相量

$$\dot{I}'=\frac{\dot{U}}{Z'_L}=\frac{\dot{U}}{\mathrm{j}X'_L}=\frac{220\angle 30°}{12\times 10^3\angle 90°}\mathrm{A}=0.0183\angle -60°\mathrm{A} \quad \text{(下降 2000 倍)}$$

电流瞬时值表示式

$$i'=0.0183\sqrt{2}\sin(314\times 2000t-60°)\mathrm{A}$$

无功功率

$$Q'_L=UI'=220\times 0.0183\mathrm{var}=4.03\mathrm{var}$$

计算表明，信号的频率越高，感抗越大，电压有效值若不变，电流则越小。

(3) 画出电感电压与电流的相量图如图 3-16 所示。

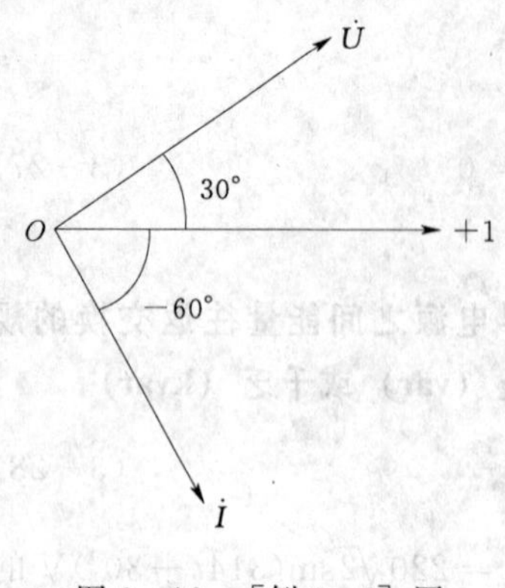

图 3-16　[例 3-6] 图

3.3.3　正弦电路中线性电容元件的伏安关系及功率

1. 对线性电容元件的认识

两个彼此绝缘又互相靠近的导体，每个导体引出一个电极，就构成一个电容器。若忽略电容器极板间所充绝缘物的漏电，两个导体由平行金属板来模拟，在一定频率范围内该电容器的电路模型是线性电容元件，如图 3-17（a）所示。当有电压 u 加在电容元件的两极板之间时，两极板上分别充有等量异号的电荷 q，使正、负极板间形成许多电场线，其中储存着电场能量：$W_C=\frac{1}{2}Cu^2$，W_C 与电容电压的平方成正比。线性电容元件所充电荷用 q 表示，单位为库仑（C），**该电荷 q 的大小与两极板间的电压 u 成正比**，即

$$q(t)=Cu(t) \tag{3-29}$$

其中比例常数 C 是电容元件的电容量（固有参数），单位为法拉（F）或微法（μF）、皮法（pF）。式（3-29）反映了线性电容元件的库-伏特性，其库-伏特性曲线是通过原点的直线，如图 3-17（b）所示。电子技术中经常要用到线性可变电容，可变电容的库-伏特性曲线也是通过原点的直线，但其电容值 C 根据需要可发生变化，其库-伏特性曲线和图形符号如图 3-17（c）所示。

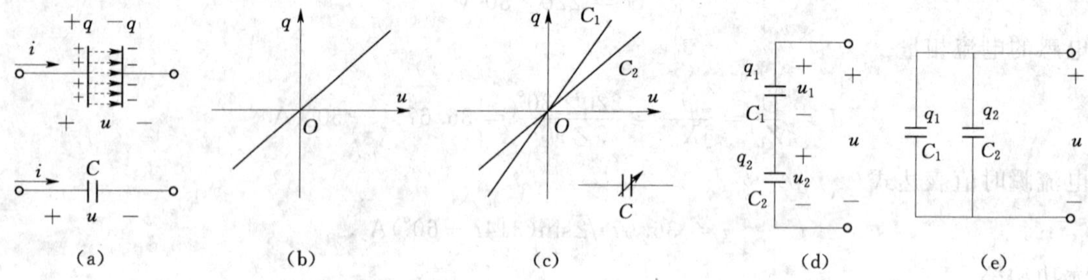

图 3-17　电容元件的库-伏特性曲线及串并联

线性电容元件电容量 C 的定义为

$$C=\frac{q(t)}{u(t)} \tag{3-30}$$

式（3-30）表明了 **“某电容器的电容量较大” 的意义是 “施加单位电压能容纳的电荷较多”**。

电容元件在使用中不允许超过其额定电压，否则可能击穿极板间的绝缘层而损坏。当电容器的电容量足够而耐受电压的能力不够时，可将几个电容器串联，如图 3-17（d）所示。两个串联的电容所充电荷相等，而总电压 u 等于两电容电压之和，即

$$u=u_1+u_2=\frac{q}{C_1}+\frac{q}{C_2}=\left(\frac{1}{C_1}+\frac{1}{C_2}\right)q$$

则等效电容量为

$$C=\frac{q}{u}=\frac{1}{\frac{1}{C_1}+\frac{1}{C_2}}=\frac{C_1C_2}{C_1+C_2} \tag{3-31}$$

或
$$\frac{1}{C}=\frac{1}{C_1}+\frac{1}{C_2} \tag{3-32}$$

式（3－32）表明：电容元件串联后等效电容量的倒数等于各分电容量倒数之和，等效电容量减小。根据两串联电容所充电荷相等，还可推知

$$q=C_1u_1=C_2u_2$$

则
$$\frac{u_1}{u_2}=\frac{C_2}{C_1} \tag{3-33}$$

式（3－33）表明：**两电容串联时所加电压与电容量成反比，电容量较小的所加电压更高**。

当电容器所加电压符合额定值要求，但电容量不够时，可将几个电容器并联，如图3－17（e）所示。两个并联的电容器其电压相等，总电荷 q 等于两电容所充电荷之和，即

$$q=q_1+q_2=C_1u+C_2u=(C_1+C_2)u$$

则等效电容量为
$$C=\frac{q}{u}=C_1+C_2 \tag{3-34}$$

式（3－34）表明：电容元件并联后等效电容量等于各分电容量之和，等效电容量增大。

所以电容元件串、并联计算等效电容的公式与电阻串、并联计算等效电阻的公式在结构上相反。

2. 电容元件的伏安关系

$q(t)=Cu(t)$ 是电容元件的定义式，其中包含电压，但与电容电流无关，为确定电容元件的伏安关系，将式（3－29）两侧同时对时间 t 求导数，得关联参考方向下电容元件的伏安关系式为

$$i(t)=\frac{\mathrm{d}q(t)}{\mathrm{d}t}=C\frac{\mathrm{d}u(t)}{\mathrm{d}t} \quad 即 \quad i=C\frac{\mathrm{d}u}{\mathrm{d}t} \tag{3-35}$$

根据第1章对电流的定义，通过导体横截面的电荷 q 对时间求导数就是流过该导体的电流。流过电容元件两根引线的电流是电容器的充、放电电流，电荷在理想情况下不可能越过电容器两个极板间的绝缘物。

式（3－35）表明，**电容电流不是与该时刻的电压值本身成正比，而是与该时刻电压的变化率成正比**，反映电容元件也是动态元件。**电压变化越快，电荷充放电移动越快，电流越大；电压变化越慢，电荷充放电移动越慢，电流越小；电容电压若不发生变化，电容器极板上的电荷量也不变，就不存在电荷的移动，即使电压再高，电容电流也为零**。

电容元件的伏安关系式 $i=C\frac{\mathrm{d}u}{\mathrm{d}t}$ 与电感元件的伏安关系式 $u=L\frac{\mathrm{d}i}{\mathrm{d}t}$ 相比，u、i 的位置对调了，表明电容与电感元件性质相反。

图3－18（a）中设电容电压 $u=\sqrt{2}U\sin\omega t$，则根据电容元件的伏安关系得

$$i=C\frac{\mathrm{d}}{\mathrm{d}t}(\sqrt{2}U\sin\omega t)=\sqrt{2}\omega CU\cos\omega t=\sqrt{2}\omega CU\sin(\omega t+90^\circ)=\sqrt{2}I\sin(\omega t+\psi_i)$$

则电容元件的伏安关系为：

（1）电流、电压是同频率的正弦量。

（2）电流、电压有效值的关系：$I=\omega C\times U=\frac{U}{1/\omega C}$，$U=\frac{1}{\omega C}\times I$。

(3) 电流、电压相位的关系：$\psi_i=\psi_u+90°$，关联参考方向下电容电流超前电压 90°。

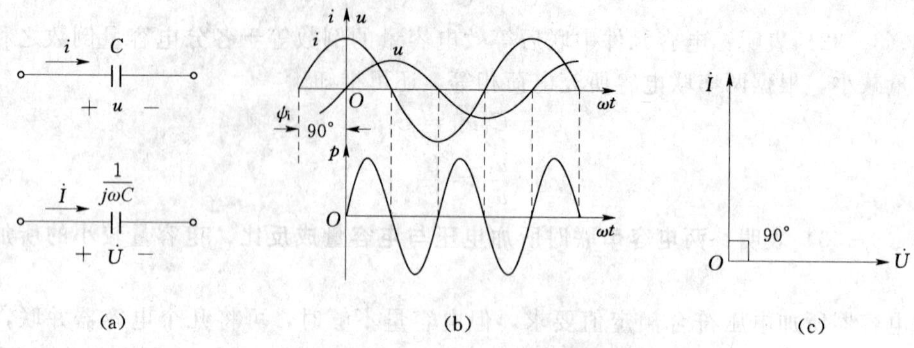

图 3-18　电容元件的 i、u、p 波形及相量图

应特别注意：**电容元件的电流超前电压 90°，这刚好与电感元件相反**。电流、电压之间的相位也是正交，一个为零时，另一个达到最大。

3. 电容元件伏安关系的相量形式

分别由电容电压、电流的瞬时值表达式写出其相量表达式

$$u=\sqrt{2}U\sin\omega t\rightarrow\dot{U}=U\angle\psi_u=U\angle0°$$

$$i=\sqrt{2}\omega CU\sin(\omega t+90°)\rightarrow\dot{I}=I\angle\psi_i=\omega CU\angle90°=\mathrm{j}\omega C\times\dot{U}=\frac{\dot{U}}{1/\mathrm{j}\omega C}$$

则电容元件在关联参考方向下伏安关系的相量形式为

$$\dot{I}=\frac{\dot{U}}{1/\mathrm{j}\omega C}\quad\text{或者}\quad\dot{U}=\frac{1}{\mathrm{j}\omega C}\times\dot{I}=-\mathrm{j}\,\frac{1}{\omega C}\times\dot{I}\tag{3-36}$$

式 (3-36) 与欧姆定律有相同的结构，其中$\frac{1}{\mathrm{j}\omega C}$取代了原来电阻的位置。**$\frac{1}{\omega C}$表征了电容元件对正弦交流电流通过有阻碍作用，称为容抗，是电容电压与电流的有效值之比，用 X_C 表示；$\frac{1}{\mathrm{j}\omega C}$称为复容抗，等于电容电压相量与电流相量之比，用 Z_C 表示，单位均为 Ω。即**

容抗
$$X_C=\frac{U}{I}=\frac{1}{\omega C}=\frac{1}{2\pi fC}\tag{3-37}$$

复容抗
$$Z_C=\frac{\dot{U}}{\dot{I}}=\frac{1}{\mathrm{j}\omega C}=-\mathrm{j}\,\frac{1}{\omega C}=-\mathrm{j}X_C\tag{3-38}$$

复容抗本身不是相量（字母顶端不打点），也是一个计算用复数，其中“$-\mathrm{j}$”由于电容电压滞后电流 90°而存在。电容元件电流、电压的波形如图 3-18 (b) 所示，图 3-18 (a) 下图称为电容元件的相量模型，相量图如图 3-18 (c) 所示。

电容元件的容抗 X_C 不仅与电容量 C 成反比，还与频率 f 成反比，如图 3-19 所示。**频率为零时，电容所加直流电压不随时间变化，容抗无穷大，因此直流电路中电容能隔断电流通路而用开路替代；信号的频率增加，电容充、放电速率加快，容抗随之减小。因此，电容元件与电感元件相反，通过高频电流时比较畅通。**

4. 电容元件的功率

(1) 瞬时功率：电容元件瞬时功率的波形如图 3-18 (b) 下图所示。

$$p = ui = U_m \sin\omega t \times I_m \cos\omega t$$
$$= 2UI\cos\omega t \sin\omega t = UI\sin 2\omega t$$

分析：①在第一个和第三个 1/4 周期，u、i 同号，p 为正值，u 从零增大到绝对值最大，电容元件吸收电源的能量，作为电场能储存起来；②在第二个和第四个 1/4 周期，u、i 异号，p 为负值，u 从绝对值最大减少到零，储存的电场能向外界电源释放。从瞬时功率的波形图可看到，吸收与释放的电场能相等，因此电容元件是储能元件，并不消耗电功率。

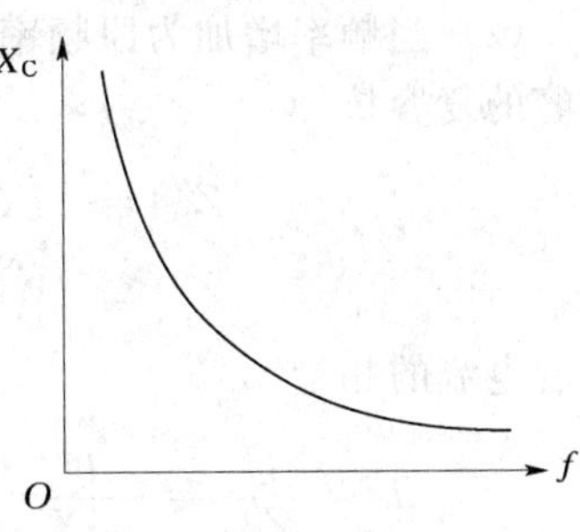

图 3-19 容抗 $X_C = \frac{1}{2\pi fC}$，与频率 f 成反比

(2) 平均功率（即有功功率）：

$$P = \frac{1}{T}\int_0^T p\mathrm{d}t = \frac{1}{T}\int_0^T UI\sin 2\omega t\,\mathrm{d}t = 0 \tag{3-39}$$

式 (3-39) 表明**电容元件的有功功率也为零**。

(3) 无功功率：**电容元件的无功功率是电容元件与外界电源之间能量往返交换的规模，其大小也等于瞬时功率的最大值，用 Q_C 来表示，单位为乏 (var) 或千乏 (kvar)**。

$$Q_C = UI = I^2 X_C = \frac{U^2}{X_C} \tag{3-40}$$

【例 3-7】 电容量 $C=10\mu F$ 的电容器，接在频率 $f=50Hz$、$u=22\sqrt{2}\sin(\omega t-120°)V$ 的正弦交流电源上。

(1) 计算复容抗 Z_C、电流 i 和无功功率 Q_C。

(2) 如果电源的频率增加为原频率的 20 倍，其他不变，重新计算 (1)。

(3) 画出电容电压与电流的相量图。

解 (1) 当频率 $f=50Hz$ 时：

电源电压相量

$$\dot{U} = 22\angle -120°V$$

电容的复容抗

$$Z_C = -jX_C = -j\frac{1}{\omega C} = -j\frac{1}{2\pi \times 50 \times 10 \times 10^{-6}} = -j318.3\ (\Omega)$$

电容电流的相量

$$\dot{I} = \frac{\dot{U}}{Z_C} = \frac{\dot{U}}{-jX_C} = \frac{22\angle -120°}{-j318.3} = 0.069\angle(-120° + 90°) = 0.069\angle -30°\ (A)$$

电流瞬时值表达式

$$i = 0.069\sqrt{2}\sin(\omega t - 30°)A$$

无功功率

$$Q_C = I^2 X_C = \frac{U^2}{X_C} = UI = 22 \times 0.069 = 1.52\ (var)$$

（2）当频率增加为原频率的 20 倍时，$f'=50\times20=1000$（Hz），计算得到：
电容的复容抗

$$Z'_{\mathrm{C}}=-\mathrm{j}X'_{\mathrm{C}}=-\mathrm{j}\frac{1}{\omega' C}=-\mathrm{j}\frac{1}{2\pi\times1000\times10\times10^{-6}}$$
$$=-\mathrm{j}15.92\ (\Omega)\text{（下降 20 倍）}$$

电容电流的相量

$$\dot{I}'=\frac{\dot{U}}{Z'_{\mathrm{C}}}=\frac{\dot{U}}{-\mathrm{j}X'_{\mathrm{C}}}=\frac{22\angle-120^{\circ}}{-\mathrm{j}15.92}=1.38\angle-30^{\circ}\ (\mathrm{A})\text{（增加 20 倍）}$$

电流瞬时值表达式

$$i'=1.38\sqrt{2}\sin(\omega' t-30^{\circ})\,\mathrm{A}$$

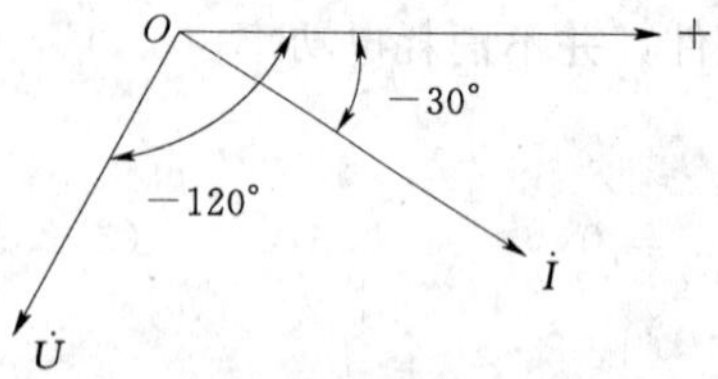

无功功率

$$Q'=I'^{2}X'_{\mathrm{C}}=\frac{U^{2}}{X'_{\mathrm{C}}}=UI'$$
$$=22\times1.38=30.36(\mathrm{var})$$

计算表明，信号的频率越高，容抗越小，电压有效值若不变，电流越大。

（3）电容电压与电流的相量图如图 3-20 所示。

图 3-20　［例 3-7］图

3.4　正弦电路中电阻、电感、电容的串联

上一节认识了单个的电阻感抗、容抗的特点，本节讨论正弦电路中电阻、电感、电容的串联电路，注意理解这些各具特点的无源元件如何形成一个矛盾对立的统一体。

3.4.1　电阻、电感、电容串联电路的伏安关系

图 3-21（a）所示为电阻、电感、电容串联电路的相量模型，各元件上的电流相等，设 $\dot{I}=I\angle0^{\circ}$为参考相量（初相位为零的相量），根据 KVL 定律，有

$$\dot{U}=\dot{U}_{\mathrm{R}}+\dot{U}_{\mathrm{L}}+\dot{U}_{\mathrm{C}}=R\dot{I}+\mathrm{j}X_{\mathrm{L}}\dot{I}-\mathrm{j}X_{\mathrm{C}}\dot{I}=\dot{I}[R+\mathrm{j}(X_{\mathrm{L}}-X_{\mathrm{C}})]=\dot{I}Z$$

定义**复阻抗 *Z* 为电压相量与电流相量之比**，即

$$Z=|Z|\angle\varphi=\frac{\dot{U}}{\dot{I}}=R+\mathrm{j}(X_{\mathrm{L}}-X_{\mathrm{C}})=\sqrt{R^{2}+(X_{\mathrm{L}}-X_{\mathrm{C}})^{2}}\angle\arctan\frac{X_{\mathrm{L}}-X_{\mathrm{C}}}{R}\tag{3-41}$$

及

$$Z=|Z|\angle\varphi=\frac{\dot{U}}{\dot{I}}=\frac{U}{I}\angle\psi_{\mathrm{u}}-\psi_{\mathrm{i}}=R+\mathrm{j}\left(\omega L-\frac{1}{\omega C}\right)=R+\mathrm{j}X\tag{3-42}$$

其中：

复阻抗的实部是电阻

$$R=|Z|\cos\varphi\tag{3-43}$$

复阻抗的虚部称为电抗

$$X=X_{\mathrm{L}}-X_{\mathrm{C}}=\omega L-\frac{1}{\omega C}=|Z|\sin\varphi\tag{3-44}$$

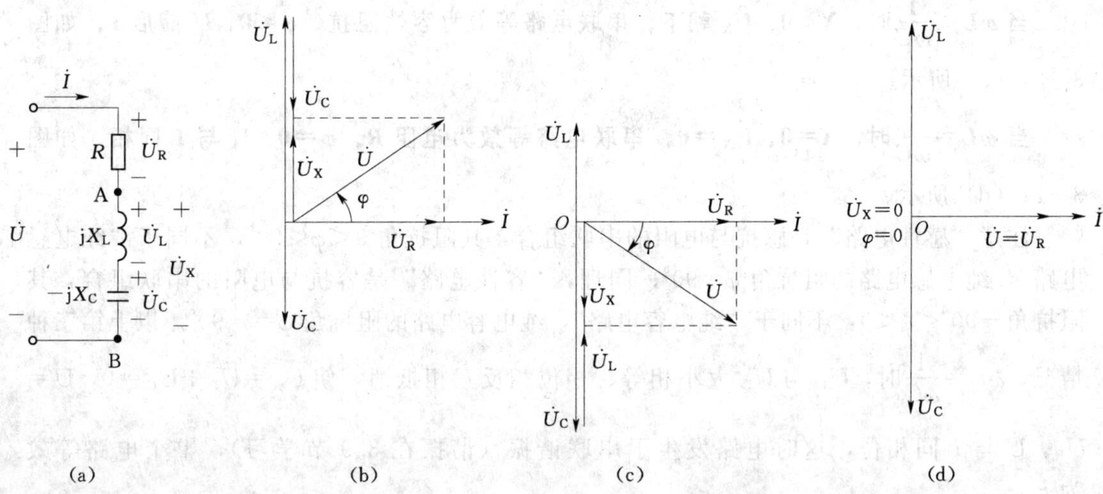

图 3-21 电阻、电感、电容串联电路及相量图

复阻抗的模值简称阻抗

$$|Z|=\frac{U}{I}=\sqrt{R^2+(X_L-X_C)^2}=\sqrt{R^2+X^2} \tag{3-45}$$

复阻抗的辐角称为阻抗角，是电压超前电流的相位

$$\varphi=\psi_u-\psi_i=\arctan\frac{X_L-X_C}{R}=\arctan\frac{X}{R}=\arctan\frac{\omega L-1/\omega C}{R} \tag{3-46}$$

复阻抗与电抗的单位都是 Ω。

可见复阻抗 Z 的模值 $|Z|$ 反映了电路阻碍正弦电流的能力，相同电压下 $|Z|$ 越大，电流越小。

该串联电路中，**虽然感抗 X_L、容抗 X_C 本身恒为正值，但感抗与容抗之差的电抗 $X=X_L-X_C=\omega L-\frac{1}{\omega C}=|Z|\sin\varphi$ 却可能为正、为负或为零，3 种不同情况使电路的性质出现根本区别**。每个元件的电流相等，均为 $\dot{I}=I\angle 0°$，$\dot{U}_R$、$\dot{U}_L$、$\dot{U}_C$ 三者分别与电流同相、超前电流 90°、滞后电流 90°，相互间是矛盾的，那么 $\dot{U}=\dot{U}_R+\dot{U}_L+\dot{U}_C$ 取什么相位，取决于 ωL 与 $\frac{1}{\omega C}$ 及 R 的相对大小，可通过相量图直观分析。画相量图时，有效值更大的画得长一些，相量可以在复平面内平移。参考相量 $\dot{I}=I\angle 0°$ 水平向右画，感抗电压 $\dot{U}_L$（朝上）与容抗电压 $\dot{U}_C$ 方向相反，两者的相量和为电抗电压 $\dot{U}_X$（$\dot{U}_X=\dot{U}_L+\dot{U}_C$，是 A、B 两点间的电压），电抗电压 $\dot{U}_X$ 与电阻电压 $\dot{U}_R$ 形成的平行四边形的对角线决定总电压 $\dot{U}$ 的相位和大小。

当 $\omega L>\frac{1}{\omega C}$ 时，$X>0$，$\dot{U}_X$ 朝上，串联电路等效为感性阻抗，$\varphi>0$，U 超前 I，如图 3-21（b）所示。

当 $\omega L<\frac{1}{\omega C}$ 时，$X<0$，$\dot{U}_X$ 朝下，串联电路等效为容性阻抗，$\varphi<0$，$\dot{U}$ 滞后 $\dot{I}$，如图 3-21（c）所示。

当 $\omega L=\frac{1}{\omega C}$ 时，$X=0$，$\dot{U}_X=0$，串联电路等效为电阻 R，$\varphi=0$，$\dot{U}$ 与 $\dot{I}$ 同相，如图 3-21（d）所示。

注意“感性电路”是感抗与电阻的串联组合，其阻抗角 $0<\varphi<90°$，不同于“纯电感电路”，纯电感电路的阻抗角 $\varphi=90°$；同理，“容性电路”是容抗与电阻的串联组合，其阻抗角 $-90°<\varphi<0$，不同于“纯电容电路”，纯电容电路的阻抗角 $\varphi=-90°$。以上第三种情况，$\omega L=\frac{1}{\omega C}$ 时，$\dot{U}_L$ 与 $\dot{U}_C$ 大小相等、相位相反互相抵消，使 $\dot{U}_X=\dot{U}_L+\dot{U}_C=0$，$\dot{U}=\dot{U}_R$，$\dot{U}$ 与 $\dot{I}$ 同相位，这时电路发生了串联谐振（谐振在 3.9 节学习），整个电路等效为 R。

3.4.2　串联电路的电压三角形与阻抗三角形

图 3-21（b）和（c）所示的相量图中有一个直角三角形，锐角 φ 是串联电路的阻抗角，斜边长度是总电压有效值 U，φ 的邻边长度是电阻电压有效值 U_R，φ 的对边长度是电抗电压有效值 U_X，重画于图 3-22（a）中，称为串联电路的电压三角形。

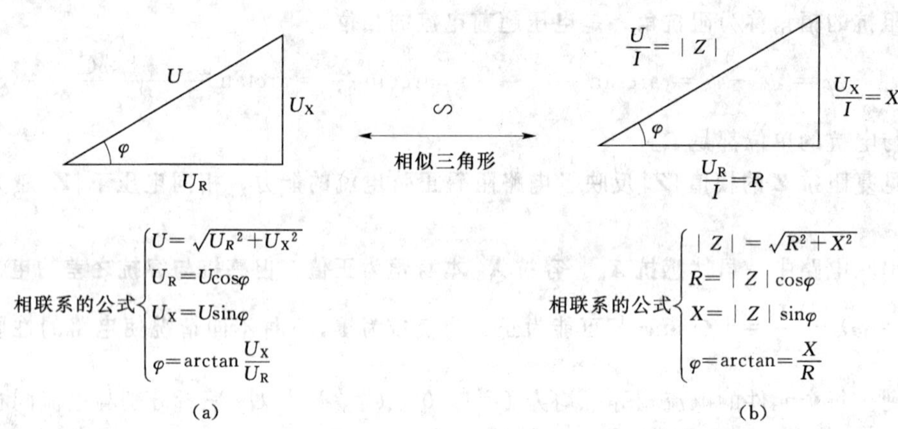

图 3-22　串联电路的电压三角形与阻抗三角形

电压三角形的每条边同时除以 I 就得到串联电路的阻抗三角形，这两个三角形是相似三角形。图 3-22 中给出了与该三角形有联系的公式，式中都不是复数，仅指量的大小和正负，应用时注意 U、U_R、$|Z|$、R 恒为正值，而 U_X、X 和 φ 有正有负，感性电路时为正；容性电路时为负。

若电路仅为电阻与感抗串联，则有

$$Z=R+\mathrm{j}\omega L=R+\mathrm{j}X_L,\ U=\sqrt{U_R^2+U_L^2}$$

若电路仅为电阻与容抗串联，则有

$$Z=R+\frac{1}{\mathrm{j}\omega C}=R-\mathrm{j}X_C,\ U=\sqrt{U_R^2+U_C^2}$$

若电路仅为感抗与容抗串联，则有

$$Z=\mathrm{j}\left(\omega L-\frac{1}{\omega C}\right)=\mathrm{j}X, U=|U_{\mathrm{L}}-U_{\mathrm{C}}|$$

若电路为容抗与容抗串联，则有

$$Z=-\mathrm{j}\left(\frac{1}{\omega C_1}+\frac{1}{\omega C_2}\right)=-\mathrm{j}(X_{\mathrm{C1}}+X_{\mathrm{C2}}), U=U_{\mathrm{C1}}+U_{\mathrm{C2}}$$

以上4种情况的相量图分别如图3-23（a）、（b）、（c）、（d）所示，**求电压有效值的记忆方法是：正交元件勾股弦；相反元件互相减；同阻抗角元件直接加。**

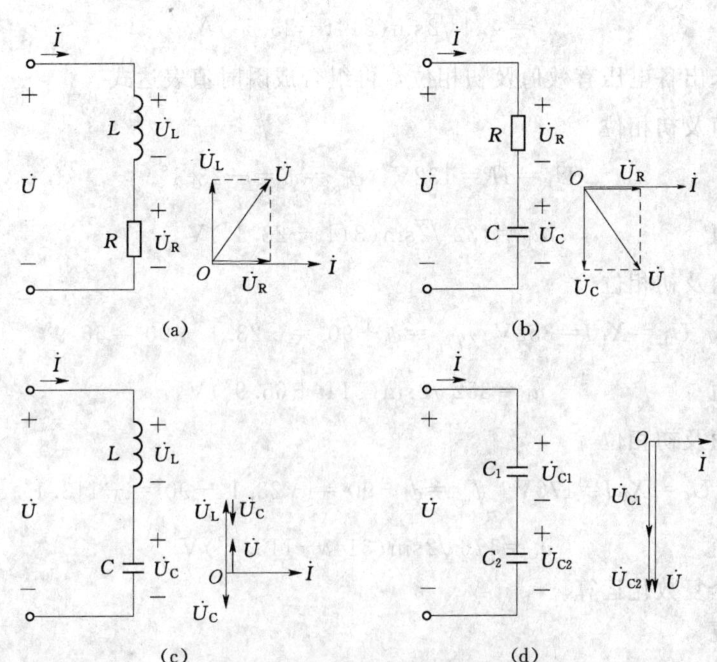

图3-23 求电压有效值的记忆方法

【例3-8】 有一个电阻、感抗、容抗的串联电路，$u=220\sqrt{2}\sin(314t+30°)\mathrm{V}$，$R=30\Omega$，$L=254\mathrm{mH}$，$C=80\mu\mathrm{F}$。

（1）计算感抗、容抗及复阻抗。

（2）计算电流的有效值 I 及瞬时值 i。

（3）计算各分电压有效值及瞬时值。

（4）验证 $U\neq U_{\mathrm{R}}+U_{\mathrm{L}}+U_{\mathrm{C}}$，并画出相量图。

解法一：分别计算有效值及初相位。

（1）感抗 $X_{\mathrm{L}}=\omega L=314\times254\times10^{-3}=80$（Ω）

容抗 $X_{\mathrm{C}}=\frac{1}{\omega C}=\frac{1}{314\times80\times10^{-6}}=40$（Ω）

电抗 $X=X_{\mathrm{L}}-X_{\mathrm{C}}=80-40=40$（Ω）

复阻抗的模值 $|Z|=\sqrt{R^2+X^2}=\sqrt{30^2+40^2}=50$（Ω）

阻抗角　$\varphi=\psi_u-\psi_i=\arctan\dfrac{X_L-X_C}{R}=53.1°$（判断为感性阻抗）

复阻抗　$Z=|Z|\angle\varphi=50\angle 53.1°\Omega$

（2）电流的有效值　$I=\dfrac{U}{|Z|}=4.4A$

电流的初相位　因为 $\varphi=\psi_u-\psi_i$

所以　$\psi_i=\psi_u-\varphi=30°-53.1°=-23.1°$

电流的瞬时值　$i=4.4\sqrt{2}\sin(314t-23.1°)A$

（3）分别求出各电压有效值及初相位，再组合成瞬时值表达式。

电阻电压有效值及初相位

$$U_R=IR=132V\quad \psi_{u_R}=\psi_i=-23.1°$$

电阻电压瞬时值　$u_R=132\sqrt{2}\sin(314t-23.1°)V$

电感电压有效值及初相位

$$U_L=X_LI=352V\quad \psi_{u_L}=\psi_i+90°=-23.1°+90°=66.9°$$

电感电压瞬时值　$u_L=352\sqrt{2}\sin(314t+66.9°)V$

电容电压有效值及初相位

$$U_C=X_CI=176V\quad \psi_{u_C}=\psi_i-90°=-23.1°-90°=-113.1°$$

电容电压瞬时值　$u_C=176\sqrt{2}\sin(314t-113.1°)V$

解法二：全复数化运算。

（1）复阻抗

$$Z=R+jX_L-jX_C=R+j\omega L-j\frac{1}{\omega C}=30+j(80-40)=50\angle 53.1°(\Omega)$$

（2）电流的相量

$$\dot{I}=\frac{\dot{U}}{Z}=\frac{220\angle 30°}{50\angle 53.1°}=4.4\angle-23.1°(A)$$

（3）电阻电压相量

$$\dot{U}_R=R\dot{I}=30\times 4.4\angle-23.1°=132\angle-23.1°(V)$$

电感电压相量

$$\dot{U}_L=Z_L\dot{I}=j\omega L\dot{I}=j80\times 4.4\angle-23.1°=352\angle 66.9°(V)$$

电容电压相量

$$\dot{U}_C=Z_C\dot{I}=-jX_C\dot{I}=-j40\times 4.4\angle-23.1°=176\angle-113.1°(V)$$

根据相量的极坐标式很方便写出瞬时值表达式，**显然用全复数化运算更快捷，一个式子可同时算出有效值和初相位**。这里强调，**相量只能代表正弦量进行复数运算，绝不等于正弦量**。

（4）验证

$$U_R + U_L + U_C = 132 + 352 + 176 = 660\text{V} \neq U = 220\ (\text{V})$$

从计算结果可观察到**正弦电路的分电压有可能大于总电压：$U_L > U$（在直流电路不可能发生），这是因为有两个性质对立的元件相串联。**

相量图如图 3-24 所示，图 3-24（a）用平行四边形法；图 3-24（b）用多边形法。

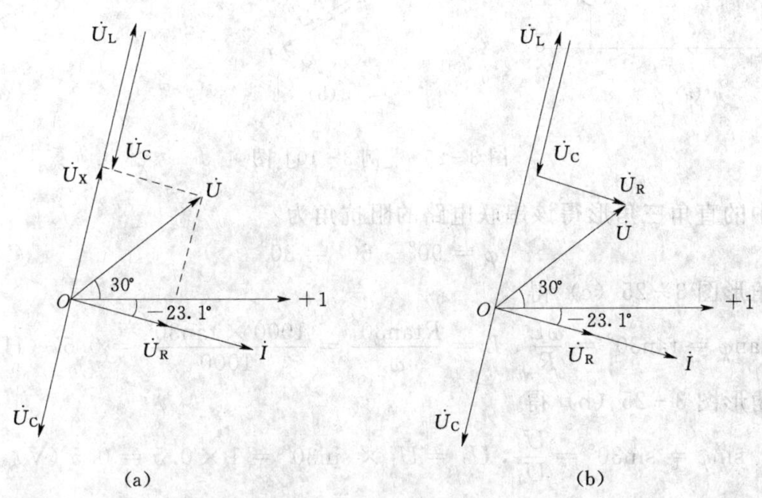

图 3-24　［例 3-8］图

【例 3-9】　R、L、C 串联电路中，已知 $R=5\Omega$，$L=8\text{mH}$，$C=200\mu\text{F}$，分别计算电源频率在 100Hz、1000Hz 时的复阻抗，并分析两个频率下复阻抗的性质。

解　（1）当 $f=100\text{Hz}$ 时：

$$\begin{aligned} Z &= R + \text{j}X_L - \text{j}X_C = R + \text{j}2\pi fL - \text{j}\frac{1}{2\pi fC} \\ &= 5 + \text{j}2\pi \times 100 \times 8 \times 10^{-3} - \text{j}/2\pi \times 100 \times 200 \times 10^{-6} \\ &= 5 + \text{j}5.02 - \text{j}7.95 = 5 - \text{j}2.93 = 5.79\angle -30.4^\circ\ (\Omega) \end{aligned}$$

（2）当 $f=1000H_Z$ 时：

$$\begin{aligned} Z &= R + \text{j}2\pi fL - \text{j}\frac{1}{2\pi fC} \\ &= 5 + \text{j}50.2 - \text{j}0.795 = 5 + \text{j}49.4 = 49.65\angle 84.2^\circ\ (\Omega) \end{aligned}$$

计算表明，100Hz 时为容性阻抗，1000Hz 时变为感性阻抗，可见**阻抗的性质随频率而变化**。

【例 3-10】　图 3-25（a）所示是一种可以改变信号相位的电路，称为移相电路。已知 $R=1\text{k}\Omega$，$u_1(t)=\sqrt{2}\sin 1000t\text{V}$，欲使输出电压 u_2 超前输入电压 u_1 为 60°，求电感的自感系数 L 及输出电压 u_2。

解　该电路为感性，电压超前电流，相量图如图 3-25（b）所示。**$\dot{U}_1$ 为参考相量水平向右画，电流 $\dot{I}$ 滞后电压画到第四象限；$\dot{U}_R$ 与电流同相，画到 $\dot{I}$ 的同一条直线上；$\dot{U}_2$ 超前电流 90°，$\dot{U}_2$ 接在 $\dot{U}_R$ 的箭尾画；$\dot{U}_R + \dot{U}_2 = \dot{U}_1$，形成一个电压三角形。**两个相量间的相位差必须观察箭头（或箭头延长线）间的夹角，因此 $\alpha=60°$。

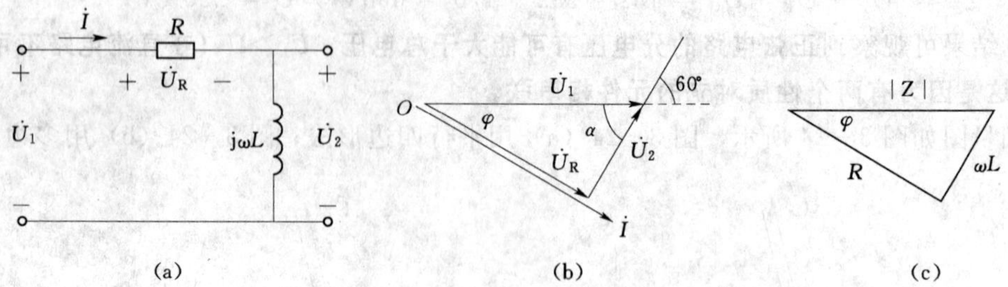

图 3 - 25　［例 3 - 10］图

根据相量图中的直角三角形得该串联电路的阻抗角为

$$\varphi = 90° - 60° = 30°$$

根据阻抗三角形图 3 - 25（c）得

$$\tan\varphi = \tan 30° = \frac{\omega L}{R},\ L = \frac{R\tan 30°}{\omega} = \frac{1000 \times \tan 30°}{1000} = 0.57\ (\mathrm{H})$$

根据电压三角形图 3 - 25（b）得

$$\sin\varphi = \sin 30° = \frac{U_2}{U_1},\ U_2 = U_1 \times \sin 30° = 1 \times 0.5 = 0.5\ (\mathrm{V})$$

因此

$$u_2 = 0.5\sqrt{2}\sin(1000t + 60°)\mathrm{V}$$

【例 3 - 11】　为了测试图 3 - 26（a）虚线框中线圈的参数 R 和 L，将一个电容与之串联，将电源频率调至 $\omega=2\times10^4\,\mathrm{rad/s}$，电源电压调至 $U_S=14.14\mathrm{V}$，测得线圈电压 $U_{RL}=22.4\mathrm{V}$，电容电压 $U_C=10\mathrm{V}$，电流 $I=1\mathrm{mA}$，求 R 和 L 分别为多少。

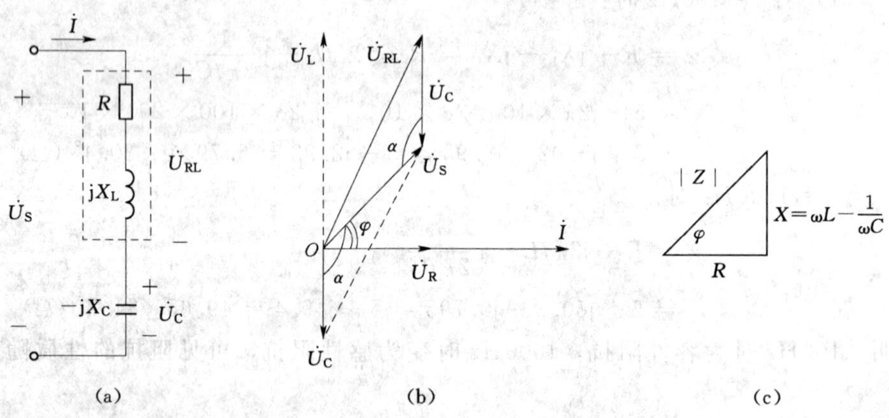

图 3 - 26　［例 3 - 11］图

解　定性画出相量图 3 - 26（b），**设电流 $\dot{I}$ 为参考相量，$\dot{U}_{RL}$ 超前电流画在第一象限，$\dot{U}_C$ 滞后电流 90°垂直向下，$\dot{U}_{RL}$ 和 $\dot{U}_C$ 的相量和即为电源电压相量 $\dot{U}_S$**，这里出现了一个含有钝角 α 的电压三角形，这是因为虚线框中不是纯电阻。对该电压三角形运用余弦定理有

$$U_{RL}^2 = U_S^2 + U_C^2 - 2U_S U_C\cos\alpha$$

$$\cos\alpha = \frac{U_{RL}^2 - U_S^2 - U_C^2}{-2U_S U_C} = \frac{22.4^2 - 14.14^2 - 10^2}{-2\times 14.14\times 10} = -0.71$$

$$\alpha = \arctan(-0.71) = 135^\circ$$

则由相量图可读出该串联电路的阻抗角 φ

$$\varphi = \alpha - 90^\circ = 135^\circ - 90^\circ = 45^\circ$$

从已知条件得

$$|Z| = \frac{14.14}{1\times 10^{-3}} = 14141\ (\Omega),\ X_C = \frac{U_C}{I} = \frac{10}{1\times 10^{-3}} = 10000\ (\Omega)$$

根据阻抗三角形图 3-26（c）得

$$R = |Z|\cos\varphi = 14141\times\cos 45^\circ = 10000\ (\Omega)$$

$$X = |Z|\sin\varphi = 14141\times\sin 45^\circ = 10000\ (\Omega)$$

因为 $X = X_L - X_C$　所以 $X_L = \omega L = X + X_C = 20000(\Omega)$

故

$$L = \frac{X_L}{\omega} = \frac{20000}{2\times 10^4} = 1\ (\text{H})$$

3.5　正弦电路中电阻、电感、电容的并联

本节讨论电阻、电感、电容的并联电路，它与串联电路一样是正弦电路中最基础的单元电路，其计算特点有与串联电路相对应的地方，注意进行比较，联系起来记忆。

3.5.1　电阻、电感、电容并联电路的伏安关系

图 3-27（a）所示为电阻、感抗、容抗并联电路的相量模型，各元件上的电压相等，设$\dot U = U\angle 0^\circ$为参考相量，根据 KCL 定律，有

$$\dot I = \dot I_R + \dot I_L + \dot I_C = \frac{\dot U}{R} + \frac{\dot U}{\text{j}X_L} + \frac{\dot U}{-\text{j}X_C} = \frac{\dot U}{R} + \frac{\dot U}{\text{j}\omega L} + \frac{\dot U}{-\text{j}\,\dfrac{1}{\omega C}}$$

$$= \dot U\left(\frac{1}{R} + \frac{1}{\text{j}\omega L} + \text{j}\omega C\right) = \dot U Y$$

定义**复导纳 Y 为电流相量与电压相量之比**，即

$$Y = |Y|\angle\varphi' = \frac{\dot I}{\dot U} = \frac{1}{R} + \frac{1}{\text{j}\omega L} + \text{j}\omega C = \frac{1}{R} + \text{j}\left(\omega C - \frac{1}{\omega L}\right) = G + \text{j}(B_C - B_L)$$

$$= G + \text{j}B = \sqrt{G^2 + (B_C - B_L)^2}\angle\arctan\frac{B_C - B_L}{G} \tag{3-47}$$

及
$$Y = |Y|\angle\varphi' = \frac{\dot I}{\dot U} = \frac{I}{U}\angle\psi_i - \psi_u = G + \text{j}B \tag{3-48}$$

其中定义

$$B_C = \frac{I_C}{U_C} = \frac{1}{X_C} = \omega C\quad \text{为电容元件的容纳。}$$

$$B_L = \frac{I_L}{U_L} = \frac{1}{X_L} = \frac{1}{\omega L}\quad \text{为电感元件的感纳。}$$

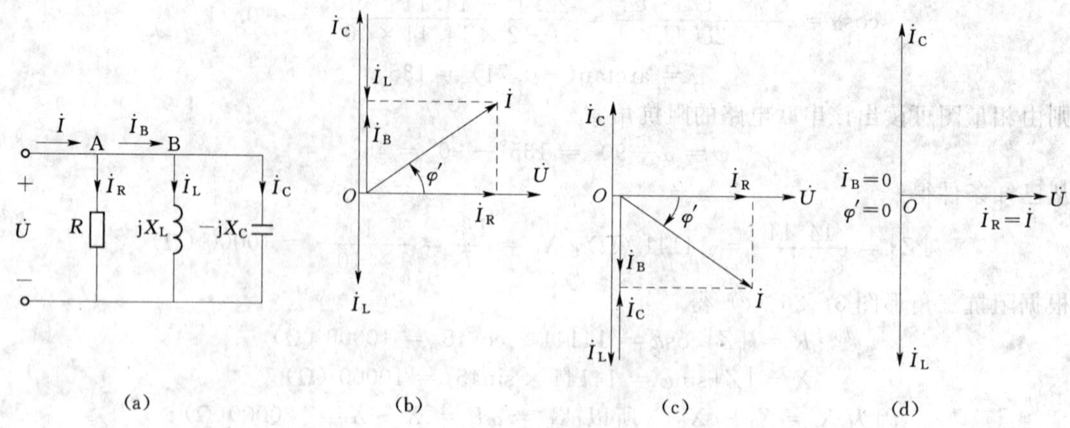

图 3-27　电阻、感抗、容抗并联电路及相量图

$B=\dfrac{I_B}{U_B}=B_C-B_L=\dfrac{1}{X_C}-\dfrac{1}{X_L}=\omega C-\dfrac{1}{\omega L}$　为电感元件与电容元件并联后的电纳。

复导纳的实部是电导

$$G=\frac{1}{R}=|Y|\cos\varphi' \tag{3-49}$$

复导纳的虚部称为电纳

$$B=B_C-B_L=\omega C-\frac{1}{\omega L}=|Y|\sin\varphi' \tag{3-50}$$

复导纳的模值简称导纳

$$|Y|=\frac{I}{U}=\sqrt{\left(\frac{1}{R}\right)^2+\left(\frac{1}{X_C}-\frac{1}{X_L}\right)^2}$$

$$=\sqrt{G^2+(B_C-B_L)^2}=\sqrt{G^2+B^2} \tag{3-51}$$

复导纳的辐角称为导纳角，是电流超前电压的相位，定义与阻抗角相反

$$\varphi'=\psi_i-\psi_u=\arctan\frac{B_C-B_L}{G}=\arctan\frac{B}{G}=\arctan\frac{\omega C-1/\omega L}{G} \tag{3-52}$$

复导纳、感纳、容纳与电纳的单位都是西门子（S），与电导的单位一致。

可见复导纳 Y 的模值 $|Y|$（以及 B_L、B_C、B）反映了电路导通电流的能力，相同电压下 $|Y|$ 越大，电流越大，性质与复阻抗相反。

电路的复导纳 Y 是复阻抗 Z 的倒数，导纳角 φ' 等于阻抗角 φ 的负值。

该并联电路中，虽然**容纳 B_C、感纳 B_L 本身恒为正值，但容纳与感纳之差的电纳 $B=B_C-B_L=\omega C-\dfrac{1}{\omega L}$ 却可能为正、为负或为零，3 种不同情况也使电路的性质出现根本区别**。每个元件上的电压相等，均为 $\dot{U}=U\angle 0°$，$\dot{I}_R$、$\dot{I}_L$、$\dot{I}_C$ 三者分别与电压同相、滞后电压 90°、超前电压 90°，相互间是矛盾的，那么 $\dot{I}=\dot{I}_R+\dot{I}_L+\dot{I}_C$ 取什么相位，完全取决于 ωC 与 $\dfrac{1}{\omega L}$ 及 G 的相对大小。相量图中，$\dot{U}=U\angle 0°$ 水平向右画，感纳上的电流 $\dot{I}_L$（朝下）与

容纳上的电流 $\dot{I}_C$ 方向相反，两者的相量和为电纳电流 $\dot{I}_B$（$\dot{I}_B=\dot{I}_L+\dot{I}_C$，是 A 点流向 B 点的电流），电纳电流 $\dot{I}_B$ 与电阻电流 $\dot{I}_R$ 形成的平行四边形的对角线决定了总电流 $\dot{I}$ 的相位和大小。

当 $\omega C>\frac{1}{\omega L}$ 时，$B>0$，$\dot{I}_B$ 朝上，并联电路等效为容性导纳，$\varphi'>0$，$\dot{I}$ 超前 $\dot{U}$，相量图如图 3-27（b）所示。

当 $\omega C<\frac{1}{\omega L}$ 时，$B<0$，$\dot{I}_B$ 朝下，并联电路等效为感性导纳，$\varphi'<0$，$\dot{I}$ 滞后 $\dot{U}$，相量图如图 3-27（c）所示。

当 $\omega C=\frac{1}{\omega L}$ 时，$B=0$，$\dot{I}_B=0$，并联电路等效为电导 $\frac{1}{R}$，$\varphi'=0$，$\dot{I}$ 与 $\dot{U}$ 同相，相量图如图 3-27（d）所示。

注意："容性电路"是容纳与电阻的并联组合；"感性电路"是感纳与电阻的并联组合。以上第三种情况，$\omega C=\frac{1}{\omega L}$ 时，$\dot{I}_C$ 与 $\dot{I}_L$ 大小相等、相位相反互相抵消，使 $\dot{I}_B=\dot{I}_L+\dot{I}_C=0$，$\dot{I}=\dot{I}_R$，$\dot{I}$ 与 $\dot{U}$ 同相，这时电路发生了并联谐振，整个电路等效为 $\frac{1}{R}$。

3.5.2　并联电路的电流三角形与导纳三角形

图 3-27（b）和图 3-27（c）所示的相量图中有一个直角三角形，锐角 φ' 是并联电路的导纳角，斜边长度是总电流有效值 I，φ' 的邻边长度是电阻电流有效值 I_R，φ' 的对边长度是电纳电流有效值 I_B，重画于图 3-28（a）中，称为并联电路的电流三角形。

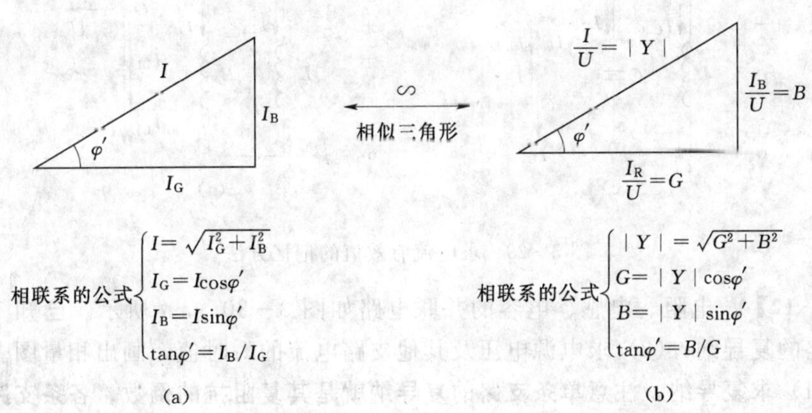

图 3-28　并联电路的电流三角形与导纳三角形

电流三角形的每条边同时除以 U 就得到并联电路的导纳三角形，这两个三角形也是相似三角形。图中给出了与该三角形有联系的公式，式中都不是复数，仅指量的大小和正负，应用时注意 I、I_R、$|Y|$、G 恒为正值，而 I_B、B 和 φ' 有正有负，容性电路时为正；感性电路时为负。

若电路仅为电阻与感纳并联，则有

$$Y=\frac{1}{R}+\frac{1}{\mathrm{j}\omega L}=G-\mathrm{j}B_{\mathrm{L}},\ I=\sqrt{I_{\mathrm{R}}^2+I_{\mathrm{L}}^2}$$

若电路仅为电阻与容纳并联，则有

$$Y=\frac{1}{R}+\mathrm{j}\omega C=G+\mathrm{j}B_{\mathrm{C}},\ I=\sqrt{I_{\mathrm{R}}^2+I_{\mathrm{C}}^2}$$

若电路仅为感纳与容纳并联，则有

$$Y=\mathrm{j}\left(\omega C-\frac{1}{\omega L}\right)=\mathrm{j}B,\ I=|I_{\mathrm{C}}-I_{\mathrm{L}}|$$

若电路仅为感纳与感纳并联，则有

$$Y=-\mathrm{j}\left(\frac{1}{\omega L_1}+\frac{1}{\omega L_2}\right)=-\mathrm{j}(B_{\mathrm{L1}}+B_{\mathrm{L2}}),\ I=I_{\mathrm{L1}}+I_{\mathrm{L2}}$$

以上 4 种情况的相量图分别如图 3－29（a）、（b）、（c）、（d）所示，**求电流有效值的记忆方法是：正交元件勾股弦；相反元件互相减；同导纳角元件直接加。**

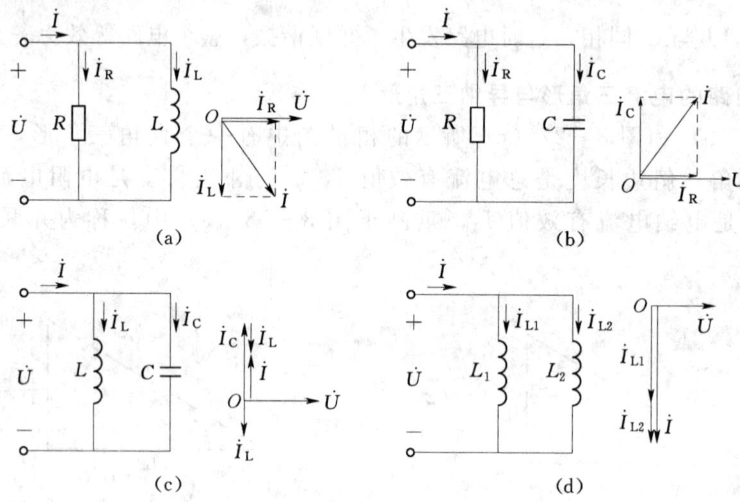

图 3－29　求电流有效值的记忆方法

【例 3－12】　电阻、电感、电容的并联电路如图 3－30（a）所示。已知 $I_{\mathrm{S}}=5.4\mathrm{A}$，（1）求电路的复导纳；（2）求电源电压及其他支路电流的瞬时值，画出相量图。

解　（1）求复导纳，注意**单条支路的复导纳就是其复阻抗的倒数，各条支路的复导纳之和就是电路总的复导纳。**

$$Y=G+\mathrm{j}B_C-\mathrm{j}B_{\mathrm{L}}=\frac{1}{R}+\frac{1}{1/\mathrm{j}\omega C}+\frac{1}{\mathrm{j}\omega L}=\frac{1}{2}+\frac{1}{-\mathrm{j}2.5}+\frac{1}{\mathrm{j}5}$$
$$=0.54\angle 21.8^\circ\ (\mathrm{S})$$

（2）题目中没有给出任何电量的初相位时，必须先将某个已知量设成参考相量，其他各量的相位才能依此确定。

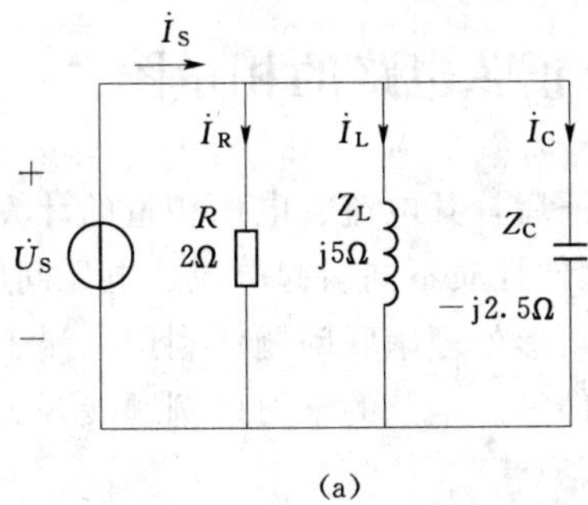

(a)

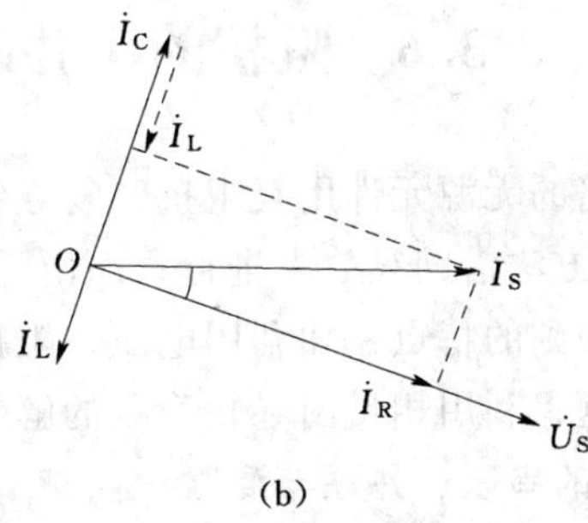

(b)

图 3-30　［例 3-12］图

设电源电流为参考相量 $\dot{I}_S=5.4\angle 0°\text{A}$，则电源电压的相量为

$$\dot{U}_S=\frac{\dot{I}_S}{Y}=\frac{5.4\angle 0°}{\dfrac{1}{2}+\dfrac{1}{-\text{j}2.5}+\dfrac{1}{\text{j}5}}=10\angle -21.8°\ (\text{V})$$

电源电压的瞬时值为

$$u=10\sqrt{2}\sin(\omega t-21.8°)\ (\text{V})$$

其他支路的电流相量及瞬时值分别为

$$\dot{I}_R=\frac{\dot{U}_S}{R}=\frac{10\angle -21.8°}{2}=5\angle -21.8°\ (\text{A}),\ i_R=5\sqrt{2}\sin(\omega t-21.8°)(\text{A})$$

$$\dot{I}_C=\frac{\dot{U}_S}{-\text{j}X_C}=\frac{10\angle -21.8°}{-\text{j}2.5}=4\angle 68.2°\ (\text{A}),\ i_C=4\sqrt{2}\sin(\omega t+68.2°)(\text{A})$$

$$\dot{I}_L=\frac{\dot{U}_S}{\text{j}X_L}=\frac{10\angle -21.8°}{\text{j}5}=2\angle -111.8°\ (\text{A}),\ i_L=2\sqrt{2}\sin(\omega t-111.8°)(\text{A})$$

【例 3-13】　图 3-31 所示电路，安培表读数分别为 $I_R=3\text{A}$，$I_L=10\text{A}$，$I_C=6\text{A}$，已知 $f=50\text{Hz}$，$L=0.08\text{H}$，求 U、I、C。

解　先求两相反元件电感、电容并联后的总电流

$$I_B=|I_C-I_L|=|6-10|=4\ (\text{A})$$

然后依据电流三角形得

$$I=\sqrt{I_R^2+I_B^2}=\sqrt{3^2+4^2}=5\ (\text{A})$$

并联电路各元件电压相等，有

$$U=U_L=\omega LI_L=314\times 0.08\times 10=251.2\ (\text{V})$$

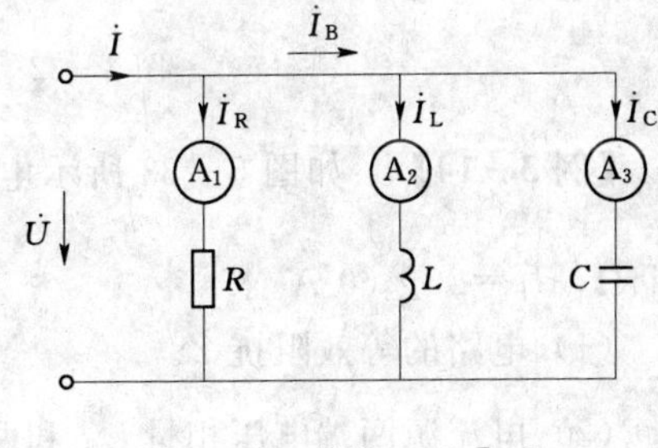

图 3-31　［例 3-13］图

求得电容支路的容纳

$$B_C=\omega C=\frac{I_C}{U}=\frac{6}{251.2}=0.024\ (\text{S})$$

求得电容量

$$C=\frac{0.024}{\omega}=\frac{0.024}{314}=76.43\ (\mu\text{F})$$

3.6　阻抗的串并联及正弦电路的相量图

正弦电路的无源元件用复阻抗、复导纳表征后，其电流、电压相量的计算可全部按照第 1、2 章的方法借助复数来进行；而由于各元件性质不同引起电流、电压间的相位不同，又使计算有独到的特点：如利用电压、阻抗三角形处理串联问题；利用电流、导纳三角形处理并联问题；利用相量图寻找隐藏的解题条件等。本节的学习以例题展开。

3.6.1　阻抗的串联、并联与混联

阻抗和导纳今后都用符号"—▭—"来表示，阻抗的单位用 Ω，虚部为正是感性阻抗，虚部为负是容性阻抗，虚部为零是纯电阻，而实部为零是纯电抗；导纳的单位用 S，虚部为正是容性导纳，虚部为负是感性导纳，虚部为零是纯电导，而实部为零是纯电纳。

图 3－32 所示为阻抗串联与并联的基本公式，分流、分压公式的结构与直流电路中相同。

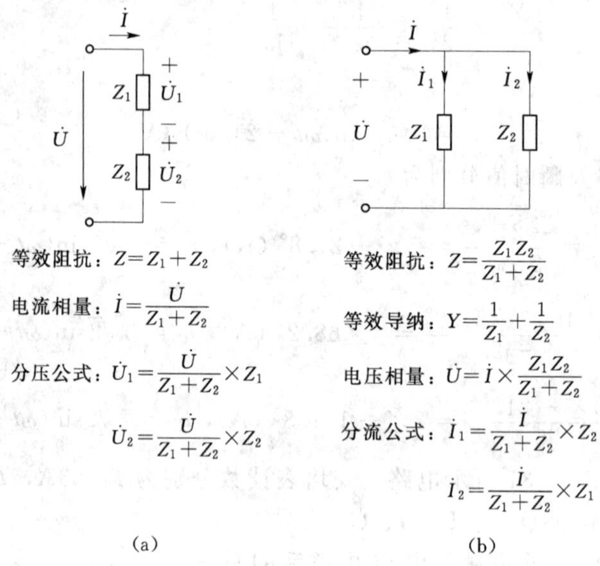

图 3－32　阻抗串联与并联的基本计算

【例 3－14】　如图 3－33 所示电路中，已知 $R_1=5\Omega$，$R_2=3\Omega$，$\mathrm{j}\omega L=\mathrm{j}4\Omega$，$-\mathrm{j}\dfrac{1}{\omega C}=-\mathrm{j}4\Omega$，$\dot{I}_S=30\angle 60°\mathrm{A}$。求：

（1）电路的等效阻抗 Z。

（2）电流源两端电压相量 $\dot{U}_S$ 和两支路电流 $\dot{I}_1$、$\dot{I}_2$。

（3）画出相量图。

解　（1）等效阻抗

$$Z=R_1+(R_2+\mathrm{j}\omega L)//-\mathrm{j}\frac{1}{\omega C}=\left[5+\frac{(3+\mathrm{j}4)(-\mathrm{j}4)}{3+\mathrm{j}4-\mathrm{j}4}\right]$$

$$=5+\frac{16-\mathrm{j}12}{3}=10.33-\mathrm{j}4=11.08\angle-21.2°\ (\Omega)$$

(2) 题中已给定 $\dot{I}_S$ 的初相位为 60°，则其他相量的相位依此而定，不再另设参考相量。

$$\dot{U}_S = Z\dot{I}_S = 11.08\angle -21.2^\circ \times 30\angle 60^\circ = 332.4\angle 38.8^\circ \text{ (V)}$$

应用分流公式得

$$\dot{I}_1 = \frac{Z_2}{Z_1 + Z_2}\dot{I}_S = \frac{-j4}{3 + j4 - j4} \times 30\angle 60^\circ = 40\angle -30^\circ \text{ (A)}$$

$$\dot{I}_2 = \frac{Z_1}{Z_1 + Z_2}\dot{I}_S = \frac{3 + j4}{3} \times 30\angle 60^\circ = 50\angle 113.1^\circ \text{ (A)}$$

(3) 相量图如图 3-33 (b) 所示。**以有效值定相量的长度，以初相位定相量的方位，借助虚线用平行四边形表示相量间的求和关系。要特别注意准确画出角度，为方便量取角度，手边可用纸折叠出如图 3-33 (c) 所示折痕的特殊角备用。**

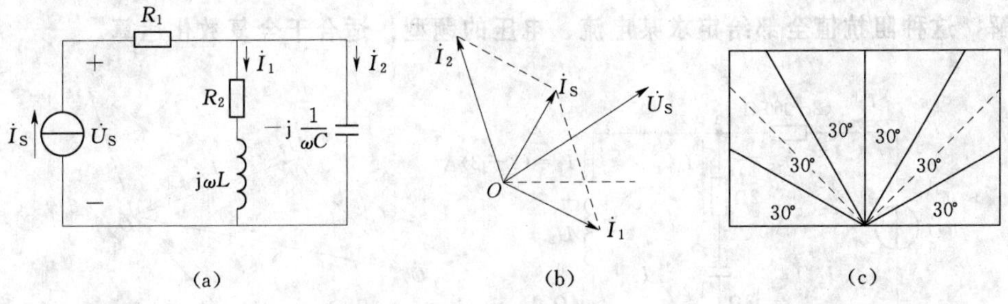

图 3-33 [例 3-14] 图

【例 3-15】 求图 3-34 (a) 所示电路各仪表读数及参数值 R、L 和 C。已知 $u = 220\sqrt{2}\sin 314t$ V，$i_1 = 22\sin(314t - 45^\circ)$ A，$i_2 = 11\sqrt{2}\sin(314t + 90^\circ)$ A。

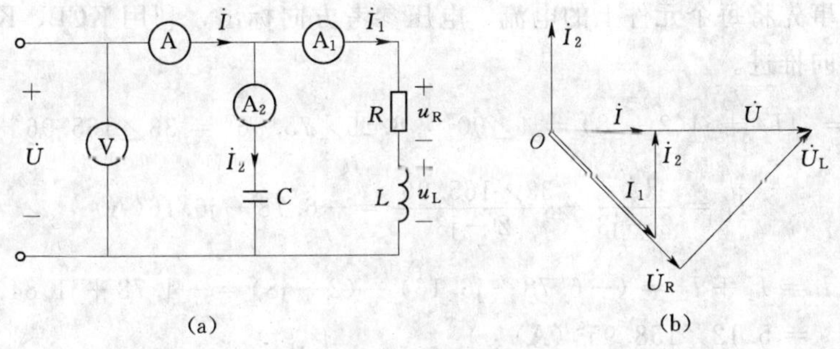

图 3-34 [例 3-15] 图

解 $\dot{U} = 220\angle 0^\circ$ V，$\dot{I}_1 = \frac{22}{\sqrt{2}}\angle -45^\circ = 11\sqrt{2}\angle -45^\circ$ (A)，$\dot{I}_2 = \text{j}11$ A

$$\dot{I} = \dot{I}_1 + \dot{I}_2 = 11\sqrt{2}\angle -45^\circ + 11\text{j} = 11 - \text{j}11 + \text{j}11 = 11\angle 0^\circ \text{ (A)}$$

$$-\text{j}X_C = \frac{\dot{U}}{\dot{I}_2} = \frac{220\angle 0^\circ}{\text{j}11} = -\text{j}20 \ (\Omega)$$

$$C = \frac{1}{\omega X_C} = \frac{1}{314 \times 20} \approx 159 \ (\mu\text{F})$$

$$Z_1=\frac{\dot{U}}{\dot{I}_1}=\frac{220\angle 0^\circ}{11\sqrt{2}\angle -45^\circ}=10\sqrt{2}\angle 45^\circ\ (\Omega)$$

$\dot{I}_1$ 滞后电压 $\dot{U}$ 为 45°，表明这条支路阻抗的虚部等于实部，则

$$X_L=R=|Z_1|\cos 45^\circ=10\sqrt{2}\times\frac{\sqrt{2}}{2}=10\ (\Omega)$$

$$L=\frac{X_L}{\omega}=\frac{10}{314}\approx 0.0318\ (\mathrm{H})$$

图 3-34（b）所示相量图用多边形法画出。测量仪表指示的是有效值，即

Ⓥ $=220\mathrm{V}$，Ⓐ $=11\mathrm{A}$，$A_1=11\sqrt{2}\mathrm{A}$，$A_2=11\mathrm{A}$

【例 3-16】　图 3-35（a）所示电路，已知 $\dot{I}_2$，求电压 $\dot{U}$，并画出相量图。

解　这种阻抗值全部给定求某电流、电压的题型，适合于全复数化运算。

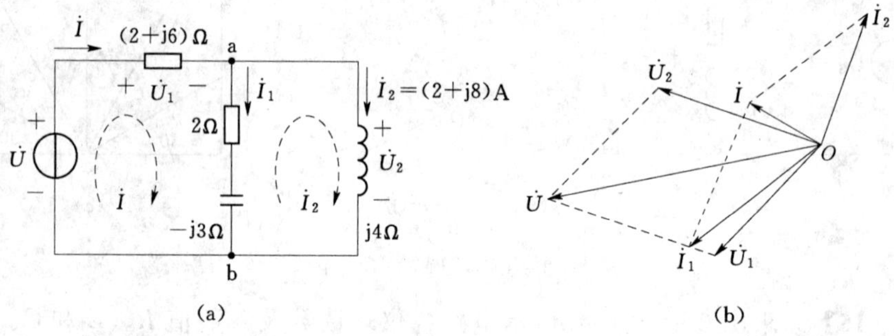

图 3-35　[例 3-16] 图

方法一：事先将每个元件上的电流、电压参考方向标出，利用 KCL、KVL 计算，逐步向电压源方向推进。

$$\dot{U}_2=j4\dot{I}_2=j4(2+j8)=4\angle 90^\circ\times 8.25\angle 75.96^\circ=33\angle 165.96^\circ\ (\mathrm{V})$$

$$\dot{I}_1=\frac{\dot{U}_2}{2-j3}-\frac{33\angle 165.96^\circ}{2-j3}=-6.78-j6.16(\mathrm{A})$$

$$\begin{aligned}\dot{I}&=\dot{I}_1+\dot{I}_2=(-6.78-j6.16)+(2+j8)=-4.78+j1.84\\&=5.12\angle 158.95^\circ\ (\mathrm{A})\end{aligned}$$

$$\dot{U}_1=(2+j6)\dot{I}=6.32\angle 71.57^\circ\times 5.12\angle 158.95^\circ=32.56\angle 230.52^\circ\ (\mathrm{V})$$

$$\begin{aligned}\dot{U}&=\dot{U}_1+\dot{U}_2=32.56\angle 230.52^\circ+33\angle 165.96^\circ\\&=(-20.7-j25.13)+(-32+j8)=55.41\angle -162^\circ\ (\mathrm{V})\end{aligned}$$

方法二：该题也可以列写网孔方程来解答，$\dot{I}$ 和 $\dot{I}_2$ 处于外围支路设为网孔电流，$\dot{I}_2$ 已知而 $\dot{U}$ 未知，两个方程求出两个未知量。

$$\begin{cases}[(2+j6)+(2-j3)]\dot{I}-(2-j3)\dot{I}_2=(4+j3)\dot{I}-(2-j3)(2+j8)=\dot{U} & ①\\-(2-j3)\dot{I}+[(2-j3)+j4]\dot{I}_2=-(2-j3)\dot{I}+(2+j)(2+j8)=0 & ②\end{cases}$$

由式②得

$$\dot{I}=\frac{(2+\mathrm{j})(2+\mathrm{j}8)}{(2-\mathrm{j}3)}=-4.78+\mathrm{j}1.84=5.12\angle 158.95^{\circ}\ (\mathrm{A})$$

将 $\dot{I}$ 代入式①得

$$\dot{U}=(4+\mathrm{j}3)\times 5.12\angle 158.95^{\circ}-(2-\mathrm{j}3)(2+\mathrm{j}8)=55.41\angle -162^{\circ}\ (\mathrm{V})$$

方法三：该题也可以列写“弥尔曼方程”来解答：

$$\dot{U}_{\mathrm{ab}}=\frac{\dfrac{\dot{U}}{2+\mathrm{j}6}}{\dfrac{1}{2+\mathrm{j}6}+\dfrac{1}{2-\mathrm{j}3}+\dfrac{1}{\mathrm{j}4}}=\mathrm{j}4\times\dot{I}_2=\mathrm{j}4\times(2+\mathrm{j}8)=33\angle 165.96^{\circ}\ (\mathrm{V})$$

直接解得

$$\dot{U}=(2+\mathrm{j}6)\times\left(\frac{1}{2+\mathrm{j}6}+\frac{1}{2-\mathrm{j}3}+\frac{1}{\mathrm{j}4}\right)\times 33\angle 165.96^{\circ}=55.41\angle -162^{\circ}\ (\mathrm{V})$$

相量图如图 3-35（b）所示，一般而言电路中有一个并联环节就对应一个电流三角形，有一个串联环节就对应一个电压三角形，而在串或并的双方一个是纯电阻一个是纯电抗时，才会出现直角三角形。

【例 3-17】 图 3-36（a）所示电路中 $I_1=10\mathrm{A}$，$I_2=10\sqrt{2}\mathrm{A}$，$U=200\mathrm{V}$，$R_3=5\Omega$，$R_2=X_{\mathrm{L}}$，试求 I_3、X_{C}、X_{L} 及 R_2。

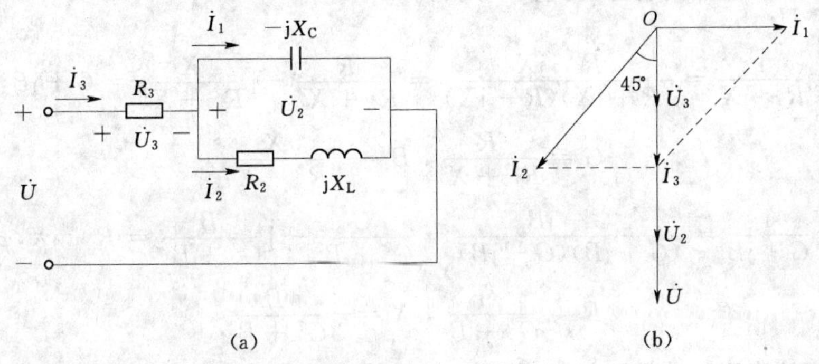

图 3-36 ［例 3-17］图

解：这种阻抗值未定，仅告知部分电流、电压信息的题型，应先借助相量图寻找隐藏的解题条件。

先设定并标出各支路电流、电压参考方向，并设某一已知量为参考相量。

设 $\dot{I}_1=10\angle 0^{\circ}\mathrm{A}$ 水平向右画，则 $\dot{U}_2$ 滞后 $\dot{I}_1 90^{\circ}$，垂直向下画；**因为第二条支路中 $R_2=X_{\mathrm{L}}$，阻抗角 45°，所以 $\dot{I}_2$ 再滞后 $\dot{U}_2 45^{\circ}$，**则有

$$\dot{I}_2=10\sqrt{2}\angle -135^{\circ}\mathrm{A}$$

$$\dot{I}_3=\dot{I}_1+\dot{I}_2=10\angle 0^{\circ}+10\sqrt{2}\angle -135^{\circ}=10\angle -90^{\circ}\ (\mathrm{A})$$

进一步推知

$$\dot{U}_3=R_3\dot{I}_3=5\times 10\angle -90^{\circ}=50\angle -90^{\circ}\ (\mathrm{V})\quad(\dot{U}_3\text{ 也垂直向下画})$$

$\dot{U}_3$ 与 $\dot{U}_2$ 同相，则

$$\dot{U}=\dot{U}_3+\dot{U}_2=200\angle-90°\ (\text{V})\quad (3\text{ 个电压均同相})$$

则有

$$\dot{U}_2=\dot{U}-\dot{U}_3=200\angle-90°-50\angle-90°=150\angle-90°\ (\text{V})$$

进一步

$$-\text{j}X_C=\frac{\dot{U}_2}{\dot{I}_1}=\frac{150\angle-90°}{10\angle0°}=-\text{j}15\ (\Omega)$$

在第二条支路中，因为　　　　　　　$R_2=X_L$

所以　　　$U_{R2}=U_{X_L},U_2=\sqrt{U_{R2}^2+U_{X_L}^2}=\sqrt{2U_{X_L}^2},U_{X_L}=U_{R2}=\dfrac{U_2}{\sqrt{2}}$

$$R_2=X_L=\frac{U_{X_L}}{I_2}=\frac{U_2/\sqrt{2}}{10\sqrt{2}}=\frac{150}{10\times2}=7.5\ (\Omega)$$

3.6.2 阻抗与导纳的等效变换

同一个无源电路 P，如图 3-37（a）所示，若用阻抗来表征，则 $Z=\dfrac{\dot{U}}{\dot{I}}$；若用导纳来表征，则 $Y=\dfrac{\dot{I}}{\dot{U}}$。显然两者互为倒数，则有

$$Y=\frac{1}{Z}=\frac{1}{R+\text{j}X}=\frac{R-\text{j}X}{(R+\text{j}X)(R-\text{j}X)}=\frac{R}{R^2+X^2}-\text{j}\frac{X}{R^2+X^2}=G+\text{j}B,\varphi'=-\varphi$$

$$G=\frac{R}{R^2+X^2},B=-\frac{X}{R^2+X^2}\tag{3-53}$$

$$Z=\frac{1}{Y}=\frac{1}{G+\text{j}B}=\frac{G-\text{j}B}{(G+\text{j}B)(G-\text{j}B)}=\frac{G}{G^2+B^2}-\text{j}\frac{B}{G^2+B^2}=R+\text{j}X,\varphi=-\varphi'$$

$$R=\frac{G}{G^2+B^2},X=-\frac{B}{G^2+B^2}\tag{3-54}$$

这里一定注意到：感性阻抗 X 为正；而感性导纳 B 为负。阻抗角是电压超前电流的相位，而导纳角是电流超前电压的相位。

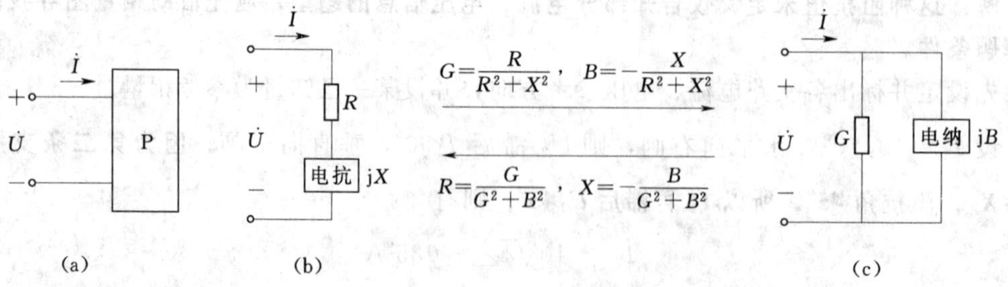

图 3-37　阻抗与导纳的等效变换

【例 3-18】　图 3-38（a）所示为有两条无源支路并联接于 $f=50\text{Hz}$ 的交流电源上，其中 $R_1=8\Omega$，$X_L=10\Omega$、$R_2=25\Omega$，$X_C=15\Omega$。试求：

(1) 等效阻抗及串联等效电路的参数 R、L（或 C）。

(2) 等效导纳及并联等效电路的参数 R'、L'（或 C'）。

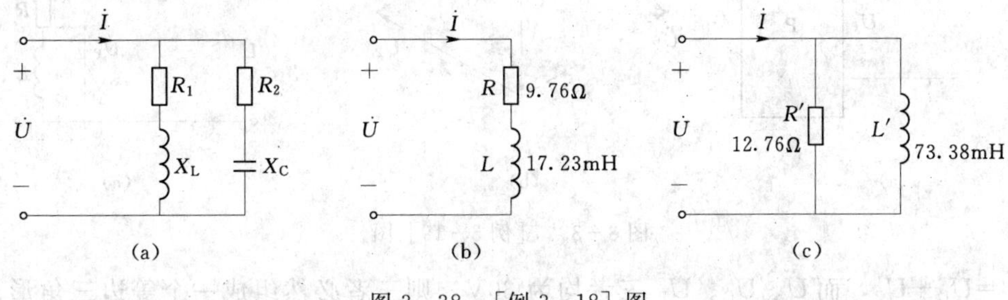

图 3-38 ［例 3-18］图

解 (1) 串联等效电路

$$Z = R + jX = \frac{(R_1 + jX_L) \times (R_2 - jX_C)}{(R_1 + jX_L) + (R_2 - jX_C)} = \frac{(8 + j10) \times (25 - j15)}{(8 + j10) + (25 - j15)}$$
$$= 11.16\angle 29^\circ = (9.76 + j5.41)\ (\Omega)$$

为感性，其中等效电阻 $R=9.76\Omega$，等效电感 $L=\dfrac{X}{\omega}=\dfrac{5.41}{314}=17.23$ (mH)。

(2) 并联等效电路

$$Y = G + jB = \frac{R}{R^2 + X^2} - j\frac{X}{R^2 + X^2} = \frac{9.76}{9.76^2 + 5.41^2}$$
$$-j\frac{5.41}{9.76^2 + 5.41^2} = 0.0896\angle -29^\circ\ (\text{S})$$

再根据两条支路的导纳之和等于总导纳重求 Y，与上式计算结果比较：

$$Y = G + jB = \frac{1}{R_1 + jX_L} + \frac{1}{R_2 - jX_C} = \frac{1}{8 + j10} + \frac{1}{25 - j15}$$
$$= 0.0896\angle -29^\circ = (0.0784 - j0.0434)\ (\text{S})$$

结果一致。其中等效电阻为 $R'=\dfrac{1}{G}=\dfrac{1}{0.0784}=12.76$ (Ω)

因为 $B_L=\dfrac{1}{\omega L'}=0.0434$ (S)

所以等效电感为 $L'=\dfrac{1}{0.0434\omega}=73.38$ (mH)

可见串、并联等效电路之间：

$$G = 0.0784\text{S} \neq \frac{1}{R} = \frac{1}{9.76\Omega},\ B = -0.0434\text{S} \neq -\frac{1}{X} = -\frac{1}{5.41\Omega}$$

并且 G 与 B（或 R 与 X）都与频率有关，频率不同等效参数也不同。

【例 3-19】 图 3-39 (a) 所示电路中，$I=2\text{A}$，$U=U_C=U_P=30\text{V}$，$f=50\text{Hz}$，求电容值 C 及无源网络 P 的串联等效电路参数。

解 题目缺少参数可借助相量图进行分析。设 $\dot{I}=2\angle 0^\circ\text{A}$，则 $\dot{U}_C=30\angle -90^\circ\text{V}$，那么 $X_C=\dfrac{1}{\omega C}=\dfrac{U_C}{I}=\dfrac{30}{2}=15$ (Ω)，$C=\dfrac{1}{15\omega}=\dfrac{1}{15\times 314}=212.3$ (μF)。

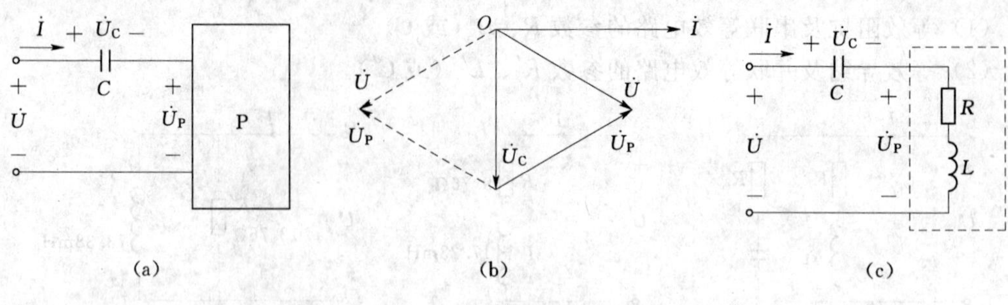

图 3-39　[例 3-19] 图

$\dot{U}=\dot{U}_C+\dot{U}_P$，而 $\dot{U}$、$\dot{U}_C$、$\dot{U}_P$ 三者均为 30V，则三者必然组成一个等边三角形。$\dot{U}$、$\dot{U}_P$ 两电压的相位只有图 3-39（b）所示的两种可能，因为 P 为无源网络，$\dot{U}$ 与 $\dot{I}$ 相位差的绝对值不会超过 90°，所以虚线所示不可能，则

$$\dot{U}=30\angle-30°\text{V},\dot{U}_P=30\angle30°\text{V}\quad(\text{P 为感性阻抗})$$

$$Z_P=\frac{\dot{U}_P}{\dot{I}}=\frac{30\angle30°}{2\angle0°}=15\angle30°=12.99+\text{j}7.5\ (\Omega)$$

其中串联等效电路的参数为：

$$R=12.99\Omega,\ X_L=\omega L=7.5\Omega,\ L=\frac{X_L}{\omega}=\frac{7.5}{314}=23.9\ (\text{mH})$$

3.7　正弦电流电路的功率

由于正弦电路中既有耗能元件，又有储能元件，使各元件间的功率关系比直流电路复杂，基本概念包括瞬时功率、有功功率、视在功率、无功功率、功率因数和复功率。

3.7.1　瞬时功率

正弦电路的瞬时功率 p 是随时间变化的周期量，图 3-40（a）所示的无源网络的电压和电流取关联参考方向，设

$$i=\sqrt{2}I\sin\omega t,\ u=\sqrt{2}U\sin(\omega t+\varphi)$$

则瞬时功率为

$$p=ui=2UI\sin\omega t\sin(\omega t+\varphi)=UI\cos\varphi-UI\cos(2\omega t+\varphi)\qquad(3-55)$$

式（3-55）中的第一项 $UI\cos\varphi$ 为常数，当 $|\varphi|<90°$ 时恒为正值；第二项是以两倍电压角频率交变的正弦量，其值变为负值时该无源网络向外释放能量。

观察瞬时功率 p 的波形图 3-40（d）可见：**$u(t)$ 或 $i(t)$ 为零时，$p(t)$ 为零；$u(t)$、$i(t)$ 同号时，$p(t)$ 为正，电路吸收功率；$u(t)$、$i(t)$ 异号时，$p(t)$ 为负（阴影面积），电路释放功率。该无源网络与电源之间有能量的往返交换，电路在一个周期内吸收的能量比释放的能量多，说明该无源网络是消耗电能的。**

瞬时功率的单位为伏安（VA）。

3.7.2　平均功率（有功功率）

由于瞬时功率中的第二项为一正弦函数，一个周期内的积分值为零，所以平均功率为

$$P=\frac{1}{T}\int_0^T p\mathrm{d}t=\frac{1}{T}\int_0^T[UI\cos\varphi-UI\cos(2\omega t+\varphi)]\mathrm{d}t=UI\cos\varphi \tag{3-56}$$

平均功率又称为有功功率，单位为瓦特（W）或千瓦（kW），指电路吸收而消耗的功率。一般直接称某电路的“功率”是指“有功功率”。

3.7.3 视在功率

定义电流与电压有效值的乘积为视在功率，单位为伏安（VA）或千伏安（kVA），用 S 表示，即

$$S=UI \quad 或 \quad S=UI=I^2|Z|=\frac{U^2}{|Z|} \tag{3-57}$$

有功功率与视在功率的关系为

$$P=UI\cos\varphi=S\cos\varphi \tag{3-58}$$

或

$$S=UI=\frac{P}{\cos\varphi} \tag{3-59}$$

3.7.4 无功功率

图 3-40（a）所示的串联等效电路如图 3-40（b）所示，其相量图如图 3-40（c）上图所示，其中的电压三角形每条边长乘以电流 I，得到功率三角形如图 3-40（c）下图所示。**功率三角形的斜边是视在功率 S；阻抗角 φ 的邻边是有功功率 $P=UI\cos\varphi=U\cos\varphi\times I=U_R I$，因此有功功率就是电阻吸收的功率；定义 φ 的对边为无功功率，用 Q 表示，单位为乏（var）或千乏（kvar），用来表征该无源网络与电源之间能量往返交换的规模**，即

$$Q=U_X I=U\sin\varphi\times I=UI\sin\varphi$$

电路为感性时，$\varphi>0$，$Q>0$，该电路吸收无功功率。

电路为容性时，$\varphi<0$，$Q<0$，该电路发出无功功率。

无功功率与视在功率的关系为

$$Q=UI\sin\varphi=S\sin\varphi \tag{3-60}$$

或

$$S=UI=\frac{Q}{\sin\varphi}$$

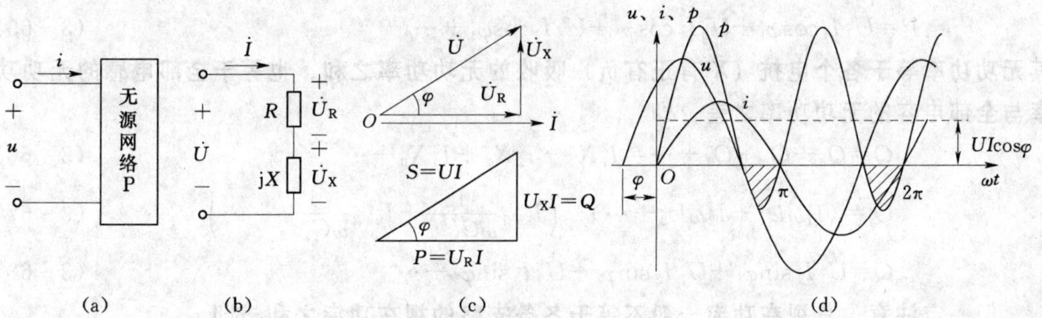

图 3-40 正弦电流电路的功率

设图 3-40 (b) 中的电抗 $X=X_L-X_C$，将该式等号两边同时乘以 I^2，则有

$$I^2X=I^2X_L-I^2X_C=Q_L-Q_C=Q=U_XI \tag{3-61}$$

可见**电路的无功功率是电感元件的无功功率与电容元件的无功功率之差，因此认为电感是消耗无功功率的元件；电容是发出无功功率的元件**。**两者性质相反，两者储存的磁场能和电场能可以互相交换，相互间有互补性，互补的结果可使电路的无功功率减小**。应该注意，虽然 Q_L、Q_C 恒取正值，但整体电路的无功功率 $Q=Q_L-Q_C$，可能为正、为负或零，分别对应于感性电路、容性电路和谐振电路（为电阻性）。

3.7.5　功率因数

将有功功率 $P=UI\cos\varphi$ 中的 $\cos\varphi$ 定义为功率因数，用 λ 表示，即

$$\lambda=\cos\varphi=\frac{P}{UI} \tag{3-61}$$

无源网络的阻抗角 $|\varphi|\leqslant 90°$，所以其功率因数 $0\leqslant\lambda\leqslant 1$。

工程上有时还将 $\sin\varphi$ 称为"无功功率因数"。因为 $|\cos\varphi|\leqslant 1$，$|\sin\varphi|\leqslant 1$，所以有功功率、无功功率均在视在功率的基础上打了一个折扣，使得

$$|P=UI\cos\varphi|\leqslant S,\ |Q=UI\sin\varphi|\leqslant S \tag{3-62}$$

根据功率三角形，P、Q、S 三者间的关系为

$$P=S\cos\varphi,\ Q=S\sin\varphi=P\tan\varphi$$

$$S=\sqrt{P^2+Q^2},\ \lambda=\cos\varphi=\frac{P}{S}=\frac{P}{\sqrt{P^2+Q^2}},\ \varphi=\pm\arccos\frac{P}{S}=\arctan\frac{Q}{P} \tag{3-63}$$

这时**阻抗角 φ 又称为功率因数角，是电压超前电流的相位。$\varphi>0$ 时是感性网络，工程上称为"滞后"，指电流滞后电压；$\varphi<0$ 时是容性网络，工程上称为"超前"，指电流超前电压**。**功率因数 $\cos\varphi=1$ 时，$P=S$，$Q=0$，电源传输的功率全部为负载吸收**。

可以证明，**一个由多元件多支路组成的无源网络，其有功功率等于各个电阻元件吸收的有功功率之和，也等于各条支路吸收的有功功率之和**，即

$$P=P_1+P_2+P_3+\cdots=I_1^2R_1+I_2^2R_2+I_3^2R_3+\cdots \tag{3-64}$$

$$P=U_1I_1\cos\varphi_1+U_2I_2\cos\varphi_2+U_3I_3\cos\varphi_3+\cdots \tag{3-65}$$

其无功功率等于各个电抗（X 有正有负）吸收的无功功率之和，也等于全部电感的无功功率与全部电容的无功功率之差，即

$$Q=Q_1+Q_2+Q_3+\cdots=I_1^2X_1+I_2^2X_2+I_3^2X_3+\cdots \tag{3-66}$$

$$Q=(I_1^2\omega L_1+I_2^2\omega L_2+\cdots)-\left(I_{k+1}^2\frac{1}{\omega C_{k+1}}+I_{k+2}^2\frac{1}{\omega C_{k+2}}+\cdots\right) \tag{3-67}$$

$$Q=U_1I_1\sin\varphi_1+U_2I_2\sin\varphi_2+U_3I_3\sin\varphi_3+\cdots \tag{3-68}$$

但一定注意，**总视在功率一般不等于各条支路的视在功率之和**，即

$$S\neq S_1+S_2+S_3+\cdots=U_1I_1+U_2I_2+U_3I_3+\cdots \tag{3-69}$$

这是因为每条支路的阻抗角一般不相等，类似于 $I\neq I_1+I_2+\cdots$，$U\neq U_1+U_2+\cdots$ 的相同

道理。

正弦交流设备的额定参数有额定频率 f_N、额定电压 U_N、额定电流 I_N、额定视在功率 S_N，有的还要规定额定功率因数 $\cos\varphi_N$。额定视在功率 S_N 反映了设备的容量，$S_N=U_NI_N$，是设备的重要参数。

对于无源网络的串联等效电路图 3-40（b），其阻抗三角形、电压三角形、功率三角形互为相似三角形，因此各对应边成比例，其比例式可用于计算，如图 3-41 所示，即

$$\varphi=\arctan\frac{X}{R}=\arctan\frac{Q}{P}=\arctan\frac{U_X}{U_R} \tag{3-70}$$

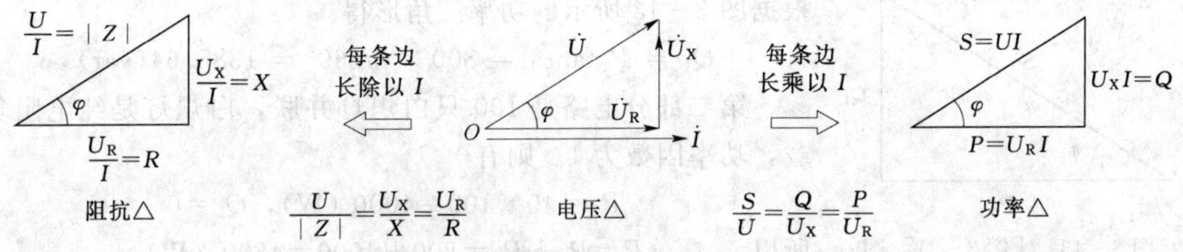

图 3-41 阻抗三角形、电压三角形、功率三角形互为相似三角形

【例 3-20】 R、L、C 并联电路如图 3-42（a）所示，已知电源电压 $\dot U=120\angle 0°\text{V}$，频率为 50Hz，试求各支路中的电流 $\dot I_R$、$\dot I_L$、$\dot I_C$ 及总电流 $\dot I$；并求出电路的 $\cos\varphi$、S、P 和 Q；画出相量图。

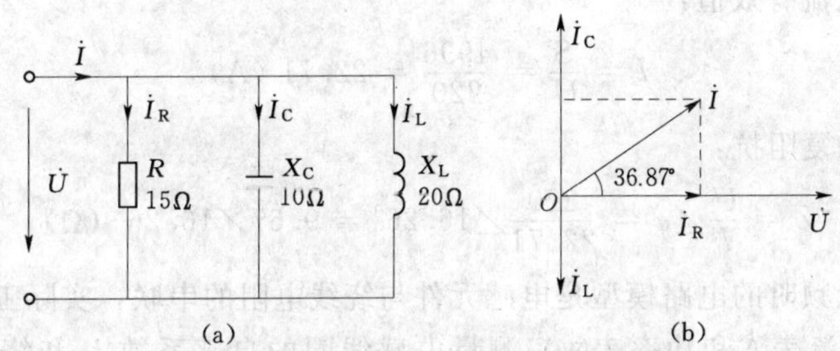

图 3-42 ［例 3-20］图

解 $\dot U=120\angle 0°\text{V}$，$\dot I_R=\dfrac{\dot U}{R}=\dfrac{120\angle 0°}{15}=8\angle 0°\ (\text{A})$

$$\dot I_C=\frac{\dot U}{-jX_C}=\frac{120\angle 0°}{-j10}=j12\text{A}，\dot I_L=\frac{\dot U}{jX_L}=\frac{120\angle 0°}{j20}=-j6\ (\text{A})$$

$$\dot I=\dot I_R+\dot I_C+\dot I_L=8+j12-j6=10\angle 36.87°\ (\text{A})$$

$$\lambda=\cos\varphi=\cos(-36.87°)=0.8，S=UI=1200\text{VA}$$

$$P=S\cos\varphi=1200\times 0.8=960\ (\text{W})$$

$$Q=S\sin(-36.87°)=1200\times(-0.6)=-720\ (\text{var})$$

相量图如图 3 - 42 (b) 所示。

【例 3 - 21】 在 220V 的电力线路上，并接有 20 只 40W 功率因数为 0.5 的日光灯，还并接有 100 只 40W 的白炽灯，求：

(1) 线路总的有功功率、无功功率、视在功率、功率因数和功率因数角。

(2) 线路总电流有效值。

(3) 线路总的复阻抗。

解 (1) 第一部分电路是 20 只日光灯并联，日光灯要用到整流器，是感性负载。

已知
$$P_1 = 40 \times 20 = 800\ (\text{W}),\ \cos\varphi_1 = 0.5$$

则有
$$\varphi_1 = 60°$$

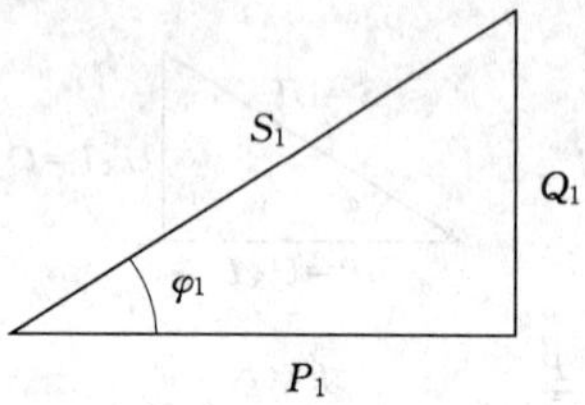

图 3 - 43 [例 3 - 21] 图

根据图 3 - 43 所示的功率三角形得

$$Q_1 = P_1 \tan\varphi_1 = 800 \times \tan 60° = 1385.64(\text{var})$$

第二部分电路是 100 只白炽灯并联，白炽灯是纯电阻负载，功率因数为 1。则有

$$P_2 = 40 \times 100 = 4000\ (\text{W}),\ Q_2 = 0$$

所以
$$P = P_1 + P_1 = 800 + 4000 = 4800\ (\text{W})$$

$$Q = Q_1 + Q_2 = 1385.64(\text{var})$$

$$S = \sqrt{P^2 + Q^2} = 4996(\text{VA})$$

电力线路的总功率因数和功率因数角分别为

$$\lambda = \cos\varphi = \frac{P}{S} = 0.96,\ \varphi = \arccos\frac{P}{S} = \arccos 0.96 = 16.26°$$

(2) 线路总电流有效值：

$$I = \frac{S}{U} = \frac{4996}{220} = 22.71\ (\text{A})$$

(3) 线路总的复阻抗：

$$Z = \frac{U}{I}\angle\varphi = \frac{220}{22.71}\angle 16.26° = 9.67\angle 16.26°\ (\Omega)$$

电感线圈在低频时的电路模型是电感元件与绕线电阻的串联，实际工作中常采用三表法（电压表Ⓥ、电流表Ⓐ和功率表ⓦ）测量电感线圈的自感系数 L 和绕线电阻 R，如图 3 - 44所示。电动系功率表ⓦ的测量机构有两个线圈，固定线圈通入被测电流，可动线圈通入与被测电压成正比的小电流，两个电流产生的磁场相互作用，使可动线圈带动指针偏转。由于线圈的绕向不同时产生的磁场方向也不同，因此两个线圈都要规定电流的流入端——称为发电机端，用“*”号标注，测量时，两“*”号端相连后同接向电源的参考正极端。

【例 3 - 22】 图 3 - 44 所示电路用三表法测量电感线圈的 L 和 R，电源频率为 50Hz，测得Ⓥ=100V，Ⓐ=2A，ⓦ=120W，计算 R 和 L。

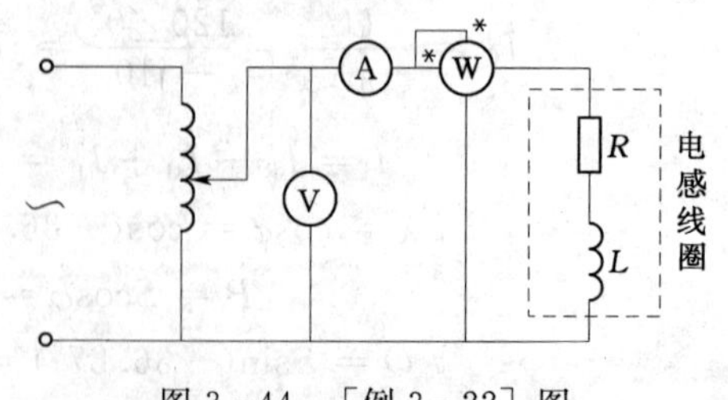

图 3 - 44 [例 3 - 22] 图

解 电感线圈阻抗的模值为

$$|Z| = \frac{U}{I} = \frac{100}{2} = 50\ (\Omega)$$

根据功率表ⓦ的读数

$$P = UI\cos\varphi = 100 \times 2\cos\varphi = 120(\text{W})$$

得功率因数及功率因数角

$$\lambda = \cos\varphi = \frac{P}{UI} = \frac{120}{100 \times 2} = 0.6, \varphi = \arccos 0.6 = 53.1^\circ$$

则有
$$Z = R + \mathrm{j}X_L = \frac{U}{I}\angle\varphi = 50\angle 53.13^\circ = 30 + \mathrm{j}40(\Omega)$$

所以
$$R = 30\Omega, L = \frac{X_L}{\omega} = \frac{40}{314} = 0.127(\text{H})$$

【例 3-23】 图 3-45（a）所示电路，已知 $U=100\text{V}$，$P=86.6\text{W}$，$I=I_1=I_2$，求 R，X_L，X_C。

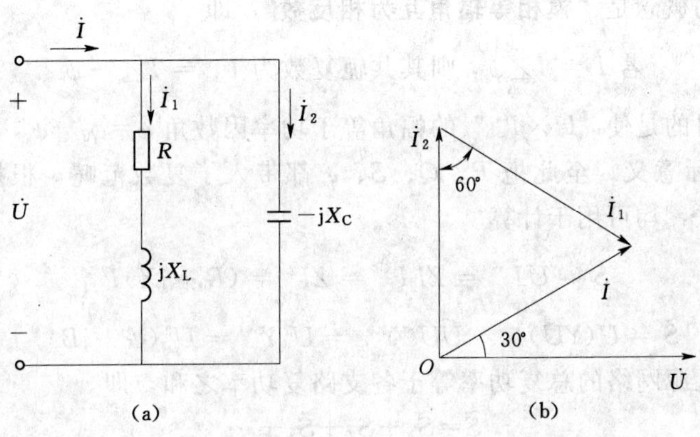

图 3-45 ［例 3-23］图

解 该电路阻抗值及参数值未知，必须借助相量图寻找隐藏的条件。并联电路以电压作参考相量为好，电压确定后，就可根据元件的性质确定电流相量。电压水平向右画，第二条支路是纯电容电路，$\dot{I}_2$ 的幅角为 90°垂直向上画，$\dot{I}=\dot{I}_1+\dot{I}_2$ 且 I、I_1、I_2 形成等边三角形如图 3-45（b）所示，则有

$$\dot{U} = 100\angle 0^\circ\text{V}, \dot{I} = I\angle 30^\circ\text{A}, \dot{I}_1 = I\angle -30^\circ\text{A}, \dot{I}_2 = I\angle 90^\circ\text{A}$$

总电流 $\dot{I}$ 超前 $\dot{U}$30°，为容性电路，电路的功率因数角 $\varphi=-30°$。

根据
$$P=UI\cos\varphi$$

得
$$I=\frac{P}{U\cos\varphi}=\frac{86.6}{100\cos(-30^\circ)}=1\ (\text{A})$$

则
$$X_C=\frac{U}{I_2}=\frac{100}{1}=100\ (\Omega)$$

$$R + \mathrm{j}X_L = \frac{\dot{U}}{\dot{I}_1} = \frac{100\angle 0^\circ}{1\angle -30^\circ} = 100\angle 30^\circ = (86.6 + \mathrm{j}50)(\Omega)$$

3.7.6 复功率

由例 3-8、例 3-12、例 3-14、例 3-15 可知，如正弦电路阻抗或参数值已全部给定，采用全复数化运算十分快捷。但前述许多有关功率的概念 P、Q、S、φ 都不是复数，

使全复数化运算不便实施。**为营造全复数化运算的环境，定义一个新的计算用复数——复功率 $\tilde{S}$，单位为伏安（VA）或千伏安（kVA），其模值为视在功率 S，其实部为有功功率 P，其虚部为无功功率 Q，其辐角为功率因数角 φ，即在关联参考方向下网络吸收的复功率为**

$$\widetilde{S} = S\angle\varphi = P + \mathrm{j}Q = \sqrt{P^2 + Q^2}\angle\arctan\frac{Q}{P} \tag{3-71}$$

为使复功率 $\widetilde{S}$ 与电压、电流相量直接有关，特设计

$$\widetilde{S} = \dot{U}\times\dot{I}^* = UI\angle(\psi_u - \psi_i) = S\angle\varphi = P + \mathrm{j}Q \tag{3-72}$$

复功率 $\tilde{S}$ 不等于电压相量乘以电流相量，而是等于电压相量乘以电流相量的共轭复数。两共轭复数的概念是**"模相等辐角互为相反数"**，即

$$\text{若 } \dot{I} = I\angle\psi_i\text{，则其共轭复数为 } \dot{I}^* = I\angle-\psi_i \tag{3-73}$$

这样设计的目的是使"$\dot{U}\times\dot{I}^*$"的幅角等于功率因数角 $\varphi=\psi_u-\psi_i$，而"$\dot{U}\times\dot{I}$"的幅角 $\psi_u+\psi_i$ 没有实际意义。至此把 P、Q、S、φ 都带入了复数范畴，根据复数运算规则，还有以下等式成立，均可用于计算

$$\widetilde{S} = \dot{U}\dot{I}^* = Z\dot{I}\dot{I}^* = ZI^2 = (R + \mathrm{j}X)I^2 \tag{3-74}$$

$$\widetilde{S} = \dot{U}(Y\dot{U})^* = \dot{U}\dot{U}^*Y^* = U^2Y^* = U^2(G + \mathrm{j}B)^* \tag{3-75}$$

可以证明，无源网络的总复功率等于各支路复功率之和，即

$$\widetilde{S}=\widetilde{S}_1+\widetilde{S}_2+\widetilde{S}_3+\cdots \tag{3-76}$$

【例 3-24】 图 3-46（a）所示电路，已知 $R_1=40\Omega$，$X_L=157\Omega$，$R_2=20\Omega$，$X_C=114\Omega$，电源电压 $\dot{U}=220\angle0°\text{V}$，频率 $f=50\text{Hz}$。试求：

（1）各支路电流 $\dot{I}_1$、$\dot{I}_2$ 和总电流 $\dot{I}$。

（2）各支路复功率 $\widetilde{S}_1$、$\widetilde{S}_2$ 和总复功率 $\widetilde{S}$。

（3）验证

$$P=P_1+P_2\text{，}Q=Q_1+Q_2$$

$$\widetilde{S}=\widetilde{S}_1+\widetilde{S}_2\text{，}S\neq S_1+S_2$$

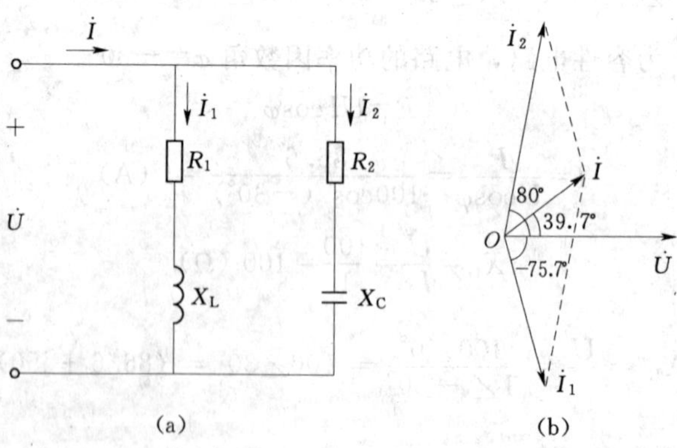

图 3-46 ［例 3-24］图

解 (1) 计算各支路电流 $\dot{I}_1$、$\dot{I}_2$ 和总电流 $\dot{I}$。

$$Z_1 = R_1 + jX_L = 40 + j157 \approx 162\angle 75.7^\circ\ (\Omega)$$

$$\dot{I}_1 = \frac{\dot{U}}{Z_1} = \frac{220\angle 0^\circ}{162\angle 75.7^\circ} \approx 1.36\angle -75.7^\circ\ (A)$$

$$Z_2 = R_2 - jX_C = 20 - j114 \approx 115.7\angle -80^\circ\ (\Omega)$$

$$\dot{I}_2 = \frac{\dot{U}}{Z_2} = \frac{220\angle 0^\circ}{115.7\angle -80^\circ} \approx 1.9\angle 80^\circ\ (A)$$

$$\dot{I} = \dot{I}_1 + \dot{I}_2 = 1.36\angle -75.7^\circ + 1.9\angle 80^\circ \approx 0.87\angle 39.7^\circ\ (A)$$

(2) 计算各支路复功率 $\tilde{S}_1$、$\tilde{S}_2$ 和总复功率 $\tilde{S}$。

$$\tilde{S}_1 = \dot{U}\dot{I}_1^* = P_1 + jQ_1 = 220\angle 0^\circ \times 1.36\angle 75.7^\circ = 299.2\angle 75.7^\circ = (73.9 + j289.93)\ (VA)$$

$$\tilde{S}_2 = \dot{U}\dot{I}_2^* = P_2 + jQ_2 = 220\angle 0^\circ \times 1.9\angle -80^\circ = 418\angle -80^\circ = (72.58 - j411.65)\ (VA)$$

$$\tilde{S} = \dot{U}\dot{I}^* = P + jQ = 220\angle 0^\circ \times 0.87\angle -39.7^\circ = 191.4\angle -39.7^\circ = (147.26 - j122.26)\ (VA)$$

(3) 验证。

有功功率求和

$$P = 147.26W \approx P_1 + P_2 = 73.9 + 72.58 = 146.48(W)$$

无功功率求和

$$Q = -122.26var \approx Q_1 + Q_2 = 289.93 + (-411.65) = -121.72(var)$$

复功率求和

$$\tilde{S} - (147.26 - j122.26)VA \approx \tilde{S}_1 + \tilde{S}_2 = (73.9 + j289.93) + (72.58 - j411.65) - (146.48 - j121.72)(VA)$$

视在功率不能求和

$$S = 191.4VA \neq S_1 + S_2 = (299.2 + 418)(VA)$$

验证中数字的个位上稍有误差属正常的计算误差。

【例 3-25】 图 3-47 (a) 所示电路，AN 左侧为电源支路，电压源内阻抗为 Z_0，负载电压 $\dot{U}=10\angle 0^\circ V$。求：

(1) 负载电流及电源电压 $\dot{U}_S$。

(2) 负载的复功率 $\tilde{S}_Z$。

(3) 电源支路的复功率 $\tilde{S}_S$。

(4) 验证复功率守恒。

解 (1) 电压源内阻抗 Z_0 为纯容抗，负载 Z 为感性阻抗。

$$\dot{I} = \frac{\dot{U}}{Z} = \frac{10\angle 0^\circ}{3 + j6} = 1.49\angle -63.43^\circ\ (A)$$

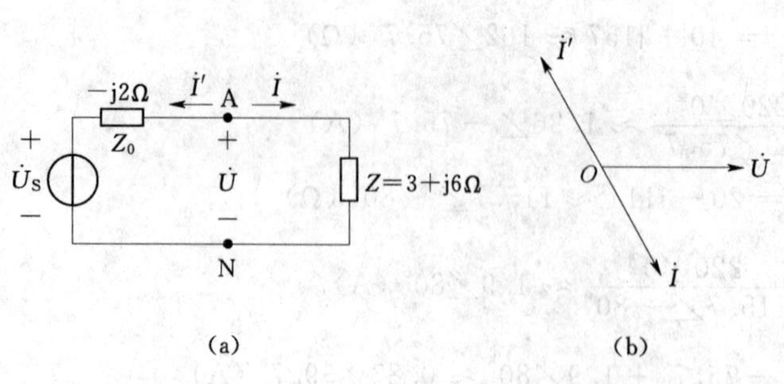

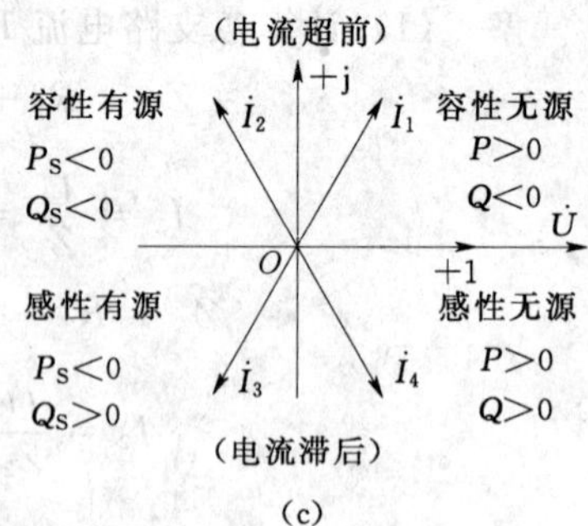

图 3-47　[例 3-25] 图

$$\dot{U}_S=(Z_0+Z)\dot{I}=(-j2+3+j6)1.49\angle-63.43°=7.45\angle10.3°\ (V)$$

(2) 负载电流、电压间是关联参考方向，则负载复功率为

$$\widetilde{S}_Z=\dot{U}\dot{I}^*=P+jQ=10\angle0°\times1.49\angle63.43°=14.9\angle63.43°$$
$$=(6.66+j13.33)\ (VA)$$

(3) 电源支路$\dot{U}$与$\dot{I}$之间是非关联参考方向，为形成关联参考方向，重设另一电流$\dot{I}'$：

$$\dot{I}'=-\dot{I}=-1.49\angle-63.43°=1.49\angle(-63.43°+180°)=1.49\angle116.57°\ (A)$$

注意：**$\dot{I}'$超前电压$\dot{U}$为 116.57°，相位差的绝对值大于 90°，这是有源支路的特征**，则电源支路的复功率为

$$\widetilde{S}_S=\dot{U}\dot{I}'^*=P_S+jQ_S=10\angle0°\times1.49\angle-116.57°=14.9\angle-116.57°$$
$$=(-6.66-j13.33)\ (VA)$$

其中 $P_S<0$，表明电源向外输出有功功率；$Q_S<0$，表明电源为容性向外输出无功功率。

(4) 验证复功率守恒：

$$\widetilde{S}_Z+\widetilde{S}_S=(P+P_S)+j(Q+Q_S)=(6.66-6.66)+j(13.33-j13.33)VA=0$$

在独立的**电力系统中，电源与负载间的有功功率、无功功率每时每刻都要达到平衡**。无功功率的平衡有下列两种情形：

1) 负载为感性时，$Q>0$，则电源的无功功率 $Q_S<0$，电源必为容性。

2) 负载为容性时，$Q<0$，则电源的无功功率 $Q_S>0$，电源必为感性。

电路中的每条线路，若是无源的，则关联参考方向下$\dot{U}$、$\dot{I}$间相位差的绝对值小于 90°，容性或感性无源网络的相量图如图 3-47 (c) 中的第一、四象限所示；若是**有源的，则关联参考方向下$\dot{U}$、$\dot{I}$间相位差的绝对值大于 90°**，容性或感性有源网络的相量图如图 3-47 (c) 中的第二、三象限所示；图中还给出了每种情况下 P、Q 取值的正与负。

正弦电路的计算要注意以下几点：

1) 瞬时值小写 u、i；有效值大写 U、I (幅值再带下标 m)；相量打点 $\dot{U}$、$\dot{I}$ (相量图中一律标相量)；复阻抗、复导纳、复功率 Z、Y、$\widetilde{S}$ 是计算用复数不打点。

2）全复数化运算用相量 $\dot{U}$、$\dot{I}$ 和 Z、Y、$\tilde{S}$。

3）正弦量的加减运算，不能用有效值。

4）两者直接相乘或相除的运算，可用相量（复数）也可用有效值（模值），但两者不能混用。

5）与电压、阻抗、功率、导纳、电流三角形的3边有关的计算，用有效值，不用相量，但要注意 X、B、Q、U_X、I_B、φ、φ' 是有正有负的量。

3.7.7 最大功率传输

正弦稳态电路中传输的最大功率，指的是最大有功功率。在弱电系统（如电子线路）中，被传输的功率比较小，需要研究负载获得最大功率的条件。

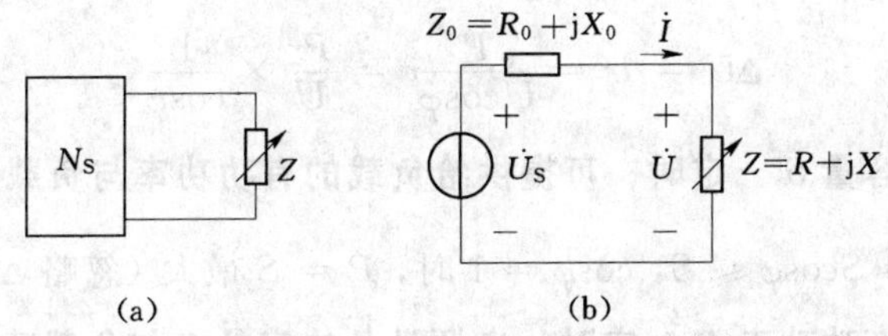

图 3-48 最大功率传输

图 3-48（a）中 N_S 为有源二端网络，Z 为可调负载阻抗，Z 取何值时可获得最大有功功率呢？根据戴维南定理，N_S 可以等效变换为一个理想电压源 $\dot{U}_S$ 与内阻抗 Z_0 的串联模型，如图 3-48（b）所示。设 $Z_0=R_0+jX_0$ 不可改变，则负载 $Z=R+jX$ 吸收的有功功率为

$$P = I^2R = \left(\frac{U_S}{\sqrt{(R+R_0)^2+(X+X_0)^2}}\right)^2 R \tag{3-77}$$

可以证明 P 取最大值的条件是

$$R = R_0,\ X = -X_0 \quad 即 \quad Z = Z_0^* = R_0 - jX_0 \tag{3-78}$$

Z 为 Z_0 的共轭复数，称为共轭匹配。此时负载获得的最大功率为

$$P_{max} = I^2R = \frac{U_S^2R_0}{(R_0+R_0)^2+(-X_0+X_0)^2} = \frac{U_S^2}{4R_0} \tag{3-79}$$

显然，此时有功功率的传输效率只有50%。电力线路传输的电功率巨大，不能采用共轭匹配方式供电。

3.8 功率因数的提高

正弦电路中的功率因数 $\lambda=\cos\varphi=\dfrac{P}{UI}$ 是一个至关重要的量，关系到电力系统的经济效益。图 3-49 所示是感性负载的供电示意图，r 为供电线路的电阻，r 上会产生功率损失 ΔP、电压损失 ΔU。提高功率因数的意义在于：

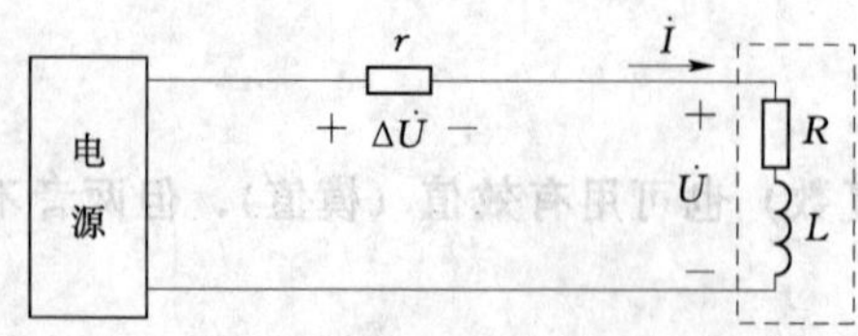

图 3-49　负载为感性的供电线路示意图

(1) **当负载的有功功率 P 和电压 U 一定时，线路电流 I 与负载功率因数成反比。I 小，导线的直径可选小一些。**

$$I=\frac{P}{U\cos\varphi}=\frac{P}{U}\times\frac{1}{\cos\varphi}$$

供电线路的功率损失 ΔP 与负载功率因数的平方成反比。

$$\Delta P=I^2r=\left(\frac{P}{U\cos\varphi}\right)^2r=\frac{P^2r}{U^2}\times\frac{1}{\cos^2\varphi}$$

供电线路的电压损失 ΔU 与负载功率因数成反比。

$$\Delta U=Ir=\frac{P}{U\cos\varphi}r=\frac{Pr}{U}\times\frac{1}{\cos\varphi}$$

(2) **电源设备的容量 S 一定时，可提供给负载的有功功率与负载功率因数成正比。**

$$P=S\cos\varphi\leqslant S,\ \cos\varphi=1\text{ 时}, P=S\text{ 最大（忽略 }\Delta\dot{U}\text{）}$$

(3) **负载需要的有功功率 P 一定时，电源设备的容量 S 与负载功率因数成反比。**

$$S=UI=\frac{P}{\cos\varphi}\geqslant P,\ \cos\varphi=1\text{ 时}, S=P\text{ 最小（忽略 }\Delta\dot{U}\text{）}$$

可见，降低供电线路的功率损失、电压损失，减少导线的用铜量、提高电源设备的利用率，都要求提高负载功率因数。

电力负载多为感性负载，负载与电源之间有能量的往返交换，这些无功功率占用了视在功率的一定空间，使有功功率小于视在功率。电源与负载间无功功率的往返交换需要通过供电线路来完成，使供电电流增加，从而增加 ΔP 和 ΔU，增加了供电成本。

不能用串联电容来提高感性负载的功率因数，因为串联电容会改变负载两端的电压，而负载必须在额定电压下才能正常工作。

图 3-50 (a) 在感性负载两端并联电容，用电容产生的无功功率就近提供给感性负载。图 3-50 (b) 所示相量图中，设电压 $\dot{U}$ 为参考相量，$\dot{I}_L$ 滞后 $\dot{U}$ 的相位为 φ_L（角度大），没并联电容前 $\dot{I}=\dot{I}_L$；并联电容后，由于电容电流 $\dot{I}_C$ 超前电压 90°，总电流 $\dot{I}=\dot{I}_L+\dot{I}_C$ 减小了，整体电路的功率因数角由 φ_L 减小为 φ_2。应该注意到：**并联电容前后感性支路本身的工作状态并不发生任何变化。由于电容元件的有功功率为零，所以整体电路的有功功率不变**。发生变化的是：**整体电路的电流、视在功率、功率因数角减小了**。

观察图 3-50 (b) 所示相量图得到

$$I_C=I_L\sin\varphi_L-I\sin\varphi_2=\frac{P}{U\cos\varphi_L}\sin\varphi_L-\frac{P}{U\cos\varphi_2}\sin\varphi_2=\frac{P}{U}(\tan\varphi_L-\tan\varphi_2)$$

又因为
$$I_C=\frac{U}{X_C}=\frac{U}{1/\omega C}=U\omega C$$

令上两式相等，得

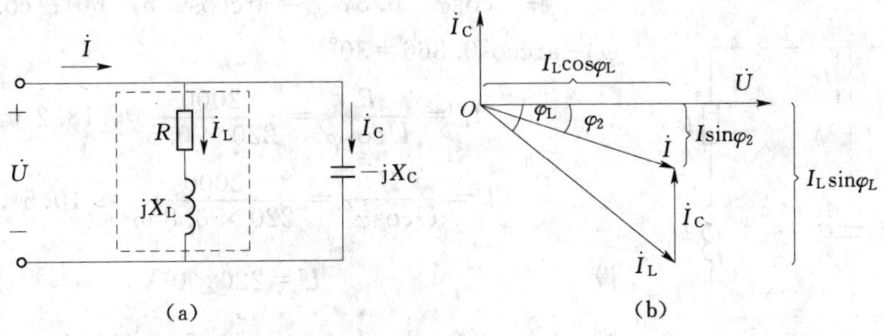

图 3-50 并联电容提高感性负载的功率因数

$$C=\frac{P}{\omega U^2}(\tan\varphi_L-\tan\varphi_2) \tag{3-80}$$

要适当选择并联电容的电容值，如图 3-51 所示，**C 值增大，I_C 增大，整体电路在感性范围内时总电流 I 和功率因数角 φ_2 随之减小；当功率因数角调整到 $\varphi_2=0$ 时，功率因数为 1，总电流 I 最小，称为全补偿，这时总电流与电压同相；若再增大 C 值，$\dot{I}$ 将超前于 $\dot{U}$，整体电路变为容性，称为过补偿，这时 C 增大，功率因数反而下降，负载向电源倒送无功功率，是不应该出现的现象。电容适当补偿后整体电路仍为弱感性（φ_2 为正值，但很小），称为欠补偿，是常见的情形。**

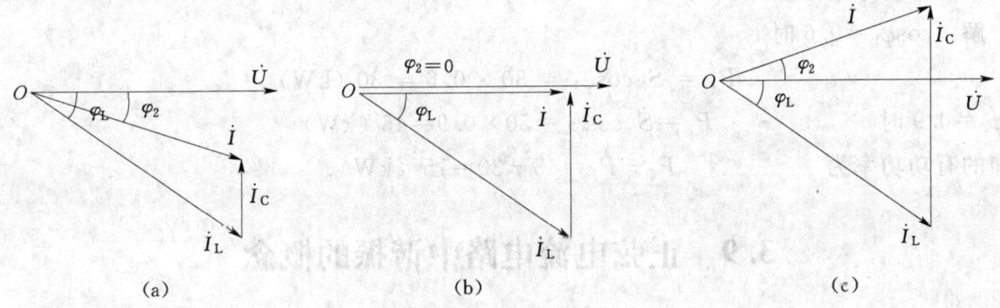

图 3-51 电容对感性负载的欠补偿、全补偿和过补偿

(a) 欠补偿；(b) 全补偿；(c) 过补偿

实际供电过程中，负载时刻变化，要做到全补偿不易跟踪，并且全补偿需要的电容量 C 很大，投资过高不可取。采用能在线监测负载的功率因数、自动投切的电容器组，可保证功率因数位于感性 0.9～0.95 之间。

供电部门对电力用户负载的功率因数有明文规定，大工业用户 0.9 以上，其他用户 0.85 以上，对在规定指标之上的用户适当奖励，反之处罚，用经济杠杆鼓励用户自觉提高本单位的功率因数。

【例 3-26】 图 3-52 所示电路，电网电压 $U=220\text{V}$，频率 $f=50\text{Hz}$，电路的总功率 $P=2\text{kW}$，未接电容器支路前，电路的功率因数 $\cos\varphi=0.5$，接通电容器支路后，功率因数提高到 $\cos\varphi'=0.866$（感性）。试求电阻 R、电感 L 及电容 C。

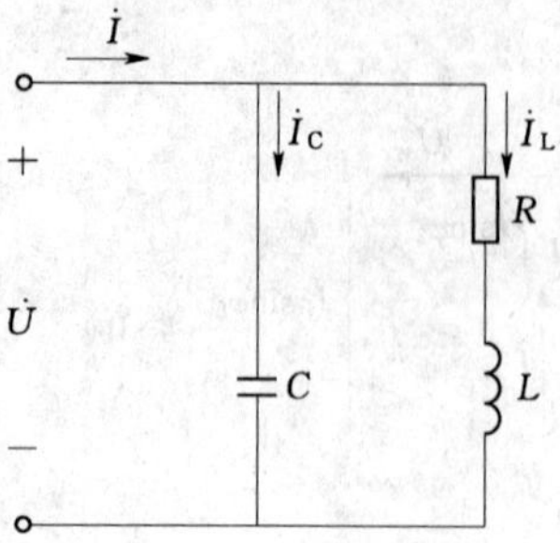

图 3-52　[例 3-26] 图

解　$\cos\varphi=0.5$，$\varphi=\arccos 0.5=60°$；$\cos\varphi'=0.866$，$\varphi'=\arccos 0.866=30°$

$$I_L=\frac{P}{U\cos\varphi}=\frac{2000}{220\times0.5}\approx18.2\ (\text{A})$$

$$I=\frac{P}{U\cos\varphi'}=\frac{2000}{220\times0.866}\approx10.5\ (\text{A})$$

设　$\dot{U}=220\angle0°\text{V}$

则　$\dot{I}=I\angle-\varphi=10.5\angle-30°\text{A}$，

$$\dot{I}_L=I_L\angle-\varphi=18.2\angle-60°\text{A}$$

$$R+\mathrm{j}X_L=\frac{\dot{U}}{\dot{I}_L}=\frac{220\angle0°}{18.2\angle-60°}\approx12.1\angle60°\approx6.05+\mathrm{j}10.5\ (\Omega)$$

则　$$R=6.05\Omega,\ X_L=10.5\Omega,\ L=\frac{X_L}{2\pi f}=\frac{10.5}{314}=0.033\ (\text{H})$$

$$C=\frac{P}{\omega U^2}(\tan\varphi-\tan\varphi')=\frac{2000}{314\times220^2}(\tan60°-\tan30°)\approx152\ (\mu\text{F})$$

【例 3-27】　某单相变压器额定电压 $U_N=220\text{V}$，额定容量 $S_N=50\text{kVA}$。若负载功率因数 $\cos\varphi_1=0.6$，可以供给负载多少有功功率？若将负载功率因数提高到 $\cos\varphi_2=0.9$，提供的有功功率增加多少？

解　$\cos\varphi_1=0.6$ 时

$$P_1=S_N\cos\varphi_1=50\times0.6=30\ (\text{kW})$$

$\cos\varphi_2=0.9$ 时　$$P_2=S_N\cos\varphi_2=50\times0.9=45\ (\text{kW})$$

增加的有功功率为　$$P_2-P_1=45-30=15\ (\text{kW})$$

3.9　正弦电流电路中谐振的概念

同时含有电感和电容的无源电路，若等效复阻抗（或复导纳）的虚部为零，使 $\cos\varphi=1$，端口电流与其端口电压同相，称为谐振状态。谐振在电子技术中有着广泛的应用。

3.9.1　*RLC* 串联谐振

1. 谐振的条件及谐振频率

图 3-53 所示串联电路的复阻抗为

$$Z=\frac{\dot{U}}{\dot{I}}=R+\mathrm{j}(X_L-X_C)=R+\mathrm{j}\left(\omega L-\frac{1}{\omega C}\right)=|Z|\angle\varphi$$

当该复阻抗的虚部为零时，ω、L、C 三者间满足谐振条件

$$\omega_0 L=\frac{1}{\omega_0 C}\tag{3-81}$$

则发生串联谐振，这时

$$Z = Z_0 = \frac{\dot{U}}{\dot{I}} = R,\ \varphi = \arctan\frac{X_L - X_C}{R} = 0$$

此时的角频率 ω_0 称为谐振角频率

$$\omega_0 = \frac{1}{\sqrt{LC}} \tag{3-82}$$

此时的频率 f_0 称为谐振频率

$$f_0 = \frac{1}{2\pi\sqrt{LC}} \tag{3-83}$$

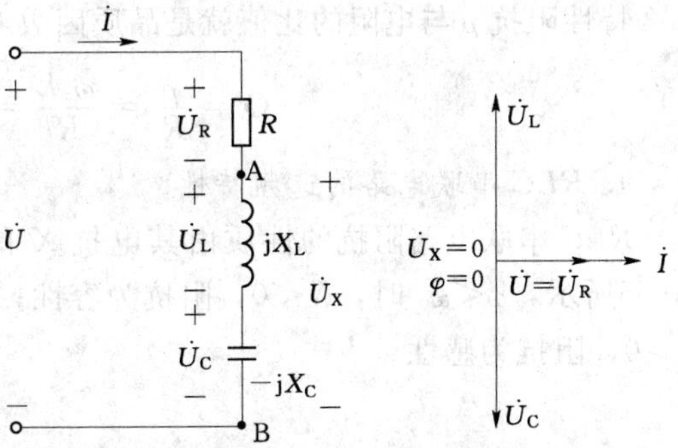

图 3-53　*RLC* 串联谐振

2. 串联谐振电路的特点

（1）电压 $\dot{U}$ 与电流 $\dot{I}$ 同相位，阻抗角 $\varphi=0$，电路呈现纯电阻性。

（2）复阻抗值最小，其虚部为零：$Z = Z_0 = R + \mathrm{j}(X_L - X_C) = R$。

（3）在电源电压有效值恒定时，电流最大：$I = I_0 = U/R$。

（4）功率因数 $\lambda=\cos\varphi=1$，则无功功率 $Q=0$，有功功率 $P=S$。

（5）$\dot{U}_X=\dot{U}_L+\dot{U}_C=0$，A、B 两点间相当于短路。$\dot{U}_L$、$\dot{U}_C$ 两者大小相等，相位相反，互相抵消。

3. 定义品质因数 Q 和特性阻抗 P

定义串联谐振电路的品质因数 Q 为

$$Q = \frac{U_L}{U} = \frac{\omega_0 LI}{RI} = \frac{\omega_0 L}{R},\quad 或\quad Q = \frac{U_C}{U} = \frac{\frac{1}{\omega_0 C}I}{RI} = \frac{1}{\omega_0 CR} \tag{3-84}$$

若 $\omega_0 L = \frac{1}{\omega_0 C} > R$，则 $U_L = U_C > U$，则有

$$U_L = U_C = \frac{\omega_0 L}{R}\times U = \frac{1}{\omega_0 CR}\times U = Q\times U$$

即串联谐振时电感和电容元件的端电压等于电源电压的 Q 倍，这时可能出现过电压现象，因此串联谐振又称为电压谐振。

串联谐振用于收音机的调谐电路（选择收音电台）是电压谐振的典型运用，如图 3-54所示。天线将接收到的各种频率的微弱无线电信号，经磁棒感应到右侧的 R、L、C 串联电路上，其 $Q=50\sim200$ 设计的很大，而只有一个频率满足谐振条件 $\omega_0 L = \frac{1}{\omega_0 C}$ 的信号被扩大 Q 倍，从电容两端送至放大电路去处理，放大电路的输入阻抗很大，相当于开路。如 $L=500\mu\mathrm{H}$，$C=20\sim270\mathrm{pF}$ 可变，选择的频率范围是 433.16～1592.4kHz，刚好是收音机的中波频段。

电力系统的输电电压本身就很高，因此输电线路绝不能处于串联谐振状态，否则电压谐振产生的过电压将击穿设备绝缘，酿成事故。

另外定义电路谐振时的感抗 X_L、容抗 X_C 为特性阻抗，用 ρ 表示

$$\rho = \omega_0 L = \frac{1}{\omega_0 C} = \sqrt{\frac{L}{C}} \tag{3-85}$$

那么特性阻抗 ρ 与电阻的比值就是品质因数 Q

$$Q=\frac{\rho}{R}=\frac{\omega_0 L}{R}=\frac{1}{R\omega_0 C}=\frac{1}{R}\sqrt{\frac{L}{C}} \tag{3-86}$$

4. *RLC* 串联电路的选频特性

RLC 串联电路阻抗的性质由其电抗 X 的正负决定，电抗 X 随频率变化的规律如图 3-55所示，$\omega<\omega_0$ 时，$X<0$，阻抗为容性；$\omega=\omega_0$ 时，$X=0$，阻抗为电阻性；$\omega>\omega_0$ 时，$X>0$，阻抗为感性。

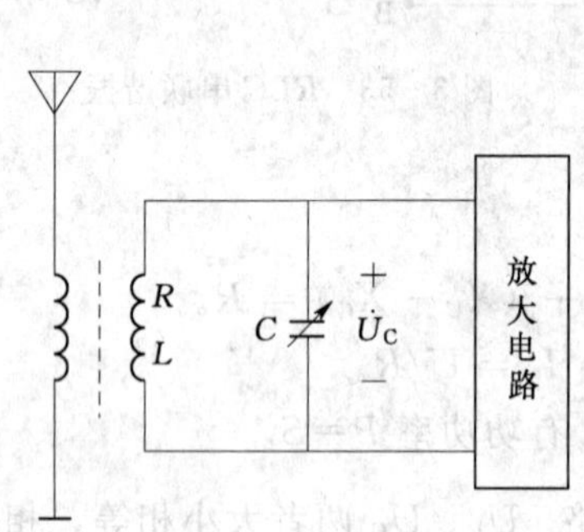

图 3-54　收音机的调谐电路

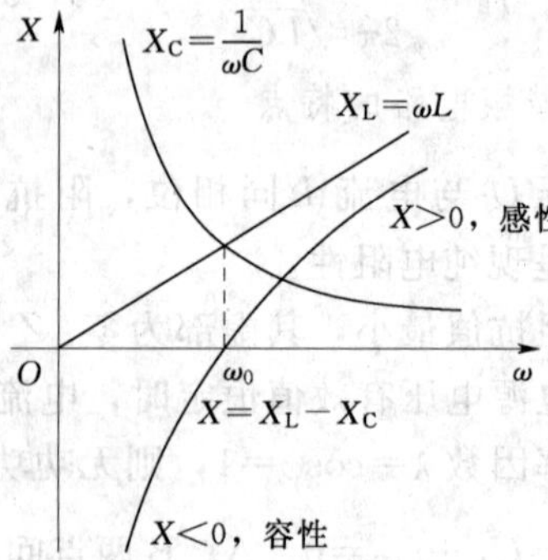

图 3-55　*RLC* 串联电路电抗的频率特性

RLC 串联电路对不同频率的信号有选频特性，将有效值不变的输入电压信号加在图 3-56 (a) 的输入端 1-1′，从 2-2′端测量电阻上的输出电压 U_R，改变频率并记录每个频率下的 U_R 值，以 ω 为横坐标，$\frac{U_R}{U}$ 为纵坐标画选频特性曲线，如图 3-56 (b) 所示。根据理论推导，有

$$\dot{U}_R=\frac{R}{R+j\left(\omega L-\frac{1}{\omega C}\right)}\dot{U}$$

$\dot{U}_R$ 和 $\dot{U}$ 的有效值关系为

$$U_R=\frac{R}{\sqrt{R^2+\left(\omega L-\frac{1}{\omega C}\right)^2}}U$$

则
$$\frac{U_R}{U}=\frac{R}{\sqrt{R^2+\left(\omega L-\frac{1}{\omega C}\right)^2}} \tag{3-87}$$

由于感抗和容抗都是 ω 的函数，所以即使输入电压 U 不变，输出电压 U_R 也会随着 ω 的改变而改变，$\omega=\omega_0$ 时，$\frac{U_R}{U}=1$；当 $\omega\neq\omega_0$ 时，$\frac{U_R}{U}<1$。这说明**频率偏移谐振点后 U_R 出现衰减，ω 偏离 ω_0 越多，U_R 衰减越大**。*RLC* 串联电路的这一特点，使有多个频率不同的正弦信号同时加在该网络的 1-1′端口时，只有 $\omega=\omega_0$ 的正弦信号能顺利通过网络输出给后续电路；所有 $\omega\neq\omega_0$ 的正弦信号被衰减抑制，反映了网络对频率具有选择性。观察图 3-56 (b) 可知电路的**品质因数 Q 越大，选频曲线越尖锐，频率偏移谐振点后 U_R 衰减越**

快，选择性越好。

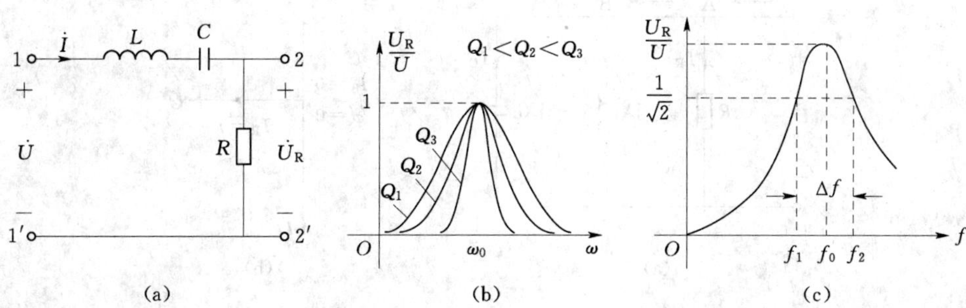

图 3-56 RLC 串联电路的选频特性

一般规定选频曲线上，$\frac{U_R}{U}=\frac{1}{\sqrt{2}}=0.707$ 这一纵坐标对应的两个频率点之间的频率范围称为通频带（或带宽）：$\Delta f=f_2-f_1$。通频带的意义是：只有这一频率范围的信号较多地通过了该串联电路。

RLC 串联电路，若 $R\to 0$，仅容抗 ωL 与感抗 $\frac{1}{\omega C}$ 串联，谐振时阻抗为零，相当于短路，谐振频率的信号通过该串联电路没有电压损失。

【例 3-28】 RLC 串联电路中，已知 $L=20\text{mH}$，$C=200\text{pF}$，$R=100\Omega$，输入电压 $U=10\text{V}$。求电路谐振频率 f_0，特性阻抗 ρ，品质因数 Q 及谐振时的 U_R、U_L、U_C。

解
$$\omega_0=\frac{1}{\sqrt{LC}}=\frac{1}{\sqrt{20\times 10^{-3}\times 200\times 10^{-12}}}=500\times 10^3(\text{rad/s})$$

$$f_0=\frac{\omega_0}{2\pi}=79.6\text{kHz},\ \rho=\sqrt{\frac{L}{C}}=\sqrt{\frac{20\times 10^{-3}}{200\times 10^{-12}}}=10\ (\text{k}\Omega)$$

$$\text{Q}=\frac{\rho}{R}=\frac{10000}{100}=100$$

$$U_R=U=10\text{V},\ U_L=U_C=QU=1000\text{V}$$

3.9.2 RLC 并联谐振

1. 谐振的条件及谐振频率

图 3-57 所示并联电路的复导纳为

$$Y=\frac{\dot{I}}{\dot{U}}=\frac{1}{R}+\text{j}\left(\omega C-\frac{1}{\omega L}\right)=|Y|\angle\varphi'$$

当该复导纳的虚部为零时，ω、C、L 三者间满足谐振条件

$$\omega_0 C=\frac{1}{\omega_0 L}\tag{3-88}$$

则发生并联谐振，这时

$$Y=Y_0=\frac{\dot{I}}{\dot{U}}=\frac{1}{R},\ \varphi'=\arctan\frac{\omega_0 C-\frac{1}{\omega_0 L}}{1/R}=0$$

谐振角频率 ω_0 和谐振频率 f_0 分别为

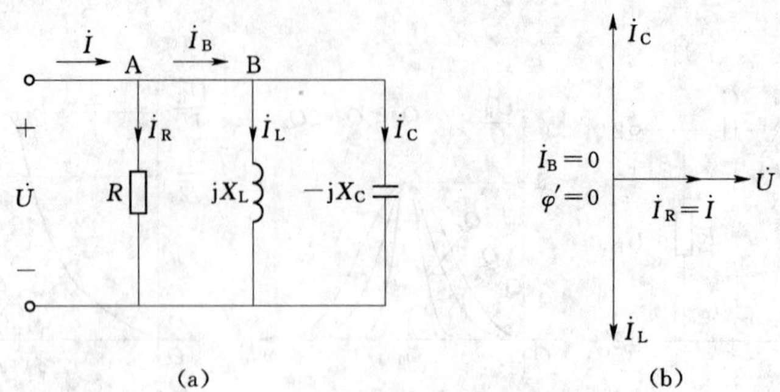

图 3-57　*RLC* 并联谐振

$$\omega_0=\frac{1}{\sqrt{LC}},\ f_0=\frac{1}{2\pi\sqrt{LC}}$$

2. 并联谐振电路的特点

(1) 电流 $\dot{I}$ 与电压 $\dot{U}$ 同相位，导纳角 $\varphi'=0$，电路呈现纯电阻性。

(2) 复导纳值最小（阻抗值最大），其虚部为零：$Y=Y_0=\frac{\dot{I}}{\dot{U}}=\frac{1}{R}$。

(3) 在电源电流有效值恒定时，电压最高：$U=U_0=IR$。

(4) 功率因数 $\lambda=\cos\varphi=1$，无功功率 $Q=0$，有功功率 $P=S$。

(5) $\dot{I}_B=\dot{I}_C+\dot{I}_L=0$，A、B 两点间相当于开路，阻抗无穷大。$\dot{I}_C$、$\dot{I}_L$ 两者大小相等，相位相反，相互抵消。

3. 定义品质因数 Q

定义并联谐振电路的品质因数 Q 为

$$Q=\frac{I_C}{I}=\frac{U\omega_0 C}{U/R}=\omega_0 CR \text{ 或 } \quad Q=\frac{I_L}{I}=\frac{U/\omega_0 L}{U/R}=\frac{R}{\omega_0 L} \tag{3-89}$$

可观察到：式（3-89）与式（3-84）在结构上相反，这是因为并联电路与串联电路之间有一一对应关系，可联系起来记忆。若 $\omega_0 C=\frac{1}{\omega_0 L}>\frac{1}{R}$，则 $I_C=I_L>I$，则有

$$I_L=I_C=\frac{R}{\omega_0 L}I=\omega_0 CRI=QI$$

即并联谐振时电感和电容支路的电流等于电源电流 Q 倍，这时可能出现过电流现象，因此并联谐振又称为电流谐振。

RLC 并联电路，若没有接电阻支路，电路仅由容纳 ωC 与感纳 $\frac{1}{\omega L}$ 并联，并联谐振时阻抗无穷大，相当于开路，在实际应用中可利用这时的高阻抗来选择某频率的信号或消除某频率的信号，*RLC* 并联电路也有选频特性。

3.9.3　一般无源网络的谐振

任意含有电感、电容的无源网络，只要列出其复阻抗（或复导纳）表达式，将实部和虚部分别合并，令其虚部为零即能确定谐振条件、求出谐振频率，以图 3-58（a）所示电路为例。

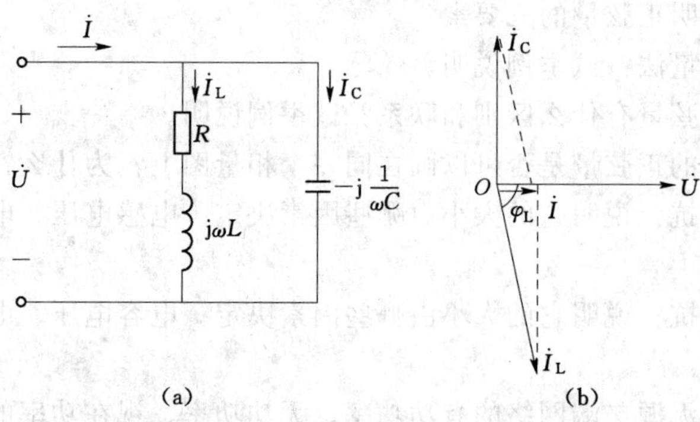

图 3-58　电感线圈与电容并联电路的谐振

电路复导纳

$$Y=\frac{1}{R+j\omega L}+\frac{1}{-j\dfrac{1}{\omega C}}=\frac{R-j\omega L}{(R+j\omega L)(R-j\omega L)}+j\omega C$$

$$=\frac{R}{R^2+\omega^2L^2}+j\left(\omega C-\frac{\omega L}{R^2+\omega^2L^2}\right)$$

令其虚部为零，谐振条件为

$$\omega_0C-\frac{\omega_0L}{R^2+\omega_0{}^2L^2}=0$$

谐振角频率

$$\omega_0=\sqrt{\frac{L-R^2C}{L^2C}}=\frac{1}{\sqrt{LC}}\sqrt{1-\frac{R^2C}{L}} \tag{3-90}$$

谐振频率

$$f_0=\frac{1}{2\pi\sqrt{LC}}\sqrt{1-\frac{R^2C}{L}} \tag{3-91}$$

式（3-91）只有在 $1-\dfrac{R^2C}{L}>0$ 即 $R<\sqrt{\dfrac{L}{C}}$ 时，f_0 才为实数，其他 R 值电路不可能达到谐振。在电子技术中，常有这种电感线圈与电容并联的电路，R 值很小只是电感线圈的内阻，$R\ll\omega_0 L$，式（3-91）中若忽略 R，则有

$$\omega_0\approx\frac{1}{\sqrt{LC}},\ f_0\approx\frac{1}{2\pi\sqrt{LC}}$$

这种谐振电路谐振时电路的导纳最小，阻抗最大为

$$Z_0=\frac{R^2+\omega_0^2L^2}{R}=\frac{L}{RC} \tag{3-92}$$

习　题　3

一、问答题

3-1　什么是正弦电流电路？试说明周期量、交流量和正弦量的区别。

3-2　试举例说明正弦量的三要素。

3-3　什么是相量法？试举例说明。

3-4　相量和正弦量有什么区别和联系？试举例说明。

3-5　不同频率的正弦量是否可以画在同一个相量图上？为什么？

3-6　什么是感抗？说明它的大小由哪些因素决定。电感电压、电流的瞬时值之比是否等于感抗？

3-7　什么是容抗？说明它的大小由哪些因素决定。电容电压、电流的瞬时值之比是否等于容抗？

3-8　说明一个无源二端网络的有功功率、无功功率、视在功率的物理意义，三者之间存在什么关系？

3-9　说明复功率的含义，为什么复功率不用电压相量乘以电流相量，而是乘以电流相量的共轭复数？如何用复功率计算一个无源二端网络的功率？举例说明。

3-10　在正弦电流电路中，对容性负载，可以用来提高功率因数的措施是什么？说明道理。

3-11　什么是串联谐振？串联谐振时电路有何重要特征？

3-12　已知 RLC 串联电路的谐振角频率为 ω_0，要求维持原谐振角频率不变，(1) 将 L 值增大到 10 倍，或 (2) 将 R 值增大到 2 倍，问两种情况下，C 值应如何变化？这时特性阻抗 ρ 和品质因数 Q 各如何变化？

3-13　RLC 并联谐振的条件是什么？发生并联谐振时有何特征（阻抗、电压、电流的变化）？

3-14　RLC 串联电路中，当 R、L 参数不变，C 逐渐减小时，谐振频率 f_0、特性阻抗 ρ、品质因数 Q 及谐振时的等效阻抗 Z_0 分别如何变化？

二、计算题

3-1　已知正弦电压 $u(t)=220\sqrt{2}\sin\left(628t+\frac{\pi}{2}\right)\text{V}$，试求有效值、最大值、频率、周期、角频率和初相位，并计算它在 0.00125s 和 0.005s 时的瞬时值。

3-2　一个工频正弦电压的最大值为 658.2V，在 $t=0$ 时的值为 -329.1V，试写出它的解析式并画出波形。

3-3　试判断下列两组正弦量的超前、滞后关系，并求出超前或滞后的角度。

(1) $u(t)=200\sin(20t+60^\circ)\text{V}$，$i(t)=16\sin(20t-150^\circ)\text{A}$；

(2) $i_1(t)=6\sin\left(10t+\frac{\pi}{4}\right)\text{A}$，$i_2(t)=-10\sin(10t+120^\circ)\text{A}$

3-4　将下列复数化为极坐标形式

(1) $\dot{A}_1=8+\text{j}6$；(2) $\dot{A}_2=-6+\text{j}8$；(3) $\dot{A}_3=-8-\text{j}8$；(4) $\dot{A}_4=\text{j}10$；(5) $\dot{A}_5=-4$；(6) $\dot{A}_6=2.78-\text{j}9.2$

3-5　将下列复数化为代数形式

(1) $\dot{A}_1=10\angle-60^\circ$；(2) $\dot{A}_2=220\angle115^\circ$；(3) $\dot{A}_3=15\angle165^\circ$；(4) $\dot{A}_4=30\angle90^\circ$；

(5) $\dot{A}_5=17.5\angle-180°$；(6) $\dot{A}_6=18\angle-90°$；(7) $\dot{A}_7=18\angle-135°$；(8) $\dot{A}_8=15\angle-150°$

3-6　试写出正弦量 $u(t)=220\sin(314t+60°)V$ 和 $i(t)=10\cos(314t+30°)A$ 对应的振幅相量和有效值相量，并画出有效值相量图。

3-7　某正弦稳态电流电路中的电压、电流为 $u_1(t)=12\sqrt{2}\sin(\omega t+30°)\text{V}$，$u_2(t)=6\sqrt{2}\sin(\omega t+45°)\text{V}$，$i_1(t)=5.656\sin(\omega t-120°)\text{mA}$，$i_2(t)=-30\sqrt{2}\cos(\omega t+60°)\text{mA}$。写出各正弦量对应的有效值相量并画出相量图。由相量图分析 i_1 与 u_1、i_2 与 u_2 的相位差，说明超前滞后关系。

3-8　已知正弦电压相量 $\dot{U}_1=(60+\text{j}80)\text{V}$，$\dot{U}_2=100\sqrt{2}\angle36.87°\text{V}$，$\dot{U}_3=(80-\text{j}150)\text{V}$，若 $\omega=300\text{rad/s}$，写出各相量对应的正弦量瞬时值表达式，说明他们的超前、滞后关系，并画出相量图。

3-9　用相量法求下列正弦电压和电流。

(1) $u(t)=30\sin314t+40\cos314t-60\cos(314t-60°)$

(2) $i(t)=8\sqrt{2}\sin(10t-30°)+6\sqrt{2}\sin(10t-45°)$

3-10　对题 3-5 中各复数，计算 $\dot{A}_1\times\dot{A}_2$，$\dot{A}_3\times\dot{A}_4$，$\dfrac{\dot{A}_5}{\dot{A}_6}$，$\dfrac{\dot{A}_7}{\dot{A}_8}$。

3-11　加在一个额定值为 220V、75W 的电烙铁上的电压为 $u(t)=200\sqrt{2}\sin(314t+60°)\text{V}$

(1) 求它的电流瞬时值表达式和功率；(2) 求它使用 20 个小时消耗的电能；(3) 画出电流、电压的相量图。

3-12　一个 $L=127\text{mH}$ 的电感元件，外加电压源的电压为 $u(t)=220\sqrt{2}\sin(100\pi t-120°)\text{V}$，试求：(1) 关联参考方向下，电感元件的电流表达式和无功功率，并画出电压、电流相量图；(2) 如果电源的频率变为 150Hz，电压有效值不变，电感元件的电流和无功功率又各为多少？

3-13　电容元件如题图 3-13 所示，若电压 $u_c=100\sqrt{2}\sin(\omega t+30°)\text{V}$，分别求下列两种情况下的电流 $i_c(t)$ 的有效值和电容的无功功率。

(1) $f=500\text{Hz}$；(2) $f=2000\text{Hz}$。

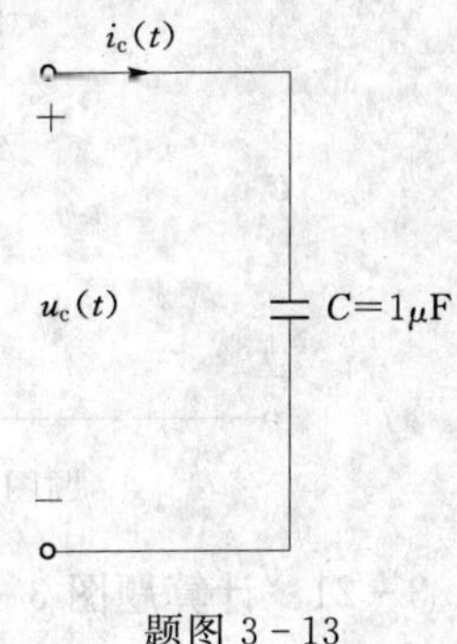

题图 3-13

3-14　对地电容 $C=10\mu\text{F}$ 的电缆的对地电压为 $u(t)=4000\sqrt{2}\sin(100\pi t)\text{V}$

求：(1) 流过该电缆电容的电流和无功功率；(2) 电场能量的最大值。

3-15　如题图 3-15 所示，(a) 图中电压表读数分别为：$V_1=30\text{V}$，$V_2=40\text{V}$；(b) 图中电压表读数分别为：$V_1=15\text{V}$，$V_2=60\text{V}$，$V_3=80\text{V}$。分别求两图中电压源电压的有效值 U_S。

3-16　一个 $R=15\Omega$，$L=4\text{mH}$ 的电感线圈和一个 $C=5\mu\text{F}$ 的电容器串联，接到 $u=200\sqrt{2}\sin5000t\text{V}$ 的电源上，试求电容器和线圈的电压，并作出电路的相量图。

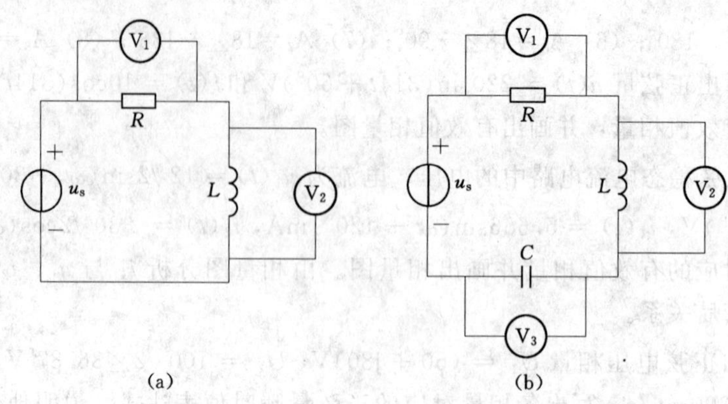

题图 3-15

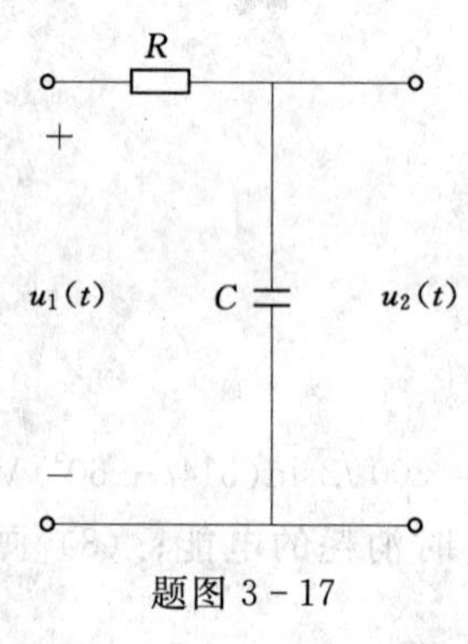

题图 3-17

3-17　在题图 3-17 所示的移相电路中，若输入电压 $u_1(t)=10\sqrt{2}\sin(2\pi\times500t+30°)$V，电容 $C=0.1\mu F$，要求输出电压 u_2 滞后输入电压 u_1 60°（移相 60°）。问应配多大电阻 R？这时输出电压 u_2 为多大？写瞬时值出表达式。

3-18　如题图 3-18 所示的电路中，$U=150$V，$U_1=80$V，$U_2=200$V，$f=50$Hz，$X_C=80\Omega$。试求 R 及 L 的值。

3-19　在 RLC 并联电路中，已知 $R=10\Omega$，$X_L=15\Omega$，$X_C=8\Omega$ 电路电压 $\dot{U}=120\angle0°$V，$f=50$Hz。试求：(1) 复导纳 Y；(2) 电流 $\dot{I}_R$、$\dot{I}_L$、$\dot{I}_C$、$\dot{I}$；(3) 画出相量图。

3-20　题图 3-20 所示正弦电流电路，已知图中三个电流的有效值分别为 $I=10$A，$I_L=20$A，$I_C=12$A，求电阻中电流的有效值 I_R。

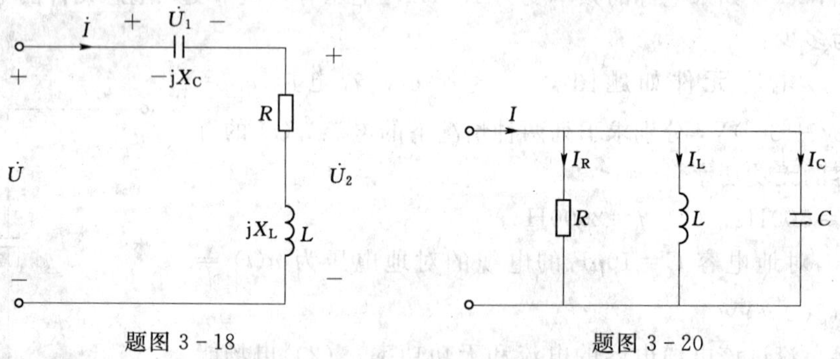

题图 3-18　　　　题图 3-20

3-21　计算题图 3-21 各电路中的输入阻抗 Z 和导纳 Y，并求串联和并联等效电路的相量模型。

3-22　题图 3-22 所示电路中，已知 $R_1=3\Omega$，$X_1=4\Omega$，$R_2=8\Omega$，$X_2=6\Omega$，$u(t)=220\sqrt{2}\sin(100\pi t+30°)$V，试求电流 i_1、i_2 和 i。

3-23　题图 3-23 所示正弦电流电路中，$\dot{U}_S=20\angle30°$V，$R=\omega L=\dfrac{1}{\omega C}=4\Omega$，试求各支路电流，画出各电流、电压相量图。

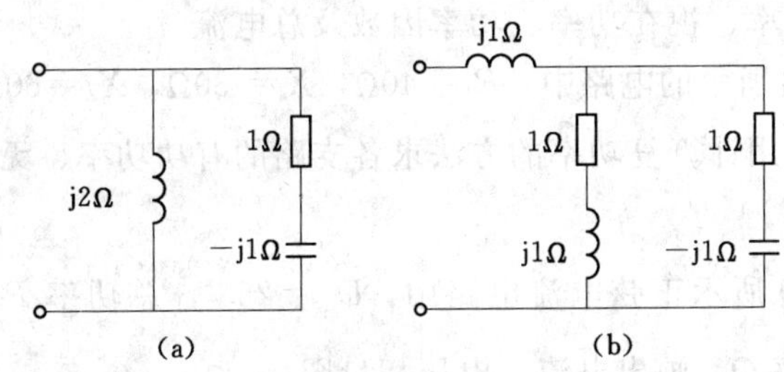

题图 3-21

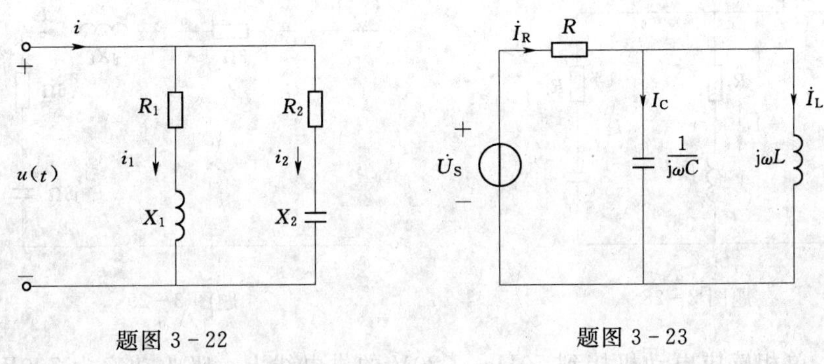

题图 3-22　　　　题图 3-23

3-24　题图 3-24 所示正弦电流电路中 $\dot{U}_C=200\angle 0°\text{V}$，试求 $\dot{U}$、$\dot{I}$，并画出电路的相量图。

3-25　题图 3-25 所示正弦电流电路中 $\dot{I}_C=2\angle 90°\ \text{A}$，试求电压 $\dot{U}$。

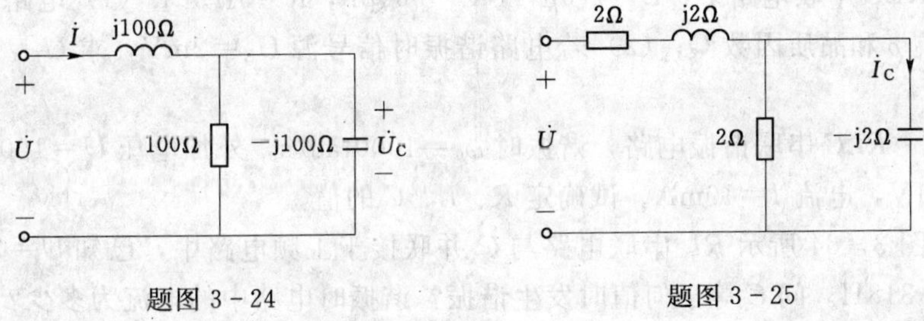

题图 3-24　　　　题图 3-25

3-26　设正弦稳态无源二端网络的端口电压、电流为关联参考方向。试求二端网络在下述各种情况下的有功功率、无功功率和功率因数，并说明该无源二端网络阻抗的性质。

(1) $\dot{U}=100\angle 36.9°\text{V}$，$\dot{I}=(0.8+\text{j}1.5)\text{A}$

(2) $\dot{U}=(60-\text{j}103.9)\text{V}$，$Z=20\angle 30°\Omega$

(3) $\dot{I}=3\angle 30°\text{A}$，$Y=(0.75-\text{j}0.25)\text{S}$

(4) $\dot{U}=100\angle 45°\text{V}$，$Y=(0.0173+\text{j}0.01)\text{S}$

3-27　电压为 220V 的电路上接有额定功率为 40W 的日光灯 20 盏，日光灯的功率因数为 0.5，并接有额定功率为 50W 的电风扇 10 台，电风扇的功率因数为 0.65。试求电路的总有功功率、无功功率、视在功率、功率因数及总电流。

3-28　题图 3-28 所示的电路中，$R_1=40\Omega$，$X_1=30\Omega$，$X_2=60\Omega$，$R_2=60\Omega$，$u(t)=220\sqrt{2}\sin(100\pi t)\text{V}$，试用计算复功率的方法求各支路的有功功率、无功功率、视在功率及功率因数。

3-29　题图 3-29 所示正弦电流电路中，$U_1=25\text{V}$，总功率 $P=225\text{W}$，求 $\dot{I}$、X_L、$\dot{U}_2$ 及电路的总无功功率 Q，画出电流、电压相量图。

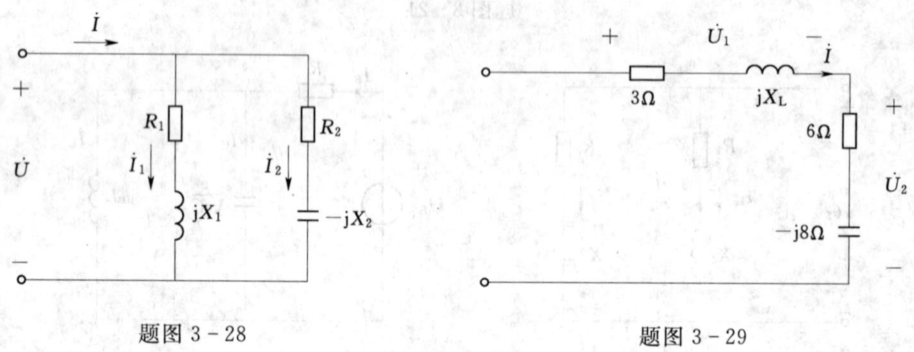

题图 3-28　　　　题图 3-29

3-30　单相感应电动机接到 50Hz、220V 的供电线上，吸收功率为 700W，功率因数为 0.7，欲将功率因数提高到 0.9，求所需并联电容器的大小。

3-31　题图 3-31 所示电路中，已知工频电源电压 $\dot{U}=100\angle 0°\text{V}$，感性负载 Z 的有功功率 $P=6\text{W}$，无功功率 $Q=8\text{var}$。如要使电路的功率因数 $\lambda=1$，应并联多大电容？

3-32　RLC 串联电路中，$L=176\mu\text{H}$，$C=900\text{pF}$，$R=5\Omega$。求（1）电路的谐振频率 f_0、特性阻抗 ρ 和品质因数 Q；（2）若电路谐振时信号源 $U_S=2\text{mV}$，求 U_R、U_L、U_C 各为多少？

3-33　一 RLC 串联谐振电路，谐振时 $\omega_0=1000\text{rad/s}$，外加电压 $U=100\text{mV}$ 时，电容电压 $U_C=1\text{V}$，电流 $I=10\text{mA}$。试确定 R、L、C 的值。

3-34　图 3-34 所示 RL 串联电路与 C 并联接于工频电路中，已知 $U=200\text{V}$，$R=100\Omega$，$L=0.318\text{H}$。问 C 等于何值时发生谐振？谐振时电路中的电流为多少？

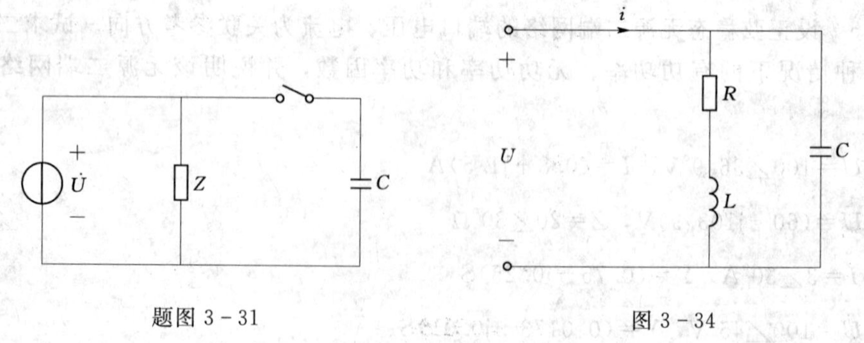

题图 3-31　　　　图 3-34

第 4 章　耦合电感元件的概念及同名端测试

第 3 章讨论了单个电感线圈的模型——电感元件。实际工作中为了既传递交变信号，又使传递前后的电路隔离，往往要采用磁感线会相互影响的一对电感线圈，其电路模型称为耦合电感元件，工程上称为互感器、互感线圈。“耦合”之意为“把某一电路的功率传递到另一电路中去”。耦合电感元件的特性与单个电感元件有相同之处，也有其本身的特点，它在传递交变信号、隔离电路的同时，还能改变电路的电流、电压和阻抗。

4.1　耦合电感元件的伏安关系及同名端

4.1.1　耦合电感元件的伏安关系

一对绕线电阻为零的电感线圈各自的电流、电压设为关联参考方向，绕在同一个非磁性材料的骨架上，由于互相靠近，一方交变电流产生的磁感线不仅穿过本线圈产生自感电动势，还会有一部分穿过另一线圈（称为交链），产生互感电动势，这些电动势对端子外表现为有电压出现。在图 4－1（a）中，1－1′端口输入电流 i_1，2－2′端口开路，i_1 在线圈 1、2 中产生的磁通链分别为 ψ_{11} 和 ψ_{21}，且 $\psi_{21} \leqslant \psi_{11}$，磁感线与 i_1 的方向符合右手螺旋法则，其中前下标是磁通到达的目的地，后下标是磁通的产生地；同理，图 4－1(b) 中，2－2′端口输入电流 i_2，1－1′端口开路，i_2 电流在线圈 2、1 中产生的磁通链分别为 ψ_{22} 和 ψ_{12}，$\psi_{12} \leqslant \psi_{22}$；图 4－1（c）是图 4－1（a）、（b）两种情况的叠加，在图中线圈所示的绕向下，各磁通方向一致向左，互相加强。则有

$$\begin{cases}\psi_1 = \psi_{11} + \psi_{12} = L_1 i_1 + M i_2 \\ \psi_2 = \psi_{21} + \psi_{22} = M i_1 + L_2 i_2\end{cases} \tag{4-1}$$

式中：ψ_{11}、ψ_{22} 为自感磁通，与产生它的本线圈电流成正比；L_1、L_2 为自感系数；ψ_{21}、ψ_{12} 为互感磁通，与产生它的对方线圈电流成正比；M 为互感系数，单位为亨利（H），两线圈间相互影响程度一样，M 相等。

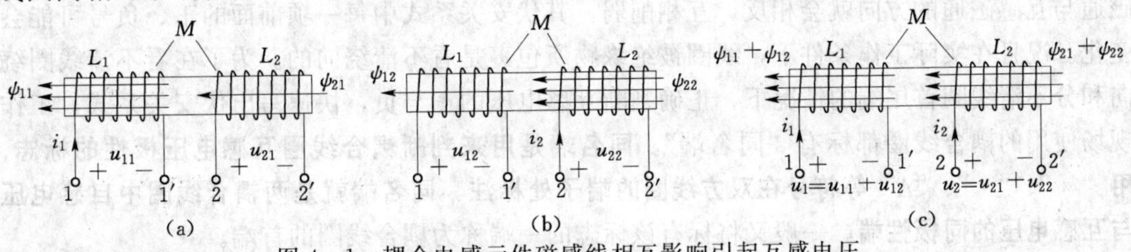

图 4－1　耦合电感元件磁感线相互影响引起互感电压

式（4－1）包含了电流，但与两线圈的电压无关，为推导伏安关系，将式（4－1）两侧同时对时间 t 求导数，得到耦合电感元件的伏安关系式为

$$\begin{cases} u_1 = u_{11} + u_{12} = \dfrac{d\psi_{11}}{dt} + \dfrac{d\psi_{12}}{dt} = L_1 \dfrac{di_1}{dt} + M \dfrac{di_2}{dt} \\ u_2 = u_{21} + u_{22} = \dfrac{d\psi_{21}}{dt} + \dfrac{d\psi_{22}}{dt} = M \dfrac{di_1}{dt} + L_2 \dfrac{di_2}{dt} \end{cases} \tag{4-2}$$

式中：u_{11}、u_{22} 为自感电压；u_{21}、u_{12} 为互感电压。

若 i_1、i_2 是同频率的正弦量，将式（4－2）写成相量形式的伏安关系，得

$$\begin{cases} \dot{U}_1 = j\omega L_1 \dot{I}_1 + j\omega M \dot{I}_2 \\ \dot{U}_2 = j\omega M \dot{I}_1 + j\omega L_2 \dot{I}_2 \end{cases} \tag{4-3}$$

式中：$j\omega L_1$、$j\omega L_2$ 为自感感抗；$j\omega M$ 为互感感抗，单位也为 Ω。

互感系数 M 的大小与两线圈的结构、尺寸、相对位置和周围磁环境有关，其量值反映了某线圈电流的磁通与另一个线圈相交链的能力。为了表征两耦合电感线圈间的相互影响程度（即耦合程度），定义耦合因数为

$$k = \sqrt{\frac{\psi_{21}}{\psi_{11}} \cdot \frac{\psi_{12}}{\psi_{22}}} = \sqrt{\frac{Mi_1}{L_1 i_1} \cdot \frac{Mi_2}{L_2 i_2}} = \frac{M}{\sqrt{L_1 L_2}}, \quad 且\ k \leqslant 1 \tag{4-4}$$

由于一般 $\psi_{21} < \psi_{11}$，$\psi_{12} < \psi_{22}$，所以通常 $k = \dfrac{M}{\sqrt{L_1 L_2}} < 1$，反映了耦合线圈间只有部分磁链互相交链，两线圈间不互相交链的磁通称为漏磁通。根据耦合因数 k 的大小两线圈间的耦合有以下几种情况：

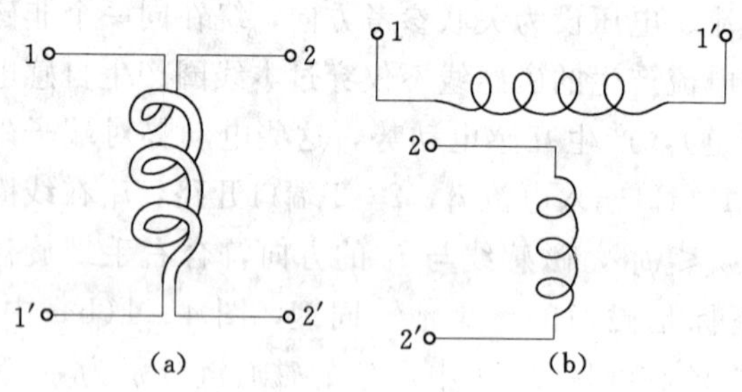

图 4－2　紧耦合与松耦合

（1）紧耦合：k 接近于 1，如图 4－2（a）所示，用于两线圈间要传递功率时，两线圈平行放置并尽量靠近。

（2）松耦合：$k \ll 1$，如图 4－2（b）所示，用于两线圈间要避免耦合的情况，如两条通信线路间要避免耦合，则两条线路不能平行架设，距离尽量远一些，以免互相干扰。

（3）全耦合：$k=1$，如 4.3 节的理想变压器。

4.1.2　耦合电感元件的同名端及同名端测试

式（4－3）所示伏安关系式是根据图 4－1 所示线圈的绕向及电流、电压参考方向写出来的，若其中一个线圈的绕向相反，如图 4－3（b）所示，或某电流的参考方向相反，自感磁通与互感磁通的方向就会相反，互相削弱，其伏安关系式中每一项前面的正、负号可能会变化。况且在实际工作条件下，线圈被绝缘物所包裹是看不清绕向的。为了在看不清线圈绕向和分不清线圈首尾端的情况下，正确判断互感电压的正与负，快速写出伏安关系式，工作现场使用的耦合线圈都标有“同名端”。**同名端是用来判断耦合线圈互感电压极性的标志，用“*”、“·”、“Δ”等符号在双方线圈的端子处标注。同名端就是两耦合线圈中自感电压与互感电压的同极性端。**一般又将标有该标志的一端称为耦合线圈的首端。

1. 能看见两线圈绕向判断同名端的方法

借助右手螺旋定则，若两线圈产生的磁通互相加强，则 i_1、i_2 的流入端互为同名端，如图4-3（a）所示；**若两线圈产生的磁通互相削弱，则两流入端互为异名端**，如图 4-3（b）所示。注意：**两“*”号端是一对同名端，两非“*”号端是另一对同名端**。确定了两线圈的同名端以后，就可用图 4-3（a）、（b）下图的相量模型来表示一对耦合电感元件了。

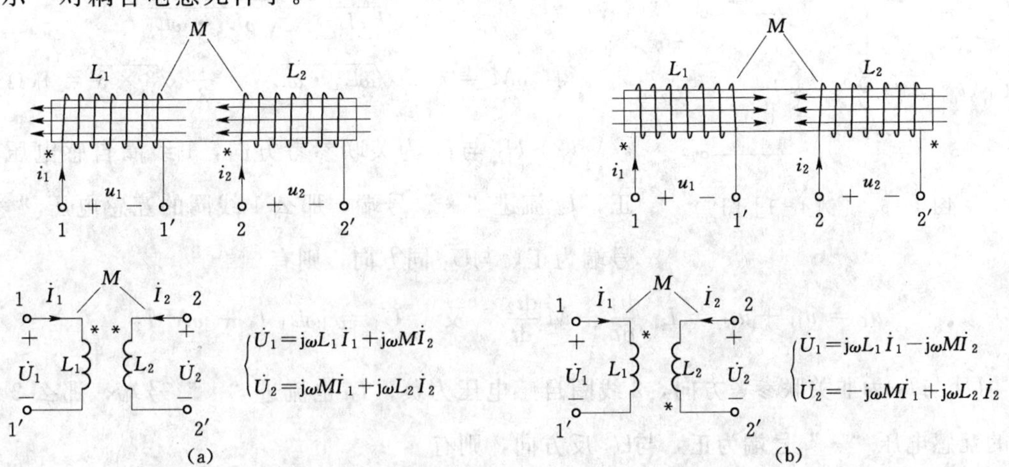

图 4-3 能看见线圈绕向如何判断同名端

针对相量模型写$\dot{U}_1$、$\dot{U}_2$ 的表达式时，**设$\dot{U}_1$ 与$\dot{I}_1$、$\dot{U}_2$ 与$\dot{I}_2$ 参考方向关联，则自感电压前取正号；这时若两电流的流入端为一对同名端，则互感电压与自感电压同号，如图 4-3 (a) 所示；反之，若两电流的流入端为一对异名端，则互感电压与自感电压异号，如图 4-3 (b) 所示。**

也可先确定互感电压的正极端：**某线圈的互感电压由对方线圈电流引起，那么对方线圈电流的流入端与该互感电压的参考正极端对应，是一对同名端**。该互感电压与外端子$\dot{U}_1$、$\dot{U}_2$ 的参考极性若一致，则互感电压在$\dot{U}_1$、$\dot{U}_2$ 的表达式中取正号，否则取负号。

耦合电感元件中的互感电压，可看成由对方电流控制的受控电压源 CCVS，那么图4-4（a）所示的等效电路如图 4-4（b）所示，该等效电路能帮助加深对互感电压的理解。

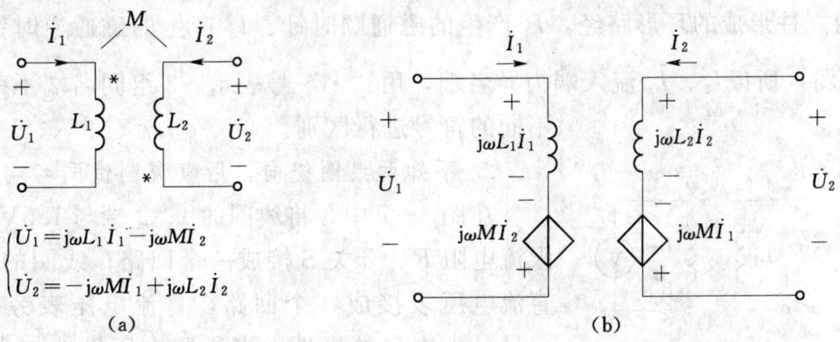

图 4-4 互感电压是由对方线圈电流控制的受控电压源

【例 4-1】　在图 4-5 中，已知自感阻抗 $\omega L_1=\omega L_2=3\Omega$，耦合因数 $k=\dfrac{1}{3}$。计算：

（1）互感阻抗 ωM 为多少。

（2）列写 1 线圈、2 线圈端电压的瞬时值与相量表达式。

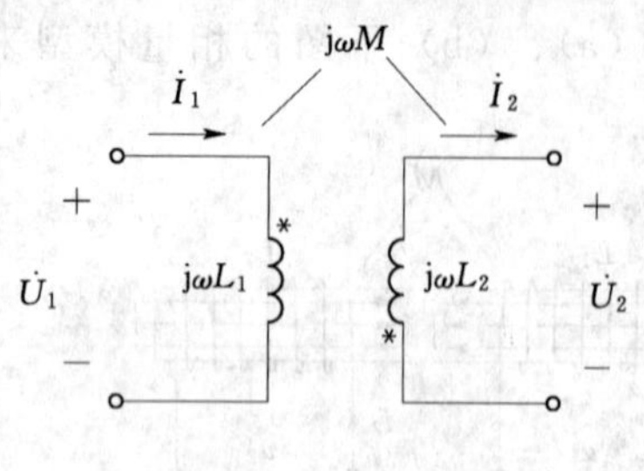

图 4-5　[例 4-1] 图

解　（1）根据

$$k=\frac{M}{\sqrt{L_1L_2}}=\frac{\omega M}{\sqrt{\omega L_1\cdot\omega L_2}}$$

得 $\omega M=k\times\sqrt{\omega L_1\cdot\omega L_2}=\dfrac{1}{3}\sqrt{3\times 3}=1(\Omega)$

（2）$\dot{U}_1$ 与 $\dot{I}_1$ 为关联参考方向，1 线圈自感电压为正；$\dot{I}_2$ 流进"∗"号端，那么 1 线圈的互感电压"∗"号端为正，与 $\dot{U}_1$ 同方向，则有

$$u_1=u_{11}+u_{12}=L_1\frac{\mathrm{d}i_1}{\mathrm{d}t}+M\frac{\mathrm{d}i_2}{\mathrm{d}t}\quad 及\quad \dot{U}_1=\mathrm{j}\omega L_1\dot{I}_1+\mathrm{j}\omega M\dot{I}_2$$

$\dot{U}_2$ 与 $\dot{I}_2$ 为非关联参考方向，2 线圈自感电压为负；$\dot{I}_1$ 也流进"∗"号端，那么 2 线圈的互感电压"∗"号端为正，与 $\dot{U}_2$ 反方向，则有

$$u_2=u_{21}+u_{22}=-M\frac{\mathrm{d}i_1}{\mathrm{d}t}-L_2\frac{\mathrm{d}i_2}{\mathrm{d}t}\quad 及\quad \dot{U}_2=-\mathrm{j}\omega M\dot{I}_1-\mathrm{j}\omega L_2\dot{I}_2$$

【例 4-2】　图 4-6 所示为非磁性骨架上绕有 3 个线圈，相互间都有互感效应，请检验它们的同名端标志是否正确。

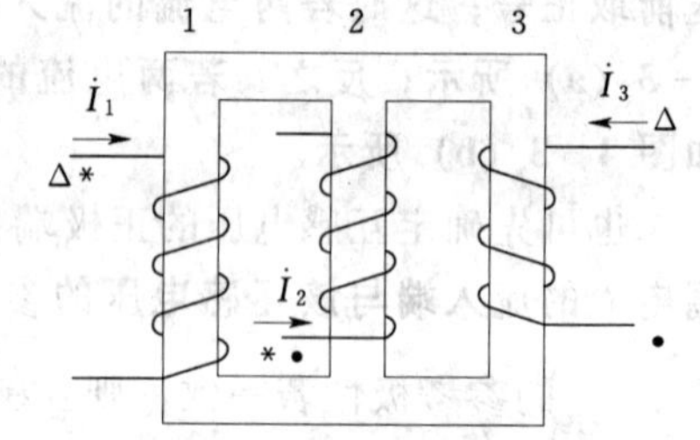

图 4-6　[例 4-2] 图

解　1、2 两立柱形成的环形路径，$\dot{I}_1$、$\dot{I}_2$ 产生的磁通均逆时针绕行，互相加强，所以 $\dot{I}_1$、$\dot{I}_2$ 流入端为同名端，用"∗"号表示。

1、3 两立柱形成的环形路径，$\dot{I}_1$、$\dot{I}_3$ 产生的磁通均逆时针绕行，互相加强，所以 $\dot{I}_1$、$\dot{I}_3$ 流入端为同名端，用"Δ"号表示。

2、3 两立柱形成的环形路径，$\dot{I}_2$ 产生的磁通顺时针、$\dot{I}_3$ 产生的磁通逆时针，方向相反，互相削弱，所以 $\dot{I}_2$、$\dot{I}_3$ 流入端为异名端，用"•"号表示。3 组同名端不一致时，用不同的符号进行区别。

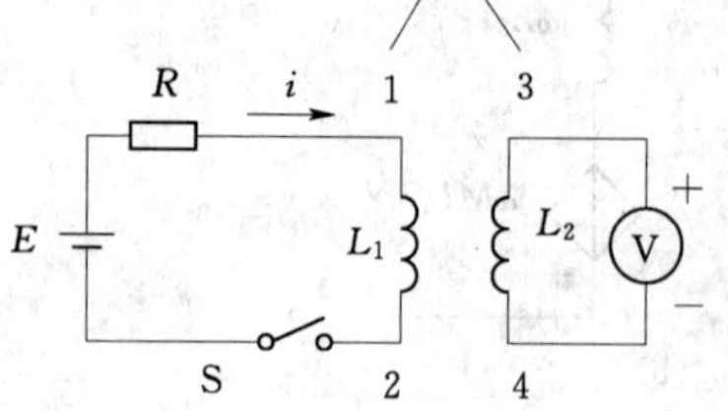

图 4-7　用直流测试同名端的方法

2. 不知两线圈绕向，用直流测试同名端的方法

在图 4-7 中，将线圈的 1、2 端与 1.5V 干电池 E、限流电阻 R、开关 S 接成一个回路；线圈的 3、4 端与直流电压表接成一个回路，直流电压表旁所标的＋、－号是表本身的极性，当所测电压极性与表本身的极性一致时，表正偏转。合上开关 S 瞬间，i 快速增长，

$\frac{di}{dt}>0$，端子1为自感电压的正极（阻止 i 增长），电压表若正偏转，表明互感电压的正极在3端子，则1、3两端为同名端；电压表若反偏转，表明互感电压的正极在4端子，则1、4两端为同名端。

已知1、3两端为同名端，通电后若S突然断开，i 快速减小，$\frac{di}{dt}<0$，端子2为自感电压的正极（弥补 i 减小），那么端子4为互感电压的正极，电压表反偏转。

【例4-3】 图4-8所示的耦合线圈电路：

（1）检验两图的同名端标志是否正确。

（2）判断图4-8（a）所示开关S闭合瞬间电压表的偏转方向。

（3）判断图4-8（b）所示开关S打开瞬间电压表的偏转方向。

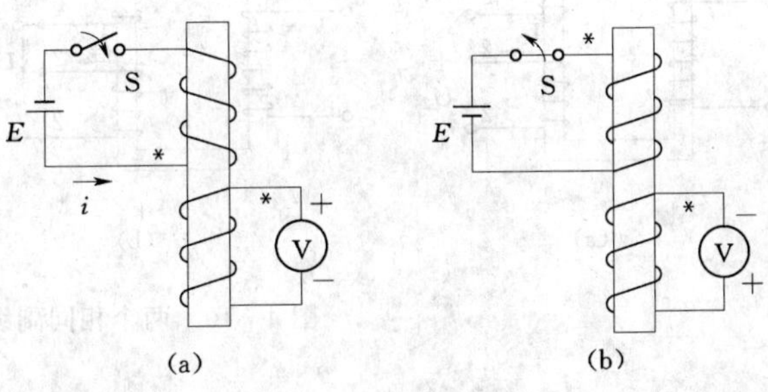

图4-8 ［例4-3］图

解 （1）同名端标志正确。

（2）图4-8（a）所示开关S闭合瞬间电压表正偏转。

（3）图4-8（b）所示开关S打开瞬间电压表也是正偏转。实际上图4-8（b）与图4-8（a）相比，出现了4处否定因素，否定之否定就是肯定，因此偏转方向一致。

3. 不知两线圈绕向，用交流测试同名端的方法

图4-9所示耦合线圈3、4端开路，1、2端加交流电压源供电，那么左侧电路（称为原边或一次侧）中只有自感电压，右侧电路（称为副边或二次侧）中只有互感电压。测试步骤如下：

（1）先用电压表测量 $\dot{U}_{12}$ 和 $\dot{U}_{43}$ 的有效值，并记录。

（2）将2、4两端用导线短路，用电压表测量 $\dot{U}_{13}$ 的有效值，有以下两种可能：

1）若 $U_{13}=|U_{12}-U_{43}|$，表明 $\dot{U}_{12}$ 和 $\dot{U}_{43}$ 是互相削弱的，则1、3两端为同名端，如图4-9（b）所示。

2）若 $U_{13}=U_{12}+U_{43}$，表明 $\dot{U}_{12}$ 和 $\dot{U}_{43}$ 是互相加强的，则1、4两端为同名端，如图4-9（c）所示。

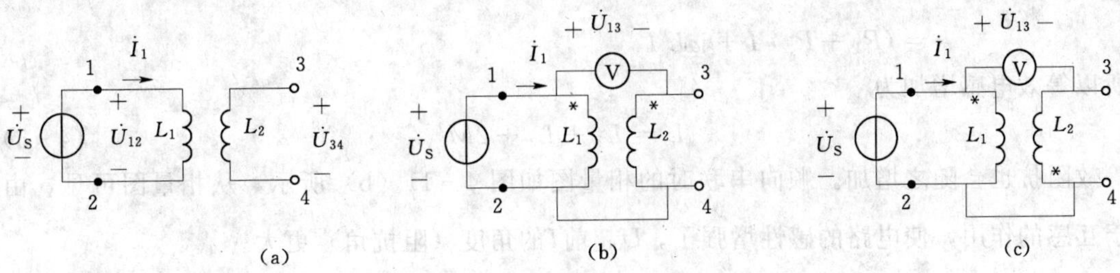

图4-9 用交流测试同名端的方法

图 4-10（a）所示的互感电路，副边有两个完全相同的线圈，匝数、额定电压、额定电流均相等。若需提高输出电压，将两个副线圈串联运行，要求两个线圈首尾相连，一个的“∗”号端接另一个线圈的非“∗”号端，如图 4-10（b）所示，如果接错极性，则两个线圈的电压互相削弱，输出电压几乎为零；若需提高带负载能力，增加输出电流，将两个副线圈并联运行，要求两个线圈首端与首端相连，尾端与尾端相连，即两个线圈的同名端分别相连，再分别引输出线，如图 4-10（c）所示，如果接错极性，两个并联线圈本身形成的回路中会出现很大的环流，而烧毁线圈。

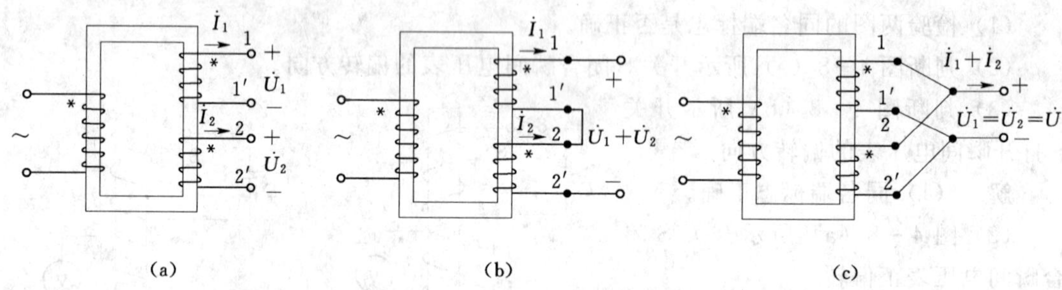

图 4-10　两个相同副线圈的连接

4.2　含耦合电感元件的电路计算

含耦合电感元件的电路与一般正弦电路相比，每有一对耦合存在，在双方线圈中就分别多一项互感电压，借助同名端正确判断互感电压的极性，能实现对含耦合电感元件电路的计算。

4.2.1　耦合电感元件的串联

1. 顺向串联

两个耦合线圈首尾串联，即一个的“∗”号端串接在另一个线圈的非“∗”号端后，这时电流$\dot{I}$同时从两者的一对同名端流入，R_1、R_2 为线圈的绕线电阻，如图 4-11（a）所示，其伏安关系式为

$$\begin{aligned}\dot{U} &= \dot{U}_1 + \dot{U}_2 = (R_1 + \mathrm{j}\omega L_1)\dot{I} + \mathrm{j}\omega M\dot{I} + (R_2 + \mathrm{j}\omega L_2)\dot{I} + \mathrm{j}\omega M\dot{I} \\ &= (R_1 + R_2 + \mathrm{j}\omega L_1 + \mathrm{j}\omega L_2 + \mathrm{j}2\omega M)\dot{I} \\ &= [R_1 + R_2 + \mathrm{j}\omega(L_1 + L_2 + 2M)]\dot{I} \\ &= (R_1 + R_2)\dot{I} + \mathrm{j}\omega L\dot{I}\end{aligned}$$

所以等效电感增加为

$$L = L_1 + L_2 + 2M \tag{4-5}$$

等效阻抗也会随之增加。顺向串联时的相量图如图 4-11（b）所示，从相量图可见，由于互感的作用，使电路的感性增强了，$\dot{U}$超前$\dot{I}$的角度（阻抗角）更大。

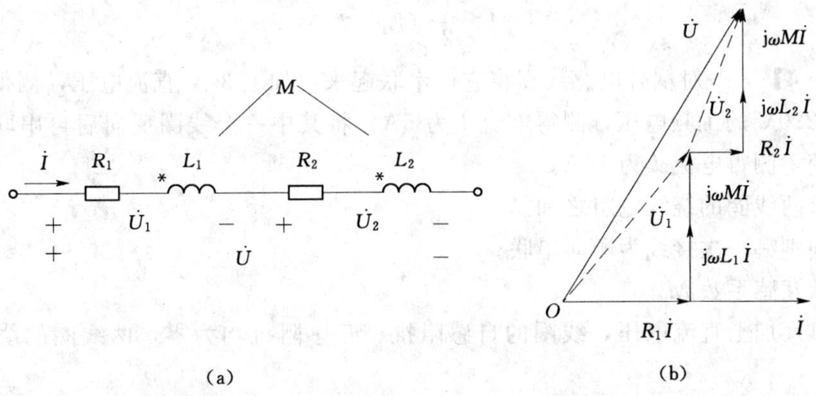

图 4-11　两个耦合线圈顺向串联的接线图及相量图

2. 反向串联

两个耦合线圈首端对首端（或尾对尾）串联，这时电流$\dot{I}$从一个线圈的“*”号端流入，从另一个线圈的“*”号端流出，如图 4-12（a）所示，其伏安关系式为

$$\begin{aligned}\dot{U}=\dot{U}_1+\dot{U}_2&=(R_1+j\omega L_1)\dot{I}-j\omega M\dot{I}+(R_2+j\omega L_2)\dot{I}-j\omega M\dot{I}\\&=(R_1+R_2+j\omega L_1+j\omega L_2-j2\omega M)\dot{I}\\&=[R_1+R_2+j\omega(L_1+L_2-2M)]\dot{I}\\&=(R_1+R_2)\dot{I}+j\omega L\dot{I}\end{aligned}$$

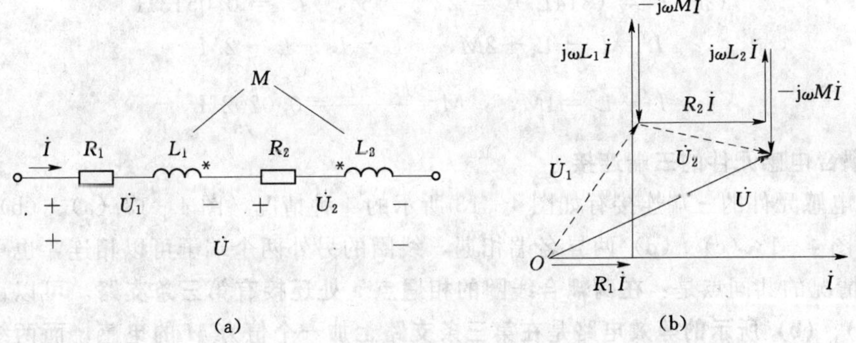

图 4-12　两个耦合线圈反向串联的接线图及相量图

所以等效电感减小为

$$L=L_1+L_2-2M \tag{4-6}$$

等效阻抗也会随之减小。反向串联时的相量图如图 4-12（b）所示，从相量图可见，互感电压滞后电流 90°（相当于容抗的作用），使电路的感性削弱了，$\dot{U}$超前$\dot{I}$的角度（阻抗角）变小了。从局部看，在互感系数较大时，还可能使$\dot{U}_1$或$\dot{U}_2$的电压滞后电流，但整体电路不可能变为容性，其串联后的等效电感必然有

$$L=L_1+L_2-2M\geqslant 0 \tag{4-7}$$

即
$$M \leqslant \frac{1}{2}(L_1 + L_2) \tag{4-8}$$

【例 4-4】　一对耦合电感线圈将它们串联起来，加上 30V 直流电压，测得电流 I 为 2A；加上 220V 的工频电压，测得电流 I 为 5A；将其中一个线圈反向后再串联起来，交流电压不变，测得电流 I 为 10A。

(1) 求两线圈的绕线电阻之和。

(2) 判别哪一次接线为顺向串联。

(3) 求互感系数 M。

解　(1) 加上直流电压，线圈的自感阻抗、互感阻抗均为零，两线圈的绕线电阻之和为

$$R_1 + R_2 = \frac{30}{2} = 15(\Omega)$$

(2) 两次交流测量电压有效值不变，第一次测量电流较小，第二次测量电流较大。表明第一次是顺向串联，等效阻抗大；第二次是反向串联，等效阻抗小。

(3) 设第一次顺向串联时等效电感为 L'，总阻抗的模值为 $|Z'|$，得

$$|Z'| = \frac{U}{I} = \frac{220}{5} = \sqrt{(R_1 + R_2)^2 + (\omega L')^2} = \sqrt{15^2 + (\omega L')^2} = 44\Omega$$

$$(\omega L')^2 = (314L')^2 = 44^2 - 15^2, \quad L' = 0.132\text{H}$$

设第二次反向串联时等效电感为 L''，总阻抗的模值为 $|Z''|$，得

$$|Z''| = \frac{U}{I} = \frac{220}{10} = \sqrt{(R_1 + R_2)^2 + (\omega L'')^2} = \sqrt{15^2 + (\omega L'')^2} = 22\Omega$$

$$(\omega L'')^2 = (314L'')^2 = 22^2 - 15^2, \quad L'' = 0.0513\text{H}$$

因为
$$L' = L_1 + L_2 + 2M, \quad L'' = L_1 + L_2 - 2M$$

所以
$$L' - L'' = 4M, \quad M = \frac{L' - L''}{4} = 0.0202\text{H} \tag{4-9}$$

4.2.2　耦合电感元件的三端连接

耦合电感元件的三端连接有如图 4-13 所示的 4 种情况，图 4-13 (a)、(b) 两同名端相遇，图 4-13 (c)、(d) 两异名端相遇，线圈的另外两个端子可以相连，也可以不相连。4 种情况的共同点是：**在两耦合线圈的相遇点 a 处还接有第三条支路**。可以证明：**图 4-13 (a)、(b) 所示的等效电路是在第三条支路上加一个值为 M 的电感，而两线圈本身的电感减去 M；图 4-13 (c)、(d) 则相反，其等效电路是在第三条支路上加一个值为“$-M$”的电感，而两线圈本身的电感加上 M。若已知条件给出的是感抗值，则直接加上或减去 $j\omega M$**。作这种处理后的电路不再有互感效应，使问题简化，称为去耦等效电路。记忆的方法是：**三端连接“*”端遇，第三支路加 M，原接电感减 M。否则反**。

【例 4-5】　求图 4-14 (a) 所示电路 ab 端的等效电感。

解　图 4-14 (b) 中加辅助线将 1、2 两点连接起来，因为没有形成回路，不影响其他支路的电流，1、2 两点间也没有电流，与图 4-14 (a) 等效。而图 4-14 (b) 与图 4-14 (c) 又是等效的，1、2、3、4 都是等电位点。图 4-14 (c) 变成异名端相遇的三端连接，拉出的第三条支路上加一个值为 -0.2H 的电感，而两线圈本身的电感值分别变

为 0.7H 和 1H，则有

$$L_{ab}=0.7+\frac{(-0.2)\times 1}{(-0.2)+1}=0.7-0.25=0.45(\mathrm{H})$$

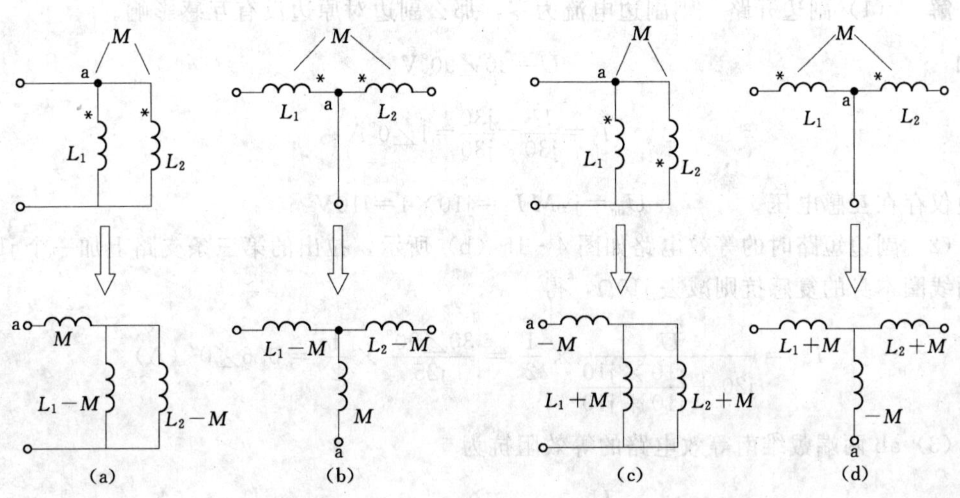

图 4-13　耦合电感元件三端连接的 4 种情况及等效电路

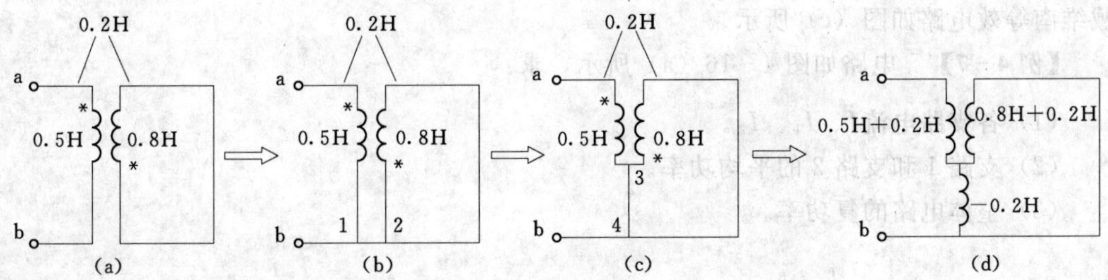

图 4-14　[例 4-5] 图

注意：电感串并联后求等效电感的公式与电阻一致。

【例 4-6】 电路如图 4-15（a）所示，已知电源电压 $u=30\sqrt{2}\sin(\omega t+90°)$ V，求：

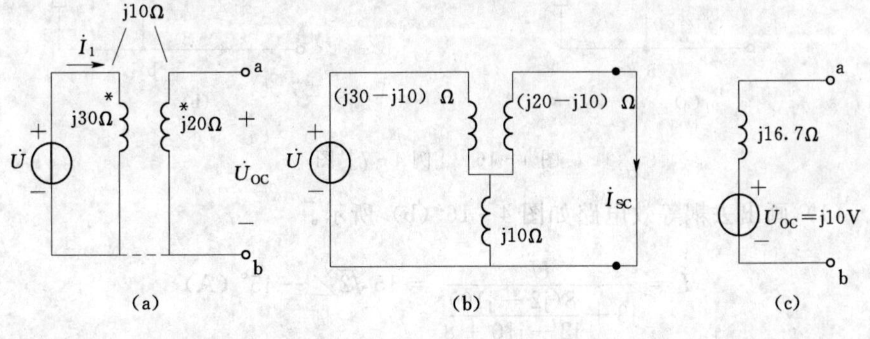

图 4-15　[例 4-6] 图

（1）副边开路时的电压$\dot{U}_{oc}$。

（2）副边短路时的电流$\dot{I}_{sc}$。

（3）画出 ab 两端的戴维南等效电路。

解　（1）副边开路，则副边电流为零，那么副边对原边没有互感影响。

已知
$$\dot{U}=30\angle 90^\circ \text{V}$$

得
$$\dot{I}_1=\frac{\dot{U}}{\text{j}30}=\frac{\text{j}30}{\text{j}30}=1\angle 0^\circ \text{A}$$

副边仅存在互感电压　$\dot{U}_{oc}=\text{j}\omega M\dot{I}_1=\text{j}10\times 1=\text{j}10\text{V}$

（2）副边短路时的等效电路如图 4-15（b）所示，拉出的第三条支路上加一个 j10Ω，而两线圈本身的复感抗则减去 j10Ω，得

$$\dot{I}_{sc}=\frac{\dot{U}}{\text{j}20+\dfrac{\text{j}10\times\text{j}10}{\text{j}10+\text{j}10}}\times\frac{1}{2}=\frac{30\angle 90^\circ}{\text{j}25}\times\frac{1}{2}=0.6\angle 0^\circ\ (\text{A})$$

（3）ab 两端戴维南等效电路的等效阻抗为

$$Z_0=\frac{\dot{U}_{oc}}{\dot{I}_{sc}}=\frac{\text{j}10}{0.6\angle 0^\circ}=\text{j}16.7\ (\Omega)$$

戴维南等效电路如图（c）所示。

【例 4-7】　电路如图 4-16（a）所示，求：

（1）各支路电流$\dot{I}$、$\dot{I}_1$、$\dot{I}_2$。

（2）支路 1 和支路 2 的平均功率。

（3）整体电路的复功率。

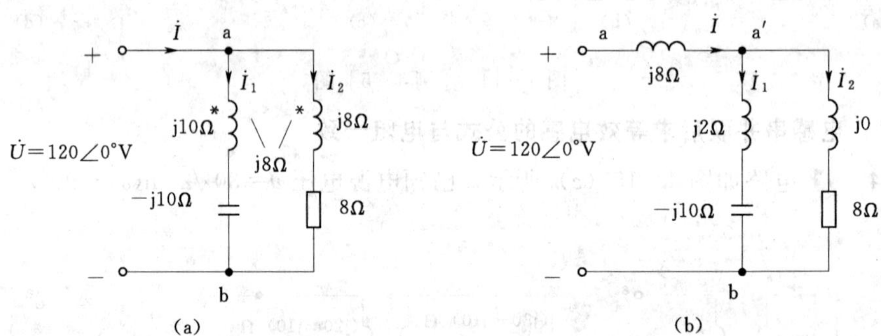

图 4-16　［例 4-7］图

解　（1）画出去耦等效电路如图 4-16（b）所示。

$$\dot{I}=\frac{\dot{U}}{\text{j}8+\dfrac{8(\text{j}2-\text{j}10)}{\text{j}2-\text{j}10+8}}=15\sqrt{2}\angle -45^\circ\ (\text{A})$$

根据分流公式得

$$\dot{I}_1=\frac{8}{8-\text{j}8}\dot{I}=\frac{8}{8-\text{j}8}\times 15\sqrt{2}\angle -45^\circ=15\angle 0^\circ\ (\text{A})$$

$$\dot{I}_2 = \dot{I} - \dot{I}_1 = 15\sqrt{2}\angle -45^\circ - 15\angle 0^\circ = 15\angle -90^\circ\ (\text{A})$$

(2) 注意：图 4-16 (b) 中的 a′点与 a 点是有区别的，即图 4-16 (a)、(b) 两图中的支路 1、支路 2 发生了变化，故应按图 4-16 (a) 求支路 1、支路 2 的平均功率。

$$P_1 = UI_1\cos(0^\circ - 0^\circ) = 1800\ (\text{W})$$

$$P_2 = UI_2\cos[0^\circ - (-90^\circ)] = 0\ (\text{W})$$

如果没有互感效应，支路 1 是纯电抗元件，平均功率应该为零。而互感现象改变了功率传递渠道，该例支路 1 将功率通过互感传递到支路 2 的电阻上。因此有互感的电路，求功率必须用定义式 $P=UI\cos\varphi$、$Q=UI\sin\varphi$ 来求。

(3) 复功率

$$\tilde{S} = \dot{U}\dot{I}^* = 120\angle 0^\circ \times 15\sqrt{2}\angle 45^\circ = 2545.58\angle 45^\circ(\text{VA}) = (1800 + \text{j}1800)\text{VA}$$

4.2.3 含耦合电感电路的基本计算方法——网孔法

在图 4-17 所示电路中，$\dot{I}_1$、$\dot{I}_2$ 是外围支路的电流，设为网孔电流，则有

$$(R_1 + R_2 + \text{j}\omega L_1)\dot{I}_1 - R_2\dot{I}_2 + \text{j}\omega M\dot{I}_2 = \dot{U}_s$$

$$-R_2\dot{I}_1 + (R_2 + R_3 + \text{j}\omega L_2)\dot{I}_2 + \text{j}\omega M\dot{I}_1 = 0$$

两网孔电流均顺时针绕行，自阻抗为正，互阻抗为负，与第 3 章应用网孔法相比，每对有耦合的线圈双方各多了一项互感电压。**对方线圈电流流入端与互感电压的正极性端对应。**

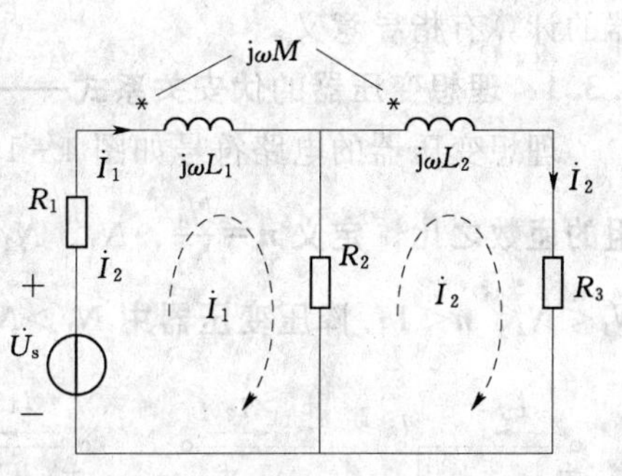

图 4-17 网孔法计算耦合电感电路

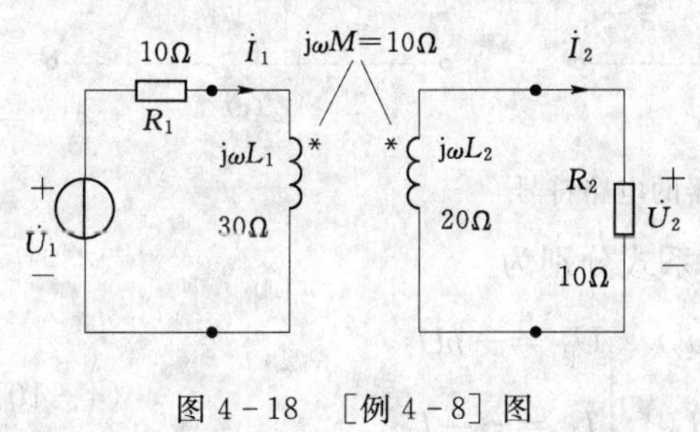

图 4-18 [例 4-8] 图

【例 4-8】 图 4-18 所示电路称为空心变压器，已知 $R_1=R_2=10\Omega$，$\omega L_1=30\Omega$，$\omega L_2=20\Omega$，$\omega M=10\Omega$，电源电压 $\dot{U}_1=100\angle 0^\circ\text{V}$。求电压 U_2 及电阻 R_2 消耗的功率。

解 由题意列写网孔方程

$$\begin{cases}(10+\text{j}30)\dot{I}_1 - \text{j}10\dot{I}_2 = 100\angle 0^\circ = \dot{U}_1 & ①\\(10+\text{j}20)\dot{I}_2 - \text{j}10\dot{I}_1 = 0 & ②\end{cases}$$

由式②得

$$\dot{I}_2 = \frac{\text{j}10\dot{I}_1}{10+\text{j}20} \quad ③$$

将式③代入式①得

$$(10+\text{j}30)\dot{I}_1 - \text{j}10\frac{\text{j}10\dot{I}_1}{10+\text{j}20} = 100\angle 0^\circ, \dot{I}_1\left[10+\text{j}30-\text{j}10\frac{\text{j}10}{10+\text{j}20}\right] = 100\angle 0^\circ$$

$$\dot{I}_1 = \frac{100\angle 0^\circ}{10+\text{j}30-\text{j}10\dfrac{\text{j}10}{10+\text{j}20}} = \frac{100\angle 0^\circ}{10+\text{j}30+\dfrac{100}{22.36\angle 63.43^\circ}}$$

$$= \frac{100\angle 0^\circ}{10+\text{j}30+4.47\angle -63.43^\circ} = \frac{100\angle 0^\circ}{12+\text{j}26} = 3.49\angle -65.22^\circ(\text{A})$$

$$\dot{I}_2=\frac{\mathrm{j}10\,\dot{I}_1}{10+\mathrm{j}20}=1.56\angle-38.66^\circ(\mathrm{A}),\quad \dot{U}_2=10\,\dot{I}_2=15.6\angle-38.66^\circ\mathrm{V}$$

则
$$P=U_2I_2=24.3\ (\mathrm{W})$$

4.3 理 想 变 压 器

变压器是通过互感线圈耦合来实现对交流电升压及降压的电气设备，实际变压器本身有一定的功率损耗。理想变压器是理想化的互感耦合元件，其特性是人们对变压器最佳工作状态的追求，实际变压器的特性与理想变压器有一定差距。但是性能优良的实际变压器在忽略了某些次要因素后，工作状态接近于理想变压器，因此研究理想变压器对实际变压器的计算有指导意义。

4.3.1 理想变压器的伏安关系式——变换电压、变换电流

理想变压器的电路符号如图 4－19 所示，**其唯一的参数是变比 n，n 为常数，是两绕组的匝数之比，定义 $n=\frac{N_1}{N_2}$，N_1、N_2 分别为原边绕组和副边绕组的匝数。升压变压器中 $N_1<N_2$，$n<1$；降压变压器中 $N_1>N_2$，$n>1$**。

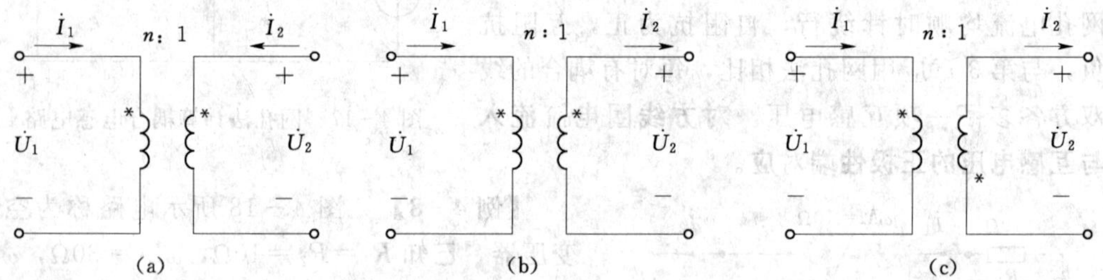

图 4－19 理想变压器的电路符号

图 4－19（a）、（b）、（c）所示电路的伏安关系式分别为

$$\begin{cases}\dot{U}_1=n\dot{U}_2\\ \dot{I}_1=-\dfrac{1}{n}\dot{I}_2\end{cases}\quad\begin{cases}\dot{U}_1=n\dot{U}_2\\ \dot{I}_1=\dfrac{1}{n}\dot{I}_2\end{cases}\quad\begin{cases}\dot{U}_1=-n\dot{U}_2\\ \dot{I}_1=-\dfrac{1}{n}\dot{I}_2\end{cases}\tag{4-10}$$

正确写出伏安关系的原则是：**n 在哪一边，该边电压是另一边电压的 n 倍，电流是 $1/n$ 倍；两个电压的参考正极同在一对同名端，两者同号；两个电流的参考方向同时流进一对同名端，两者异号；否则反之**。从伏安关系式可知，**理想变压器升压必降流；降压必升流**。

理想变压器的上述伏安关系是互感线圈特性理想化的反映，互感耦合元件要实现理想化，必须满足以下条件：

（1）互感耦合元件本身无损耗。

（2）全耦合 $k=\frac{M}{\sqrt{L_1L_2}}=1$。

（3）L_1、L_2、M 均无限大，且 $L_1/L_2=n^2$。

互感耦合线圈要满足这些条件，要求其绕线电阻为零，线圈绕制在磁导率 μ 很大且为常数铁芯上，铁芯中无涡流、磁滞损耗（诸概念见第 9 章）等。为使耦合系数等于 1，实际变压器的绕组都绕制在铁芯上，但只能尽量减小绕线电阻及涡流、磁滞损耗，尽量提高铁芯的磁导率，却不可能完全理想化。实际变压器有电源变压器、电压互感器、电流互感器等。电源变压器传送的功率大，要尽量减小内部损耗；电压互感器将高电压统一降为 100V、电流互感器将大电流统一降为 5A（或 1A）进行测量和监控，这是两种测量设备，要求量值间的关系严格符合式（4-10），工程中要采取多种补偿方法迫使互感器的性能接近理想变压器的性能。

4.3.2 理想变压器功率平衡方程

理想变压器唯一的参数是变比 n，其电路图中不需要标注 L_1、L_2、M，也不需要标注任何阻抗值、频率值，由此从电路图就可将理想变压器和一般互感耦合线圈区别。理想变压器的伏安关系与频率无关，那么理论上式（4-10）对任意波形的信号都成立，将其电流、电压改用小写字母表示瞬时值，应该也成立，如图 4-20 所示，以该图为例列写理想变压器两个端口吸收的功率之和：

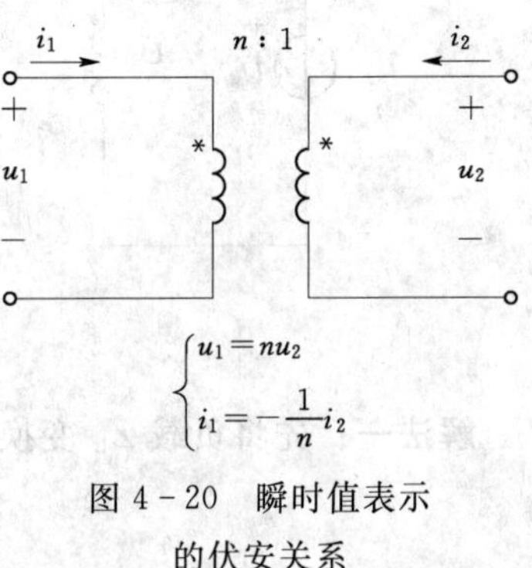

图 4-20 瞬时值表示的伏安关系

$$p = u_1 i_1 + u_2 i_2$$
$$= (nu_2)\left(-\frac{1}{n} i_2\right) + u_2 i_2 = 0 \qquad (4-11)$$

式（4-11）表明：**理想变压器只是把电信号从某一电路传递到另一电路，起耦合作用，它本身既不储能又不耗能，传递信号的过程中同时改变电流和电压值。**

4.3.3 理想变压器的阻抗变换特性

理想变压器除了可以用来变换电流和电压外，还可以用来变换阻抗。如图 4-21 所示，当副边端口 2-2′接负载 Z_L 时，从原边端口 1-1′看进去的输入阻抗为

$$Z_{11'} = \frac{\dot{U}_1}{\dot{I}_1} = \frac{n\dot{U}_2}{-\frac{1}{n}\dot{I}_2} = n^2\left(\frac{\dot{U}_2}{-\dot{I}_2}\right) = n^2 Z_L \qquad (4-12)$$

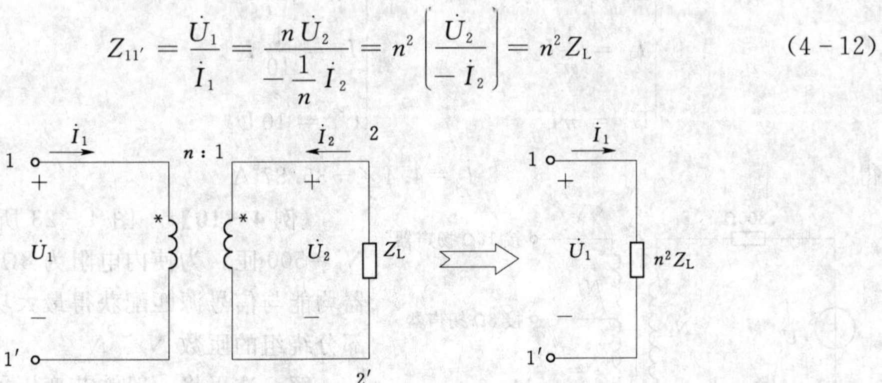

图 4-21 理想变压器用于阻抗变换

注意到 Z_L 的电流、电压参考方向非关联。式（4-12）表明：**副边阻抗透过理想变压器，折合到原边后变为 $n^2 Z_L$，并且这种阻抗变换与同名端及电流、电压参考方向无关。**

因此，只要改变 n，就可在原边得到不同的输入阻抗，$n>1$，变换后阻抗增大；$n<1$，变换后阻抗减小。在工程中，常用理想变压器变换阻抗的性质来实现负载匹配，使负载获得最大功率。

【例 4-9】　图 4-22 所示电路，已知 $U_s=220\text{V}$，$R_1=100\Omega$，$Z_L=3+\text{j}3\Omega$，$n=10$。求 $\dot{I}_2$。

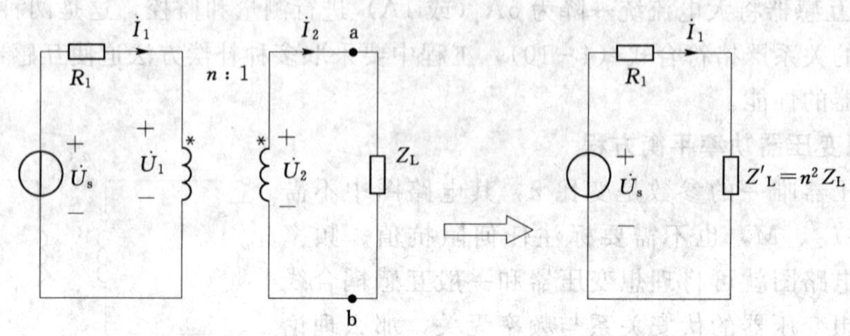

图 4-22 ［例 4-9］图

解法一： 先将负载 Z_L 变换到原边，计算出原边电流 $\dot{I}_1$，再根据伏安关系计算 $\dot{I}_2$。

设
$$\dot{U}_s=220\angle 0°\text{V}$$
$$Z'_L=n^2 Z_L=300+\text{j}300\Omega$$
$$\dot{I}_1=\frac{\dot{U}_s}{R_1+Z'_L}=\frac{220\angle 0°}{100+300+\text{j}300}=0.44\angle -36.87°(\text{A})$$

因为 $\dot{I}_1=\frac{1}{n}\dot{I}_2$，所以 $\dot{I}_2=n\dot{I}_1=4.4\angle -36.87°\text{A}$

解法二： 列写两个网孔方程与两个伏安关系式联立求解。

$$\begin{cases} R_1\dot{I}_1+\dot{U}_1-\dot{U}_s=0 \\ Z_L\dot{I}_2-\dot{U}_2=0 \\ \dot{I}_1=\frac{1}{n}\dot{I}_2 \\ \dot{U}_1=n\dot{U}_2 \end{cases} \quad \begin{cases} 100\dot{I}_1+\dot{U}_1-220\angle 0°=0 \\ (3+\text{j}3)\dot{I}_2-\dot{U}_2=0 \\ \dot{I}_1=\frac{1}{10}\dot{I}_2 \\ \dot{U}_1=10\dot{U}_2 \end{cases}$$

得
$$\dot{I}_2=4.4\angle -36.87°\text{A}$$

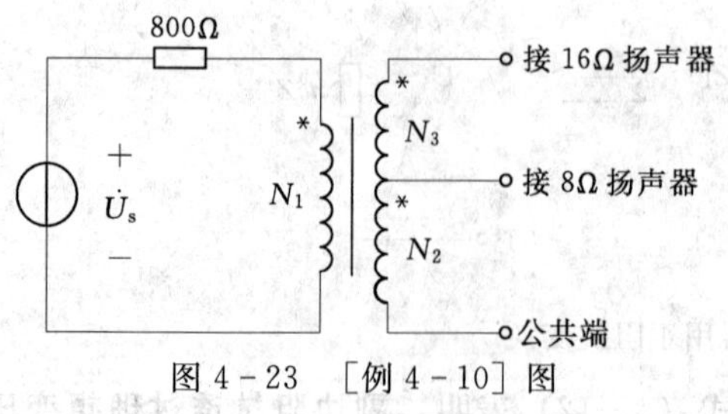

图 4-23 ［例 4-10］图

【例 4-10】　图 4-23 所示铁芯变压器 $N_1=500$ 匝，为使内电阻为 8Ω 和 16Ω 的扬声器均能与信号源匹配获得最大功率，求副边两部分绕组的匝数 N_2、N_3。

解　这里将一般铁芯变压器按理想变压器对待，设

$$n_2=\frac{N_1}{N_2},\quad n_{23}=\frac{N_1}{N_2+N_3}$$

根据最大功率传输定理，有

$$800 = n_2^2 \times 8, \quad n_2 = 10$$

$$800 = n_{23}^2 \times 16, \quad n_{23} = 7.07$$

$$N_2 = \frac{N_1}{n_2} = \frac{500}{10} = 50(\text{匝}), N_2 + N_3 = \frac{N_1}{n_{23}} = \frac{500}{7.07} = 70.72(\text{匝}),$$

$$N_3 = 70.72 - 50 = 20.72(\text{匝})$$

【例 4-11】 某单相变压器原边绕组额定电压为 3000V，副边绕组额定电压为 220V，负载是一台额定值为 220V、25kW 的电炉，试求原边及副边绕组的电流各为多少？

解 电炉为电阻性负载，功率因数为 1。

$$P_2 = I_2 U_2 \quad \text{所以}\ I_2 = \frac{P_2}{U_2} = \frac{25 \times 10^3}{220} = 113.6(\text{A})$$

$$n = \frac{U_1}{U_2} = \frac{3000}{220} = 13.64 \quad \text{所示}\ I_1 = \frac{I_2}{n} = \frac{113.6}{13.64} = 8.33(\text{A})$$

习　题　4

一、问答题

4-1 两耦合电感线圈间互感系数的大小与哪些因素有关？互感系数的量值有什么意义？

4-2 什么是同名端？已知线圈绕向如何判断同名端？测定同名端有哪些方法？画测试图说明。

4-3 耦合电感元件的串联有哪两种接法？其等效电感如何计算？

4-4 耦合电感元件的三端连接有几种形式？其等效电感如何计算？

4-5 理想变压器具有怎样的电压、电流、阻抗变换关系？

二、计算题

4-1 两耦合电感的自感系数分别为 $L_1=1$H、L_2-4H，耦合因数 $k=\frac{1}{2}$，求两线圈间的互感系数 M。

4-2 判断题图 4-2 所示各图中互感线圈的同名端，并标注在图上。

4-3 题图 4-3 中，当开关 S 闭合瞬间，在图上标出线圈 2 的互感电压的实际极性。

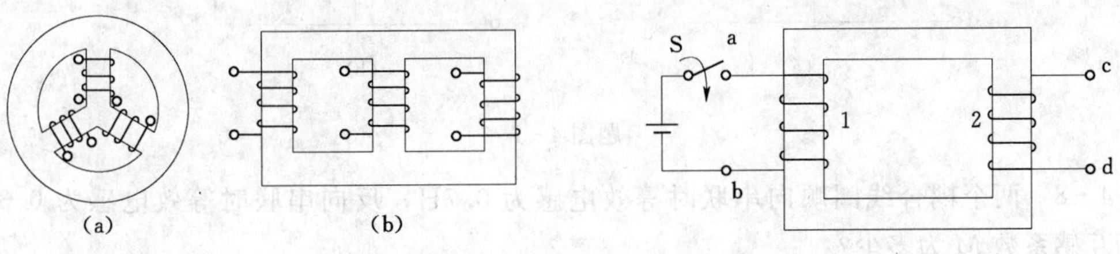

题图 4-2　　　　题图 4-3

4-4 对题图 4-4（a）、（b）所示两电路，下列电压的表达式是否正确？试分析说明。

(a)$u_{cd}=L_2\dfrac{di_2}{dt}-M\dfrac{di_1}{dt}$;(b)$u_{ab}=L_1\dfrac{di_1}{dt}+M\dfrac{di_2}{dt}$

4-5　题图 4-5 所示电路中，(1) 当 $i_2=0$ 时，写出 $u_{11'}$ 和 $u_{22'}$ 的表达式；(2) 当电流 i_2 不为零时，写出 $u_{11'}$ 和 $u_{22'}$ 的表达式。

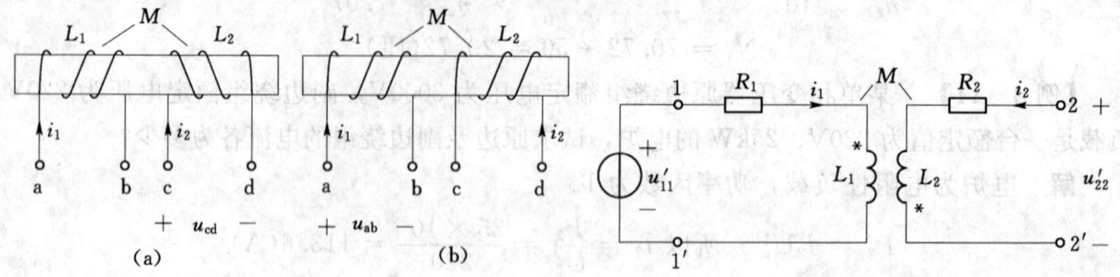

题图 4-4　　　　题图 4-5

4-6　分别求出题图 4-6 (a)、(b) 中各串联线圈的等效电感 L。已知 $L_1=2\mathrm{H}$，$L_2=1\mathrm{H}$，$M=500\mathrm{mH}$。

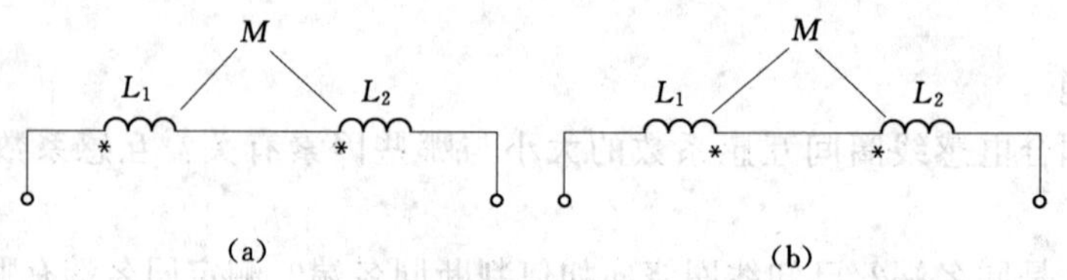

题图 4-6

4-7　分别求出题图 4-7 中并联线圈的等效电感 L。已知 $L_1=4\mathrm{H}$，$L_2=2\mathrm{H}$，$M=1\mathrm{H}$。

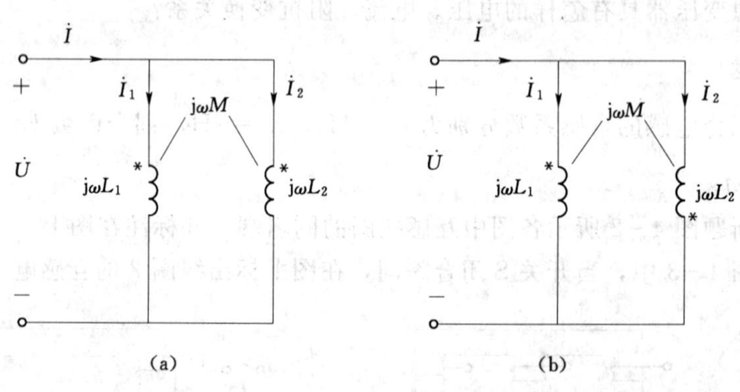

题图 4-7

4-8　两个耦合线圈顺向串联时等效电感为 0.7H，反向串联时等效电感为 0.3H，求其互感系数 M 为多少？

4-9　两个耦合线圈串联接至 50Hz，220V 的正弦交流电源，第一种连接情况下的电流为 2.7A，功率 219W，第二种连接情况下的电流为 7A。试分析哪种情况为顺向串联，哪种情况为反向串联，并求出它们的互感。

4-10　如题图 4-10 所示电路，已知两线圈的参数为：$R_1=R_2=100\Omega$，$L_1=3\text{H}$，$L_2=10\text{H}$，$M=5\text{H}$，正弦电源电压 $u=220\sqrt{2}\sin100t\text{V}$。(1) 试求电路中电流$\dot{I}$及两个线圈端电压$\dot{U}_1$、$\dot{U}_2$。(2) 电路中串联多大的电容可使$\dot{U}$、$\dot{I}$同相？(3) 画出电路的去耦等效电路。

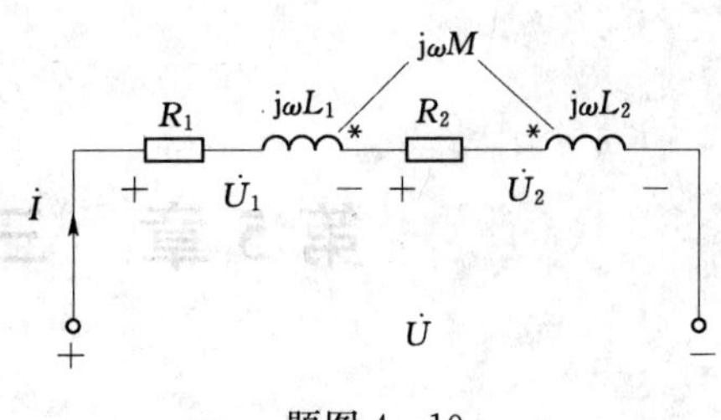

题图 4-10

4-11　如题图 4-11 所示电路，已知两线圈的参数为：$R_1=R_2=100\Omega$，$L_1=3\text{H}$，$L_2=10\text{H}$，$M=5\text{H}$，正弦电源电压 $u=220\sqrt{2}\sin100t\text{V}$。试求：(1) 两线圈的电流、总电流；(2) 两线圈的复功率、总复功率；(3) 两线圈的等效阻抗。

4-12　题图 4-12 所示电路中，$L_1=8\text{H}$，$L_2=2\text{H}$，$M=2\text{H}$。试求 (a)、(b) 两种连接方式下从端子 1—1′看进去的等效电感。

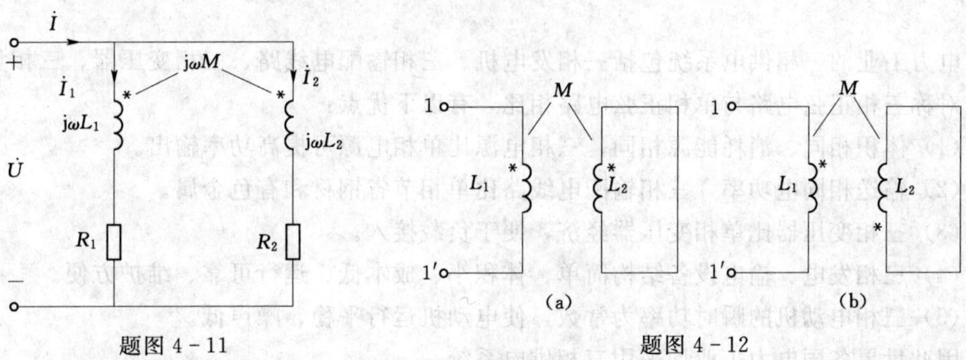

题图 4-11　　题图 4-12

4-13　一台变比 n 为 220/36 的理想变压器，原边绕组接入有效值为 220V 的交流电源，副边绕组接 36V、40W 的灯泡 5 个（并联），问变压器原边电流是多少安培？相当于电源接入多少欧姆的等效电阻？

4-14　如果要使 10Ω 电阻获得最大功率，试求题图 4-14 所示电路中理想变压器的变比 n。

4-15　已知电流表的读数为 5A，正弦电压有效值为 5V，求题图 4-15 所示电路中的阻抗 Z。

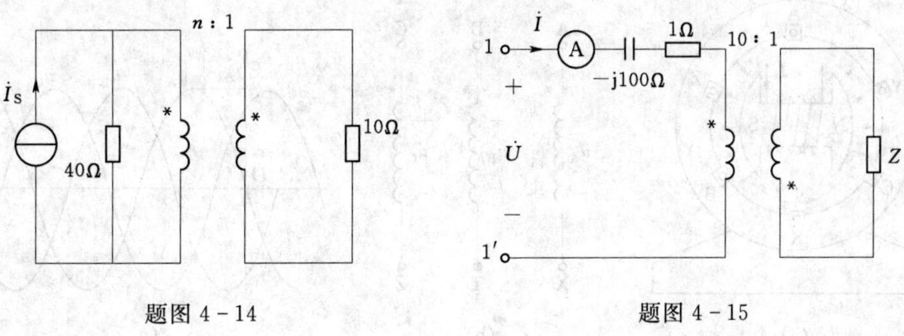

题图 4-14　　题图 4-15

第5章　三相电路的计算

三相电路是由3个频率相同、振幅相同、相位彼此相差120°的正弦电动势作为供电电源的电路。三相电路是正弦电流电路的特例，第3章正弦电路的计算方法全部适用于本章，而三相电路的计算又有其自身的特点。

5.1　对称三相电路概述

电力工业的三相供电系统包括三相发电机、三相输配电线路、三相变压器、三相负载等。对称三相正弦电路与单相正弦电路相比，有以下优点：

(1) 体积相同、消耗能源相同，三相电源比单相电源可提高功率输出。

(2) 输送相同电功率，三相输配电线路比单相节省钢材和有色金属。

(3) 三相变压器比单相变压器经济，便于负载接入。

(4) 三相发电、输电设备结构简单、体积小、成本低、运行可靠、维护方便。

(5) 三相电动机的瞬时功率为常数，使电动机运行平稳、噪声低。

因此世界各国电力工业均采用三相供电系统。

5.1.1　三相发电机简介

如图5-1 (a) 所示三相发电机的转子是由直流电流 I_a 励磁的电磁铁，磁极极性固定，它随原动机（汽轮机、水轮机）以 ω 为角速度匀速转动，形成空间旋转磁场，定子中嵌装的三相绕组空间位置固定互差120°，依次先后切割空间旋转磁场，形成3个彼此相差$\frac{1}{3}$周期（120°电角度）的正弦电动势。三相绕组的首端、尾端分别为A、X；B、Y；C、Z，如图5-1 (b) 所示，输出3个幅值相等、角频率相同而初相位互差120°的对称正

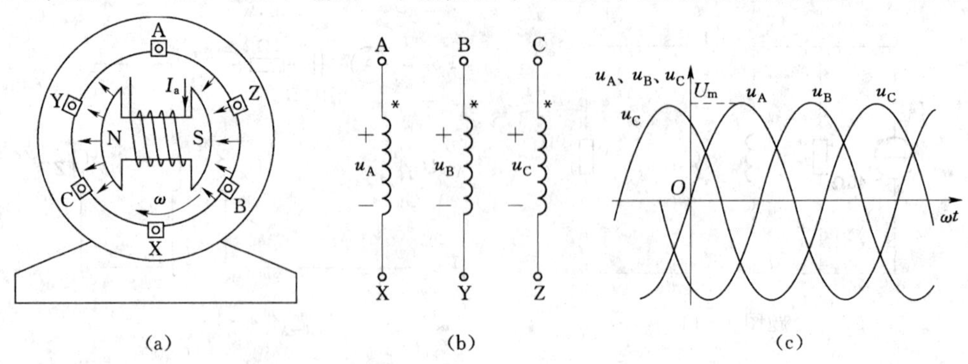

图5-1　三相发电机简介

弦电压 u_A、u_B、u_C，波形如图 5-1（c）所示。

$$\begin{cases} u_A = U_m \sin\omega t \\ u_B = U_m \sin(\omega t - 120°) \\ u_C = U_m \sin(\omega t - 240°) = U_m \sin(\omega t + 120°) \end{cases} \tag{5-1}$$

以 A 相电压为参考正弦量，发电机顺时针旋转时，对称三相电压达到正（或负）最大值的先后次序是 A→B→C→A，称为正序；逆时针旋转时，先后次序是 A→C→B→A，称为逆序。无特殊说明，本教材所述三相电源的相序均为正序。**正序状态下，B 相滞后 A 相 120°，C 相滞后 B 相 120°，那么 C 相滞后 A 相 240°，因相序是循环的，C 相滞后 A 相 240°就是超前 120°。**

观察波形图可知，对称三相电源的 3 个电压瞬时值之和为零，即

$$u_A + u_B + u_C = 0 \tag{5-2}$$

将式（5-1）用相量表示，有

$$\begin{cases} \dot{U}_A = U\angle 0° \\ \dot{U}_B = U\angle -120° \\ \dot{U}_C = U\angle -240° = U\angle 120° \end{cases} \tag{5-3}$$

对称三相电压源如图 5-2（a）所示，其相量图如图 5-2（b）所示，**对称的含义是：三相电压有效值相等，相位互差 120°。画三相电路的相量图时，依照工程上的习惯，将 A 相相电压垂直向上画，即垂直向上为参考相量的方位（0°方向）**。显然，对称三相电源的 3 个电压相量和也为零，即

$$\begin{aligned} \dot{U}_A + \dot{U}_B + \dot{U}_C &= U\angle 0° + U\angle -120° + U\angle 120° \\ &= U(1\angle 0° + 1\angle -120° + 1\angle 120°) = 0 \end{aligned} \tag{5-4}$$

如图 5-2（c）、（d）所示。

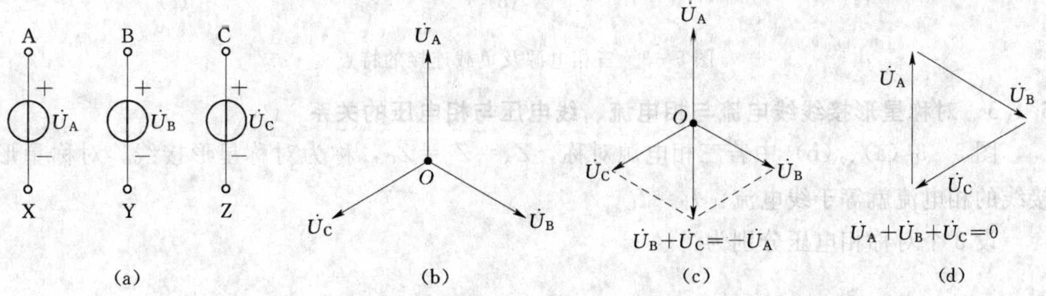

图 5-2 对称三相电压源：各相之间有效值相等，相位互差 120°

5.1.2 三相电源及负载连接的类别

三相电源的星形（Y 形）接线是从 3 个绕组的首端 A、B、C 引输出线，将尾端 X、Y、Z 连接在一起形成电源中性点 N，N 点应可靠接地。负载也可星形接线，首端用 A′、B′、C′表示，尾端连接在一起形成负载中性点 N′。N 与 N′短接可形成如图 5-3（a）所示的三相四线制：Y_0-Y_0 系统；N 与 N′不相连形成图 5-3（b）所示的三相三线制：

Y－Y系统。Y－Y 系统只能用于三相负载对称的场合，Y_0－Y_0系统可用于三相负载不对称的低压民用照明供电。

三相电源的三角形（△形）接线是将绕组的首端分别与前一相的尾端相连，Z→A、X→B、Y→C，然后分别从 A、B、C 引输出线。由于$\dot{U}_A+\dot{U}_B+\dot{U}_C=0$，所以负载开路时，3 个电源绕组形成的网孔中电压降之和为零，在该网孔中不会形成环流。负载也可三角形接线，首端 A′、B′、C′依次与前相尾端相连，形成图 5－3（c）所示的△－△系统。△－△系统没有中性点，只能是三相三线制。除此之外，还可连接成 Y－△或△－Y 系统。

三相电路的常用术语如下。

（1）端线（俗称“火线”）：由电源始端 A、B、C 引出的输出线。

（2）中线：连接两个中性点 N、N′，其阻抗可忽略的导线，Y_0－Y_0系统专用。

（3）相电压：指每相电源绕组（或每相负载）本身的电压，有效值用 U_P 表示。

（4）线电压：指两根端线之间的电压，有$\dot{U}_{AB}$、$\dot{U}_{BC}$、$\dot{U}_{CA}$，还有$\dot{U}_{BA}$、$\dot{U}_{CB}$、$\dot{U}_{AC}$，有效值用 U_L 表示。三相电路通常所说的电压是指线电压，设备的额定电压值也指线电压。

（5）相电流：流过每相电源绕组（或每相负载）本身的电流，有效值用 I_P 表示。

（6）线电流：流过端线的电流，有$\dot{I}_A$、$\dot{I}_B$、$\dot{I}_C$，有效值用 I_L 表示。额定电流指线电流。

（7）中线电流：通过中线从负载中性点 N′流回电源中性点 N 的电流$\dot{I}_N$。

（8）对称电路：三相电源对称，线路结构、参数一致，负载阻抗的模、阻抗角均相等。

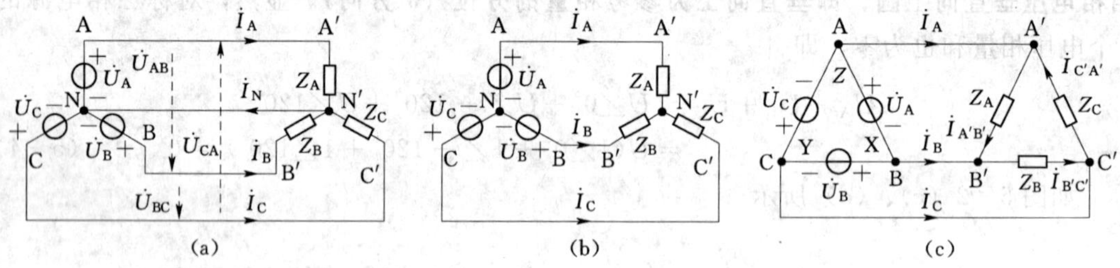

图 5－3　三相电源及负载连接的特点

5.1.3　对称星形接线线电流与相电流、线电压与相电压的关系

图 5－3（a）、（b）中若三相电源对称，$Z_A=Z_B=Z_C$，称为对称星形接线。对称星形接线的相电流就等于线电流：$I_P=I_L$。

设 3 个对称相电压分别为

$$\dot{U}_{AN}=U_P\angle 0°,\quad \dot{U}_{BN}=U_P\angle -120°,\quad \dot{U}_{CN}=U_P\angle 120°$$

根据 KVL 定理及图 5－4（a）所示的相量图，3 个按正序下标排列的线电压与相电压的关系为

$$\begin{cases}\dot{U}_{AB}=\dot{U}_{AN}-\dot{U}_{BN}=\sqrt{3}\,\dot{U}_{AN}\angle 30°=\sqrt{3}U_P\angle 30°=U_L\angle 30°\\ \dot{U}_{BC}=\dot{U}_{BN}-\dot{U}_{CN}=\sqrt{3}\,\dot{U}_{BN}\angle 30°=\sqrt{3}U_P\angle -90°=U_L\angle -90°\\ \dot{U}_{CA}=\dot{U}_{CN}-\dot{U}_{AN}=\sqrt{3}\,\dot{U}_{CN}\angle 30°=\sqrt{3}U_P\angle 150°=U_L\angle 150°\end{cases}\qquad (5-5)$$

大小关系：线电压是相电压的$\sqrt{3}$倍，即$U_L=\sqrt{3}U_P$；

相位关系：线电压超前相应的相电压30°。

这里"相应"指两电压前下标一致。可见对称星形接线的线电压也是对称的。

三相星形电源若接错极性（如B相接反），如图5-4（b）所示，则

$$
\begin{aligned}
\dot{U}_{AB} &= \dot{U}_{AN}+\dot{U}_{BN}=-\dot{U}_C=U_P\angle-60^\circ \\
\dot{U}_{BC} &= -\dot{U}_{BN}-\dot{U}_{CN}=\dot{U}_A=U_P\angle 0^\circ \\
\dot{U}_{CA} &= \dot{U}_{CN}-\dot{U}_{AN}=\sqrt{3}\,\dot{U}_{CN}\angle 30^\circ=U_L\angle 150^\circ
\end{aligned}
\tag{5-6}
$$

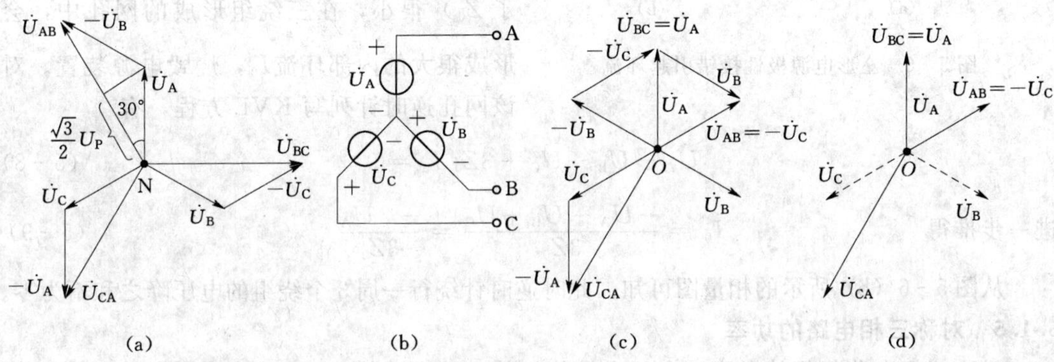

图5-4 星形接线线电压与相电压的关系

式（5-6）中只有与接错的B相相电压无关的$\dot{U}_{CA}$正常，其他两个线电压有效值均等于相电压，3个线电压的相位也不对称，相量图如图5-4（c）、（d）所示，结果使系统无法正常工作。

5.1.4 对称三角形负载线电压与相电压、线电流与相电流的关系

在图5-3（c）中，若三相电源对称，$Z_A=Z_B=Z_C$，称为对称三角形接线。**对称三角形负载相电压就等于线电压：$U_P=U_L$。**

在图5-5（a）中，设三角形对称负载的3个按正序下标排列的相电流分别为

$$\dot{I}_{AB}=I_P\angle 0^\circ,\dot{I}_{BC}=I_P\angle-120^\circ,$$

$$\dot{I}_{CA}=I_P\angle 120^\circ$$

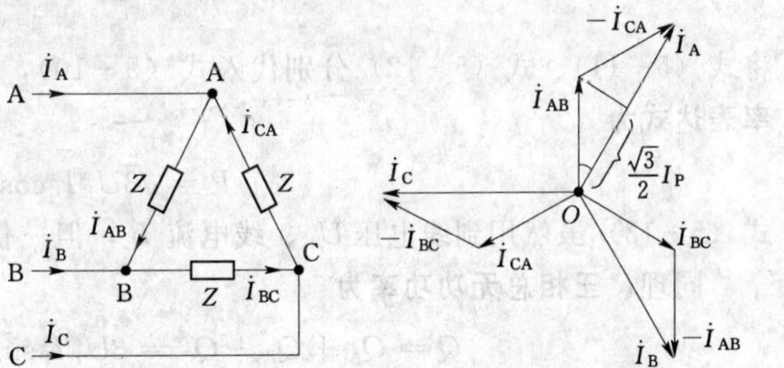

图5-5 △形负载线电流与相电流的关系

根据KCL定理及图5-5（b）所示的相量图，3个线电流与相电流的关系为

$$
\begin{cases}
\dot{I}_A=\dot{I}_{AB}-\dot{I}_{CA}=\sqrt{3}\,\dot{I}_{AB}\angle-30^\circ=\sqrt{3}I_P\angle-30^\circ=I_L\angle-30^\circ \\
\dot{I}_B=\dot{I}_{BC}-\dot{I}_{AB}=\sqrt{3}\,\dot{I}_{BC}\angle-30^\circ=\sqrt{3}I_P\angle-150^\circ=I_L\angle-150^\circ \\
\dot{I}_C=\dot{I}_{CA}-\dot{I}_{BC}=\sqrt{3}\,\dot{I}_{CA}\angle-30^\circ \\
\quad=\sqrt{3}I_P\angle 90^\circ=I_L\angle 90^\circ
\end{cases}
\tag{5-7}
$$

大小关系：线电流是相电流的$\sqrt{3}$倍，即 $I_L=\sqrt{3}I_P$；

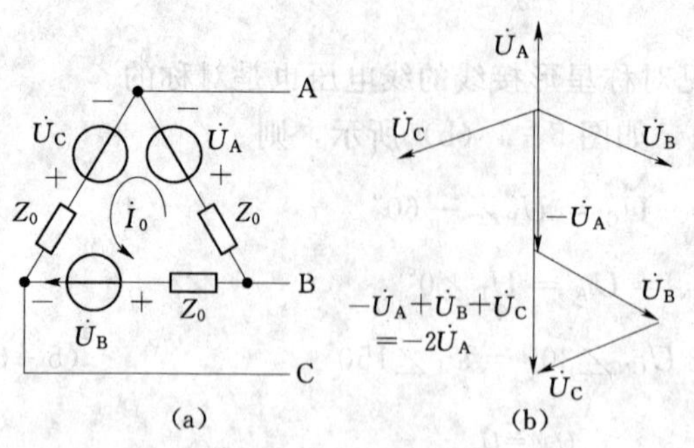

图 5-6　△形电源极性接错引起环流

相位关系：线电流滞后相应的相电流 30°。

这里"相应"指两电流前下标一致。可见相电流对称时线电流也对称。

对称三角形电源若接错极性，如图5-6(a) 中设 A 相接反，则在负载开路时，由于每相绕组的内阻抗 Z_0（理想模型中忽略了 Z_0）很小，在三绕组形成的网孔中，会形成很大的内部环流$\dot{I}_0$，烧毁电源装置。对该网孔逆时针列写 KVL 方程，有

$$\dot{U}_A-\dot{U}_B-\dot{U}_C+3Z_0\dot{I}_0=0 \tag{5-8}$$

进一步推得

$$\dot{I}_0=\frac{-\dot{U}_A+\dot{U}_B+\dot{U}_C}{3Z_0}=\frac{-2\dot{U}_A}{3Z_0} \tag{5-9}$$

从图 5-6（b）所示的相量图可知：此时逆时针绕行一周 3 个绕组的电压降之和不为零。

5.1.5　对称三相电路的功率

对称三相电路每相的电流、电压有效值相等，功率因数角 φ（即负载阻抗角、相电压超前相电流的角度）也相等，因此**三相总有功功率为每相的 3 倍**，即

$$P=P_A+P_B+P_C=3U_PI_P\cos\varphi \tag{5-10}$$

对于星形接线有

$$U_P=\frac{U_L}{\sqrt{3}},I_P=I_L \tag{5-11}$$

对于三角形接线有

$$U_P=U_L,I_P=\frac{I_L}{\sqrt{3}} \tag{5-12}$$

将式（5-11）、式（5-12）分别代入式（5-10），得到由**线电压、线电流表示的有功功率表达式为**

$$P=\sqrt{3}U_LI_L\cos\varphi \tag{5-13}$$

式（5-13）虽然用到线电压 U_L、线电流 I_L，但 φ **仍是相电压超前相电流的角度**。

同理，**三相总无功功率为**

$$Q=Q_A+Q_B+Q_C=3U_PI_P\sin\varphi=\sqrt{3}U_LI_L\sin\varphi \tag{5-14}$$

注意电路为容性时，$\varphi<0$，$\sin\varphi<0$，无功功率 Q 为负值。

三相总视在功率为

$$S=\sqrt{P^2+Q^2}=3U_PI_P=\sqrt{3}U_LI_L \tag{5-15}$$

三相总功率因数为

$$\lambda=\cos\varphi=\frac{P}{S} \tag{5-16}$$

如果三相电路不对称，则 P、Q 需分相一一单独计算，其视在功率只能用 $S=\sqrt{(P_A+P_B+P_C)^2+(Q_A+Q_B+Q_C)^2}$计算。

【例 5-1】 图 5-7（a）所示的三相三线对称 Y-Y 电路中：

（1）已知 $U_P=220V$、$\dot{I}_C=10\angle-45°A$、$\varphi=30°$，求 U_L、I_L、$\dot{I}_A$、$\dot{I}_B$、P、Q、S。

（2）已知 $I_P=150A$、$\dot{U}_{CB}=380\angle-135°V$、$\varphi=-30°$，求 I_L、$\dot{U}_{BN'}$、$\dot{U}_{AB}$、P、Q、S。

（3）分别画出（1）、（2）两步的相量图。

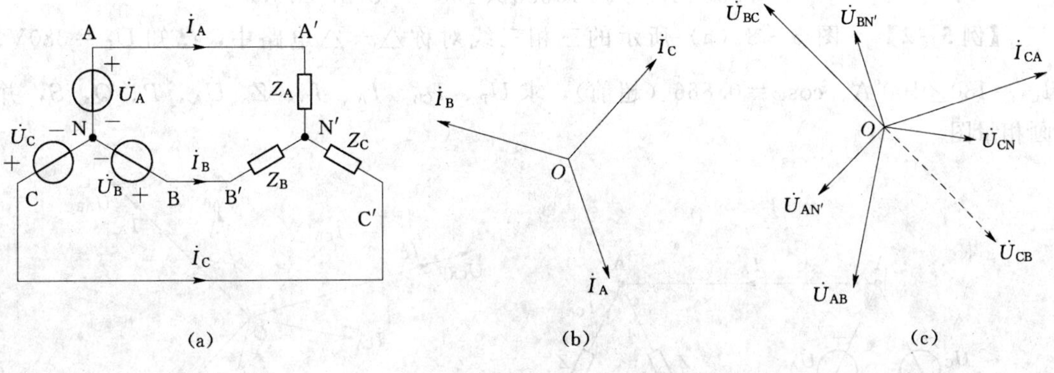

图 5-7 ［例 5-1］图

解 （1） $$U_L=\sqrt{3}U_P=\sqrt{3}\times220=380V, I_L=I_P=10A$$

$\dot{I}_A$ 滞后 $\dot{I}_C$ 120°

$$\dot{I}_A=\dot{I}_C\angle-120°=10\angle(-45°-120°)=10\angle-165°\ (A)$$

$\dot{I}_B$ 超前 $\dot{I}_C$ 120°

$$\dot{I}_B=10\angle(-45°+120°)=10\angle75°\ (A)$$

有功功率

$$P=\sqrt{3}U_LI_L\cos\varphi=\sqrt{3}\times380\times10\times\cos30°=5700\ (W)$$

无功功率

$$Q=\sqrt{3}U_LI_L\sin\varphi=\sqrt{3}\times380\times10\times\sin30°=3291\ (var)$$

视在功率

$$S=\sqrt{3}U_LI_L=\sqrt{3}\times380\times10=6581.8\ (VA)$$

（2） $$I_L=I_P=150A$$

相电压 $\dot{U}_{BN'}$ 滞后相应的线电压 $\dot{U}_{BC}$ 为 30°，先推出 $\dot{U}_{BC}$，得

$$\dot{U}_{BC}=-\dot{U}_{CB}=380\angle(-135°+180°)=380\angle45°\ (V)$$

$$\dot{U}_{BN'}=\frac{\dot{U}_{BC}}{\sqrt{3}}\angle-30°=\frac{380}{\sqrt{3}}\angle(45°-30°)=220\angle15°\ (V)$$

$\dot{U}_{AB}$ 超前 $\dot{U}_{BC}$ 为 120°

$$\dot{U}_{AB}=\dot{U}_{BC}\angle120°=380\angle(45°+120°)=380\angle165°\ (V)$$

有功功率

$$P=\sqrt{3}U_{L}I_{L}\cos\varphi=\sqrt{3}\times380\times150\times\cos(-30^{\circ})=85500\ (\mathrm{W})$$

无功功率

$$Q=\sqrt{3}U_{L}I_{L}\sin\varphi=\sqrt{3}\times380\times150\times\sin(-30^{\circ})=-49365\ (\mathrm{var})$$

视在功率

$$S=\sqrt{3}U_{L}I_{L}=\sqrt{3}\times380\times150=98727\ (\mathrm{VA})$$

【例 5-2】　图 5-8（a）所示的三相三线对称△－△电路中，已知 $U_L=380\mathrm{V}$、$\dot{I}_{CA}=130\angle100^{\circ}\mathrm{A}$、$\cos\varphi=0.866$（超前），求 U_P、$\dot{I}_{CB}$、$\dot{I}_A$、$\dot{I}_B$、Z、$\dot{U}_A$、P、Q、S，并画相量图。

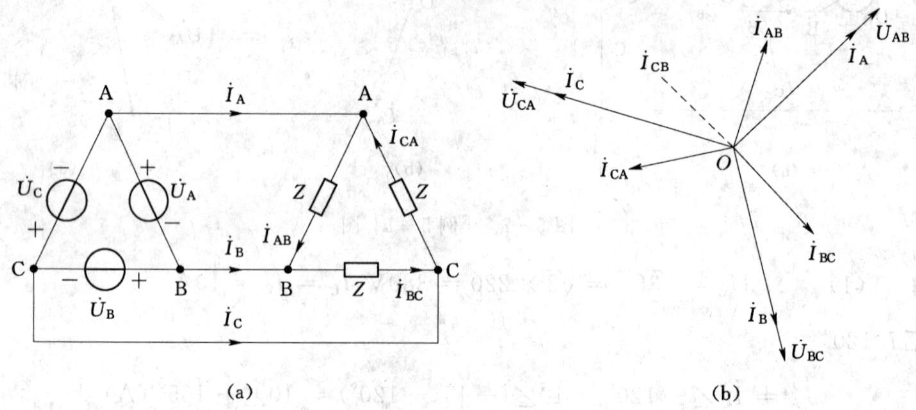

图 5-8　[例 5-2] 图

解　$U_P=U_L=380\mathrm{V}$

$\dot{I}_{AB}$滞后$\dot{I}_{CA}$为 120°　　$\dot{I}_{AB}=\dot{I}_{CA}\angle-120^{\circ}=130\angle(100^{\circ}-120^{\circ})=130\angle-20^{\circ}\ (\mathrm{A})$

$\dot{I}_{BC}$超前$\dot{I}_{CA}$为 120°　　$\dot{I}_{BC}=\dot{I}_{CA}\angle120^{\circ}=130\angle(100^{\circ}+120^{\circ})=130\angle220^{\circ}=130\angle-140^{\circ}\ (\mathrm{A})$

$\dot{I}_{CB}$与$\dot{I}_{BC}$反相

$$\dot{I}_{CB}=-\dot{I}_{BC}=130\angle(-140^{\circ}+180^{\circ})=130\angle40^{\circ}\ (\mathrm{A})$$

$\dot{I}_A$滞后$\dot{I}_{AB}$为 30°

$$\dot{I}_A=\sqrt{3}\,\dot{I}_{AB}\angle-30^{\circ}=\sqrt{3}\times130\angle(-20^{\circ}-30^{\circ})=225.2\angle-50^{\circ}\ (\mathrm{A})$$

$\dot{I}_B$ 滞后$\dot{I}_A$ 为 120°

$$\dot{I}_B=\dot{I}_A\angle-120^{\circ}=225.2\angle(-50^{\circ}-120^{\circ})=225.2\angle-170^{\circ}\ (\mathrm{A})$$

负载为容性，其阻抗角

$$\varphi=-\arccos0.866=-30^{\circ}$$

所以$\dot{U}_{AB}$要滞后$\dot{I}_{AB}$为 30°，则有

$$\dot{U}_A = \dot{U}_{AB} = 380\angle(-20° - 30°) = 380\angle -50° \text{ (V)}$$

$$Z = \frac{\dot{U}_{AB}}{\dot{I}_{AB}} = \frac{380\angle -50°}{130\angle -20°} = 2.92\angle -30° \ (\Omega)$$

有功功率

$$P = \sqrt{3}U_L I_L \cos\varphi = \sqrt{3} \times 380 \times 130 \times \cos(-30°) \\ = 74100 \text{ (W)}$$

无功功率

$$Q = \sqrt{3}U_L I_L \sin\varphi = \sqrt{3} \times 380 \times 130 \times \sin(-30°) = -42782 \text{ (var)}$$

视在功率

$$S = \sqrt{3}U_L I_L = \sqrt{3} \times 380 \times 130 = 85563.3 \text{ (VA)}$$

三相电路中量比较多，相互间相位关系较复杂，因此在分析、计算中要注意：

(1) **已知条件中若已给定某电流或某电压的相位，应根据该给定相位确定其他量的相位；若没有给定任何相位，计算前必须先设一参考相量，一般可设**

$$\dot{U}_A = U_P\angle 0° \quad 或 \quad \dot{U}_{AB} = U_L\angle 0°$$

(2) **U_P、I_P、U_L、I_L 这 4 个量泛指三相中任何一相的量，是有效值，恒为正，不是相量，其顶部不能打点。若需特指三相电路中某相相电流、某两根端线间的线电压等，必须以 A、B、C 或 a、b、c 为下标，且用带角度的相量给出，如$\dot{U}_{AB}$、$\dot{U}_{CB}$、$\dot{I}_A$、$\dot{I}_{BC}$、$\dot{U}_{BN}$等。**

(3) **电源及负载端线出口分别用符号** A、B、C **和** A′、B′、C′**表示，线电压关系到两根端线，故用双下标表示：**$\dot{U}_{AB}$、$\dot{U}_{BC}$、$\dot{U}_{CA}$。三角形连接的相电流是从一根端线流向另一根端线的电流，故也用双下标表示：$\dot{I}_{AB}$、$\dot{I}_{BC}$、$\dot{I}_{CA}$，线电流才用单下标表示：$\dot{I}_A$、$\dot{I}_B$、$\dot{I}_C$。

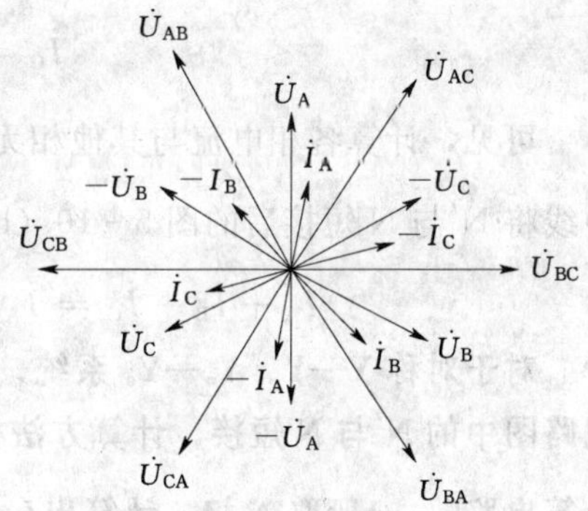

图 5-9　三相对称电路相量图

(4) 为了准确画出三相电路的相量图，要求读者**准备纸片折叠的 120°、60°、30°、90°、135°、150°等特殊角备用，角度取值必须准确。**要求熟悉如图 5-9 所示三相电路中各相量的方位及相互关系，其中 **6 个线电压、6 个相电压将 360°角分成每 30°一份**。相关专业课程中，可能用到其中所有相量。

5.2　三相对称电路的计算

为了更好利用三相供电电路的长处，在分配电力负载时要尽可能地使三相负载对称，

而大量的电力负载是三相绕组对称的三相异步电动机，从总体来看，三相电路是基本对称的，因此必须掌握三相对称电路的计算。

5.2.1　对称星形电路的计算

图 5－10（a）所示的三相三线 Y—Y 系统中，Z_L 为输电线路阻抗，Z 为负载阻抗，设电源中性点 N 为零电位点，列写 N′点的弥尔曼方程，有

$$\dot{U}_{N'N}=\frac{\dfrac{\dot{U}_A}{Z_L+Z}+\dfrac{\dot{U}_B}{Z_L+Z}+\dfrac{\dot{U}_C}{Z_L+Z}}{\dfrac{1}{Z+Z_L}+\dfrac{1}{Z+Z_L}+\dfrac{1}{Z+Z_L}}=\frac{\dfrac{1}{Z_L+Z}(\dot{U}_A+\dot{U}_B+\dot{U}_C)}{\dfrac{3}{Z+Z_L}} \tag{5-17}$$

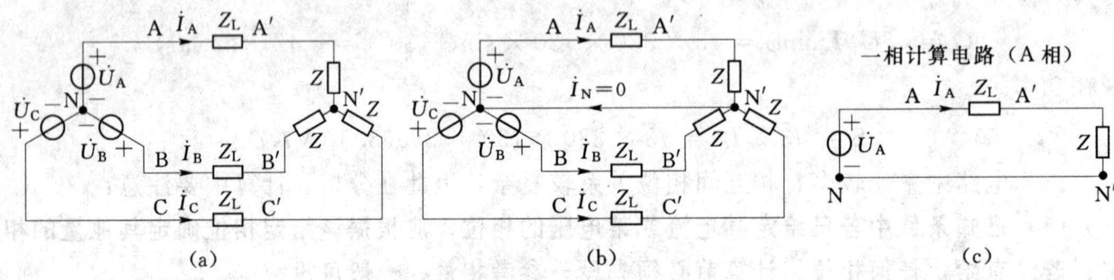

图 5－10　对称星形电路的计算——简化为一相计算电路

因为$\dot{U}_A+\dot{U}_B+\dot{U}_C=0$，所以$\dot{U}_{N'N}=0$，表明**对称星形电路的负载中性点 N′与电源中性点 N 同电位，称为中性点重合**。则有

$$\dot{I}_A=\frac{\dot{U}_A}{Z+Z_L},\dot{I}_B=\frac{\dot{U}_B}{Z+Z_L}=\dot{I}_A\angle-120°$$

$$\dot{I}_C=\frac{\dot{U}_C}{Z+Z_L}=\dot{I}_A\angle120° \tag{5-18}$$

可见，计算各相电流与其他相无关。由于 N′与 N 同电位，那么人为用一条无阻抗的中线将 N′与 N 短接后的图 5－10（b）与图 5－10（a）等效，其中线电流$\dot{I}_N=0$。

$$\dot{I}_A+\dot{I}_B+\dot{I}_C=\dot{I}_A(1\angle0°+1\angle-120°+1\angle120°)=0 \tag{5-19}$$

对于对称 Y—Y、Y_0—Y_0 系统，无论有无中线，也无论中线上有无阻抗，都可人为将电路图中的 N′与 N 短接，计算方法相同：先将电路简化为如图 5－10（c）所示的“一相计算电路”，一般取 A 相，计算出$\dot{I}_A$后，如式（5－18）其他两相电流$\dot{I}_B$、$\dot{I}_C$可依对称性直接写出。

对称星形电路中，对$\dot{I}_A+\dot{I}_B+\dot{I}_C=0$可这样理解：在任一时刻，$i_A$、$i_B$、$i_C$中至少有一个为负值，负值电流从负载方流回电源方，三相电流因而形成环形通路。

1. 已知电源方电压计算负载方电压

【例 5－3】　图 5－11（a）所示电路，已知电源相电压 220V，负载阻抗 $Z=(6+j8)\ \Omega$，输电线路阻抗 $Z_L=(0.06+j0.06)\ \Omega$，中线阻抗 $Z_N=(0.01+j0.02)\ \Omega$。求：（1）电流

$\dot{I}_A$、$\dot{I}_B$、$\dot{I}_C$；(2) 各相负载的相电压和线电压；(3) 画出相量图。

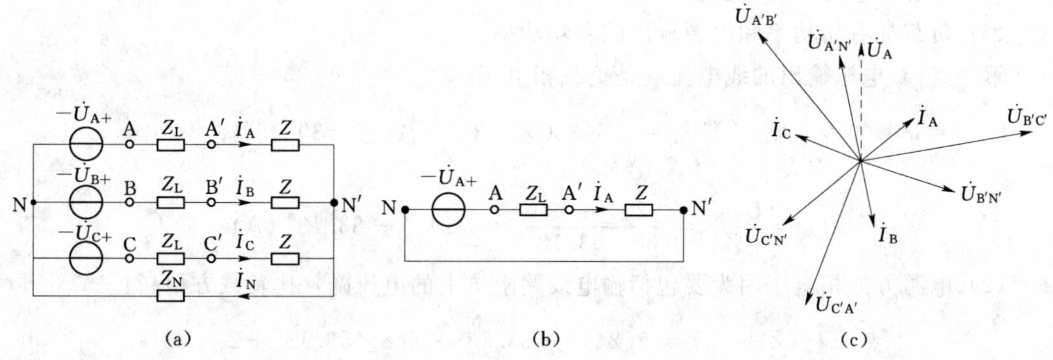

图 5-11 ［例 5-3］图

解 (1) 画出 A 相的一相计算电路如图 5-11 (b) 所示，中线阻抗 Z_N 被短接。

设
$$\dot{U}_{AN}=\dot{U}_A=220\angle 0°\text{V}$$

$$\dot{I}_A=\frac{\dot{U}_A}{Z_L+Z}=\frac{220\angle 0°}{0.06+j0.06+6+j8}=21.82\angle -53.06°\ (\text{A})$$

依对称性
$$\dot{I}_B=\dot{I}_A\angle -120°=21.82\angle -173.06°\text{A}$$

$$\dot{I}_C=\dot{I}_A\angle 120°=21.82\angle 66.94°\ (\text{A})$$

(2) 因为输电线路阻抗上有电压损失，故负载方相电压、线电压会稍低于电源方，为区别两者，负载方电压下标加上“′”号。

相电压

$$\dot{U}_{A'N'}=Z\dot{I}_A=21.82\angle -53.06°\times(6+j8)=218.2\angle 0.07°\ (\text{V})$$

依对称性

$$\dot{U}_{B'N'}=\dot{U}_{A'N'}\angle -120°=218.2\angle -119.93°\ (\text{V})$$

$$\dot{U}_{C'N'}=\dot{U}_{A'N'}\angle 120°=218.2\angle 120.07°\ (\text{V})$$

线电压

$$\dot{U}_{A'B'}=\sqrt{3}\angle 30°\,\dot{U}_{A'N'}=\sqrt{3}\times 218.2\angle(0.07°+30°)=377.8\angle 30.07°\ (\text{V})$$

依对称性

$$\dot{U}_{B'C'}=\dot{U}_{A'B'}\angle -120°=377.8\angle -89.93°\ (\text{V})$$

$$\dot{U}_{C'A'}=\dot{U}_{A'B'}\angle 120°=377.8\angle 150.07°\ (\text{V})$$

相量图如图 5-11 (c) 所示，负载方相电压超前电源方相电压 0.07°，输电线路的阻抗上电压损失 1.8V。

2. 已知负载方电压计算电源方电压

【例 5-4】 图 5-11 (a) 所示电路，已知$\dot{U}_{A'B'}=380\angle 0°\text{V}$，$Z=68\angle 53.13°\Omega$，$Z_L=(2+j1)\ \Omega$，中线阻抗 $Z_N=(1+j1)\ \Omega$。求：

(1) 电源输出的线电流。

(2) 电源线电压、相电压。

(3) 负载的有功功率和电源输出的有功功率。

解　(1) 电源输出的线电流就是负载相电流。

$\dot{U}_{A'B'}=380\angle 0°\text{V}$，则　$\dot{U}_{A'N'}=\frac{1}{\sqrt{3}}\times 380\angle -30°=220\angle -30°\ (\text{V})$

$$\dot{I}_A=\frac{\dot{U}_{A'N'}}{Z}=\frac{220\angle -30°}{68\angle 53.13°}=3.24\angle -83.13°\ (\text{A})$$

(2) 电源方的相电压因为要包括输电线路阻抗上的电压降，比负载方稍高。

$$\begin{aligned}\dot{U}_A&=\dot{I}_A(Z+Z_L)=3.24\angle -83.13°\times(68\angle 53.13°+2+\text{j}1)\\&=3.24\angle -83.13°\times 70\angle 52.31°\\&=226.8\angle -30.82°\ (\text{V})\end{aligned}$$

电源线电压为

$$\begin{aligned}\dot{U}_{AB}&=\sqrt{3}\,\dot{U}_A\angle 30°=\sqrt{3}\times 226.8\angle(-30.82°+30°)\\&=392.83\angle -0.82°\ (\text{V})\end{aligned}$$

(3) 负载的有功功率：

$$\begin{aligned}P&=\sqrt{3}U_{A'B'}I_A\cos\varphi_Z=\sqrt{3}\times 380\times 3.24\times\cos(53.13°)\\&=1279.5\ (\text{W})\end{aligned}$$

电源输出的有功功率

$$\begin{aligned}P_S&=\sqrt{3}U_{AB}I_A\cos\varphi=\sqrt{3}\times 392.83\times 3.24\times\cos(52.31°)\\&=1347.8\ (\text{W})\end{aligned}$$

注意：53.13°是负载的阻抗角 φ_Z；而整条线路输入端口的阻抗为 $Z+Z_L$，其阻抗角 $\varphi=52.31°$。

5.2.2　对称三角形电路的计算

1. 无输电线路阻抗时的计算方法

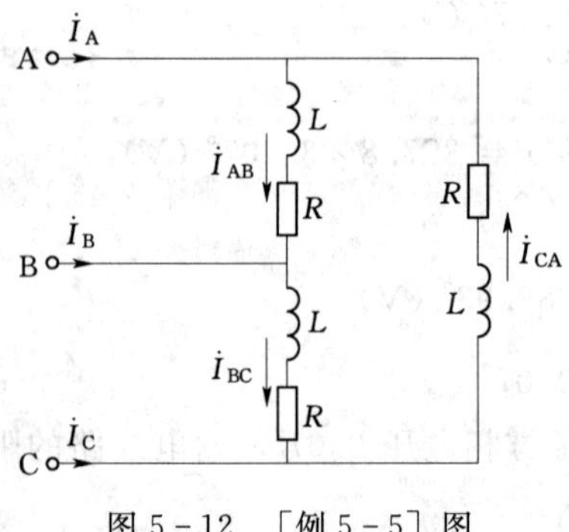

图 5-12　[例 5-5] 图

无论电源方是星形电源还是三角形电源，这时负载的相电压就等于电源的线电压，先计算负载相电流 $\dot{I}_{AB}$，再根据上一节的式 (5-7) 推算出线电流。

【例 5-5】　图 5-12 所示电路，已知每相负载的参数为 $R=12\Omega$、$L=51\text{mH}$，频率 $f=50\text{Hz}$，电源线电压 220V。计算各相相电流和线电流。

解　计算每相阻抗

$$\begin{aligned}Z=R+\text{j}\omega L&=12+\text{j}314\times 51\times 10^{-3}\\&=20\angle 53.1°(\Omega)\end{aligned}$$

设置参考相量

$$\dot{U}_{AB}=220\angle 0°\text{V}$$

先计算相电流

$$\dot{I}_{AB}=\frac{\dot{U}_{AB}}{Z}=\frac{220\angle 0^\circ}{20\angle 53.1^\circ}=11\angle -53.1^\circ\ (A)$$

$$\dot{I}_{BC}=\dot{I}_{AB}\angle -120^\circ=11\angle -173.1^\circ A$$

$$\dot{I}_{CA}=\dot{I}_{AB}\angle 120^\circ=11\angle 66.9^\circ A$$

再推算线电流

$$\dot{I}_{A}=\sqrt{3}\,\dot{I}_{AB}\angle -30^\circ=\sqrt{3}\times 11\angle(-53.1^\circ-30^\circ)$$
$$=19.05\angle -83.1^\circ\ (A)$$

$$\dot{I}_{B}=\dot{I}_{A}\angle -120^\circ=19.05\angle -203.1^\circ$$
$$=19.05\angle 156.9^\circ\ (A)$$

$$\dot{I}_{C}=\dot{I}_{A}\angle 120^\circ=19.05\angle 36.9^\circ A$$

2. 有输电线路阻抗时的计算方法

这时负载的相电压不等于电源的线电压，**必须将三角形连接的负载等效变换为星形负载，然后按星形连接的一相计算电路，先算出线电流，再根据式（5-7）推算出三角形负载的相电流。**

【例5-6】 图5-13所示电路对称负载三角形连接，已知线路阻抗 $Z_L=(3+j4)\Omega$，负载阻抗 $Z=(19.2+j14.4)\Omega$，电源线电压 $U_L=380V$，求：

（1）线电流 $\dot{I}_A$，$\dot{I}_B$，$\dot{I}_C$；相电流 $\dot{I}_{A'B'}$，$\dot{I}_{B'C'}$，$\dot{I}_{C'A'}$。

（2）负载端的线电压与相电压，并画出相量图。

（3）负载端及电源端的有功功率。

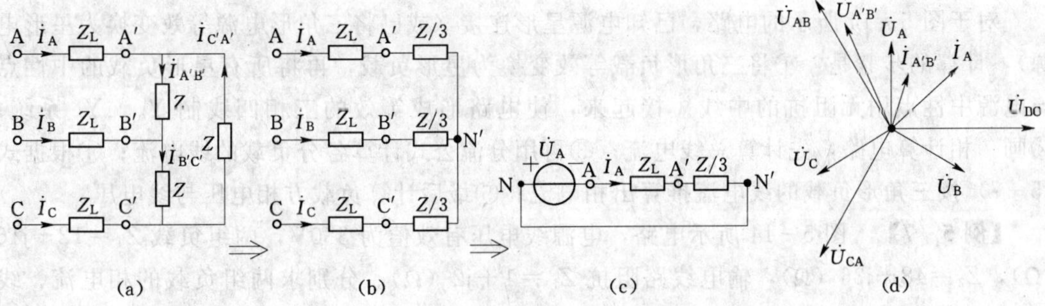

图5-13 ［例5-6］图

解 （1）根据第2章式（2-9），将三角形负载 Z 等效变换为星形负载 Z_Y，得

$$Z_Y=\frac{Z\times Z}{Z+Z+Z}=\frac{1}{3}Z=6.4+j4.8=8\angle 36.87^\circ(\Omega)$$

设电源相电压 $\dot{U}_A$ 为参考相量

$$\dot{U}_A=\frac{U_L}{\sqrt{3}}\angle 0^\circ=220\angle 0^\circ V$$

根据一相计算电路

$$\dot{I}_A = \frac{\dot{U}_A}{Z_L + Z_Y} = \frac{220\angle 0^\circ}{(3+j4)+(6.4+j4.8)} = \frac{220\angle 0^\circ}{12.87\angle 43.1^\circ} = 17.1\angle -43.1^\circ \text{ (A)}$$

$$\dot{I}_B = 17.1\angle -163.1^\circ \text{A}, \dot{I}_C = 17.1\angle 76.9^\circ \text{A}$$

根据式（5-7）得

$$\dot{I}_{A'B'} = \frac{1}{\sqrt{3}}\dot{I}_A\angle 30^\circ = 9.87\angle -13.1^\circ \text{A}$$

$$\dot{I}_{B'C'} = 9.87\angle -133.1^\circ \text{A}, \dot{I}_{C'A'} = 9.87\angle 106.9^\circ \text{A}$$

（2）负载线电压的第一种计算方法，由图5-13（a）得

$$\begin{aligned}\dot{U}_{A'B'} &= \dot{I}_{A'B'}Z = 9.87\angle -13.1^\circ \times (19.2 + j14.4) \\ &= 9.87\angle -13.1^\circ \times 24\angle 36.87^\circ = 236.9\angle 23.77^\circ \text{ (V)}\end{aligned}$$

也可先由图5-13（b）求一相计算电路的相电压$\dot{U}_{A'N'}$，再推算出$\dot{U}_{A'B'}$

$$\dot{U}_{A'N'} = \dot{I}_A \times \frac{Z}{3} = 17.1\angle -43.1^\circ \times 8\angle 36.87^\circ = 136.8\angle -6.23^\circ \text{ (V)}$$

$$\dot{U}_{A'B'} = \sqrt{3}\,\dot{U}_{A'N'}\angle 30^\circ = \sqrt{3} \times 136.8\angle(-6.23^\circ + 30^\circ) = 236.9\angle 23.77^\circ \text{ (V)}$$

负载端三角形连接，其相电压与线电压相等。

（3）负载端有功功率：

$$P_Z = \sqrt{3}U_{A'B'}I_A\cos\varphi_Z = \sqrt{3} \times 236.9 \times 17.1 \times \cos 36.87^\circ = 5613.2 \text{ (W)}$$

电源端有功功率

$$P = \sqrt{3}U_{AB}I_A\cos\varphi = \sqrt{3} \times 380 \times 17.1 \times \cos 43.1^\circ = 8217.9 \text{ (W)}$$

5.2.3 多组对称负载的三相电路计算

对于图5-14所示的电路，已知电源星形连接（或已将三角形电源等效变换为星形电源），计算的步骤是：①将三角形负载等效变换为星形负载，再将所有星形负载的中性点与电源中性点用无阻抗的中线短接起来，使电路形成等效的三相四线制 Y_0-Y_0 系统；②画一相计算电路，先计算总线电流；③再用分流公式计算各分负载的线电流；④根据式（5-7）按三角形负载的线电流推算出相电流；⑤最后计算负载方相电压与线电压。

【例5-7】 图5-14所示电路，电源线电压有效值为380V，两组负载 $Z_1=12+j16$（Ω），$Z_2=48+j36$（Ω），输电线路阻抗 $Z_L=1+j2$（Ω）。分别求两组负载的相电流、线电流、相电压、线电压。

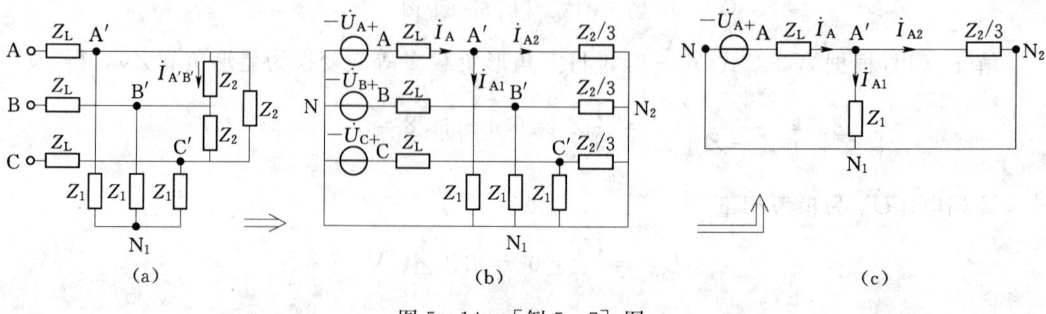

图5-14 ［例5-7］图

解 设电源星形连接

$$\dot{U}_{AN}=\dot{U}_{A}=\frac{380}{\sqrt{3}}\angle 0^\circ=220\angle 0^\circ\ (V)$$

三角形负载等效变换为星形负载

$$\frac{Z_2}{3}=\frac{48+j36}{3}=16+j12=20\angle 36.9^\circ\ (\Omega)$$

根据图 5-14（c）所示的一相计算电路计算总线电流

$$\dot{I}_{A}=\frac{\dot{U}_{A}}{Z_L+\dfrac{Z_1\times Z_2/3}{Z_1+Z_2/3}}=\frac{220\angle 0^\circ}{1+j2+\dfrac{(12+j16)\times(16+j12)}{(12+j16)+(16+j12)}}$$

$$=\frac{220\angle 0^\circ}{12.25\angle 48.4^\circ}=17.96\angle -48.4^\circ\ (A)$$

分流至第一组负载

$$\dot{I}_{A1}=\dot{I}_{A}\times\frac{Z_2/3}{Z_L+Z_2/3}=17.96\angle -48.4\times\frac{16+j12}{(12+j16)+(16+j12)}$$

$$=9.06\angle -56.5^\circ\ (A)$$

计算第二组负载线电流

$$\begin{aligned}\dot{I}_{A2}=\dot{I}_{A}-\dot{I}_{A1}&=17.96\angle -48.4^\circ-9.06\angle -56.5^\circ\\&=(11.92-j13.43)-(5-j7.56)\\&=9.06\angle -40.3^\circ\ (A)\end{aligned}$$

根据式（5-7）推算出三角形负载的相电流

$$\dot{I}_{A'B'}=\frac{1}{\sqrt{3}}\dot{I}_{A2}\angle 30^\circ=\frac{1}{\sqrt{3}}9.06\angle(-40.3^\circ+30^\circ)=5.23\angle -10.3^\circ\ (A)$$

负载方相电压

$$\dot{U}_{A'N1}=Z_1\dot{I}_{A1}=(12+j16)\times 9.06\angle -56.5^\circ=181.2\angle -3.37^\circ\ (V)$$

负载方线电压

$$\dot{U}_{A'B'}=\sqrt{3}\,\dot{U}_{A'N1}\angle 30^\circ=\sqrt{3}\times 181.2\angle(-3.37^\circ+30^\circ)=313.8\angle 26.6^\circ\ (V)$$

或者

$$\dot{U}_{A'B'}=Z_2\dot{I}_{A'B'}=(48+j36)\times 5.23\angle -10.3^\circ=313.8\angle 26.6^\circ\ (V)$$

【例 5-8】 已知三角形连接的对称三相感性负载，$\cos\varphi=0.8$，接于线电压 $U_L=380V$ 的对称电源上，负载消耗的总功率 $P=34848W$。求：

（1）三角形连接负载的相电流、线电流。

（2）每相负载的电阻及电抗。

（3）若负载阻抗值不变，改为星形连接，求负载线电流及消耗的总功率。

解 （1）三角形连接时，相电压就等于线电压，每相的相电流有效值为

$$I_{P\Delta}=\frac{P_\Delta}{3U_{P\Delta}\cos\varphi}=\frac{34848}{3\times 380\times 0.8}=38.21(A)$$

线电流有效值为

$$I_{L\Delta} = \sqrt{3} I_{P\Delta} = \sqrt{3} \times 38.21 = 66.18(\text{A})$$

（2）每相电阻消耗的功率是三相总功率的 1/3，则有

$$R = \frac{P_{\Delta}/3}{I_{P\Delta}^2} = \frac{34848/3}{38.21^2} = 8\ (\Omega)$$

负载的阻抗角为

$$\varphi = \arccos 0.8 = 36.87^{\circ}$$

根据阻抗三角形图 5－15，有

$$X_L = R\tan\varphi = 8 \times \tan 36.87^{\circ} = 6\ (\Omega)$$

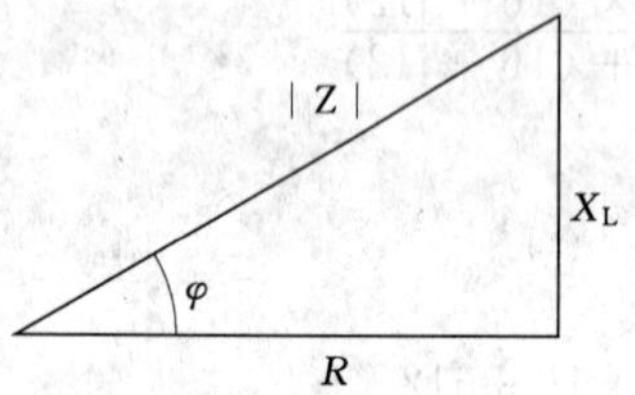

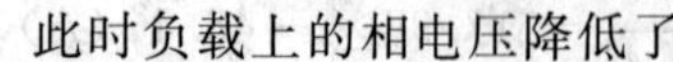

图 5－15　［例 5－8］图

（3）该负载改接成星形连接后，阻抗值不变：

$$Z = R + \text{j}X_L = 8 + \text{j}6 = 10\angle 36.87^{\circ}\ (\Omega)$$

此时负载上的相电压降低了

$$U_{PY} = \frac{U_L}{\sqrt{3}} = \frac{380}{\sqrt{3}} = 220\ (\text{V})$$

使负载线电流、相电流减小了

$$I_{PY} = I_{LY} = \frac{U_{PY}}{|Z|} = \frac{220}{10} = 22\ (\text{A})$$

星形连接时的有功功率

$$P_Y = 3U_{PY} I_{PY} \cos\varphi = 3 \times 220 \times 22 \times 0.8 = 11616\ (\text{W})$$

可见相同的负载接在相同的三相电源下，三角形连接时的线电流是星形连接时线电流的 3 倍：

$$I_{L\Delta} = 66.18\text{A},\quad I_{LY} = 22\text{A},\quad \frac{I_{L\Delta}}{I_{LY}} = 3\ 倍$$

三角形连接时的功率是星形连接时功率的 3 倍：

$$P_{\Delta} = 34848\text{W},\quad P_Y = 11616\text{W},\quad \frac{P_{\Delta}}{P_Y} = 3\ 倍$$

正常工作在三角形接线的三相异步电动机，为了减小启动电流，启动时可在空载或轻载情况下接成星形接线，待转速正常后再换接成三角形接线投入工作。

【例 5－9】　有一三相异步电动机负载，每相等效阻抗为（29＋j21.8）Ω，求以下两种情况的功率：

（1）连接成星形接于 $U_L = 380\text{V}$ 三相电源上。

（2）连接成三角形接于 $U_L = 220\text{V}$ 三相电源上。

解　（1）星形接于线电压 $U_L = 380\text{V}$ 时，$U_P = \frac{1}{\sqrt{3}} U_L = \frac{380}{\sqrt{3}} = 220\ (\text{V})$

$$I_P = \frac{U_P}{|Z|} = \frac{220}{\sqrt{29^2 + 21.8^2}} = 6.1(\text{A}) = I_L$$

$$P = \sqrt{3} U_L I_L \cos\varphi = \sqrt{3} \times 380 \times 6.1 \times \frac{29}{\sqrt{29^2 + 21.8^2}} = 3.2\ (\text{kW})$$

（2）三角形接于线电压 $U_L = 220\text{V}$ 时

$$U_P = U_L = 220\text{V}, I_P = \frac{U_P}{|Z|} = \frac{220}{\sqrt{29^2 + 21.8^2}} = 6.1\ (\text{A})$$

$$I_L = \sqrt{3} I_P = \sqrt{3} \times 6.1 = 10.5\ (\text{A})$$

$$P = \sqrt{3} U_L I_L \cos\varphi = \sqrt{3} \times 220 \times 10.5 \times \frac{29}{\sqrt{29^2 + 21.8^2}} = 3.2\ (\text{kW})$$

可见 U_L＝380V 时，采用星形连接线电压大$\sqrt{3}$倍：U_L＝220V 时，采用三角形连接线电流大$\sqrt{3}$倍，结果使两种情况的相电压、相电流及三相功率都相等。该结论可用于根据不同线电压灵活选择电动机的接线方式。

5.3　三相不对称电路的概念

三相不对称电路一般是指三相电源对称而三相负载不对称的电路。三相供电系统中的照明负载、家用电器、办公电器等都是单相负载，虽然分配负载时尽量三相均分，但负载的接入与切除是随时变化的，因此民用供电系统三相对称是相对的，从某个局部看三相负载不可能对称；另外工业用三相异步电动机正常运行时是对称负载，若某相开路或短路就转变为不对称负载。因此，有必要掌握三相不对称电路的概念与计算方法。

5.3.1　三相四线制 Y_0—Y_0 系统中线的作用

民用供电系统都接成三相四线制（Y_0—Y_0 系统），其中线作用十分重要。

【例 5-10】　如图 5-16（a）所示，某 3 层楼房，供电电源 A、B、C 三相分别为三、二、一层用户供电，已知电源相电压 U_P＝220V，一、二层各点亮 10 盏灯泡，3 层点亮 20 盏灯泡，灯泡额定电压 220V，额定功率 100W，求中线开关 S 断开和闭合两种情况下每相负载的相电压和实际功率。

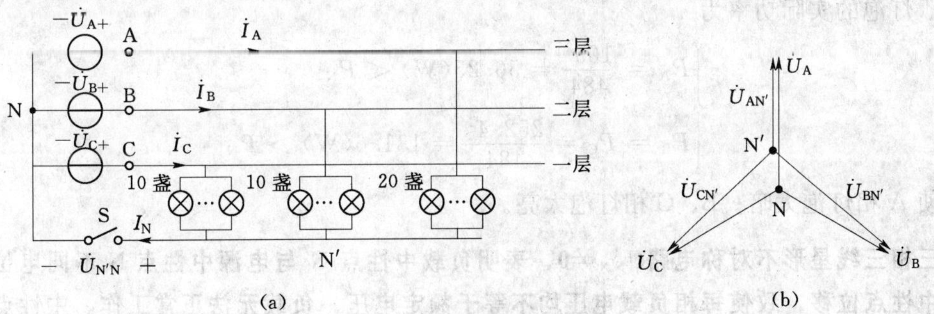

图 5-16　[例 5-10] 图

解　设$\dot{U}_A$＝220∠0°V

每盏灯泡的电阻

$$R = \frac{U_P^2}{P_N} = \frac{220^2}{100} = 484\ (\Omega)$$

A相20盏灯泡并联后总电阻

$$\frac{484}{20}=24.2\ (\Omega)$$

B、C相10盏灯泡并联后总电阻

$$\frac{484}{10}=48.4\ (\Omega)$$

（1）中线开关S断开时为三相三线星形不对称电路：

设电源中性点N为零电位点，列写N′点的弥尔曼方程，有

$$\dot{U}_{N'N}=\frac{\dfrac{\dot{U}_A}{24.4}+\dfrac{\dot{U}_B}{48.4}+\dfrac{\dot{U}_C}{48.4}}{\dfrac{1}{24.4}+\dfrac{1}{48.4}+\dfrac{1}{48.4}}$$

$$=\frac{\dfrac{1}{48.4}(2\times 220\angle 0^\circ+220\angle -120^\circ+220\angle 120^\circ)}{\dfrac{4}{48.4}}$$

$$=\frac{1}{4}\times 220\angle 0^\circ=55\angle 0^\circ\ (\mathrm{V}) \tag{5-20}$$

负载相电压为

$$\begin{cases}\dot{U}_{AN'}=\dot{U}_A-\dot{U}_{N'N}=220\angle 0^\circ-55\angle 0^\circ=165\angle 0^\circ\ (\mathrm{V})\\ \dot{U}_{BN'}=\dot{U}_B-\dot{U}_{N'N}=220\angle -120^\circ-55\angle 0^\circ=252.4\angle -131^\circ\ (\mathrm{V})\\ \dot{U}_{CN'}=\dot{U}_C-\dot{U}_{N'N}=220\angle 120^\circ-55\angle 0^\circ=252.4\angle 131^\circ\ (\mathrm{V})\end{cases} \tag{5-21}$$

式（5-20）与上一节的式（5-17）的不同之处在于 $2\dot{U}_A+\dot{U}_B+\dot{U}_C\neq 0$，所以 $\dot{U}_{N'N}\neq 0$，致使每相负载上的电压不相等，$U_{AN'}<220\mathrm{V}$，$U_{BN'}=U_{CN'}>220\mathrm{V}$，所有灯泡均不能正常工作。灯泡的实际功率为

$$\begin{cases}P_A=\dfrac{165^2}{484}=56.25(\mathrm{W})<P_N\\ P_B=P_C=\dfrac{252.4^2}{484}=131.6(\mathrm{W})>P_N\end{cases}$$

结果使A相灯泡太暗；B、C相灯泡太亮。

三相三线星形不对称电路$\dot{U}_{N'N}\neq 0$，表明负载中性点N′与电源中性点N不同电位，发生了中性点位移，致使每相负载电压均不等于额定电压，负载无法正常工作。中性点位移如图5-16（b）的相量图所示。**负载中性点N′可能位移到电源中性点N周围的任意位置，若负载阻抗角相同，阻抗值较大的一相负载所得电压更高。**

（2）中线开关S闭合时电路变为三相四线制：从图5-16（a）观察到**中线直接将N′与N短接，强迫负载中性点N′与电源中性点N同电位，使各相负载的相电压对称，均为额定电压。星形不对称负载只有接上中线才能正常工作。**

此时所有灯泡的实际功率等于额定功率，各相电流为

$$\left.\begin{aligned}\dot{I}_A &= \frac{220\angle 0^\circ}{24.2} = 9.1\angle 0^\circ\ (A)\\ \dot{I}_B &= \frac{220\angle -120^\circ}{48.4} = 4.55\angle -120^\circ\ (A)\\ \dot{I}_C &= \frac{220\angle 120^\circ}{48.4} = 4.55\angle 120^\circ (A)\end{aligned}\right\}$$

中线电流为

$$\begin{aligned}\dot{I}_N &= \dot{I}_A + \dot{I}_B + \dot{I}_C\\ &= 9.1\angle 0^\circ + 4.55\angle -120^\circ + 4.55\angle 120^\circ\\ &= 4.55\angle 0^\circ (A) \neq 0\end{aligned}$$

从以上计算可知：**星形不对称电路接上中线后，计算电流各相独立，与其他相无关。中线使负载相电压对称，但三相电流并不对称，中线上有电流通过。**

民用供电工程为确保中线牢固可靠，要求**中线上不允许安装熔断器及空气自动开关，中线需用强度较大阻抗较小的导线，以免折断以及中线电流流过造成中性点位移**。当三相之间不对称程度较低时，各相负载接近相等，中线电流不大，这是实际线路中常见的情况；若各相负载完全对称，则中线电流为零。

【例 5-11】 图 5-17（a）所示电路中，三相电源对称，$U_P=220V$，试计算各相电流及中线电流，并画出相量图。

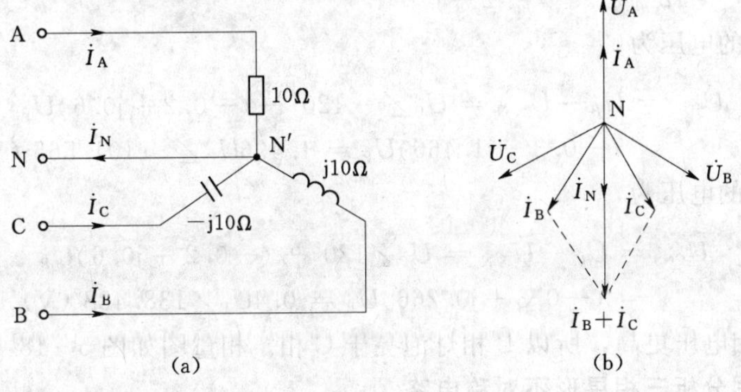

图 5-17 ［例 5-11］图

解 设 $\dot{U}_A=220\angle 0^\circ V$，该电路中线阻抗为零，计算电流各相独立。

$$\dot{I}_A = \frac{\dot{U}_A}{Z_A} = \frac{220\angle 0^\circ}{10} = 22\angle 0^\circ\ (A)$$

$$\dot{I}_B = \frac{\dot{U}_B}{Z_B} = \frac{220\angle -120^\circ}{j10} = 22\angle -210^\circ = 22\angle 150^\circ\ (A)$$

$$\dot{I}_C = \frac{\dot{U}_C}{Z_C} = \frac{220\angle 120^\circ}{-j10} = 22\angle 210^\circ = 22\angle -150^\circ\ (A)$$

根据 KCL 得中线电流

$$\dot{I}_N = \dot{I}_A + \dot{I}_B + \dot{I}_C = 22\angle 0^\circ + 22\angle 150^\circ + 22\angle -150^\circ = 16.105\angle 180^\circ\ (A)$$

【例 5-12】 图 5-18（a）所示电路是一种相序指示器，用来测定电源的 A、B、C 相序，由一个电容器和两个灯泡连接成无中线的星形电路。已知$\dot{U}_A = U_P\angle 0°$、$X_C = R$。设电容器接 A 相，则灯光较亮的是 B 相，用弥尔曼方程证明。

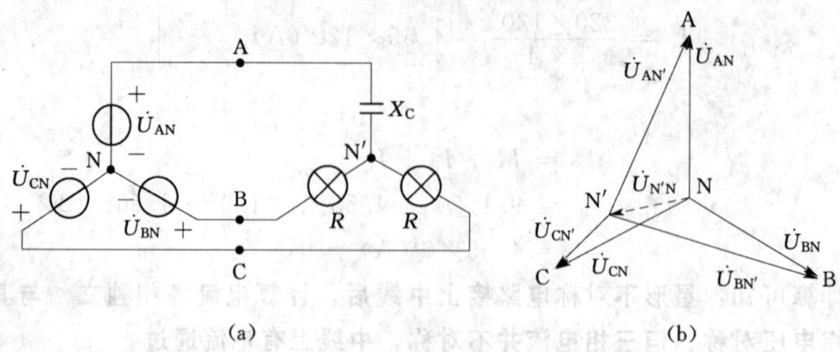

图 5-18 ［例 5-12］图

解

$$\dot{U}_{N'N} = \frac{\dfrac{\dot{U}_A}{-jX_C}+\dfrac{\dot{U}_B}{R}+\dfrac{\dot{U}_C}{R}}{\dfrac{1}{-jX_C}+\dfrac{1}{R}+\dfrac{1}{R}} = \frac{\dfrac{j\dot{U}_A}{X_C}+\dfrac{\dot{U}_B}{R}+\dfrac{\dot{U}_C}{R}}{\dfrac{j}{X_C}+\dfrac{1}{R}+\dfrac{1}{R}}$$

$$= \frac{(j\dot{U}_A-\dot{U}_A)}{2+j} = \frac{-1+j}{2+j}U_P = (-0.2+j0.6)U_P = 0.63U_P\angle 108.43°$$

B 相灯泡所承受的电压为

$$\dot{U}_{BN'} = \dot{U}_B - \dot{U}_{N'N} = U_P\angle -120° - (-0.2+j0.6)U_P$$
$$= (-0.3-j1.466)U_P = 1.496U_P\angle -101.565°(\text{V})$$

C 相灯泡所承受的电压为

$$\dot{U}_{CN'} = \dot{U}_C - \dot{U}_{N'N} = U_P\angle 120° - (-0.2+j0.6)U_P$$
$$= (-0.3+j0.266)U_P = 0.4U_P\angle 138.438°(\text{V})$$

$U_{BN'} > U_{CN'}$，B 相电压更高，所以 B 相灯泡亮于 C 相。相量图如图 5-18（b）所示。

5.3.2 用位形图分析三相星形不对称电路

图 5-18（b）所示是一种特殊形式的电压相量图，称为"位形图"。位形图与星形电路图形相似，其中的 A、B、C、N、N′点与电路图中的相应点对应，相量箭头从后下标点指向前下标点，说明了各电压相量间关系。**只要在位形图中找到任意两点的位置，就能确定两点间电压相量的长度和相位**。画位形图时，先画出对称电源电压$\dot{U}_{AN}$、$\dot{U}_{BN}$、$\dot{U}_{CN}$，注明 A、B、C、N 各点的位置，然后通过计算或分析确定 N′点，用直线分别连线 AN′、BN′、CN′，就得到负载相电压$\dot{U}_{AN'}$、$\dot{U}_{BN'}$、$\dot{U}_{CN'}$的相量。

由位形图可直接画出对称星形电路的线电压，如图 5-19（a）所示，用直线分别连线 AB、BC、CA，得到线电压$\dot{U}_{AB}$、$\dot{U}_{BC}$、$\dot{U}_{CA}$。

三相星形对称负载发生某相开路、短路故障后，演变成不对称电路，若有中线仅影响故障相本身，其他两相正常工作；若无中线则三相均不正常。

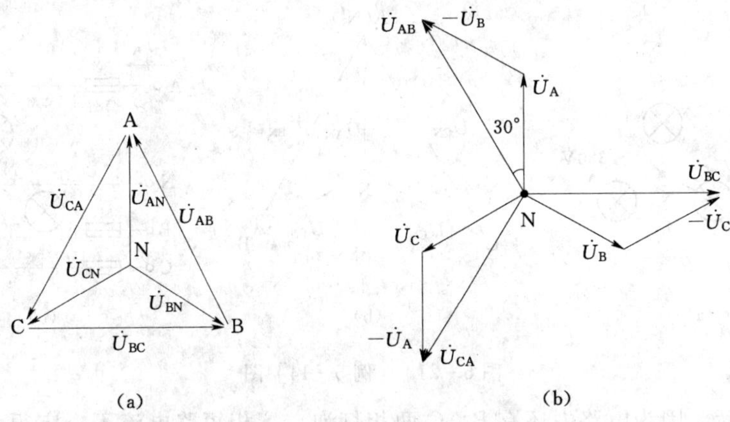

图 5-19 对称星形电路线电压的两种画法

【例 5-13】 用位形图分析图 5-20（a）所示对称三相照明负载 A 相开路时的工作状态。$U_P=220\text{V}$。

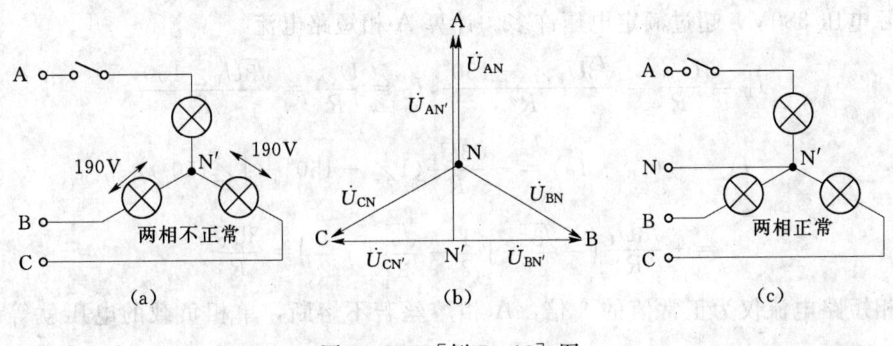

图 5-20 ［例 5-13］图

解 设$\dot{U}_{AN}-\dot{U}_A=220\angle 0°\text{V}$，图 5-20（a）中，A 相开路后，B、C 两相的灯泡串联接在 B、C 两点间，N′成为 B、C 两点正中间的一点。位形图如图 5-20（b）所示，用直线连接 B、C 两点，连线的正中为 N′点，观察位形图得

$$\dot{U}_{AN'}=\frac{3}{2}\times 220\angle 0°\text{V},\dot{U}_{BN'}=\frac{1}{2}\dot{U}_{BC}=\frac{380}{2}\angle -90°\text{V}$$

$$\dot{U}_{CN'}=-\frac{1}{2}\dot{U}_{BC}=\frac{380}{2}\angle 90°\text{V}$$

B、C 两相灯泡电压均为 190V，偏暗不能正常工作。若 B、C 两相所并灯泡数量不等且时有变化，则 N′点在 B、C 连线上移动，造成$\dot{U}_{BN'}$、$\dot{U}_{CN'}$时刻波动，灯泡闪烁，严重影响供电质量。图 5-20（c）有中线，则 B、C 两相电压始终为 220V，不受故障相影响。

【例 5-14】 用位形图分析图 5-21（a）所示对称三相照明负载 A 相短路时的工作状态，$U_P=220\text{V}$。

解 设$\dot{U}_{AN}=\dot{U}_A=220\angle 0°\text{V}$，图 5-21（a）中

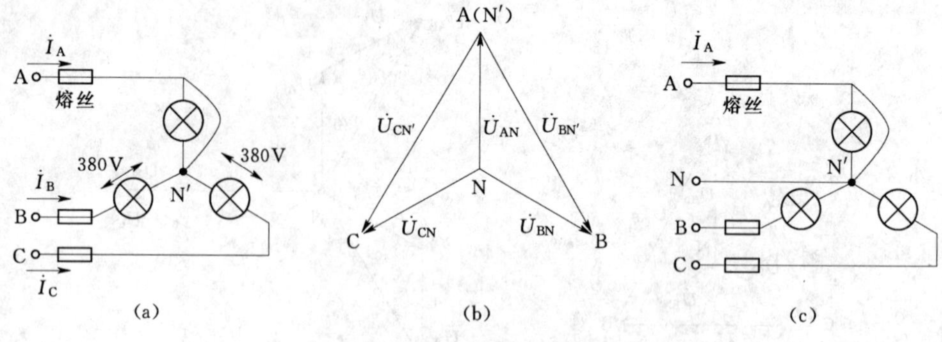

图 5-21　[例 5-14] 图

A 相短路后，因为电路中还有 B、C 两相灯泡，A 相短路电流不一定很大，不一定立即熔断 A 相熔丝，使 N′点的电位等于 A 点的电位，位形图见图 5-21（b）中 N′点上升与 A 点重合，则

$$\dot U_{BN'}=-\dot U_{AB}=\sqrt{3}U_P\angle-150^\circ\text{V},\quad \dot U_{CN'}=\dot U_{CA}=\sqrt{3}U_P\angle150^\circ\text{V}$$

灯泡实际电压 380V，超过额定电压许多。计算 A 相短路电流

$$\dot I_B=\frac{\dot U_{BA}}{R}=\frac{\sqrt{3}U_P\angle-150^\circ}{R},\dot I_C=\frac{\dot U_{CA}}{R}=\frac{\sqrt{3}U_P\angle150^\circ}{R}$$

$$\dot I_A=-(\dot I_B+\dot I_C)=-\frac{\sqrt{3}U_P}{R}(1\angle-150^\circ+1\angle150^\circ)$$

$$=-\frac{\sqrt{3}U_P}{R}\left(-\frac{\sqrt{3}}{2}-\text{j}\,\frac{1}{2}-\frac{\sqrt{3}}{2}+\text{j}\,\frac{1}{2}\right)=\frac{3U_P}{R}$$

A 相短路电流仅为正常值的 3 倍，A 相熔丝若不熔断，单相负载的电压就等于线电压，可能造成单相负载损坏。图 5-21（c）有中线，A 相短路时阻抗为零，$\dot I_A$ 趋于无穷大，立即烧断 A 相熔丝，B、C 两相不受故障相影响。

上两例进一步说明了中线对低压单相负载的保护作用。

5.3.3　不对称负载三角形连接时的工作状态

如图 5-22 所示，不对称负载采用三角形连接，由于线路阻抗很小一般可以忽略，所以每相负载上的电压均为对称的额定电压，负载可以正常工作，但每相的相电流、线电流不对称，负载阻抗模值小的一相取用电流大，电流必须一相一相独立计算。

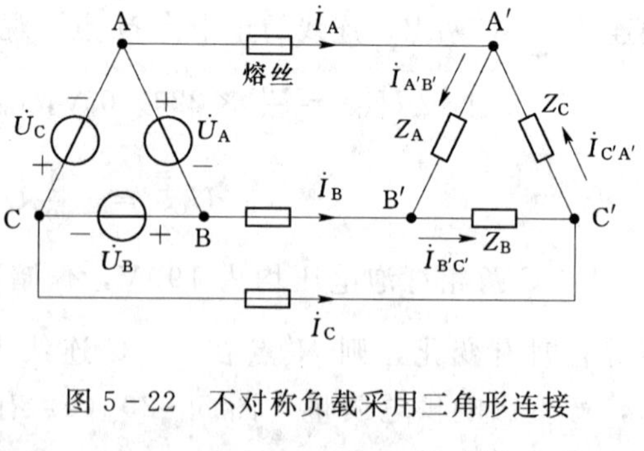

图 5-22　不对称负载采用三角形连接

$$\dot I_{A'B'}=\frac{\dot U_A}{Z_A},\dot I_{B'C'}=\frac{\dot U_B}{Z_B},\dot I_{C'A'}=\frac{\dot U_C}{Z_C}$$

$$\dot I_A=\dot I_{A'B'}-\dot I_{C'A'},\dot I_B=\dot I_{B'C'}-\dot I_{A'B'},\dot I_C=\dot I_{C'A'}-\dot I_{B'C'}$$

三角形不对称负载一相开路不影响其他两相的工作，一相短路则立即熔断端线熔丝，不会损坏其他两相的用电设备，但三角形负载没有中线，负载端不接地，给用电安全带来隐患。

5.4 三相电路的功率及其测量

电力工业的产品是电能，电能等于电功率与用电时间的乘积，准确测量电能依赖于准确测量电功率，且三相功率表与电能表的接线方式基本相同。电力系统要稳定运行，有功功率、无功功率需平衡，需对变电站及负载的功率进行监测，进而绘制负荷功率曲线。因此有必要学习三相功率的测量。

5.4.1 对称三相电路瞬时功率与有功功率的关系

对称三相电路有功功率、无功功率、视在功率、功率因数计算如式（5-10）、式（5-13）～式（5-16）所示，下面讨论瞬时功率与有功功率的关系。

设对称三相电路中 $u_A=\sqrt{2}U_P\sin\omega t$，$i_A=\sqrt{2}I_P\sin(\omega t-\varphi)$，则三相瞬时功率分别为

$$\begin{aligned}p_A=u_Ai_A&=\sqrt{2}U_P\sin\omega t\sqrt{2}I_P\sin(\omega t-\varphi)\\&=U_PI_P[\cos\varphi-\cos(2\omega t-\varphi)]\\p_B=u_Bi_B&=\sqrt{2}U_P\sin(\omega t-120^\circ)\sqrt{2}I_P\sin(\omega t-120^\circ-\varphi)\\&=U_PI_P[\cos\varphi-\cos(2\omega t-240^\circ-\varphi)]\\&=U_PI_P[\cos\varphi-\cos(2\omega t+120^\circ-\varphi)]\\p_C=u_Ci_C&=\sqrt{2}U_P\sin(\omega t+120^\circ)\sqrt{2}I_P\sin(\omega t+120^\circ-\varphi)\\&=U_PI_P[\cos\varphi-\cos(2\omega t+240^\circ-\varphi)]\\&=U_PI_P[\cos\varphi-\cos(2\omega t-120^\circ-\varphi)]\end{aligned}$$

以上 3 式的中括号内第一项为常数并相等，第二项是互差 120°的对称量，其和为零，则总瞬时功率为

$$p(t)=p_A+p_B+p_C=3U_PI_P\cos\varphi=P \tag{5-22}$$

可见，**对称三相电路的瞬时功率等于有功功率，负载恒定时瞬时功率为常数**。这就是三相电机运行比单相电机更平稳的原因所在，瞬时功率不变则瞬时机械转矩恒定，减小了运转时的振动与噪声。

5.4.2 “一表法”测量三相对称电路有功功率

三相对称电路有功功率的测量可用“一表法”进行，图 5-23（a）所示电路测量对称星形电路；图 5-23（b）所示电路测量对称三角形电路；图 5-23（c）所示电路为人

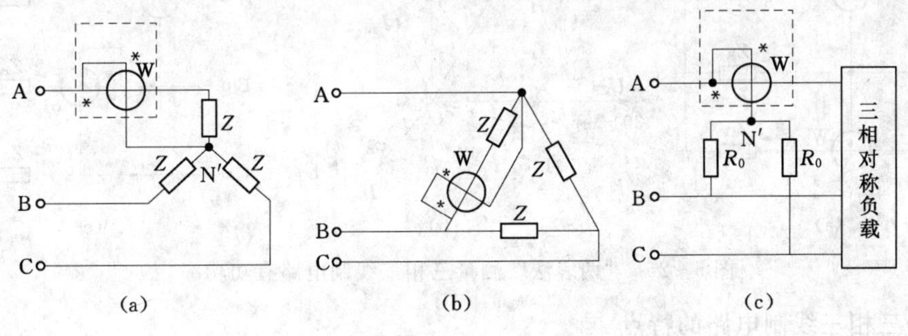

图 5-23 一表法测量三相对称电路有功功率

工中性点法，测量的三相负载没有中性点，需要人为设置一个对称星形电路创造一个中性点 N′，图中 B、C 两相所接电阻 R_0 与 A 相功率表电压线圈的内阻相等。3 种情况功率表的电流、电压线圈“＊”端相连。其三相有功功率均为功率表读数的 3 倍，即

$$P = 3Ⓦ \tag{5-23}$$

5.4.3 “三表法”测量三相四线制电路有功功率

三相四线制电路多为不对称电路，中线有电流流过，采用“三表法”测量有功功率，接线如图 5-24（a）所示，相量图如图 5-24（b）所示，每个功率表接入同相的电流、电压，有功功率为

$$P = Ⓦ_A + Ⓦ_B + Ⓦ_C \tag{5-24}$$

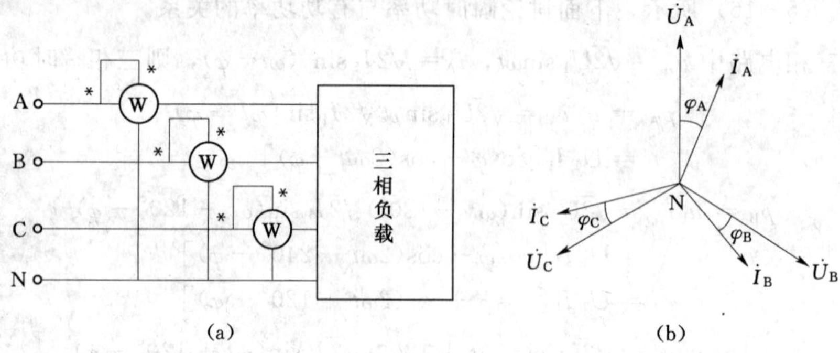

图 5-24　“三表法”测量三相四线制电路有功功率

也可将 3 套测量机构装入一只仪表，3 个产生力矩的线圈装在同一转轴上形成合力矩，构成三元件三相四线功率表，直接指示有功功率。

5.4.4 “两表法”测量三相三线制电路有功功率

城乡配电网的 10kV、35kV 电压等级供电电路多为三相三线制，与大地绝缘，可用“两表法”测量有功功率，接线如图 5-25（a）所示，相量图如图 5-25（b）所示，**两表电流线圈分别接 A、C 两相，电压线圈“＊”端（首端）与电流线圈“＊”端相连，尾端同接至 B 相**。其瞬时功率为

$$p = u_A i_A + u_B i_B + u_C i_C$$

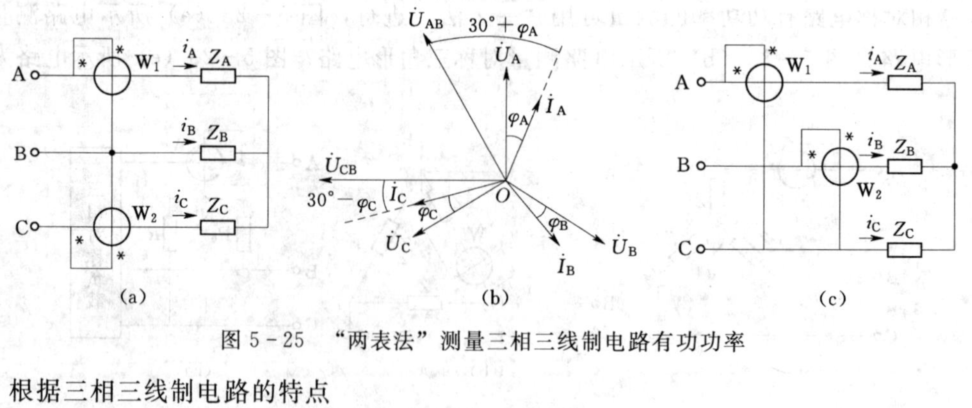

图 5-25　“两表法”测量三相三线制电路有功功率

根据三相三线制电路的特点

$$i_A + i_B + i_C = 0$$

得 $$i_B = (-i_A - i_C)$$

则有

$$p = u_A i_A + u_B(-i_A - i_C) + u_C i_C = (u_A - u_B)i_A + (u_C - u_B)i_C = u_{AB}i_A + u_{CB}i_C$$

由瞬时功率再求平均功率得

$$P = \frac{1}{T}\int_0^T p\mathrm{d}t = U_{AB}I_A\cos(\dot{U}_{AB}\ \dot{I}_A) + U_{CB}I_C\cos(\dot{U}_{CB}\ \dot{I}_C) = U_{AB}I_A\cos(30° + \varphi_A) + U_{CB}I_C\cos(30° - \varphi_C)$$

若三相电路对称

$$I_A = I_C = I_L、U_{AB} = U_{CB} = U_L、\varphi_A = \varphi_C = \varphi$$

则

$$P = Ⓦ_1 + Ⓦ_2 = U_L I_L\cos(30° + \varphi) + U_L I_L\cos(30° - \varphi) = \sqrt{3}U_L I_L\cos\varphi \quad (5-25)$$

可以证明，三相电源对称而负载不对称时，式（5-25）仍然成立。这两个功率表有些情况下会出现反偏转，此时为了能读数，需将反偏的功率表电流线圈的两个接线端子对调，这时的读数应确定为负值。两表的读数规律如下：

（1）如果负载是纯电阻，$\varphi=0$，则Ⓦ₁=Ⓦ₂，$P=2$Ⓦ₁$=2$Ⓦ₂。

（2）如果负载是感性的，$\varphi>0°$，则Ⓦ₁<Ⓦ₂；若$\varphi>60°$，则Ⓦ₁<0，反接A相功率表电流线圈后，$P=-$Ⓦ₁+Ⓦ₂。

（3）如果负载是容性的，$\varphi<0°$，则Ⓦ₁>Ⓦ₂；若$\varphi<-60°$，则Ⓦ₂<0，反接C相功率表电流线圈后，$P=$Ⓦ₁−Ⓦ₂。

"两表法"测量三相三线制有功功率还可按图5-25（c）所示接线，电流线圈接A、B两相，电压线圈的尾端同接至C相；或电流线圈接B、C两相，电压线圈的尾端同接至A相；读数规律相似。该"两表法"不能用于测量三相四线制电路有功功率，因为三相四线制 $i_A+i_B+i_C\neq0$。

也可将两套测量机构装入一只仪表，两个产生力矩的线圈装在同一转轴上形成合力矩，构成两元件三相三线功率表，直接指示有功功率。供电现场使用的功率表装在电压互感器和电流互感器的二次侧，但读数仍按一次功率刻度，单位一般为MW（兆瓦）。

5.4.5 "三表90°跨相法"测量三相电路无功功率

测量三相电路无功功率一般采用"90°跨相法"，接线如图5-26（a）所示，相量图如图5-26（b）所示。**每个功率表电流线圈接在哪相，电压线圈就跨接另外两相，其"*"端接在另外两相中的超前相上**。根据相量图，每个表所测无功功率分别为

$$Ⓦ_1 = U_{BC}I_A\cos(90° - \varphi_A) = U_{BC}I_A\sin\varphi_A$$

$$Ⓦ_2 = U_{CA}I_B\cos(90° - \varphi_B) = U_{CA}I_B\sin\varphi_B$$

$$Ⓦ_3 = U_{AB}I_C\cos(90° - \varphi_C) = U_{AB}I_C\sin\varphi_C$$

设三相电路对称，则有

$$U_{BC} = U_{CA} = U_{AB} = U_L, I_A = I_B = I_C = I_L, \varphi_A = \varphi_B = \varphi_C = \varphi$$

$$Ⓦ_1 + Ⓦ_2 + Ⓦ_3 = 3\times U_L I_L\sin\varphi = \sqrt{3}\times\sqrt{3}U_L I_L\sin\varphi = \sqrt{3}Q \quad (5-26)$$

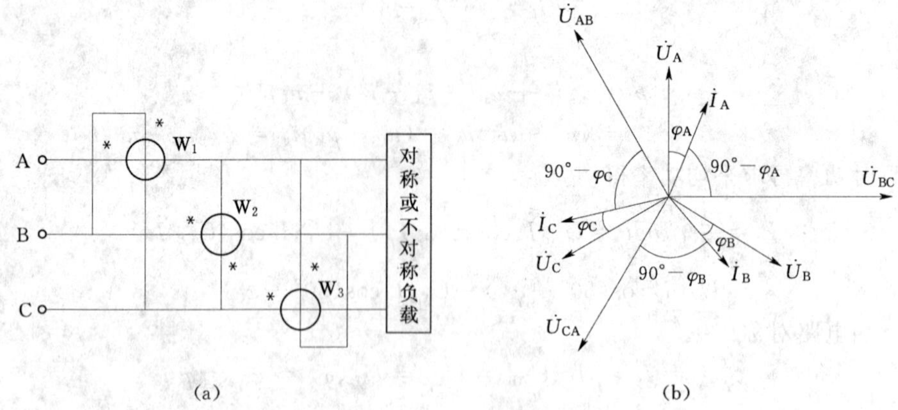

图 5-26　“三表 90°跨相法”测量三相电路无功功率

3 只表读数相等，所测无功功率为

$$Q=(Ⓦ_1+Ⓦ_2+Ⓦ_3)/\sqrt{3} \tag{5-27}$$

可见三表读数之和能反映三相无功功率。能够证明，三相电源对称而负载不对称时，式（5-26）、式（5-27）仍然成立，“三表 90°跨相法”适用于电源电压对称的三相三线及三相四线电路，也可以三表合一制造成三相无功功率表。若负载阻抗也对称，可以只接成两表跨相法（接在任意两相上）或者一表跨相法（接在任意一相上），此时

$$Q=\frac{\sqrt{3}}{2}(Ⓦ_1+Ⓦ_2)=\frac{\sqrt{3}}{2}(2\times U_L I_L\sin\varphi) \tag{5-28}$$

或者

$$Q=\sqrt{3}\,Ⓦ_1=\sqrt{3}\times U_L I_L\sin\varphi \tag{5-29}$$

5.4.6　“两表人工中性点法”测量三相三线电路无功功率

实际工作中，经常遇到的是三相电源对称而负载不对称的三相三线制电路，可用图 5-27（a）所示的“两表人工中性点法”测量无功功率，B 相所接电阻 R_B 与功率表电压线圈的内阻相等，创造一个人工中性点 N′。根据相量图，Ⓦ₁接进 A 相电流，其电压为“$-\dot{U}_{CN'}$”，两者间相位差 $60°-\varphi_A$；Ⓦ₂接进 C 相电流，其电压为“$\dot{U}_{AN'}$”，两者间相位差 $120°-\varphi_C$；两功率表读数之和为

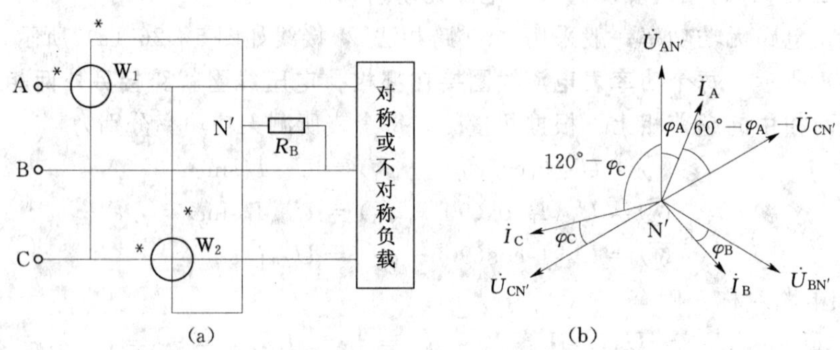

图 5-27　“两表人工中性点法”测量三相电路无功功率

$$Ⓦ_1+Ⓦ_2=\frac{U_L}{\sqrt{3}}I_A\cos(60°-\varphi_A)+\frac{U_L}{\sqrt{3}}I_C\cos(120°-\varphi_C)$$

$$=\frac{U_L}{\sqrt{3}}I_A[\cos60°\cos\varphi_A+\sin60°\sin\varphi_A]+\frac{U_L}{\sqrt{3}}I_C[\cos120°\cos\varphi_C+\sin120°\sin\varphi_C]$$

$$=\frac{U_L}{\sqrt{3}}I_A\times\frac{\sqrt{3}}{2}\sin\varphi_A+\frac{U_L}{\sqrt{3}}I_C\times\frac{\sqrt{3}}{2}\sin\varphi_C$$

若电路对称

$$I_C=I_A=I_L,\quad \varphi_A=\varphi_C=\varphi$$

则
$$Ⓦ_1+Ⓦ_2=U_LI_L\sin\varphi=\frac{Q}{\sqrt{3}} \tag{5-30}$$

所以
$$Q=\sqrt{3}(Ⓦ_1+Ⓦ_2) \tag{5-31}$$

式（5－30）、式（5－31）在阻抗不对称时也成立。

【例 5－15】　图 5－28 所示对称三相电路，$U_L=380$V，$R=38\Omega$，$X=22\Omega$，求两功率表的读数。

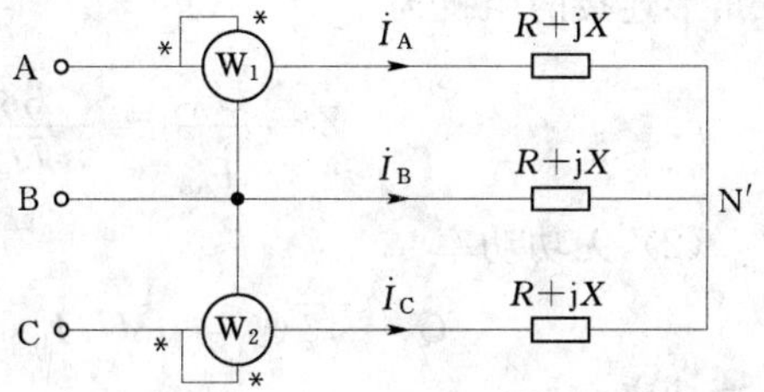

图 5－28　[例 5－15] 图

解　每相阻抗为

$$Z=R+jX=38+j22=43.91\angle30.1°(\Omega)$$

星形连接线电流等于相电流

$$I_L=I_P=\frac{U_P}{|Z|}=\frac{\frac{380}{\sqrt{3}}}{43.91}=5\text{(A)}$$

则

$$Ⓦ_1=U_LI_L\cos(30°+\varphi)=380\times5\times\cos(30°+30.1°)=947.13\text{(W)}$$

$$Ⓦ_2=U_LI_L\cos(30°-\varphi)=380\times5\cos(30°-30.1°)=1900\text{(W)}$$

【例 5－16】　图 5－29 所示对称三相电路中，$U_L=380$V，已知线电流为 10A，功率表的读数为 1900var，求：

（1）三角形连接的阻抗 Z。

（2）三相负载的无功功率 Q、有功功率 P。

（3）欲将电路的功率因数提高到 0.95，三相电容器组怎样接线？电容值 C 为多少？

解　（1）图 5－29（a）所示功率表的接线方式为“90°跨相法”，所测读数为

$$Ⓦ=U_LI_L\sin\varphi=380\times10\sin\varphi=1900\text{(var)}$$

$Ⓦ>0$ 表明负载阻抗为感性，得

$$\varphi=\arcsin\frac{1900}{380\times10}=30°$$

及功率因数
$$\lambda=\cos30°=0.866$$

三角形连接的相电流

$$I_P=\frac{I_L}{\sqrt{3}}=\frac{10}{\sqrt{3}}=5.77\text{(A)}$$

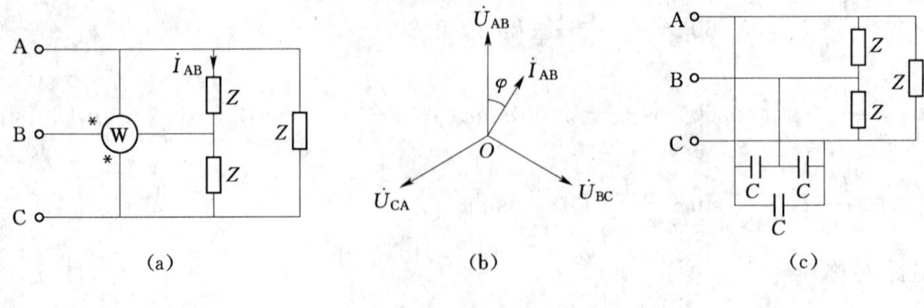

图 5-29 ［例 5-16］图

设$\dot{U}_{AB}=380\angle 0°V$，则

$$\dot{I}_{AB}=I_P\angle -\varphi=5.77\angle -30°A$$

三角形连接的阻抗为

$$Z=\frac{\dot{U}_{AB}}{\dot{I}_{AB}}=\frac{380\angle 0°}{5.77\angle -30°}=65.86\angle 30°\ (\Omega)$$

（2）无功功率

$$Q=\sqrt{3}\,Ⓦ=\sqrt{3}U_L I_L\sin\varphi=\sqrt{3}\times 1900=3290.8\ (\text{var})$$

有功功率

$$P=\sqrt{3}U_L I_L\cos\varphi=\sqrt{3}\times 380\times 10\cos 30°=5700\ (\text{W})$$

（3）当 $\lambda'=\cos\varphi'=0.95$ 时，$\varphi'=\arccos 0.95=18.2°$。3 个电容器若按三角形接入电路，如图 5-29（c）所示，每个电容器上所加电压为线电压，每个电容器的电容值为

$$C_\Delta=\frac{P/3}{\omega U_L^2}(\tan\varphi-\tan\varphi')=\frac{5700/3}{314\times 380^2}(\tan 30°-\tan 18.2°)=10.42\ (\mu\text{F})$$

注意：上式分子中所带有功功率为三相总功率的 1/3。3 个电容器若按星形接入电路，每个电容器上所加电压为相电压，每个电容器的电容值为

$$C_Y=\frac{P/3}{\omega U_P^2}(\tan\varphi-\tan\varphi')=\frac{5700/3}{314\times 220^2}(\tan 30°-\tan 18.2°)$$
$$=10.42\times 3=31.26(\mu\text{F})$$

可见，**星形连接的电容器其电容值比三角形连接大 3 倍，要增加不少投资，因此实际工作中一般采取三角形连接的电容器来提高功率因数**，但三角形连接的电容器耐压值要求更高。

习　题　5

一、问答题

5-1　什么是三相电路的相序？正相序和负相序的特点是什么？

5-2　欲将三相电源接成星形，误将 X、Y、C 连接成一点（电源中性点 N），是否可以产生对称的三相电压？试画出此情况下的电压相量图。如果 $U_A=U_B=U_C=220V$，则 U_{AB}、U_{BC}、U_{CA}各为多少？

5-3　三相电动机每相绕组的额定电压为 380V，当三相电源线电压为 380V 时，电动机绕组应怎样连接才能正常工作？

5-4　有一对称三相三线制电路，用钳形电流表测量电流，套进一根端线时读数为5A（有效值），试分析套进两根或三根端线时钳形表读数（有效值）分别为多少？并画出相量图加以说明。

5-5　某三层楼房的用电由三相对称电源供电，每层一相，接成三相四线制系统，中线阻抗 Z_N 为零，当某层发生短路故障时，是否影响另外两层？分析并说明理由。

5-6　在对称三相电路中，无论负载做星形还是三角形连接，三相有功功率 $P=\sqrt{3}U_L I_L\cos\varphi$，试问在同一种电源下，负载做星形或三角形连接，其有功功率相等吗？分析并说明理由。

5-7　双功率表法可用于三相三线制电路有功功率测量，能否用于三相四线制电路的有功功率测量？分析并说明理由。

二、计算题

5-1　某星形连接三相发电机，已知 A 相电压为$\dot{U}_A=220\angle 60°\text{V}$，频率 $f=50\text{Hz}$。(1) 写出正序情况下各相电压瞬时值表达式；(2) 写出线电压的相量式；(3) 作相量图。

5-2　有一三相电动机，绕组为星形连接，如题图5-2所示，每相阻抗 $Z=(12+j16)\ \Omega$，电源线电压为380V，$f=50\text{Hz}$。(1) 求负载相电压、相电流有效值；(2) 写出相电流 i_A、线电压 u_{CA}的瞬时值表达式；(3) 求三相负载的有功功率、无功功率。

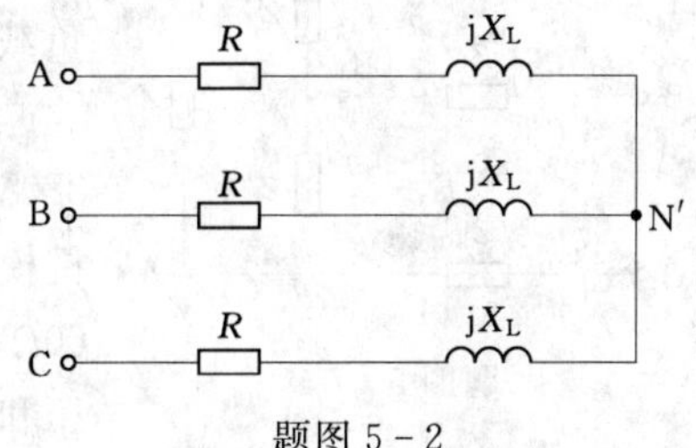

题图5-2

5-3　题5-2中的电动机，若将绕组改做三角形连接，如题图5-3所示，每相阻抗仍为 $Z=(12+j16)\ \Omega$，接入线电压有效值为380V，$f=50\text{Hz}$ 的交流电源。(1) 求负载相电流、线电流有效值；(2) 写出线电流 i_A 的瞬时值表达式；(3) 求三相负载的有功功率、无功功率。(4) 与题5-2比较，你得到什么结论？

5-4　题图5-4所示对称星形连接三相电路中，线电压 $U_L=220\text{V}$，负载阻抗 $Z=(60+j80)\ \Omega$，中线阻抗 $Z_N=(1+j1)\ \Omega$。(1) 求各线电流相量和中线电流；(2) 求电路的总功率。

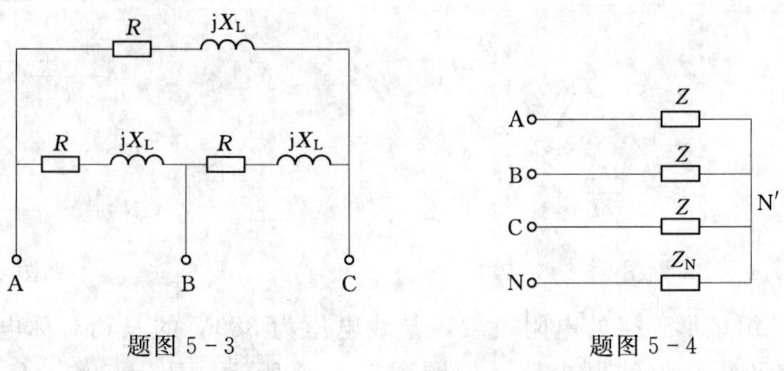

题图5-3　　题图5-4

5-5　题图5-5所示对称三相电路中，电源线电压为380V，端线阻抗 $Z_L=(2+j1)\ \Omega$，中线阻抗 $Z_N=(1+j1)\ \Omega$，负载阻抗 $Z=(165+j84)\ \Omega$。画一相计算电路求负载端相电流、中线电流和线电压，并画出电路的相量图。

5-6　题图5-6所示对称三相电路中，已知$\dot{U}_{A'N'}=220\angle 0°$V，端线阻抗$Z_L=(1+$j1$)\Omega$，负载阻抗$Z=(3+$j4$)\Omega$。画出一相计算电路，求：(1) 线电压$\dot{U}_{C'A'}$和$\dot{U}_{CA}$；(2) 三相电压源供出的功率。

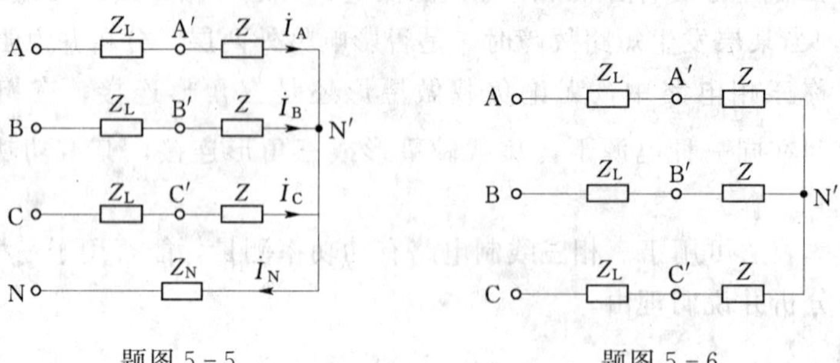

题图5-5　　　　题图5-6

5-7　某对称三相电路，如题图5-7所示，电源线电压为380V，端线阻抗$Z_L=(1.5+$j2$)\Omega$，三角形连接负载每相阻抗$Z=(4.5+$j14$)\Omega$。求：(1) 负载线电流和相电流，并画相量图；(2) 求负载端相电压$\dot{U}_{A'B'}$。

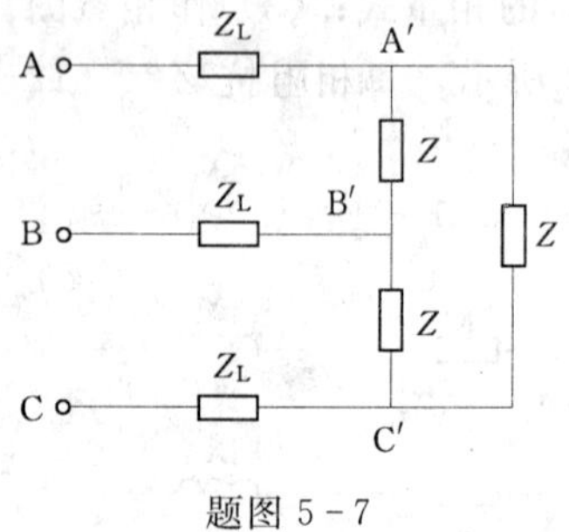

题图5-7

5-8　题图5-8所示电路中，对称三相电源线电压为380V，线路阻抗$Z_L=(0.1+$j0.2$)\Omega$，对称负载Z_1每相阻抗模为40Ω，功率因数为0.85，对称负载Z_2每相阻抗模为60Ω，功率因数为0.8。画出一相计算电路，求各负载的相电压和相电流，每个负载的功率和电源供给的总功率。

5-9　题图5-9所示三相电路接至对称三相电压源，各灯泡额定值相同，负载中性点接线不规范，当N′、N″间断开后，分析各灯泡亮度如何变化？画出相量图加以说明。

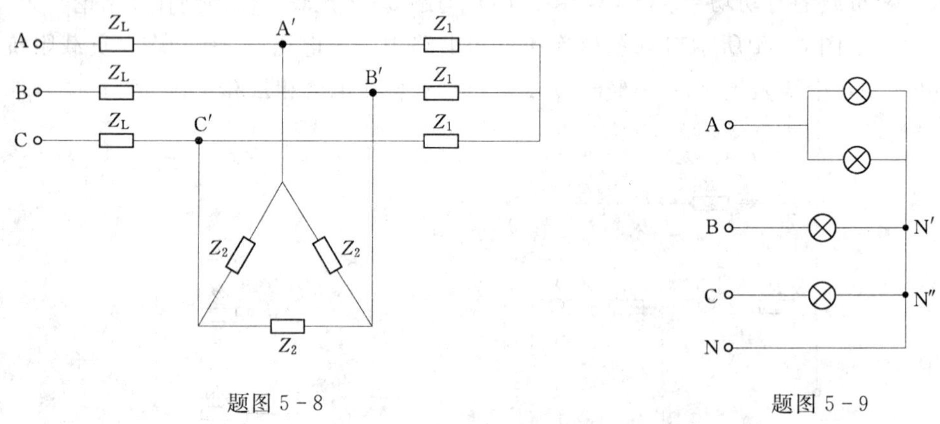

题图5-8　　　　题图5-9

5-10　有一组星形连接的电阻负载，与线电压为380V的三相对称电源连接，分别构成三相三线制和三相四线制电路，如题图5-10所示，$R_A=10\Omega$，$R_B=30\Omega$，$R_C=60\Omega$，试求：(1) 三相三线电路中的各支路电流及负载电压；(2) 三相四线电路中各支路电流及负载电压；（3）比较（1）、（2）两种情况结论，说明中线的作用。

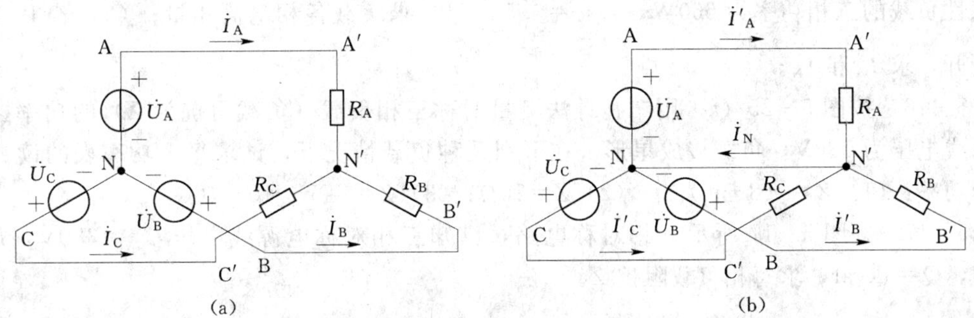

题图 5－10

5－11　如题图 5－11 所示电路，已知电源相电压有效值为 50V，$Z_A=-j4\Omega$，$Z_B=8\Omega$，$Z_C=5\Omega$，试计算各线电流。

5－12　题图 5－12 所示电路中，电源电压为 380V，每相输电线阻抗 $Z_L=(20+j40)\Omega$，$Z_A=(120+j40)\Omega$，B、C 两相的位置上各接有一个电压表 V_1 和 V_2，设电压表的阻抗为无穷大，试求两个电压表的读数。

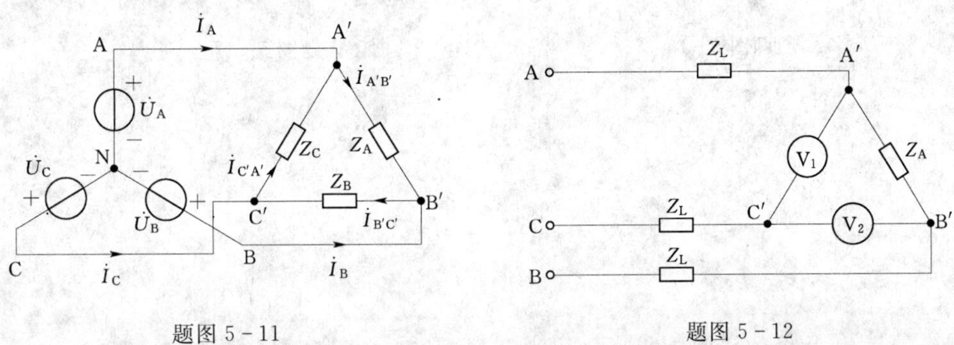

题图 5－11　　　　题图 5－12

5－13　题图 5－13 所示线电压为 380V 的对称三相电路中，负载的总功率 P 为 6040W，功率因数 $\lambda=0.8$（感性）。（1）负载若为星形连接，求每相阻抗 Z_Y；（2）负载若为三角形连接，求每相阻抗 $Z_\triangle$。

5－14　题图 5－14 所示对称三相电路中，电源线电压为 380V，频率为 50Hz，负载每相阻抗 $Z=(20+j35)\Omega$。（1）求负载的功率因数；（2）若将该三相电路的功率因数提高到 0.9，画出电容做星形连接的接线图，并计算一相所需的电容量。

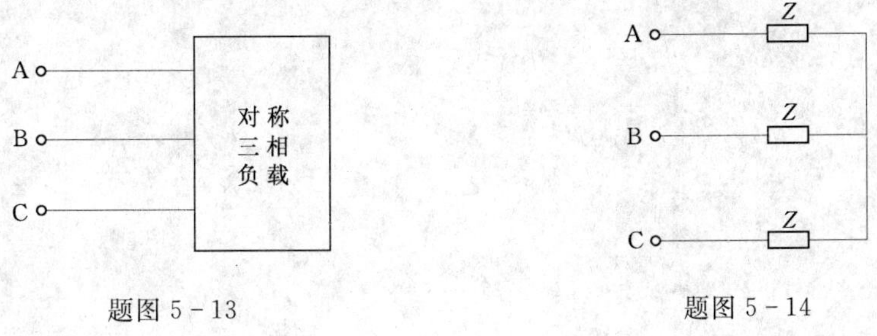

题图 5－13　　　　题图 5－14

5-15　题图 5-15 所示对称三相电路中，线电压为 380V，相序为 A—C—B，星形连接感性负载的三相功率为 660W，$\cos\varphi=0.5$。(1) 求负载各相电流相量；(2) 若 B 相负载断开，求 $\dot{I}_A$ 和 $\dot{I}_N$。

5-16　按图 5-25 (a) 用二瓦计法测量对称三相负载（负载阻抗为 Z）的功率，设电源线电压为 380V，负载接成星形。在下列几种负载情况下，试求每个功率表的读数和三相功率：(1) $Z=(8+j6)\Omega$；(2) $Z=10\Omega$；(3) $Z=(5+j10)\Omega$。

5-17　题图 5-17 所示三相对称电路，已知三相对称电源线电压 $U_L=380V$，$P=4kW$，$Q=3kvar$，求每相负载阻抗 Z。

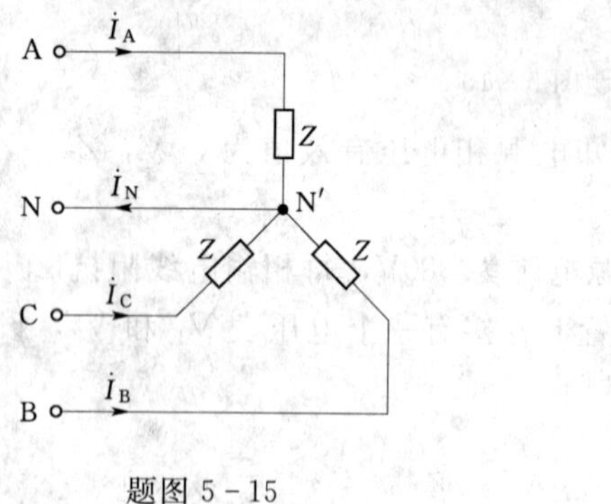

题图 5-15

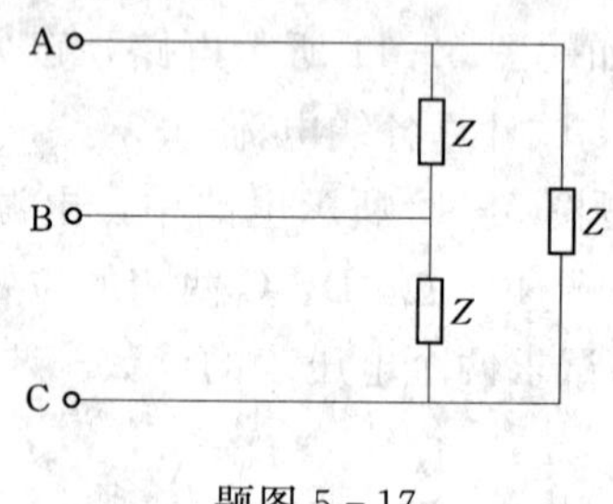

题图 5-17

第 6 章 非正弦周期电流电路的概念

在电子技术、自动控制、计算机和无线电技术等方面，电压和电流往往都是周期性的非正弦波。而大型发电机、电力变压器、电力电网中的交流电压、电流理想波形是正弦波，但如果设备制造上工艺不完善或铁芯线圈存在磁饱和，会使波形畸变为非正弦波；还由于许多电力负载是非线性的，如电力机车，工业电解、电镀，家用电器，气体光源都会产生非正弦波。因此有必要了解非正弦周期电流电路的概念。

6.1 非正弦周期信号的分解及有效值、平均功率

6.1.1 非正弦周期信号的可分解性

非正弦周期信号随时间按周期规律变化，满足

$$f(t)=f(t+kT)\quad k=0,1,2,\cdots \tag{6-1}$$

式中 T 为周期。图 6-1 所示为 3 个典型的非正弦周期信号。

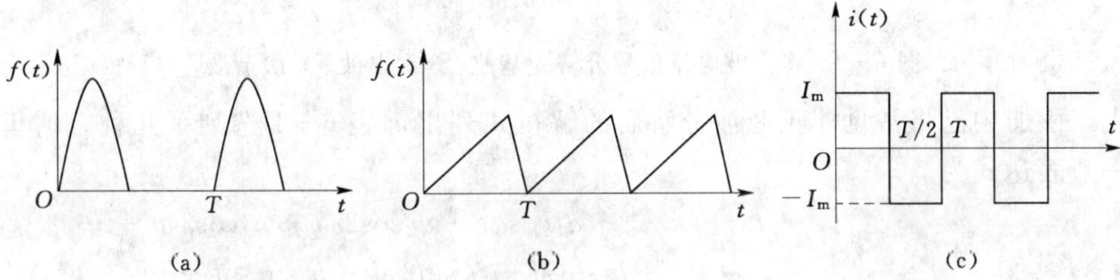

图 6-1 非正弦周期信号示例

(a) 半波整流波形；(b) 锯齿波；(c) 方波

非正弦周期信号一周期内的函数关系式一般需分段书写，如图 6-1（c）所示的方波电流信号，一周期内可表达为

$$i(t)=\begin{cases} I_m & 0<t<\dfrac{T}{2} \\ -I_m & \dfrac{T}{2}<t<T \end{cases} \tag{6-2}$$

这样的电流信号作用于电路中，不能用前述各章的定理、定律直接进行计算。根据高等数学的原理，**非正弦周期信号可分解为一系列不同频率的正弦量之和**。用画图法可观察这种分解的可行性，图 6-2 将图 6-1（c）所示的方波电流信号进行分解，先分解出与原方波频率相等的基波，基波振幅较大，波形形状与原方波差别明显；再分解出频率为原方波 3 倍且振幅较小的 3 次谐波（频率高于原方波的信号称为谐波），叠加在基波之上，叠

加后的波形就比较接近方波了，但起伏较大，如图 6－2（a）中的粗线；再分解出频率为原方波 5 倍且振幅更小的 5 次谐波，将基波、3 次、5 次谐波叠加起来，更接近原方波了，还会有些小的起伏，如图 6－2（b）粗线所示。如果继续分解出振幅递减的 7 次、9 次、11 次等谐波，叠加后的合成波与原方波更加吻合。这样分解后的解析式称为傅里叶级数，方波电流信号的傅里叶级数为

$$f(t)=\frac{4I_m}{\pi}\left[\sin\omega t+\frac{1}{3}\sin3\omega t+\frac{1}{5}\sin5\omega t+\cdots+\frac{1}{k}\sin k\omega t+\cdots\right]$$

其中 k 取奇数，$\omega=2\pi\frac{1}{T}$。取多少项为好依计算要求的精确度而定，项数越多越精确。分解出来的各次谐波，随着频率的增加振幅衰减。这种规律体现在如图 6－2（c）所示的频谱图中，频谱图的横轴为成整数倍变化的角频率，纵轴为各次谐波的振幅。**非正弦波波形形状与正弦波越接近，所包含的高次谐波振幅衰减越快**，这时仅取前几项谐波的叠加就与原波形十分吻合了。

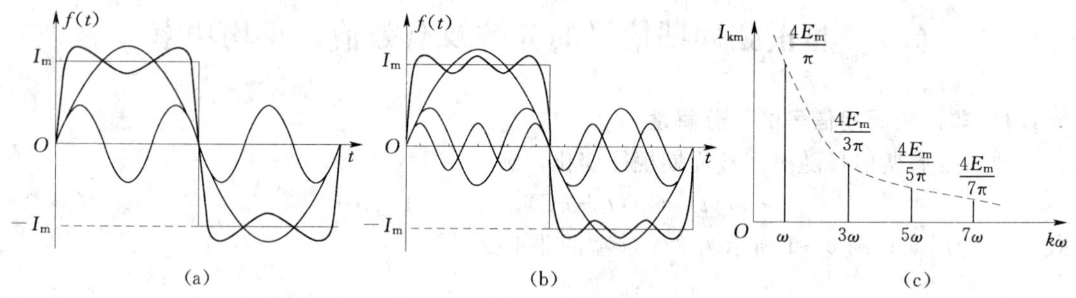

图 6－2　将方波电流信号分解为基波、3 次谐波、5 次谐波

电工手册中已将常见非正弦波分解后的解析式列出，表 6－1 选列了几种。傅里叶级数的一般表达式为

$$\begin{aligned}f(t)&=A_0+a_1\cos\omega t+a_2\cos2\omega t+a_3\cos3\omega t+\cdots\\&\quad+b_1\sin\omega t+b_2\sin2\omega t+b_3\sin3\omega t+\cdots\\&=A_0+\sum_{k=1}^{\infty}A_k\sin(k\omega t+\psi_k)\end{aligned}\tag{6-3}$$

解析式中的常数项，称为直流分量，是非正弦波的平均值；若非正弦波是交流的，则直流分量 A_0 为零。$a_1\cos\omega t$、$a_2\cos2\omega t$、$a_3\cos3\omega t$ 称为余弦系列，是偶函数，对称于纵轴；$b_1\sin\omega t$、$b_2\sin2\omega t$、$b_3\sin3\omega t$ 称为正弦系列，是奇函数，对称于原点；同频率的余弦项、正弦项可用相量加法合成为一项。频率为基波频率 1、3、5、7、…（奇数）倍的谐波称为奇次谐波；频率为基波频率 2、4、6、8、…（偶数）倍的谐波称为偶次谐波。

电工技术中，常见的非正弦波有如同表 6－1 中三角波、方波一样的特点，**将波形移动半个周期后与原波形对称于横轴，如图 6－3 所示，称为奇谐波函数或镜像对称函数**，函数关系式满足 $f(t)=-f\left(t+\frac{T}{2}\right)$，这种非正弦波的解析式中只有奇次谐波（$k$ 仅为 1、3、5、7、…），不存在偶次谐波。图 6－3（b）粗线所示为变压器铁芯线圈磁化电流的波形，就是奇谐波函数，其中含有明显的 3 次谐波。

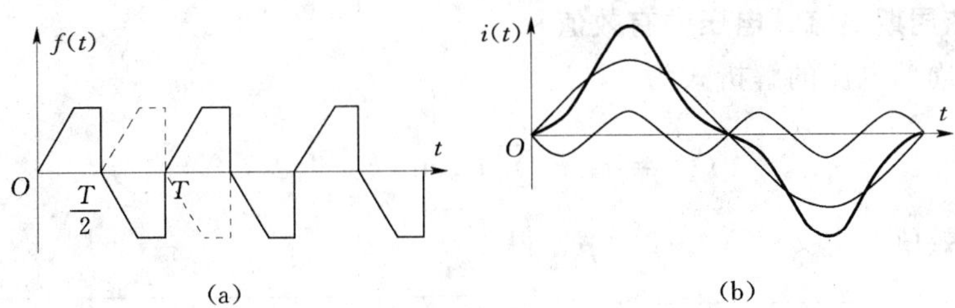

图 6-3 奇谐波函数

表 6-1 **几种非正弦波分解后的解析式**

名称	波形	非正弦波分解后的解析式
正弦波	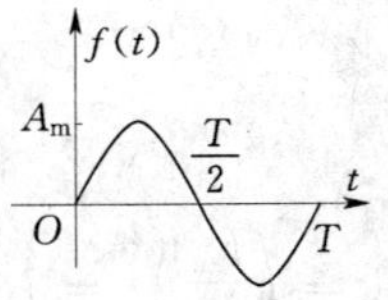	$f(t)=A_m\sin(\omega t)$ (有效值$\frac{A_m}{\sqrt{2}}$)
三角波	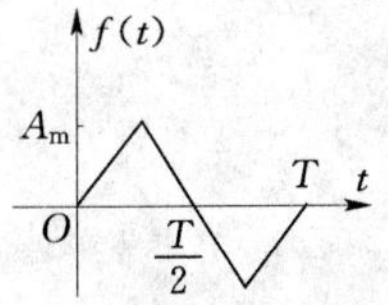	$f(t)=\frac{8A_m}{\pi^2}\left[\sin(\omega t)-\frac{1}{9}\sin(3\omega t)+\frac{1}{25}\sin(5\omega t)-\cdots+\frac{(-1)^{\frac{k-1}{2}}}{k^2}\sin(k\omega t)+\cdots\right]$ (k为奇数，有效值$\frac{A_m}{\sqrt{3}}$)
方波	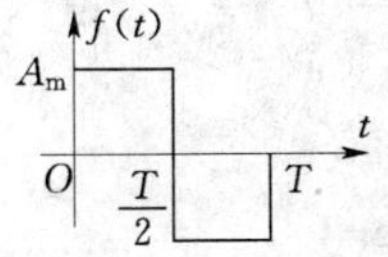	$f(t)=\frac{4A_m}{\pi}\left[\sin(\omega t)+\frac{1}{3}\sin(3\omega t)+\frac{1}{5}\sin(5\omega t)+\cdots+\frac{1}{k}\sin(k\omega t)+\cdots\right]$ (k为奇数，有效值A_m)
全波整流	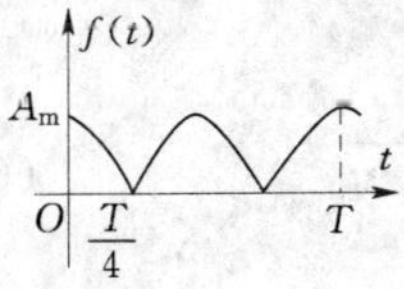	$f(t)=\frac{4A_m}{\pi}\left[\frac{1}{2}+\frac{1}{1\times3}\cos(2\omega t)-\frac{1}{3\times5}\cos(4\omega t)+\frac{1}{5\times7}\cos(6\omega t)-\cdots\right]$ (有效值$\frac{A_m}{\sqrt{2}}$)
半波整流	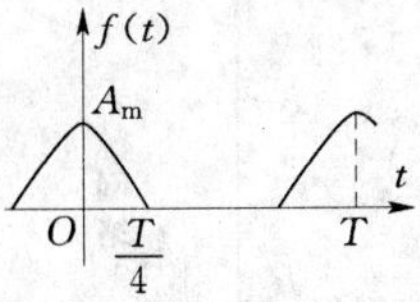	$f(t)=\frac{2A_m}{\pi}\left[\frac{1}{2}+\frac{\pi}{4}\cos(\omega t)+\frac{1}{1\times3}\cos(2\omega t)-\frac{1}{3\times5}\cos(4\omega t)+\frac{1}{5\times7}\cos(6\omega t)-\cdots\right]$ (有效值$\frac{A_m}{2}$)
锯齿波	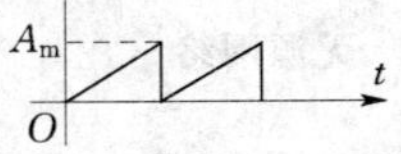	$f(t)=A_m\left\{\frac{1}{2}-\frac{1}{\pi}\left[\sin(\omega t)+\frac{1}{2}\sin(2\omega t)+\frac{1}{3}\sin(3\omega t)+\cdots\right]\right\}$ (有效值$\frac{A_m}{\sqrt{3}}$)

6.1.2　非正弦周期电流、电压的有效值

设非正弦周期电流的解析式为

$$i(t) = I_0 + \sum_{k=1}^{\infty} I_{km}\sin(k\omega t + \psi_k)$$

代入 3.1 节有效值的定义式（3-2）中，得

$$I = \sqrt{\frac{1}{T}\int_0^T i^2(t)\mathrm{d}(t)} = \sqrt{\frac{1}{T}\int_0^T \left[I_0 + \sum_{k=1}^{\infty} I_{km}\sin(k\omega t + \psi_k)\right]^2 \mathrm{d}(t)} \tag{6-4}$$

根据三角函数的性质，式（6-4）根号下的展开式中含有以下各项：

直流自平方项

$$\frac{1}{T}\int_0^T I_0^2\,\mathrm{d}t = I_0^2$$

交流自平方项

$$\frac{1}{T}\int_0^T I_{km}^2\sin^2(k\omega t + \psi_k)\mathrm{d}t = \frac{1}{T}\int_0^T \frac{I_{km}^2}{2}[1 - \cos 2(k\omega t + \psi_k)] = \frac{I_{km}^2}{2} = \left(\frac{I_{km}}{\sqrt{2}}\right)^2 = I_k{}^2$$

直流、交流交叉相乘二倍积

$$\frac{1}{T}\int_0^T 2I_0 I_{km}\sin(k\omega t + \psi_k)\mathrm{d}t = 0$$

不同次谐波交叉相乘二倍积

$$\frac{1}{T}\int_0^T 2I_{pm}\sin(p\omega t + \psi_p) I_{qm}\sin(q\omega t + \psi_q)\mathrm{d}t = 0, p \neq q$$

求得 i 的有效值为

$$I = \sqrt{I_0^2 + \sum_{k=1}^{\infty}\frac{I_{km}^2}{2}} = \sqrt{I_0^2 + I_1^2 + I_2^2 + I_3^2 + \cdots} \tag{6-5}$$

同理有

$$U = \sqrt{U_0^2 + \sum_{k=1}^{\infty}\frac{U_{km}^2}{2}} = \sqrt{U_0^2 + U_1^2 + U_2^2 + U_3^2 + \cdots} \tag{6-6}$$

由此可见，**非正弦周期电流、电压的有效值为直流分量及各次谐波分量有效值的平方和再开平方**。

6.1.3　非正弦周期交流电路的平均功率

设图 6-4 所示的无源网络的电流、电压分别为

$$u(t) = U_0 + \sum_{k=1}^{\infty} U_{km}\sin(k\omega t + \psi_{uk})$$

$$i(t) = I_0 + \sum_{k=1}^{\infty} I_{km}\sin(k\omega t + \psi_{ik})$$

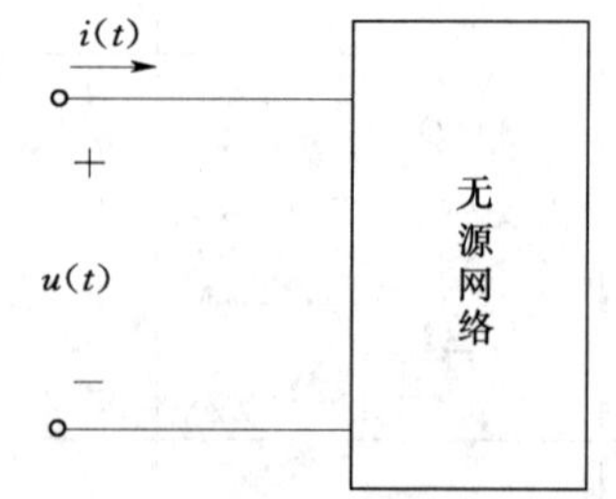

图 6-4　非正弦周期电流作用于无源网络

则该无源网络的平均功率为

$$P = \frac{1}{T}\int_0^T ui\,\mathrm{d}t$$

即

$$P=\frac{1}{T}\int_{0}^{T}\left[U_{0}+\sum_{k=1}^{\infty}U_{km}\sin(k\omega t+\psi_{uk})\right]\times\left[I_{0}+\sum_{k=1}^{\infty}I_{km}\sin(k\omega t+\psi_{ik})\right]dt$$

根据三角函数的性质，推导得到

$$\begin{aligned}P&=U_{0}I_{0}+\sum_{k=1}^{\infty}U_{k}I_{k}\cos\varphi_{k}=U_{0}I_{0}+U_{1}I_{1}\cos\varphi_{1}+U_{2}I_{2}\cos\varphi_{2}+U_{3}I_{3}\cos\varphi_{3}+\cdots\\&=P_{0}+P_{1}+P_{2}+\cdots\end{aligned}\tag{6-7}$$

式中 $\varphi_k=\varphi_{uk}-\varphi_{ik}$。由此可见，**不同次的谐波电流与电压之间，只能构成瞬时功率，不能构成平均功率。只有同次谐波的电流与电压之间，才能既构成瞬时功率又构成平均功率。**

非正弦周期电流电路的平均功率为直流分量的功率与各次谐波单独作用时的平均功率之和。

【例 6-1】 非正弦周期电流作用于图 6-5 所示无源网络，其电流、电压的有效值及功率可用电动系仪表来测量。已知：

$$u=10+141.4\sin\omega t+28.28\sin(3\omega t+30^{\circ})\ \text{V}$$

$$i=10\sin(\omega t+45^{\circ})+2\sin(3\omega t-15^{\circ})\ \text{A}$$

求电动系电压表Ⓥ、电流表Ⓐ和功率表Ⓦ的读数。

解 电压表读数是 u 的有效值

$$Ⓥ=U=\sqrt{10^{2}+\left(\frac{141.4}{\sqrt{2}}\right)^{2}+\left(\frac{28.28}{\sqrt{2}}\right)^{2}}=102.5\ (\text{V})$$

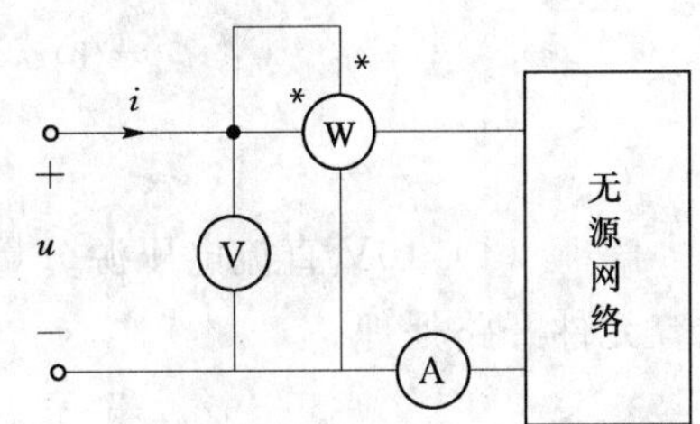

图 6-5 [例 6-1] 图

电流表读数是 i 的有效值

$$Ⓐ=I=\sqrt{\left(\frac{10}{\sqrt{2}}\right)^{2}+\left(\frac{2}{\sqrt{2}}\right)^{2}}=7.21\ (\text{A})$$

功率表的读数是该电路的平均功率

$$\begin{aligned}Ⓦ=P&=P_{0}+P_{1}+P_{3}\\&=0+100\times7.071\times\cos(-45^{\circ})+20\times\sqrt{2}\cos[30^{\circ}-(-15^{\circ})]=520(\text{W})\end{aligned}$$

6.2 非正弦周期电流电路的计算

线性电路的电源为非正弦周期信号时，画出直流和各次谐波电源单独作用时的分图，分别用直流法、相量法计算，再**根据叠加定律将所得分量按瞬时值叠加**，可实现对非正弦周期电流电路的计算。

6.2.1 非正弦周期电流电路的计算方法

(1) 对不同频率的激励，电路的感抗与容抗是变化的。**对直流激励而言，电容元件 C 相当于开路、电感元件 L 相当于短路。若基波感抗、容抗分别为 $X_L=\omega L$，$X_C=\frac{1}{\omega C}$，则对 k 次谐波：$X_{L(k)}=k\omega L$、$X_{C(k)}=\frac{1}{k\omega C}$，感抗增加 k 倍，容抗减小 k 倍。**

(2) 各次不同频率正弦分量的计算分别采用相量法，**但不同频率的相量之间不能进行加、减、乘、除运算，必须将计算结果分别转换为瞬时值表达式后才能叠加。**

(3) 因为计算结果最终要写成瞬时值表达式，所以**相量计算时采用振幅相量比较方便**。算式中电流、电压后下标的括号中为"0"表示直流分量；为"1"表示基波分量；为"2"表示二次谐波分量；……依此类推。

因此，**非正弦周期电流电路的计算实质上是化为直流与一系列不同频率的正弦电流电路的计算。**

【例 6-2】　图 6-6 (a) 中，求 $i(t)$、$i_L(t)$、$i_C(t)$ 及网络吸收的有功功率。已知 $R=\omega L=\frac{1}{\omega C}=2\Omega$，$u(t)=10+100\sin\omega t+40\sin(3\omega t+90°)$ V。

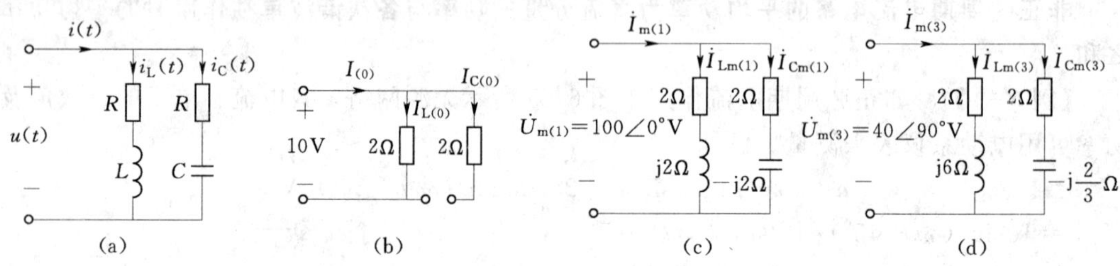

图 6-6　[例 6-2] 图

解　(1) 10V 直流电压源分量单独作用，如图 6-6 (b) 所示，电感元件短路处理，电容元件开路处理。

$$I_{C(0)}=0\quad I_{(0)}=I_{L(0)}=\frac{U_0}{R}=\frac{10}{2}=5\text{(A)}$$

(2) $100\sin\omega t$ V 基波电压源分量单独作用，如图 6-6 (c) 所示。

$$\dot{I}_{Lm(1)}=\frac{\dot{U}_{m(1)}}{R+j\omega L}=\frac{100\angle 0°}{2+j2}=35.36\angle-45°\text{(A)},\ i_{L(1)}=35.36\sin(\omega t-45°)\text{A}$$

$$\dot{I}_{Cm(1)}=\frac{\dot{U}_{m(1)}}{R-j\dfrac{1}{\omega C}}=\frac{100\angle 0°}{2-j2}=35.36\angle 45°\text{(A)},\ i_{C(1)}=35.36\sin(\omega t+45°)\text{A}$$

同频率的两电流可相量相加

$$\dot{I}_{m(1)}=\dot{I}_{Lm(1)}+\dot{I}_{Cm(1)}=35.36\angle-45°+35.36\angle 45°=50\angle 0°\text{(A)}$$

$$i_{(1)}=50\sin\omega t\,\text{A}$$

(3) $40\sin(3\omega t+90°)$ V 3 次谐波电压源分量单独作用，如图 6-6 (d) 所示。

$$\dot{I}_{Lm(3)}=\frac{\dot{U}_{m(3)}}{R+j3\omega L}=\frac{40\angle 90°}{2+j6}=6.32\angle 18.4°\text{(A)},\ i_{L(3)}=6.32\sin(3\omega t+18.4°)\text{A}$$

$$\dot{I}_{Cm(3)}=\frac{\dot{U}_{m(3)}}{R-j\dfrac{1}{3\omega C}}=\frac{40\angle 90°}{2-j\dfrac{2}{3}}=19\angle 108.52°\text{(A)},\ i_{C(3)}=19\sin(3\omega t+108.52°)\text{A}$$

$$\dot{I}_{m(3)}=\dot{I}_{Lm(3)}+\dot{I}_{Cm(3)}=6.32\angle 18.4^{\circ}+19\angle 108.52^{\circ}=20.02\angle 90.11^{\circ}\ (A)$$

$$i_{(3)}=20.02\sin(3\omega t+90.11^{\circ})A$$

（4）以上计算结果按瞬时值表达式叠加。

$$i_L(t)=I_{L(0)}+i_{L(1)}+i_{L(3)}=5+35.36\sin(\omega t-45^{\circ})+6.32\sin(3\omega t+18.4^{\circ})A$$

$$i_C(t)=I_{C(0)}+i_{C(1)}+i_{C(3)}=35.36\sin(\omega t+45^{\circ})+19\sin(3\omega t+108.52^{\circ})A$$

$$i(t)=I_{(0)}+i_{(1)}+i_{(3)}=5+50\sin\omega t+20.02\sin(3\omega t+90.11^{\circ})A$$

（5）计算平均功率

$$\begin{aligned}P&=U_{(0)}I_{(0)}+U_{(1)}I_{(1)}\cos\varphi_1+U_{(3)}I_{(3)}\cos\varphi_3\\&=10\times 5+\frac{100}{\sqrt{2}}\times\frac{50}{\sqrt{2}}\cos 0^{\circ}+\frac{40}{\sqrt{2}}\times\frac{20.02}{\sqrt{2}}\cos(-0.11^{\circ})\\&=2950\ (W)\end{aligned}$$

【例 6-3】　在图 6-7 所示电路中，$\omega L_1=100\Omega$，$\omega L_2=100\Omega$，$\frac{1}{\omega C_1}=400\Omega$，$\frac{1}{\omega C_2}=100\Omega$，$R=60\Omega$，$u=[60+60\sin\omega t+6\sin(2\omega t+30^{\circ})]$ V，求 i_1、i_2、u_{C2}。

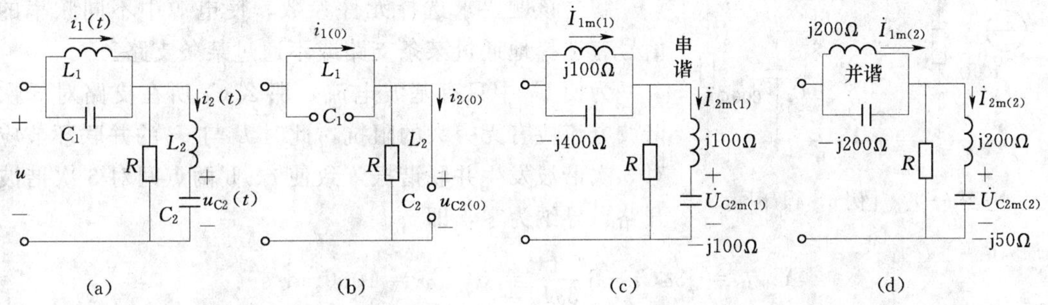

图 6-7　[例 6-3] 图

解　根据叠加定理画出电压源中直流分量、基波分量、二次谐波分量单独作用时的图 6-7（b）、（c）、（d）。图 6-7（b）中直流电源作用，电容开路，电感短路，则有

$$i_{1(0)}=\frac{U_{(0)}}{R}=\frac{60}{60}=1\ (A),\ i_{2(0)}=0,\ u_{C2(0)}=60V$$

图 6-7（c）中基波电源单独作用，L_2、C_2 发生串联谐振，使 R 两端短路，流过 R 的电流为零，得

$$\dot{I}_{1m(1)}=\frac{\dot{U}_{m(1)}}{j\omega L_1}=\frac{60\angle 0^{\circ}}{j100}=0.6\angle -90^{\circ}\ (A),i_{1(1)}=0.6\sin(\omega t-90^{\circ})A$$

$$\begin{aligned}\dot{I}_{2m(1)}&=\frac{\dot{U}_{m(1)}}{j\omega L_1}+\frac{\dot{U}_{m(1)}}{-1/j\omega C_1}=\frac{60\angle 0^{\circ}}{j100}+\frac{60\angle 0^{\circ}}{-j400}\\&=0.6\angle -90^{\circ}+0.15\angle 90^{\circ}=0.45\angle -90^{\circ}\ (A)\end{aligned}$$

$$i_{2(1)}=0.45\sin(\omega t-90^{\circ})A$$

$$\dot{U}_{C2m(1)}=-j100\times\dot{I}_{2m(1)}=-j100\times 0.45\angle -90^{\circ}=45\angle 180^{\circ}\ (V)$$

$$u_{C2(1)}=45\sin(\omega t+180^{\circ})V$$

图 6－7（d）中二次谐波电源单独作用，感抗增加 2 倍，容抗减小 2 倍，使 L_1、C_1 发生并联谐振，L_1、C_1 并联环节相当于开路，使 $i_{2(2)}=0$，$u_{C2(2)}=0$。

$$\dot{I}_{1m(2)}=\frac{\dot{U}_{m(2)}}{j2\omega L}=\frac{6\angle 30^\circ}{j200}=0.03\angle-60^\circ(A),i_{1(2)}=0.03\sin(2\omega t-60^\circ)A$$

所以

$$i_1=i_{1(0)}+i_{1(1)}+i_{1(2)}=1+0.6\sin(\omega t-90^\circ)+0.03\sin(2\omega t-60^\circ)A$$

$$i_2=i_{2(0)}+i_{2(1)}+i_{2(2)}=0.45\sin(\omega t-90^\circ)A$$

$$u_{C2}=u_{C2(0)}+u_{C2(1)}+u_{C2(2)}=60+45\sin(\omega t+180^\circ)V$$

注意本例基波分量、2 次谐波分量电压源作用时，电源电压全都加到了 L_1、C_1 并联环节上。

6.2.2　滤波器简介

【例 6－4】　在图 6－8 中，$i_s(t)=5+20\sin1000t+10\sin3000tA$，$L=0.1H$。要求电容 C_1 中只有基波电流，电容 C_3 中只有 3 次谐波电流，求 C_1、C_2 的值。

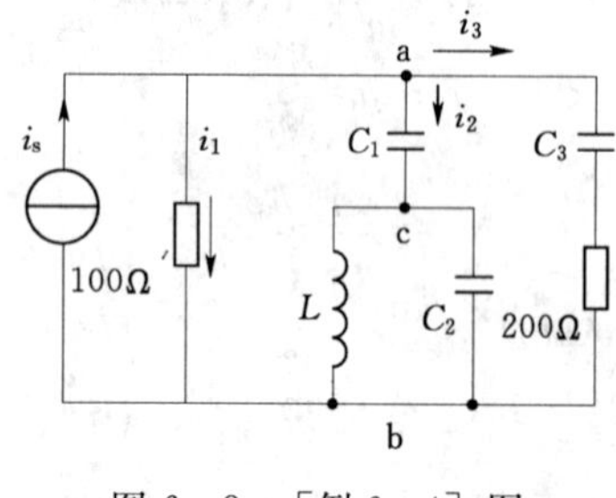

图 6－8　［例 6－4］图

解　该题要求选择元件参数，使电源中不同频率的信号有选择地通过某条支路或不通过某条支路。

为使 C_1 中只有基波电流，那么 C_1 所在支路对 3 次谐波电流应有无穷大的阻抗，此时 L 与 C_2 的并联环节应对 3 次谐波发生并联谐振，致使 c、b 两点间对 3 次谐波开路，导纳为零，即

$$Y_{cb(3)}=j3\omega C_2-j\frac{1}{3\omega L}=0,\quad \omega=1000rad/s$$

得

$$C_2=\frac{1}{(3\omega)^2L}=\frac{1}{3000^2L}=\frac{1}{9\times10^5}=1.11\ (\mu F)$$

为使 C_3 中只有 3 次谐波电流而不含基波，那么中间支路的 a、b 两点间对基波电流的阻抗应为零，使基波电流全部流过这条支路，此时 L、C_1、C_2 串并联环节应对基波发生串联谐振，致使 a、b 两点间对基波短路，即

$$Z_{ab(1)}=-j\frac{1}{\omega C_1}+\frac{j\omega L\left(-j\frac{1}{\omega C_2}\right)}{j\omega L+\left(-j\frac{1}{\omega C_2}\right)}=0,\ \omega=1000rad/s$$

得

$$\frac{1}{\omega C_1}+\frac{L/C_2}{\omega L-\frac{1}{\omega C_2}}=0\quad 即\ C_1=8.89\mu F$$

图 6－8 中的 ab **支路能够有选择性地通过不同频率的信号，这种电路称为滤波器**。滤波器在电子线路与通信网络中应用较多，种类也较多，如图 6－9（a）虚线框内是低通滤波器，直流及低频信号容易通过它而到达负载，高频信号则通过两个电容元件返回了电源负极。将交流电转变为直流电后的半波整流及全波整流波形，为滤去其中的交流纹波，就

要用到低通滤波器。图 6-9（b）虚线框内则是高通滤波器，高频信号容易通过它到达负载，低频信号则通过两个电感元件返回了电源负极。

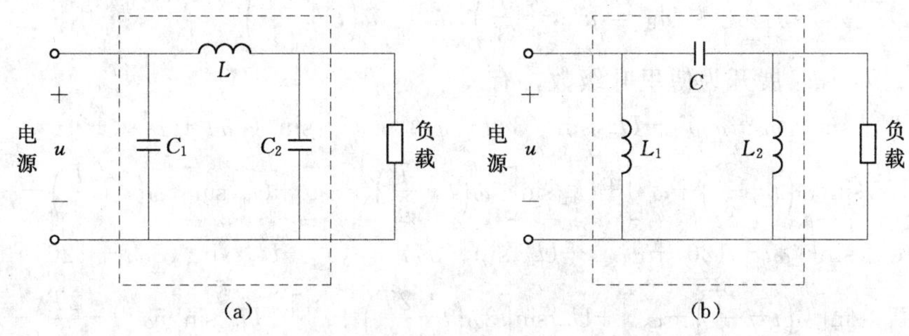

图 6-9　滤波器示例

6.2.3　非正弦周期电流的等效正弦波

电工技术中常遇到一些直流分量为零，高次谐波振幅远小于基波的非正弦周期量，为了便于用相量法（只能是单一频率）进行计算，得到电路的相量模型，常把这种非正弦量近似地用单一频率的正弦量来代替，从而把非正弦周期电流电路简化为正弦电流电路，称该正弦量为非正弦量的等效正弦波。**等效正弦波的频率、有效值及初相位规定如下：**

(1) 等效正弦波的频率与原来非正弦周期量的频率相同。

(2) 等效正弦波的有效值与原来非正弦量的有效值相等。

(3) 用等效正弦波代替原来非正弦量后，必须使电路的平均功率不变。因此，对某无源网络而言，等效正弦电压与等效正弦电流的相位差为 $\varphi=\pm\arccos\dfrac{P}{UI}$，基波电压超前于基波电流时，$\varphi$ 角取正，电路为感性。

采用等效正弦波是允许误差条件下的一种近似，它只在频率、有效值及平均功率三方面等效，其他方面不等效。

若某无源网络关联参考方向下：$u=141.4\sin\omega t+28.28\sin(3\omega t+30°)$ V，$U=101.98$V；$i=10\sin(\omega t+45°)+2\sin(3\omega t-15°)$ A，$I=7.21$A；平均功率 $P=520$W；基波电压滞后于基波电流，φ 角取负。则该电压与电流的等效正弦波表达为

$$u=101.98\sqrt{2}\sin\omega t\,\text{V}$$

$$\varphi=-\arccos\frac{P}{UI}=-\arccos\frac{520}{101.98\times 7.21}=-44.99°$$

$$i=7.21\sqrt{2}\sin(\omega t+44.99°)\,\text{A}$$

该无源网络的等效相量模型为容性。

6.3　对称三相电路中的高次谐波※

6.3.1　非正弦三相电源中三组不同性质的谐波组

对称三相电源的瞬时值是时间的镜对称函数，理想波形为正弦波，如波形发生畸变，

其中就含有奇次谐波。3 个对称的非正弦相电压在时间上依次相差基波的 1/3 周期。设

$$u_A = u(t)$$

则

$$u_B = u\left(t - \frac{T}{3}\right), u_C = u\left(t - \frac{2T}{3}\right) \tag{6-8}$$

把 u_A、u_B、u_C 展开为傅里叶级数，有

$$\begin{cases} u_A = U_{m1}\sin(\omega t + \varphi_1) + U_{m3}\sin(3\omega t + \varphi_3) + U_{m5}\sin(5\omega t + \varphi_5) + \cdots \\ u_B = U_{m1}\sin\left[\omega\left(t - \frac{T}{3}\right) + \varphi_1\right] + U_{m3}\sin\left[3\omega\left(t - \frac{T}{3}\right) + \varphi_3\right] + U_{m5}\sin\left[5\omega\left(t - \frac{T}{3}\right) + \varphi_5\right] + \cdots \\ \quad = U_{m1}\sin[\omega t - 120° + \varphi_1] + U_{m3}\sin(3\omega t + \varphi_3) + U_{m5}\sin(5\omega t + 120° + \varphi_5) + \cdots \\ u_C = U_{m1}\sin\left[\omega\left(t - \frac{2T}{3}\right) + \varphi_1\right] + U_{m3}\sin\left[3\omega\left(t - \frac{2T}{3}\right) + \varphi_3\right] + U_{m5}\sin\left[5\omega\left(t - \frac{2T}{3}\right) + \varphi_5\right] + \cdots \\ \quad = U_{m1}\sin[\omega t + 120° + \varphi_1] + U_{m3}\sin(3\omega t + \varphi_3) + U_{m5}\sin(5\omega t - 120° + \varphi_5) + \cdots \end{cases} \tag{6-9}$$

其中用到 $\frac{2}{3}\pi = 120°$，$2\pi = 360° = 0°$，$\frac{10}{3}\pi = 2\pi + \frac{4}{3}\pi = 240°$，$\frac{20}{3}\pi = 6\pi + \frac{2}{3}\pi = 120°$。观察 u_A、u_B、u_C 三者间的相位差，有以下规律：

①基波、7、13、…次谐波：u_B 滞后 u_A 为 120°，u_C 超前 u_A 为 120°，称为正序对称组

② 3、9、15、…次谐波：u_A、u_B、u_C 同相，三相间无相位差，称为零序对称组。

③ 5、11、17、…次谐波：u_B 超前 u_A 为 120°，u_C 滞后 u_A 为 120°，称为负序对称组。

这 3 组不同性质的谐波组，使三相电路各电流、电压间的关系变得复杂化。

6.3.2　不同性质的谐波对称组对星形连接电源的影响

观察图 6-10 所示星形连接的三相电路，进行分析：

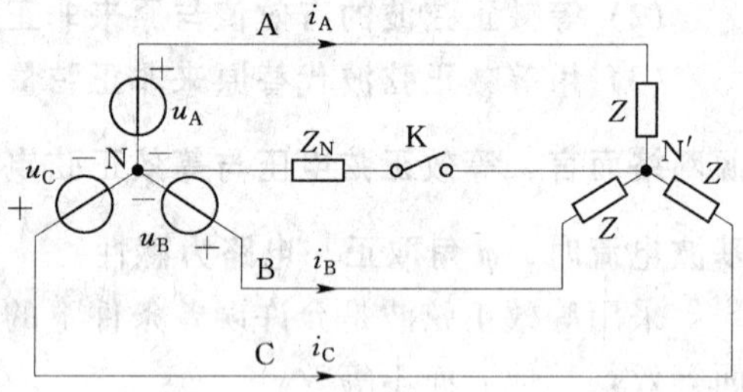

图 6-10　星形连接的三相电路

（1）含谐波的三相电源中，正序和负序对称组（基波、5、7、11 次等）每次谐波的线电压有效值为同次谐波相电压有效值的 $\sqrt{3}$ 倍，即

$$U_{L1} = \sqrt{3}U_{P1}, U_{L5} = \sqrt{3}U_{P5}$$

$$U_{L7} = \sqrt{3}U_{P7}, U_{L11} = \sqrt{3}U_{P11}$$

（2）零序对称组（3 次、9 次等）由于它们的大小相等且同相，使 $\dot{U}_{AB3} = \dot{U}_{A3} - \dot{U}_{B3} = 0$，线电压中不含这些谐波分量。

（3）综合起来看，**星形电源的线电压有效值小于相电压有效值的 $\sqrt{3}$ 倍**。

$$U_L = \sqrt{U_{L1}^2 + U_{L5}^2 + U_{L7}^2 + U_{L11}^2 + \cdots}$$
$$= \sqrt{3}\sqrt{U_{P1}^2 + U_{P5}^2 + U_{P7}^2 + U_{P11}^2 + \cdots} \tag{6-10}$$

$$U_P = \sqrt{U_{P1}^2 + U_{P3}^2 + U_{P5}^2 + U_{P7}^2 + U_{P9}^2 + \cdots} \tag{6-11}$$

则 $$U_L < \sqrt{3} U_P \tag{6-12}$$

6.3.3 不同性质的谐波对称组对星形连接负载的影响

1. 三相三线制 Y—Y 连接中 N 与 N′之间没有中线（图 6-10 中开关 K 断开）

(1) 对基波、5 次谐波等正序组和负序组来说，仍可以用相量法按对称三相电路的一相计算电路来分别处理。这时电源中性点和负载中性点间的电压为零，负载线电流中有基波、5 次谐波等正序组和负序组谐波分量。

(2) 对于 3 次、9 次等零序对称组，因为没有回流的中线，负载线电流中将不包含这些谐波分量的电流。**Y—Y 形连接两个中性点之间的电压等于零序对称组的相电压**，即

$$U_{N'N} = \sqrt{U_{P3}^2 + U_{P9}^2 + \cdots} \tag{6-13}$$

负载中不含 3 次、9 次等零序对称组谐波电流，所以负载相电压中也不可能包含这些谐波分量，**Y—Y 形连接负载端的线电压有效值仍是相电压的$\sqrt{3}$倍**。

2. 三相四线制 Y_0—Y_0 连接中 N 与 N′之间有中线（图 6-10 中开关 K 闭合）

中线为 3 次、9 次等零序对称组谐波电流提供了流通路径，负载线电流中将包含有这些谐波分量。并且 A、B、C 三相的 3 次（及 9 次等）谐波电流相等。

因为 $$\dot{I}_{A3} = \dot{I}_{B3} = \dot{I}_{C3}, \ \dot{U}_{A3} = Z_{(3)} \dot{I}_{A3} + Z_{N(3)} \times 3\dot{I}_{A3}$$

所以 $$\dot{I}_{A3} = \dot{I}_{B3} = \dot{I}_{C3} = \frac{\dot{U}_{A3}}{Z_{(3)} + 3Z_{N(3)}} \tag{6-14}$$

中线上 3 次谐波电流是每相的 3 倍

$$\dot{I}_{N3} = 3\dot{I}_{A3} = 3\dot{I}_{B3} = 3\dot{I}_{C3} \tag{6-15}$$

两个中性点之间的 3 次谐波、9 次谐波电压分别为

$$\dot{U}_{N'N(3)} = 3\dot{I}_{A3} Z_{N(3)}, \dot{U}_{N'N(9)} = 3\dot{I}_{A9} Z_{N(9)} \tag{6-16}$$

这时负载端也会出现

$$U_L < \sqrt{3} U_P$$

其中 $Z_{(3)}$、$Z_{N(3)}$ 分别为 3 次谐波时的负载阻抗和中线阻抗。

6.3.4 不同性质的谐波对称组对三角形连接电源的影响

设电源未接负载（负载开路），非正弦对称三相电源首尾相连接成三角形，环路中正序、负序对称组电压之和为零；零序对称组谐波（3 次、9 次）电压沿环路互相加强，其和等于每相该谐波分量的 3 倍，环路中将产生这些谐波的环行电流，如图 6-11 所示。

$$I_{(3)} = \frac{3U_{P3}}{3|Z_{(3)}|} = \frac{U_{P3}}{|Z_{(3)}|} \quad 及\ I_{(9)} = \frac{U_{P9}}{|Z_{(9)}|} \tag{6-17}$$

$Z_{(3)}$、$Z_{(9)}$ 分别为每相绕组对应 3 次、9 次谐波的内阻抗。这些环形电流将在绕组内阻抗上产生压降，并与零序对称组谐波电压自动互相抵消，结果使三角形对称电源相电压中只含正序、负序对称组谐波分量，而没有零序对称组谐波分量。即有

$$U_L = \sqrt{U_{P1}^2 + U_{P5}^2 + U_{P7}^2 + U_{P11}^2 + \cdots}$$

自动避免了零序对称组谐波电压带来的麻烦，这是电源三角形连接的一大优点。因此

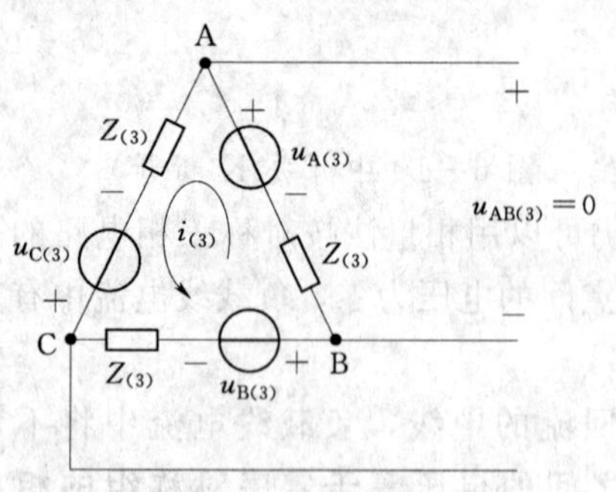

图6-11 对称三角形电源线电压中无零序对称组谐波

需要遏制零序对称组谐波电压的地方，应将电源连接成三角形。

电力电网中的高次谐波还将给电力生产造成其他不良影响，如发生断路器及继电保护装置误动作；使中性线的电流值增大；缩短电容器的使用寿命；增加变压器和异步电动机的损耗；使电能表计量失准等。在后续专业课程中，将对这些影响作更详细的讨论。

【例6-5】 图6-12所示的对称三相电路中，负载的基波阻抗为 $Z_{(1)}=R+\mathrm{j}\omega L=(6+\mathrm{j}8)\Omega$，A相电源电压为 $u_A=U_{m1}\sin\omega t+U_{m3}\sin3\omega t=(100\sin\omega t+40\sin3\omega t)$ V。求：

（1）K 闭合时负载相电压、线电压，负载相电流及中线电流的有效值。

（2）K 打开时负载相电压、线电压，负载相电流及两中性点间的电压有效值。

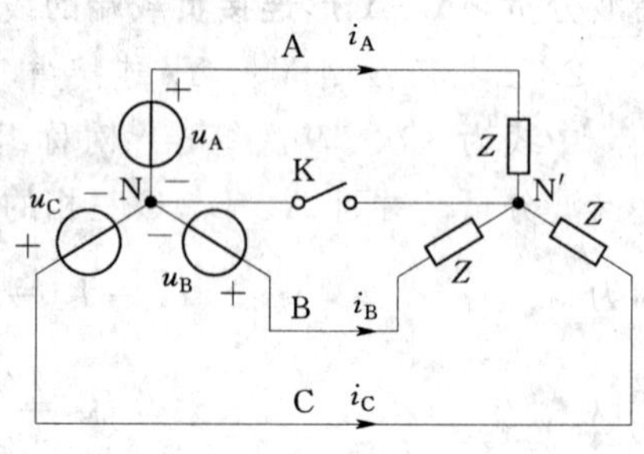

图6-12 ［例6-5］图

解

$Z_{(1)}=R+\mathrm{j}\omega L=(6+\mathrm{j}8)=10\angle53.13°\ (\Omega)$

$Z_{(3)}=R+\mathrm{j}3\omega L=(6+\mathrm{j}24)=24.7\angle75.96°\ (\Omega)$

（1）电源电压中含占基波振幅40%的较大3次谐波分量，属零序对称组。K 闭合时，3次谐波电流经中线形成通路，则

负载相电压

$$U_P=\sqrt{U_{P(1)}^2+U_{P(3)}^2}=\sqrt{\left(\frac{100}{\sqrt{2}}\right)^2+\left(\frac{40}{\sqrt{2}}\right)^2}=76.2\ (\mathrm{V})$$

负载线电压

$$U_L=\sqrt{3}U_{P(1)}=\sqrt{3}\times\frac{100}{\sqrt{2}}=122.5\ (\mathrm{V})$$

两者比较

$$U_L=122.5\mathrm{V}<\sqrt{3}U_P=\sqrt{3}\times76.2=132\ (\mathrm{V})$$

负载相电流

$$I_P=\sqrt{\left(\frac{U_{P(1)}}{|Z_{(1)}|}\right)^2+\left(\frac{U_{P(3)}}{|Z_{(3)}|}\right)^2}=\sqrt{\left(\frac{100/\sqrt{2}}{10}\right)^2+\left(\frac{40/\sqrt{2}}{24.7}\right)^2}=7.16\ (\mathrm{A})$$

中线的3次谐波电流是每相的3倍

$$I_{N(3)}=3I_{P(3)}=3\times\frac{40/\sqrt{2}}{24.7}=3.44\ (\mathrm{A})$$

（2）K 打开时，3次谐波电流为零，无流通路径。

$$U_L=\sqrt{3}U_{P(1)}=122.5\mathrm{V}$$

$$U_P=U_{P(1)}=100/\sqrt{2}=70.7\ (\mathrm{V})$$

$$I_P = \frac{U_{P(1)}}{|Z_{(1)}|} = \frac{100/\sqrt{2}}{10} = 7.07\ (\text{A})$$

电源中的 3 次谐波分量就是两中性点间的电压

$$U_{N'N} = U_{P(3)} = \frac{40}{\sqrt{2}} = 28.3\ (\text{V})$$

习　题　6

一、问答题

6-1　非正弦周期信号的变化规律是什么?

6-2　某非正弦周期波既对称于原点又镜像对称，其傅里叶级数中含有哪些项目?

6-3　如何计算非正弦周期电流信号的有效值及有功功率?

6-4　计算非正弦周期电流电路的步骤如何?

6-5　任意一个非正弦周期函数，若将其波形向上平移某一数值后，它的傅里叶级数与原来的傅里叶级数相比较，哪些分量有变化?哪些分量没有变化?

6-6　如果出现高次谐波，在对称三相电路中哪些谐波分量是正序对称组、零序对称组和负序对称组?

6-7　如果出现高次谐波，三相三线制对称电路的线电流中能否含有三次谐波?三相四线制对称电路的线电流中能否含有三次谐波?

二、计算题

6-1　求周期电压 $u(t)=[0.2+0.8\sin(\omega t-15°)+0.3\sin(2\omega t+40°)]$V 的有效值。

6-2　如题图 6-2 所示电路，已知 $u_R=(50+10\sin\omega t)$V，$R=100\Omega$，$L=2$mH，$C=50\mu$F，$\omega=10^3$rad/s，试求电压 u 的瞬时表达式、有效值及电源所消耗的功率。

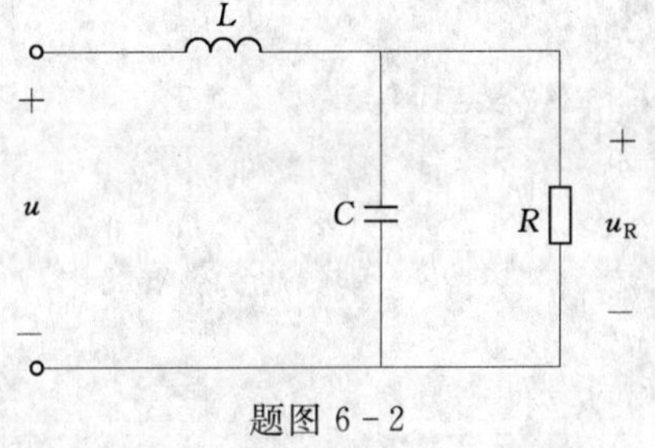

题图 6-2

6-3　如题图 6-3 所示电路，已知 $i=[2+3\sin(\omega t+30°)]$A，$R=4\Omega$，$\frac{1}{\omega C}=3\Omega$，求电压 u。

6-4　如题图 6-4 所示电路，已知 $u=(10+4\sin2\omega t)$ V，$R=10\Omega$，$\frac{1}{\omega C}=20\Omega$，$\omega L=5\Omega$。求电容支路电流 i_C 的表达式。

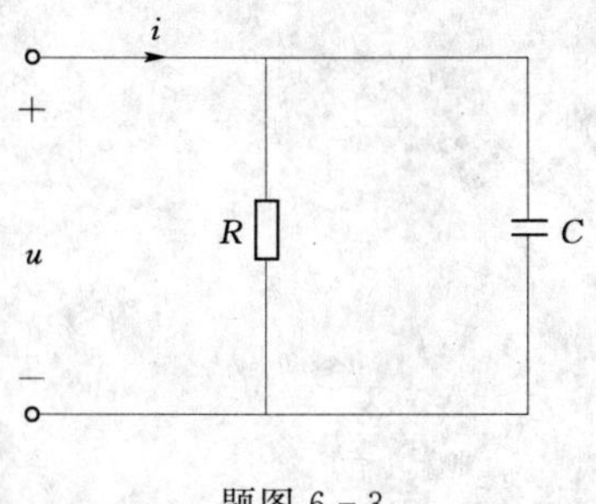

题图 6-3

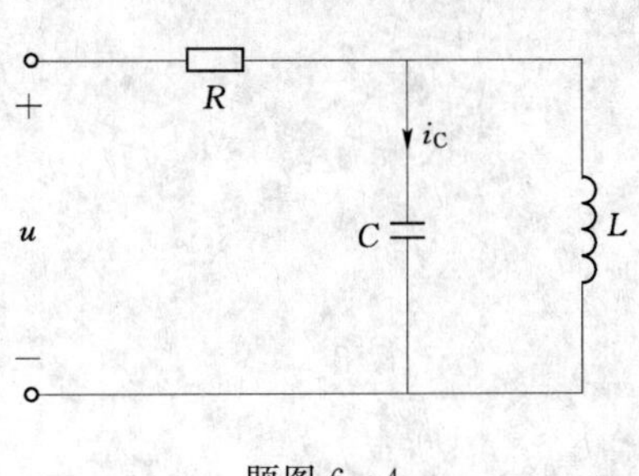

题图 6-4

6-5　某对称三相 Y 连接的电路，电源相电压中含有基波与 3 次谐波，中线存在时负载线电流有效值为 25A，无中线时的线电流有效值为 24A，问当中线存在的时候，流过中线的电流有效值是多少？

6-6　如题图 6-6 所示对称三相电路，已知 $u_A=[308\sin\omega t-100\sin(3\omega t)]$ V，基波阻抗 $Z_{(1)}=R+j\omega L=(10+j2)\Omega$，$Z_{N(1)}=j1\Omega$。试求线电流以及中线电流的有效值。

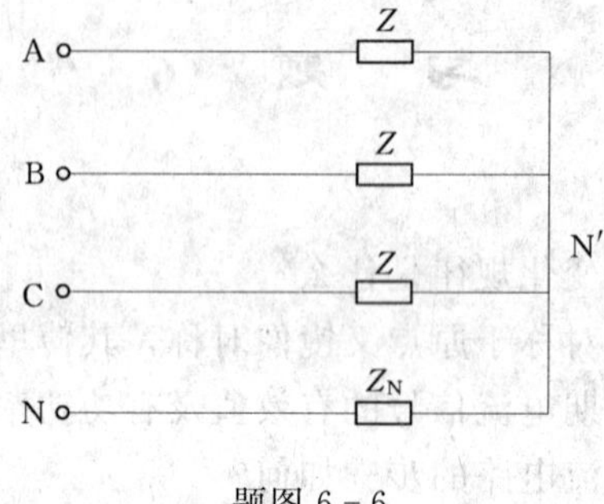

题图 6-6

第7章 二端口网络的概念

许多电路都可由功能独立的单元电路组成，了解这些单元电路输入、输出端口间的伏安关系，就能了解它们的特性并正确使用。**二端口网络是最简单的单元电路，其内部为线性电阻、电感、电容、耦合线圈连接而成，可以有受控源，但不含独立电源**。图7-1就是几个二端口网络例子。

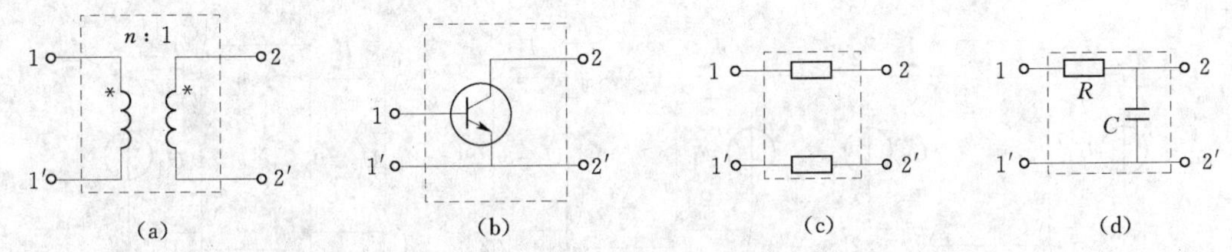

图7-1 二端口网络示例

(a) 理想变压器；(b) 晶体三极管；(c) 传输线；(d) 低通滤波器

7.1 二端口网络的端口条件及导纳参数、阻抗参数方程

7.1.1 二端口网络的端口条件

二端口网络，用符号N表示，其输入端口11′与前方电路相连，输出端口22′与后续电路相连，二端口网络只是一个整体电路的中间环节。如图7-2 (a) 所示二端口网络的端口条件是

$$\dot{I}_1=\dot{I}'_1,\ \dot{I}_2=\dot{I}'_2 \tag{7-1}$$

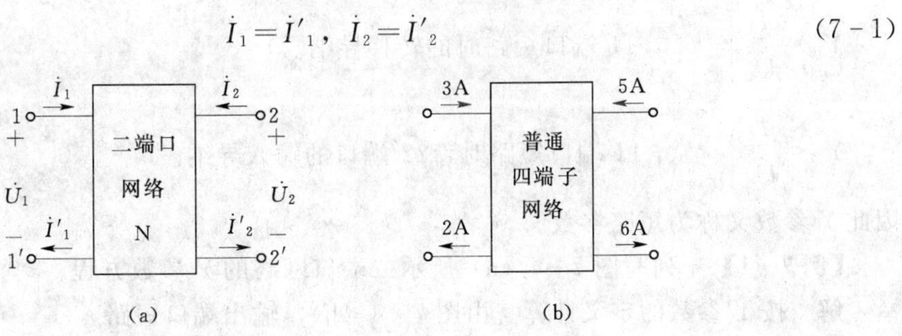

图7-2 二端口网络的端口条件

该式表明，任意时刻流进1端子的电流等于流出1′端子的电流，流进2端子的电流等于流出2′端子的电流。图7-2 (b) 所示是普通四端子网络，不符合式 (7-1)，不是本章讨论的范畴。因此二端口网络只有4个变量：$\dot{I}_1$、$\dot{I}_2$、$\dot{U}_1$、$\dot{U}_2$，其参考方向统一规定

如图 7-2（a）所示，$\dot{I}_1$、$\dot{I}_2$ 分别从 1、2 端子流进，$\dot{U}_1$、$\dot{U}_2$ 均上正下负。

7.1.2　二端口网络的导纳参数方程

参数方程就是网络的伏安关系式，其中的参数值反映了网络的固有特性，仅与内部元件的 *R*、*L*、*C*、*M* 值及频率有关，与外部激励源的大小无关。

二端口网络的导纳参数方程如式（7-2），简称 Y 参数方程，该方程反映了网络电压对电流的控制能力，电压为自变量，电流随电压而变。其中 Y_{11}、Y_{12}、Y_{21}、Y_{22} 称为 Y 参数，单位为西门子（S）。如图 7-3 所示，Y 参数方程中的 $\dot{I}_1$、$\dot{I}_2$ 可看成两个电压源分别单独作用时分量的叠加。

$$\begin{cases}\dot{I}_1=\dot{I}'_1+\dot{I}''_1=Y_{11}\dot{U}_1+Y_{12}\dot{U}_2\\ \dot{I}_2=\dot{I}'_2+\dot{I}''_2=Y_{21}\dot{U}_1+Y_{22}\dot{U}_2\end{cases}\tag{7-2}$$

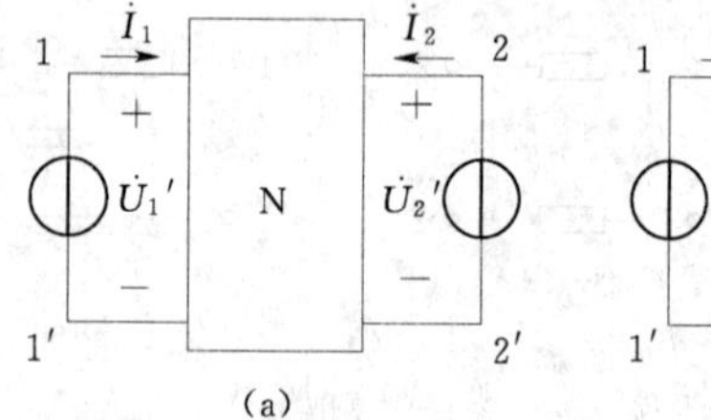

(a)

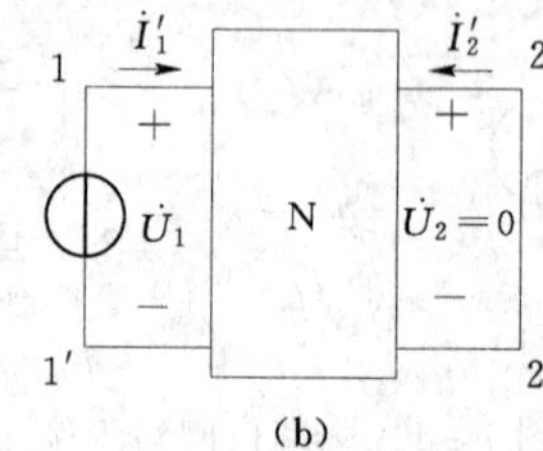

(b)

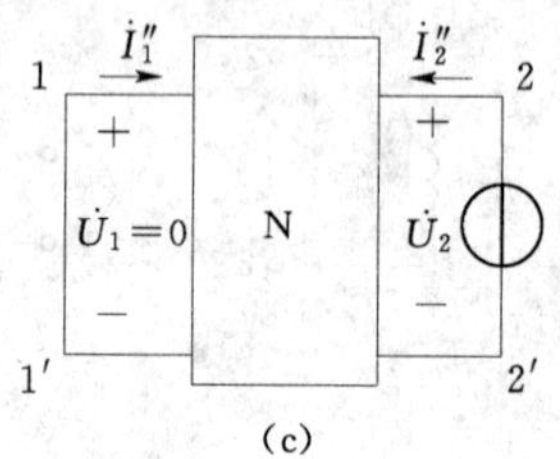

(c)

图 7-3　导纳参数的定义

对照图 7-3（b），Y_{11}、Y_{21}、的定义如下：

$Y_{11}=\left.\dfrac{\dot{I}_1}{\dot{U}_1}\right|_{\dot{U}_2=0}$，22′端口短路时，11′端口的输入导纳。

$Y_{21}=\left.\dfrac{\dot{I}_2}{\dot{U}_1}\right|_{\dot{U}_2=0}$，22′端口短路时的转移导纳。

对照图 7-3（c），Y_{12}、Y_{22} 的定义如下：

$Y_{12}=\left.\dfrac{\dot{I}_1}{\dot{U}_2}\right|_{\dot{U}_1=0}$，11′端口短路时的转移导纳。

$Y_{22}=\left.\dfrac{\dot{I}_2}{\dot{U}_2}\right|_{\dot{U}_1=0}$，11′端口短路时，22′端口的输入导纳。

因此 Y 参数又称为短路参数。

【例 7-1】　列写图 7-4（a）所示二端口网络的 Y 参数方程。

解　按 Y 参数的定义计算。由图 7-4（b），输出端口短路

$Y_{11}=\left.\dfrac{\dot{I}_1}{\dot{U}_1}\right|_{\dot{U}_2=0}=2+\mathrm{j}4\mathrm{S}$（两个导纳并联）

$Y_{21}=\left.\dfrac{\dot{I}_2}{\dot{U}_1}\right|_{\dot{U}_2=0}=-\mathrm{j}4\mathrm{S}$（$\dot{I}_2$、$\dot{U}_1$ 间为非关联方向）

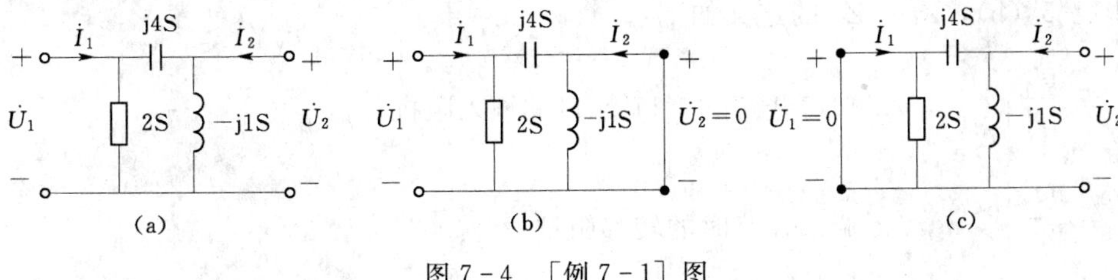

图 7-4 [例 7-1] 图

由图 7-4(c)，输入端口短路

$$Y_{12}=\left.\frac{\dot I_1}{\dot U_2}\right|_{\dot U_1=0}=-\mathrm{j}4\mathrm{S}$$（$\dot I_1$、$\dot U_2$ 间为非关联方向）

$$Y_{22}=\left.\frac{\dot I_2}{\dot U_2}\right|_{\dot U_1=0}=\mathrm{j}4-\mathrm{j}1=\mathrm{j}3\mathrm{S}$$（两个导纳并联）

Y 参数可以按次序写成矩阵形式

$$[Y]=\begin{bmatrix}Y_{11} & Y_{12}\\ Y_{21} & Y_{22}\end{bmatrix}=\begin{bmatrix}2+\mathrm{j}4 & -\mathrm{j}4\\ -\mathrm{j}4 & \mathrm{j}3\end{bmatrix}\mathrm{S}$$

Y 参数方程为

$$\begin{cases}\dot I_1=(2+\mathrm{j}4)\dot U_1-\mathrm{j}4\dot U_2\\ \dot I_2=-\mathrm{j}4\dot U_1+\mathrm{j}3\dot U_2\end{cases}$$

Y 参数方程也可以写成矩阵形式

$$\begin{bmatrix}\dot I_1\\ \dot I_2\end{bmatrix}=\begin{bmatrix}Y_{11} & Y_{12}\\ Y_{21} & Y_{22}\end{bmatrix}\begin{bmatrix}\dot U_1\\ \dot U_2\end{bmatrix}=\begin{bmatrix}2+\mathrm{j}4 & -\mathrm{j}4\\ -\mathrm{j}4 & \mathrm{j}3\end{bmatrix}\begin{bmatrix}\dot U_1\\ \dot U_2\end{bmatrix}$$

7.1.3 二端口网络的阻抗参数方程

二端口网络的阻抗参数方程如式（7-3），简称 Z 参数方程，该方程反映了网络电流对电压的控制能力，电流为自变量，电压随电流而变。其中 Z_{11}、Z_{12}、Z_{21}、Z_{22} 称为 Z 参数，单位为 Ω。如图 7-5 所示，Z 参数方程中的 $\dot U_1$、$\dot U_2$ 可看成两个电流源分别单独作用时分量的叠加。

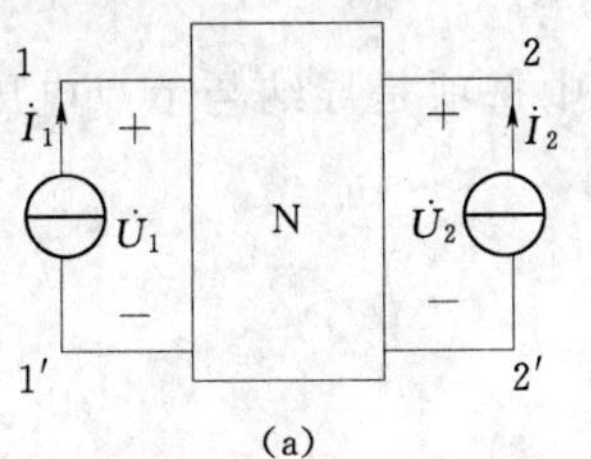

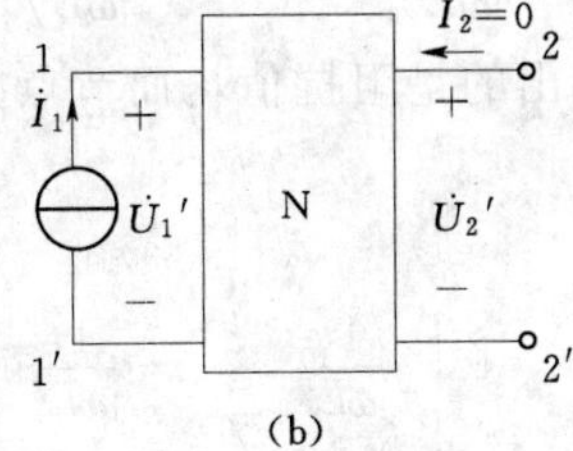

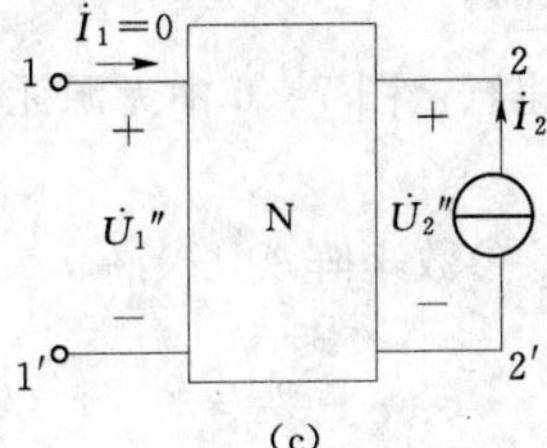

图 7-5 阻抗参数的定义

$$\begin{cases}\dot U_1=\dot U'_1+\dot U''_1=Z_{11}\dot I_1+Z_{12}\dot I_2\\ \dot U_2=\dot U'_2+\dot U''_2=Z_{21}\dot I_1+Z_{22}\dot I_2\end{cases}\tag{7-3}$$

对照图 7-5（b），Z_{11}、Z_{21}的定义如下：

$$Z_{11}=\left.\frac{\dot{U}_1}{\dot{I}_1}\right|_{\dot{I}_2=0}$$，22′端口开路时，11′端口的输入阻抗。

$$Z_{21}=\left.\frac{\dot{U}_2}{\dot{I}_1}\right|_{\dot{I}_2=0}$$，22′端口开路时的转移阻抗。

对照图 7-5（c），Z_{12}、Z_{22}的定义如下：

$$Z_{12}=\left.\frac{\dot{U}_1}{\dot{I}_2}\right|_{\dot{I}_1=0}$$，11′端口开路时的转移阻抗。

$$Z_{22}=\left.\frac{\dot{U}_2}{\dot{I}_2}\right|_{\dot{I}_1=0}$$，11′端口开路时，22′端口的输入阻抗。

因此 Z 参数又称为开路参数。

【例 7-2】　列写图 7-6 所示二端口网络的 Y 参数和 Z 参数方程。

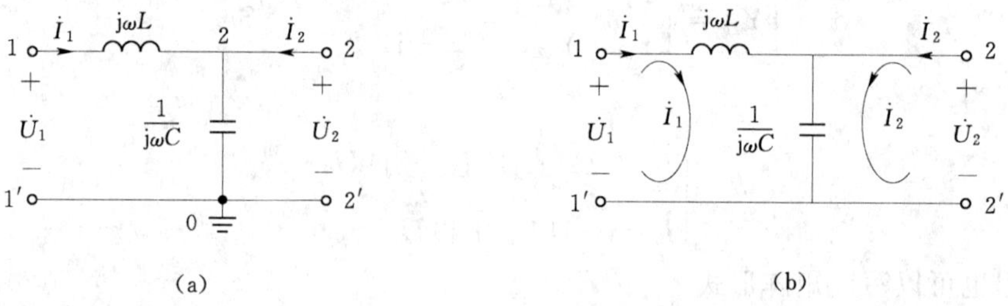

图 7-6　［例 7-2］图

解　网络的节点方程和网孔方程都是伏安关系式，两者与 Y 参数、Z 参数方程可以统一起来。

（1）求 Y 参数。图 7-6（a）所示支路数不多，1、2 两点间由某支路直接相连时，列写 1、2 两点的节点方程就是 Y 参数方程。

$$\begin{cases}\dot{I}_1=\dfrac{1}{j\omega L}\dot{U}_1-\dfrac{1}{j\omega L}\dot{U}_2\\ \dot{I}_2=-\dfrac{1}{j\omega L}\dot{U}_1+\left(j\omega C+\dfrac{1}{j\omega L}\right)\dot{U}_2\end{cases}$$

注意：图 7-6 中无源元件给出的是阻抗值，而节点方程中每项是导纳与节点电压的乘积。

Y 参数矩阵

$$[Y]=\begin{bmatrix}\dfrac{1}{j\omega L} & -\dfrac{1}{j\omega L}\\ -\dfrac{1}{j\omega L} & j\omega C+\dfrac{1}{j\omega L}\end{bmatrix}$$

（2）求 Z 参数。如图 7-6（b）所示电路仅有左、右两个网孔时，列写两网孔方程就是 Z 参数方程。

$$\begin{cases}\dot{U}_1=\left(j\omega L+\dfrac{1}{j\omega C}\right)\dot{I}_1+\dfrac{1}{j\omega C}\dot{I}_2\\\dot{U}_2=\dfrac{1}{j\omega C}\dot{I}_1+\dfrac{1}{j\omega C}\dot{I}_2\end{cases}$$

Z 参数矩阵

$$[Z]=\begin{bmatrix}j\omega L+\dfrac{1}{j\omega C} & \dfrac{1}{j\omega C}\\\dfrac{1}{j\omega C} & \dfrac{1}{j\omega C}\end{bmatrix}$$

[例 7-1]、[例 7-2] 所示电路不含受控源，称为互易二端口网络，有以下规律

$$Z_{12}=Z_{21}\quad ,\ Y_{12}=Y_{21} \tag{7-4}$$

【例 7-3】 用两种方法求图 7-7 (a) 所示二端口网络的 Z 参数。

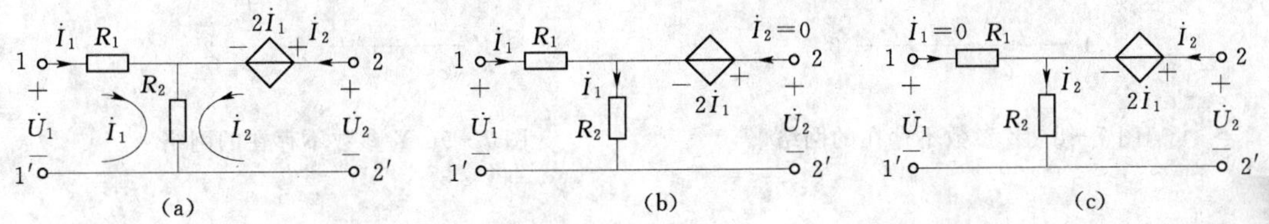

图 7-7 [例 7-3] 图

解 (1) 按 Z 参数的定义计算：

如图 7-7 (b) 所示，将 22′开路，$\dot{I}_2=0$，得

$$\dot{U}_1=\dot{I}_1\ (R_1+R_2),\quad Z_{11}=\left.\frac{\dot{U}_1}{\dot{I}_1}\right|_{\dot{I}_2=0}=R_1+R_2$$

$$\dot{U}_2=2\dot{I}_1+\dot{I}_1R_2,\quad Z_{21}=\left.\frac{\dot{U}_2}{\dot{I}_1}\right|_{\dot{I}_2=0}=2+R_2$$

如图 7-7 (c) 所示，将 11′开路，得

$$\dot{U}_2=\dot{U}_1=\dot{I}_2R_2$$

$$Z_{12}=Z_{22}=\left.\frac{\dot{U}_1}{\dot{I}_2}\right|_{\dot{I}_1=0}=\left.\frac{\dot{U}_2}{\dot{I}_2}\right|_{\dot{I}_1=0}=R_2$$

(2) 列写两网孔方程直接得 Z 参数方程：

$$\begin{cases}\dot{U}_1=(R_1+R_2)\ \dot{I}_1+R_2\dot{I}_2\\\dot{U}_2=R_2\dot{I}_1+R_2\dot{I}_2+2\dot{I}_1=(2+R_2)\ \dot{I}_1+R_2\dot{I}_2\end{cases}$$

Z 参数矩阵

$$[Z]=\begin{bmatrix}Z_{11} & Z_{12}\\Z_{21} & Z_{22}\end{bmatrix}=\begin{bmatrix}R_1+R_2 & R_2\\2+R_2 & R_2\end{bmatrix}$$

Z 参数方程也可以写成矩阵形式

$$\begin{bmatrix}\dot{U}_1\\ \dot{U}_2\end{bmatrix}=\begin{bmatrix}Z_{11} & Z_{12}\\ Z_{21} & Z_{22}\end{bmatrix}\begin{bmatrix}\dot{I}_1\\ \dot{I}_2\end{bmatrix}=\begin{bmatrix}R_1+R_2 & R_2\\ 2+R_2 & R_2\end{bmatrix}\begin{bmatrix}\dot{I}_1\\ \dot{I}_2\end{bmatrix}$$

[例 7-3] 所示电路含有受控源，不是互易网络，则 $Z_{12}\neq Z_{21}$，$Y_{12}\neq Y_{21}$。

并不是所有二端口网络的 Y 参数、Z 参数都存在，与图 7-8 所示结构相同的二端口网络 Z 参数不存在，因为 $\dot{I}_1=0$ 时，$\dot{I}_2$ 也为零，Z 参数表达式的分母为零；与图 7-9 所示结构相同的二端口网络 Y 参数不存在，因为 $\dot{U}_1=0$ 时，$\dot{U}_2$ 也为零，Y 参数表达式的分母为零。

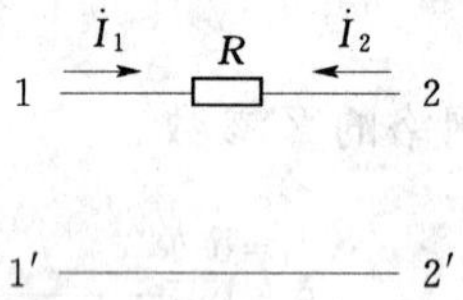

图 7-8　Z 参数不存在的网络

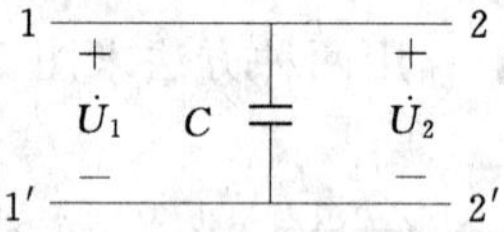

图 7-9　Y 参数不存在的网络

7.2　二端口网络的传输参数、混合参数方程

二端口网络的导纳参数、阻抗参数是基本参数，而传输参数、混合参数是工程中的应用参数。

7.2.1　二端口网络的传输参数方程

二端口网络的传输参数方程简称为 T 参数方程，如式（7-5）所示，即

$$\begin{cases}\dot{U}_1=A\dot{U}_2+B(-\dot{I}_2)\\ \dot{I}_1=C\dot{U}_2+D(-\dot{I}_2)\end{cases}\tag{7-5}$$

方程的矩阵形式为

$$\begin{bmatrix}\dot{U}_1\\ \dot{I}_1\end{bmatrix}=\begin{bmatrix}A & B\\ C & D\end{bmatrix}\begin{bmatrix}\dot{U}_2\\ -\dot{I}_2\end{bmatrix}=[\boldsymbol{T}]\begin{bmatrix}\dot{U}_2\\ -\dot{I}_2\end{bmatrix}$$

该方程以 $\dot{U}_2$、$(-\dot{I}_2)$ 为自变量，$\dot{U}_1$、$\dot{I}_1$ 为因变量，反映了 $22'$ 端口的电压、电流对 $11'$ 端口电压、电流的控制能力，即反映了二端口间的传输特性。如图 7-10 所示，从信号传输的观点考虑问题，只有 $(-\dot{I}_2)$ 的参考方向才是向后续网络传输电流的方向。

对照图 7-10（a），T 参数中 A、C 的定义为：

$A=\left.\dfrac{\dot{U}_1}{\dot{U}_2}\right|_{\dot{I}_2=0}$，$22'$ 端口开路时的转移电压比。

$C=\left.\dfrac{\dot{I}_1}{\dot{U}_2}\right|_{\dot{I}_2=0}$，$22'$ 端口开路时的转移导纳（S）。

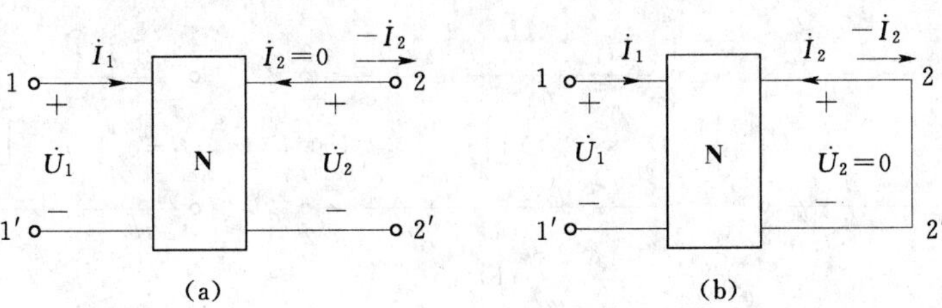

图 7-10 T 参数的定义

对照图 7-10（b），T 参数中 B、D 的定义为：

$$B=\left.\frac{\dot{U}_1}{-\dot{I}_2}\right|_{\dot{U}_2=0}$$ ，22′端口短路时的转移阻抗（Ω）。

$$D=\left.\frac{\dot{I}_1}{-\dot{I}_2}\right|_{\dot{U}_2=0}$$ ，22′端口短路时的转移电流比。

【例 7-4】 求图 7-11（a）所示二端口网络的 T 参数方程。

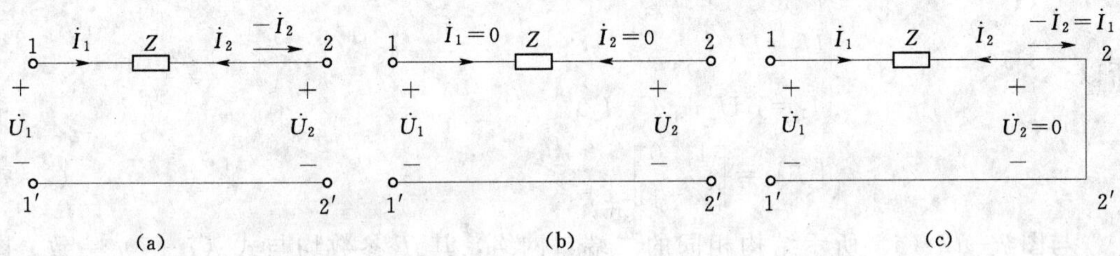

图 7-11 ［例 7-4］图

解 按 T 参数的定义计算：

设 22′开路，如图 7-11（b）所示，$\dot{I}_2=0$，同时 $\dot{I}_1=0$，$\dot{U}_2=\dot{U}_1$，则

$$A=\left.\frac{\dot{U}_1}{\dot{U}_2}\right|_{\dot{I}_2=0}=1,\quad C=\left.\frac{\dot{I}_1}{\dot{U}_2}\right|_{\dot{I}_2=0}=0$$

再设 22′短路，如图 7-11（c）所示，$\dot{U}_2=0$，$-\dot{I}_2=\dot{I}_1$，则

$$B=\left.\frac{\dot{U}_1}{-\dot{I}_2}\right|_{\dot{U}_2=0}=Z,\quad D=\left.\frac{\dot{I}_1}{-\dot{I}_2}\right|_{\dot{U}_2=0}=1$$

所以
$$\begin{cases}\dot{U}_1=\dot{U}_2+Z\ (-\dot{I}_2)\\ \dot{I}_1=-\dot{I}_2\end{cases}$$

$$[T]=\begin{bmatrix}1 & Z\\ 0 & 1\end{bmatrix} \tag{7-6}$$

与图 7-11（a）所示结构相同的二端口网络，其 T 参数均与式（7-6）一致。

【例 7-5】 求图 7-12（a）所示二端口网络的 T 参数方程。

解 按 T 参数的定义计算：

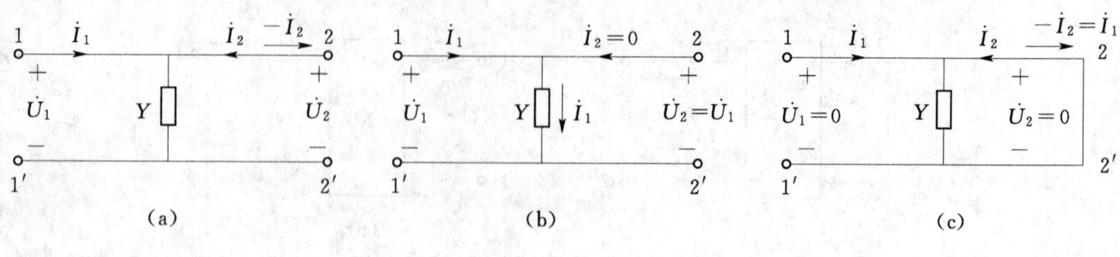

图 7-12 [例 7-5] 图

设 22′开路，如图 7-12（b）所示，$\dot{I}_2=0$，$\dot{U}_2=\dot{U}_1$，则

$$A=\left.\frac{\dot{U}_1}{\dot{U}_2}\right|_{\dot{I}_2=0}=1,\quad C=\left.\frac{\dot{I}_1}{\dot{U}_2}\right|_{\dot{I}_2=0}=Y$$

再设 22′短路，如图 7-12（c）所示，$\dot{U}_2=\dot{U}_1=0$，$-\dot{I}_2=\dot{I}_1$，则

$$B=\left.\frac{\dot{U}_1}{-\dot{I}_2}\right|_{\dot{U}_2=0}=0,\quad D=\left.\frac{\dot{I}_1}{-\dot{I}_2}\right|_{\dot{U}_2=0}=1$$

所以

$$\begin{cases}\dot{U}_1=\dot{U}_2\\ \dot{I}_1=Y\dot{U}_2+(-\dot{I}_2)\end{cases}$$

$$[T]=\begin{bmatrix}1 & 0\\ Y & 1\end{bmatrix}\tag{7-7}$$

与图 7-12（a）所示结构相同的二端口网络，其 T 参数均与式（7-7）一致。图 7-11、图 7-12 都不含受控源，是互易网络，互易网络的 T 参数：$AD-BC=1$。工程中的长距离电力输电线常用 T 参数方程来描述其特性。

7.2.2 二端口网络的混合参数方程

二端口网络的混合参数方程简称为 H 参数方程，如式（7-8）所示，即

$$\begin{cases}\dot{U}_1=H_{11}\dot{I}_1+H_{12}\dot{U}_2\\ \dot{I}_2=H_{21}\dot{I}_1+H_{22}\dot{U}_2\end{cases}\tag{7-8}$$

方程的矩阵形式为

$$\begin{bmatrix}\dot{U}_1\\ \dot{I}_2\end{bmatrix}=\begin{bmatrix}H_{11} & H_{12}\\ H_{21} & H_{22}\end{bmatrix}\begin{bmatrix}\dot{I}_1\\ \dot{U}_2\end{bmatrix}=[H]\begin{bmatrix}\dot{I}_1\\ \dot{U}_2\end{bmatrix}$$

该方程自变量中有电压也有电流，有 11′端口的量也有 22′端口的量，是混合控制型。

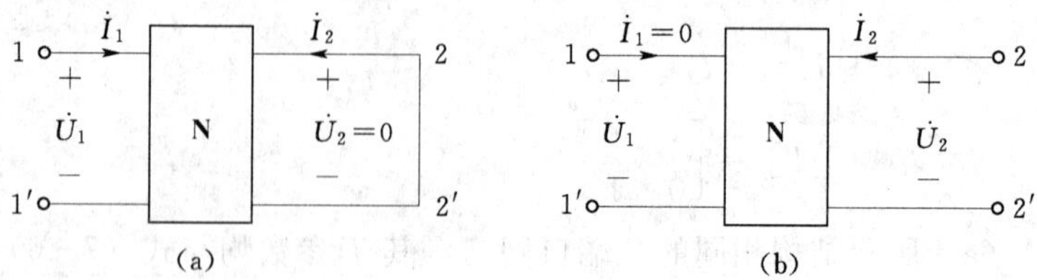

图 7-13 H 参数的定义

对照图 7-13（a），H 参数中 H_{11}、H_{21} 的定义为：

$H_{11}=\left.\dfrac{\dot{U}_1}{\dot{I}_1}\right|_{\dot{U}_2=0}$，22′端口短路时的输入阻抗（Ω）。

$H_{21}=\left.\dfrac{\dot{I}_2}{\dot{I}_1}\right|_{\dot{U}_2=0}$，22′端口短路时的转移电流比。

对照图 7-13（b），H 参数中 H_{12}、H_{22} 的定义为：

$H_{12}=\left.\dfrac{\dot{U}_1}{\dot{U}_2}\right|_{\dot{I}_1=0}$，11′端口开路时的转移电压比。

$H_{22}=\left.\dfrac{\dot{I}_2}{\dot{U}_2}\right|_{\dot{I}_1=0}$，11′端口开路时输入导纳（S）。

虽然 $H_{12}=\left.\dfrac{\dot{U}_1}{\dot{U}_2}\right|_{\dot{I}_1=0}$ 与 T 参数中的 $A=\left.\dfrac{\dot{U}_1}{\dot{U}_2}\right|_{\dot{I}_2=0}$ 都是 $\dot{U}_1$ 与 $\dot{U}_2$ 之比，但是同一网络的 H_{12} 并不等于 A，仔细观察可知两者的条件不一致，前者的条件是 $\dot{I}_1=0$；后者的条件是 $\dot{I}_2=0$。其他参数也有类似情况，条件不同，参数值不相等。

【例 7-6】 图 7-14（a）所示为电子线路中的晶体三极管，它起电流放大作用，有 3 个电极：b 为基极；c 为集电极；e 为发射极。在放大极小信号时其交流微变等效电路如图 7-14（b）所示，r_{be} 为三极管的输入电阻，r_{ce} 为 c、e 两极间的电阻，试列写该二端口网络的 H 参数方程。

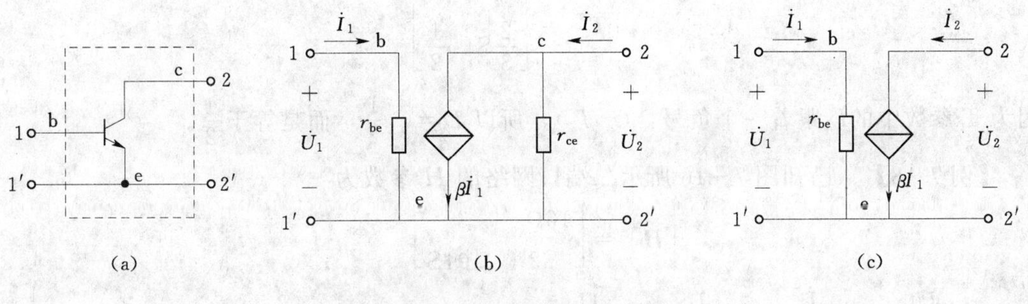

图 7-14 ［例 7-6］图

解 为了思路清晰，**可先将要求的参数方程结构列出来，再根据电路图设法用 KCL、KVL 定律，使方程中的参数具体化**。

$$\begin{cases}\dot{U}_1=H_{11}\dot{I}_1+H_{12}\dot{U}_2=r_{be}\dot{I}_1\\ \dot{I}_2=H_{21}\dot{I}_1+H_{22}\dot{U}_2=\beta\dot{I}_1+\dfrac{1}{r_{ce}}\dot{U}_2\end{cases}$$

H 参数矩阵
$$[\boldsymbol{H}]=\begin{bmatrix}H_{11} & H_{12}\\ H_{21} & H_{22}\end{bmatrix}=\begin{bmatrix}r_{be} & 0\\ \beta & \dfrac{1}{r_{ce}}\end{bmatrix}$$

由于 r_{ce} 通常很大，所以三极管的微变等效电路可简化为图 7-14（c）所示。其中 $\beta=$

H_{21}，称为晶体三极管的电流放大倍数。

【例 7-7】　列写图 7-15 所示二端口网络的 H 参数和 T 参数方程。

解　该电路中包含一个理想变压器，先将各伏安关系式列出。

$$\dot{U}_1=2\dot{U}_2\quad \dot{I}'_1=-\frac{\dot{I}_2}{2}\quad 或\quad \dot{I}_2=-2\dot{I}'_1$$

$$\dot{I}'_1=\dot{I}_1-\frac{\dot{U}_1}{3}\quad 或\quad \dot{I}_1=\dot{I}'_1+\frac{\dot{U}_1}{3}$$

（1）列出 H 参数方程的结构，再具体化。

$$\begin{cases}\dot{U}_1=H_{11}\dot{I}_1+H_{12}\dot{U}_2=2\dot{U}_2=0+2\dot{U}_2\\ \dot{I}_2=H_{21}\dot{I}_1+H_{22}\dot{U}_2=-2\left(\dot{I}_1-\dfrac{\dot{U}_1}{3}\right)=-2\dot{I}_1+\dfrac{4}{3}\dot{U}_2\end{cases}$$

$$[\boldsymbol{H}]=\begin{bmatrix}0 & 2\\ -2 & \dfrac{4}{3}\mathrm{S}\end{bmatrix}$$

图 7-15 所示电路不含受控源，是互易网络，互易网络的 H 参数 $H_{12}=-H_{21}$。

（2）列出 T 参数方程的结构，再具体化。

$$\begin{cases}\dot{U}_1=A\dot{U}_2+B(-\dot{I}_2)=2\dot{U}_2\quad=2\dot{U}_2+0\\ \dot{I}_1=C\dot{U}_2+D(-\dot{I}_2)=\dfrac{\dot{U}_1}{3}+\dot{I}'_1=\dfrac{2}{3}\dot{U}_2+\dfrac{1}{2}(-\dot{I}_2)\end{cases}$$

$$[\boldsymbol{T}]=\begin{bmatrix}2 & 0\\ \dfrac{2}{3}\mathrm{S} & \dfrac{1}{2}\end{bmatrix}$$

因为 T 参数中的 $\dot{I}_2$ 跟着一个负号：$(-\dot{I}_2)$，所以 $D\neq-\frac{1}{2}$，而是等于 $\frac{1}{2}$。

【例 7-8】　已知图 7-16 所示二端口网络的 H 参数为

$$[\boldsymbol{H}]=\begin{bmatrix}16\Omega & 3\\ -2 & 0.01\mathrm{S}\end{bmatrix}$$

求：（1）$\dfrac{U_2}{U_1}$；（2）$\dfrac{I_2}{I_1}$；（3）$\dfrac{I_1}{U_1}$；（4）$\dfrac{U_2}{I_2}$。

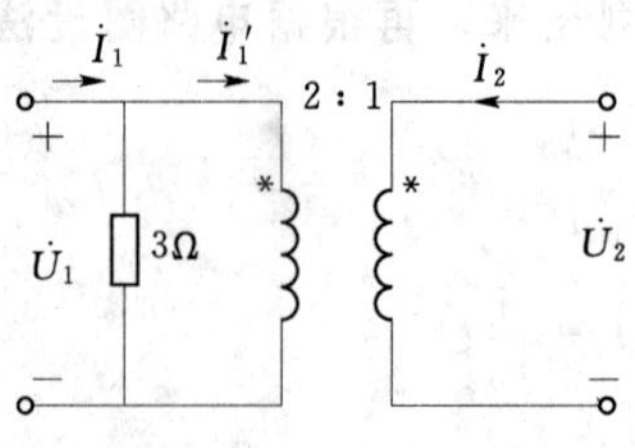

图 7-15　[例 7-7] 图

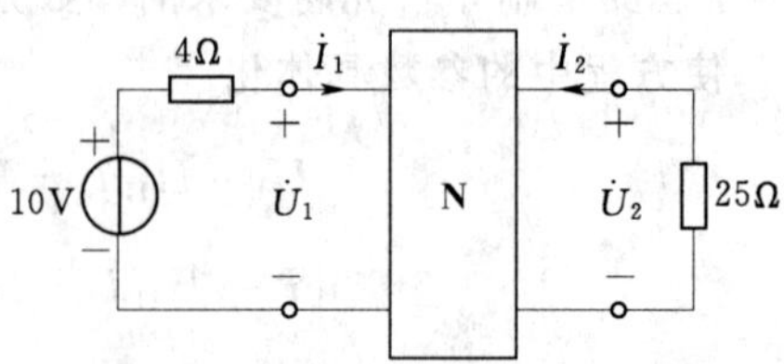

图 7-16　[例 7-8] 图

解　题目所给 H 参数与频率无关，可见是电阻性网络。参数方程就是伏安关系式，那么端子电流、电压也可以是直流或交流瞬时值。

求出二端口网络的各种参数，目的还是用于计算。本例是一个完整电路，二端口网络前方接有电源支路，后方接有负载支路。将 H 参数方程与电源支路、负载支路的伏安关系式联立，就可计算出所有电流和电压。

$$\begin{cases} U_1=16I_1+3U_2 \\ I_2=-2I_1+0.01U_2 \\ U_1=-4I_1+10\ \text{（电源支路伏安关系式）} \\ U_2=-25I_2\ \text{（负载支路伏安关系式）} \end{cases}$$

解联立方程得 $I_1=\dfrac{1}{14}\text{A},\ I_2=-\dfrac{4}{35}\text{A},\ U_1=\dfrac{68}{7}\text{V},\ U_2=\dfrac{20}{7}\text{V}$

由此可得 (1) $\dfrac{U_2}{U_1}=\dfrac{20/7}{68/7}=\dfrac{20}{68}=\dfrac{5}{17}$——电压放大倍数（电压增益）

(2) $\dfrac{I_2}{I_1}=\dfrac{-4/35}{1/14}=-\dfrac{4\times14}{35}=-\dfrac{8}{5}$——电流放大倍数（电流增益）

(3) $\dfrac{I_1}{U_1}=\dfrac{1/14}{68/7}=\dfrac{1\times7}{68\times14}=\dfrac{1}{136}\text{S}$——转移电导

(4) $\dfrac{U_2}{I_2}=\dfrac{20/7}{-4/35}=-\dfrac{20\times35}{7\times4}=-25\Omega$——转移电阻

7.2.3 二端口网络参数方程小结

表 7-1 列出了二端口网络 4 种参数方程的各种信息，便于记忆和对比。

表 7-1 二端口网络 4 种参数方程的各种信息

项目	Y 参数	Z 参数	T 参数	H 参数
参数方程	$\dot I_1=Y_{11}\dot U_1+Y_{12}\dot U_2$ $\dot I_2=Y_{21}\dot U_1+Y_{22}\dot U_2$	$\dot U_1=Z_{11}\dot I_1+Z_{12}\dot I_2$ $\dot U_2=Z_{21}\dot I_1+Z_{22}\dot I_2$	$\dot U_1=A\dot U_2+B(-\dot I_2)$ $\dot I_1=C\dot U_2+D(-\dot I_2)$	$\dot U_1=H_{11}\dot I_1+H_{12}\dot U_2$ $\dot I_2=H_{21}\dot I_1+H_{22}\dot U_2$
参数矩阵	$[\boldsymbol{Y}]=\begin{bmatrix}Y_{11} & Y_{12}\\ Y_{21} & Y_{22}\end{bmatrix}$	$[\boldsymbol{Z}]=\begin{bmatrix}Z_{11} & Z_{12}\\ Z_{21} & Z_{22}\end{bmatrix}$	$[\boldsymbol{T}]=\begin{bmatrix}A & B\\ C & D\end{bmatrix}$	$[\boldsymbol{H}]=\begin{bmatrix}H_{11} & H_{12}\\ H_{21} & H_{22}\end{bmatrix}$
参数的定义	$Y_{11}=\dfrac{\dot I_1}{\dot U_1}\Big\vert_{\dot U_2=0}$ $Y_{21}=\dfrac{\dot I_2}{\dot U_1}\Big\vert_{\dot U_2=0}$ $Y_{12}=\dfrac{\dot I_1}{\dot U_2}\Big\vert_{\dot U_1=0}$ $Y_{22}=\dfrac{\dot I_2}{\dot U_2}\Big\vert_{\dot U_1=0}$	$Z_{11}=\dfrac{\dot U_1}{\dot I_1}\Big\vert_{\dot I_2=0}$ $Z_{21}=\dfrac{\dot U_2}{\dot I_1}\Big\vert_{\dot I_2=0}$ $Z_{12}=\dfrac{\dot U_1}{\dot I_2}\Big\vert_{\dot I_1=0}$ $Z_{22}=\dfrac{\dot U_2}{\dot I_2}\Big\vert_{\dot I_1=0}$	$A=\dfrac{\dot U_1}{\dot U_2}\Big\vert_{\dot I_2=0}$ $C=\dfrac{\dot I_1}{\dot U_2}\Big\vert_{\dot I_2=0}$ $B=\dfrac{\dot U_1}{-\dot I_2}\Big\vert_{\dot U_2=0}$ $D=\dfrac{\dot I_1}{-\dot I_2}\Big\vert_{\dot U_2=0}$	$H_{11}=\dfrac{\dot U_1}{\dot I_1}\Big\vert_{\dot U_2=0}$ $H_{21}=\dfrac{\dot I_2}{\dot I_1}\Big\vert_{\dot U_2=0}$ $H_{12}=\dfrac{\dot U_1}{\dot U_2}\Big\vert_{\dot I_1=0}$ $H_{22}=\dfrac{\dot I_2}{\dot U_2}\Big\vert_{\dot I_1=0}$
互易条件	$Y_{12}=Y_{21}$	$Z_{12}=Z_{21}$	$AD-BC=1$	$H_{21}=-H_{12}$
对称条件	$Y_{12}=Y_{21}$ $Y_{11}=Y_{22}$	$Z_{12}=Z_{21}$ $Z_{11}=Z_{22}$	$AD-BC=1$ $A=D$	$H_{21}=-H_{12}$ $H_{11}H_{22}-H_{12}H_{21}=1$

互易二端口网络不含受控源，**从互易网络应满足的条件可知，4 个参数中只有 3 个是独立的。电路左、右结构对称，能够找到中间的对称轴，11′端口与 22′端口可对调使用的**

网络是对称二端口网络。表7-1最后一行列出了对称网络应满足的条件。有些含受控源的网络，虽然结构不对称，但也符合对称条件，称为电气对称。**对称网络必定是互易网络，那么对称网络的4个参数中只有两个是独立的。**

二端口网络的4种参数间可以互相转化，表7-2列出了转换关系，已知一种参数根据转换关系就可推算出另一种。

表7-2　　二端口网络的4种参数间的转换关系

项目	已知某参数推算另一参数			
	已知[Z]	已知[Y]	已知[H]	已知[T]
推算[Z]	$\begin{bmatrix} Z_{11} & Z_{12} \\ Z_{21} & Z_{22} \end{bmatrix}$	$\begin{bmatrix} \frac{Y_{22}}{\Delta Y} & -\frac{Y_{12}}{\Delta Y} \\ -\frac{Y_{21}}{\Delta Y} & \frac{Y_{11}}{\Delta Y} \end{bmatrix}$	$\begin{bmatrix} \frac{\Delta H}{H_{22}} & \frac{H_{12}}{H_{22}} \\ -\frac{H_{21}}{H_{22}} & \frac{1}{H_{22}} \end{bmatrix}$	$\begin{bmatrix} \frac{A}{C} & \frac{\Delta T}{C} \\ \frac{1}{C} & \frac{D}{C} \end{bmatrix}$
推算[Y]	$\begin{bmatrix} \frac{Z_{22}}{\Delta Z} & -\frac{Z_{12}}{\Delta Z} \\ -\frac{Z_{21}}{\Delta Z} & \frac{Z_{11}}{\Delta Z} \end{bmatrix}$	$\begin{bmatrix} Y_{11} & Y_{12} \\ Y_{21} & Y_{22} \end{bmatrix}$	$\begin{bmatrix} \frac{1}{H_{11}} & -\frac{H_{12}}{H_{11}} \\ \frac{H_{21}}{H_{11}} & \frac{\Delta H}{H_{11}} \end{bmatrix}$	$\begin{bmatrix} \frac{D}{B} & -\frac{\Delta T}{B} \\ -\frac{1}{B} & \frac{A}{B} \end{bmatrix}$
推算[H]	$\begin{bmatrix} \frac{\Delta Z}{Z_{22}} & \frac{Z_{12}}{Z_{22}} \\ -\frac{Z_{21}}{Z_{22}} & \frac{1}{Z_{22}} \end{bmatrix}$	$\begin{bmatrix} \frac{1}{Y_{11}} & -\frac{Y_{12}}{Y_{11}} \\ \frac{Y_{21}}{Y_{11}} & \frac{\Delta Y}{Y_{11}} \end{bmatrix}$	$\begin{bmatrix} H_{11} & H_{12} \\ H_{21} & H_{22} \end{bmatrix}$	$\begin{bmatrix} \frac{B}{D} & \frac{\Delta T}{D} \\ -\frac{1}{D} & \frac{C}{D} \end{bmatrix}$
推算[T]	$\begin{bmatrix} \frac{Z_{11}}{Z_{21}} & \frac{\Delta Z}{Z_{21}} \\ \frac{1}{Z_{21}} & \frac{Z_{22}}{Z_{21}} \end{bmatrix}$	$\begin{bmatrix} -\frac{Y_{22}}{Y_{21}} & -\frac{1}{Y_{21}} \\ -\frac{\Delta Y}{Y_{21}} & -\frac{Y_{11}}{Y_{21}} \end{bmatrix}$	$\begin{bmatrix} -\frac{\Delta H}{H_{21}} & -\frac{H_{11}}{H_{21}} \\ -\frac{H_{22}}{H_{21}} & -\frac{1}{H_{21}} \end{bmatrix}$	$\begin{bmatrix} A & B \\ C & D \end{bmatrix}$

注　$\Delta Z=Z_{11}Z_{22}-Z_{12}Z_{21}$，$\Delta Y=Y_{11}Y_{22}-Y_{12}Y_{21}$，$\Delta H=H_{11}H_{22}-H_{12}H_{21}$，$\Delta T=AD-BC$。

7.3　互易二端口网络的等效电路与级联

7.3.1　互易二端口网络的等效电路

根据表7-1所列，互易二端口网络的4个参数中，只有3个是独立的。一个较复杂的互易二端口网络，若已知其Z参数、Y参数，可以用只有3个阻抗或3个导纳的电路来等效，使电路分析得以简化。

1. T形等效电路

设图7-17（a）所示为互易二端口网络的T形等效电路，以下用网孔方程来推导等效电路中的Z_1、Z_2、Z_3与Z参数之间的关系。对图7-17（a）所示电路列写网孔方程，得

$$\begin{cases} \dot{U}_1=(Z_1+Z_3)\dot{I}_1+Z_3\dot{I}_2=Z_{11}\dot{I}_1+Z_{12}\dot{I}_2 \\ \dot{U}_2=Z_3\dot{I}_1+(Z_2+Z_3)\dot{I}_2=Z_{21}\dot{I}_1+Z_{22}\dot{I}_2 \end{cases} \tag{7-9}$$

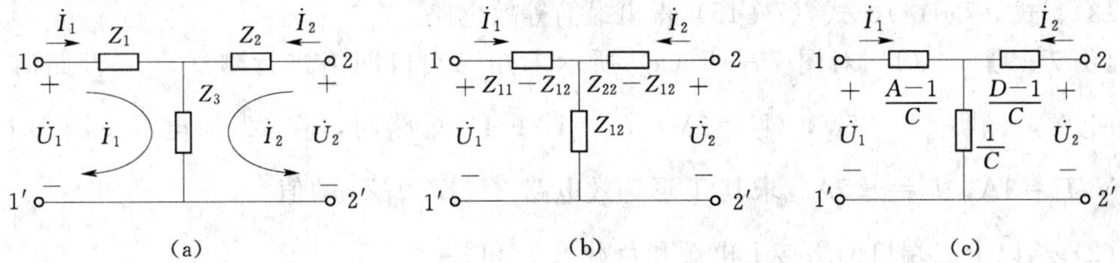

图 7-17 互易二端口网络的 T 形等效电路

对应的 Z 参数为

$$\begin{cases} Z_{11}=Z_1+Z_3 \\ Z_{12}=Z_{21}=Z_3 \\ Z_{22}=Z_2+Z_3 \end{cases} \tag{7-10}$$

从式（7-10）中解出 Z_1、Z_2、Z_3，得

$$Z_1=Z_{11}-Z_{12},\ Z_2=Z_{22}-Z_{12},\ Z_3=Z_{12}=Z_{21} \tag{7-11}$$

Z_1、Z_2、Z_3 也可以用 T 参数来表示，如图 7-17（c）所示。

$$Z_1=\frac{A-1}{C},\ Z_2=\frac{D-1}{C},\ Z_3=\frac{1}{C} \tag{7-12}$$

2. Ⅱ形等效电路

设图 7-18（a）所示为互易二端口网络的Ⅱ形等效电路，以下用节点方程来推导等效电路中的 Y_1、Y_2、Y_3 与 Y 参数之间的关系。对图 7-18（a）中 1、2 两点列写节点方程，得

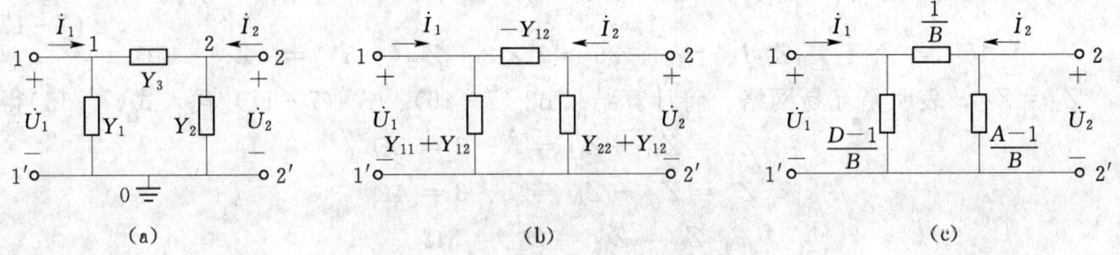

图 7-18 互易二端口网络的Ⅱ形等效电路

$$\begin{cases} \dot I_1=(Y_1+Y_3)\dot U_1-Y_3\dot U_2=Y_{11}\dot U_1+Y_{12}\dot U_2 \\ \dot I_2=-Y_3\dot U_1+(Y_2+Y_3)\dot U_2=Y_{21}\dot U_1+Y_{22}\dot U_2 \end{cases}$$

对应的 Y 参数为

$$\begin{cases} Y_{11}=Y_1+Y_3 \\ Y_{12}=Y_{21}=-Y_3 \\ Y_{22}=(Y_2+Y_3) \end{cases} \tag{7-13}$$

从式（7-13）中解出 Y_1、Y_2、Y_3，得

$$Y_1=Y_{11}+Y_{12},\quad Y_2=Y_{22}+Y_{12},\quad Y_3=-Y_{12}=-Y_{21} \tag{7-14}$$

Y_1、Y_2、Y_3 也可以用 T 参数来表示，如图 7-18（c）所示。

$$Y_1=\frac{D-1}{B},\ Y_2=\frac{A-1}{B},\ Y_3=\frac{1}{B} \tag{7-15}$$

通过测试技术，可测量并推算出未知网络的参数值，进而根据式（7-11）、式

(7-12)、式(7-14)、式(7-15)得出最简等效电路。

【例 7-9】 (1)对图 7-19(a)所示未知二端口网络进行测试,22′开路时,在 11′加电源,测得 $\dot{U}_1=5\text{V}$,$\dot{U}_2=3\text{V}$,$\dot{I}_1=1\text{A}$;11′短路时,在 22′加电源,测得 $\dot{U}_2=-26\text{V}$,$\dot{I}_1=3\text{A}$,$\dot{I}_2=-5\text{A}$。求其 T 形等效电路 Z_1、Z_2、Z_3 的值。

(2)给以上二端口网络接上电源和负载求 $\dot{I}_1$ 和 $\dot{U}_2$。

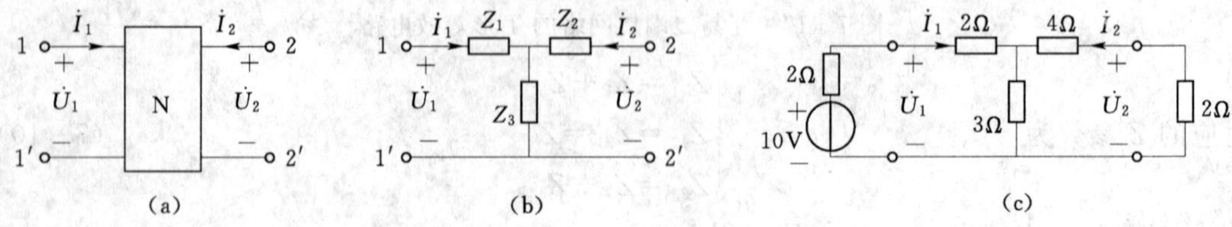

图 7-19 [例 7-9] 图

解 (1)T 形等效电路用 Z 参数表示,Z 参数是开路参数,先用第一组数据,其中 $\dot{I}_2=0$。

$$\begin{cases}\dot{U}_1=Z_{11}\dot{I}_1+Z_{12}\dot{I}_2 \Rightarrow 5=Z_{11}\times 1 \Rightarrow Z_{11}=5\Omega \\ \dot{U}_2=Z_{21}\dot{I}_1+Z_{22}\dot{I}_2 \Rightarrow 3=Z_{21}\times 1 \Rightarrow Z_{21}=3\Omega\end{cases} \tag{7-16}$$

再将第二组数据代入 Z 参数方程中,其中 $\dot{U}_1=0$。

$$\begin{cases}\dot{U}_1=Z_{11}\dot{I}_1+Z_{12}\dot{I}_2 \Rightarrow 0=5\times 3+Z_{12}(-5) \Rightarrow Z_{12}=3\Omega \\ \dot{U}_2=Z_{21}\dot{I}_1+Z_{22}\dot{I}_2 \Rightarrow -26=3\times 3+Z_{22}(-5) \Rightarrow Z_{22}=7\Omega\end{cases} \tag{7-17}$$

$Z_{21}=Z_{12}$,表明是互易网络。将计算结果式(7-16)、式(7-17)代入式(7-11)得

$$Z_1=Z_{11}-Z_{12}=5-3=2\Omega$$

$$Z_2=Z_{22}-Z_{12}=7-3=4\Omega$$

$$Z_3=Z_{12}=Z_{21}=3\Omega$$

(2)用上述 Z_1、Z_2、Z_3 确定未知二端口网络的 T 形等效电路,如图 7-19(c)所示,应用欧姆定律及分流公式就可求出 $\dot{I}_1$ 和 $\dot{U}_2$。

$$\dot{I}_1=\frac{10}{2+2+\dfrac{3\times(4+2)}{3+4+2}}=\frac{5}{3}\ (\text{A})$$

$$\dot{U}_2=2\times\frac{3}{3+6}\times\dot{I}_1=\frac{10}{9}(\text{V})$$

7.3.2 二端口网络的级联

单独的二端口网络通过多种连接方式变成复杂网络,图 7-20 所示是二端口网络的级联方式,可用 T 参数来描述级联后的结果。

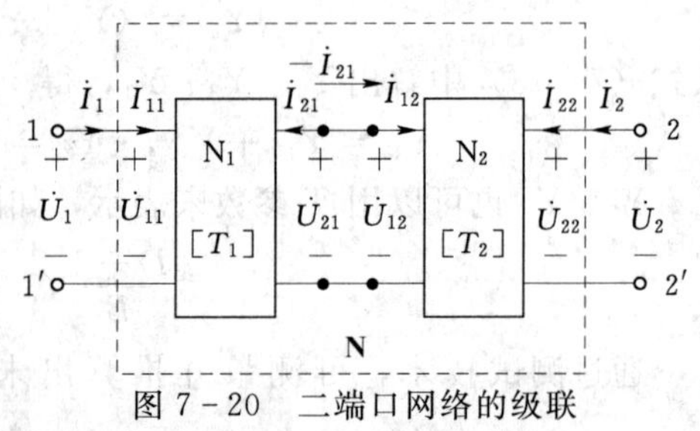

图 7-20 二端口网络的级联

在图 7-20 中,第一个二端口网络的输出是第二个的输入,后下标为 1 的电流、电压是

第一个网络的；后下标为 2 的电流、电压是第二个网络的，各量间关系是：$\dot{U}_1=\dot{U}_{11}$，$\dot{U}_{21}=\dot{U}_{12}$，$\dot{U}_{22}=\dot{U}_2$，$\dot{I}_1=\dot{I}_{11}$，$-\dot{I}_{21}=\dot{I}_{12}$，$\dot{I}_{22}=\dot{I}_2$。设 $[\boldsymbol{T}_1]$ 是前一网络的 T 参数矩阵；$[\boldsymbol{T}_2]$ 是后一网络的 T 参数矩阵，则级联后总的二端口网络的 T 参数矩阵推导为

$$[\boldsymbol{T}_1]=\begin{bmatrix}A_1 & B_1\\ C_1 & D_1\end{bmatrix},[\boldsymbol{T}_2]=\begin{bmatrix}A_2 & B_2\\ C_2 & D_2\end{bmatrix}$$

根据 T 参数方程的矩阵形式有

$$\begin{bmatrix}\dot{U}_1\\ \dot{I}_1\end{bmatrix}=\begin{bmatrix}\dot{U}_{11}\\ \dot{I}_{11}\end{bmatrix}=[\boldsymbol{T}_1]\begin{bmatrix}\dot{U}_{21}\\ -\dot{I}_{21}\end{bmatrix} \tag{7-18}$$

$$\begin{bmatrix}\dot{U}_{12}\\ \dot{I}_{12}\end{bmatrix}=[\boldsymbol{T}_2]\begin{bmatrix}\dot{U}_{22}\\ -\dot{I}_{22}\end{bmatrix}=[\boldsymbol{T}_2]\begin{bmatrix}\dot{U}_2\\ -\dot{I}_2\end{bmatrix} \tag{7-19}$$

因为在两网络的连接处有

$$\begin{bmatrix}\dot{U}_{21}\\ -\dot{I}_{21}\end{bmatrix}=\begin{bmatrix}\dot{U}_{12}\\ \dot{I}_{12}\end{bmatrix}$$

将式（7－19）代入式（7－18）得

$$\begin{bmatrix}\dot{U}_1\\ \dot{I}_1\end{bmatrix}=[\boldsymbol{T}_1]\times[\boldsymbol{T}_2]\begin{bmatrix}\dot{U}_{22}\\ -\dot{I}_{22}\end{bmatrix}=[\boldsymbol{T}]\begin{bmatrix}\dot{U}_2\\ -\dot{I}_2\end{bmatrix}$$

根据矩阵的乘法规则，得

$$\begin{aligned}[\boldsymbol{T}]=[\boldsymbol{T}_1]\times[\boldsymbol{T}_2]&=\begin{bmatrix}A_1 & B_1\\ C_1 & D_1\end{bmatrix}\times\begin{bmatrix}A_2 & B_2\\ C_2 & D_2\end{bmatrix}\\ &=\begin{bmatrix}A_1\times A_2+B_1\times C_2 & A_1\times B_2+B_1\times D_2\\ C_1\times A_2+D_1\times C_2 & C_1\times B_2+D_1\times D_2\end{bmatrix}\end{aligned}$$

长距离电力输电线就可用多个单独的二端口网络的级联方式来等效。

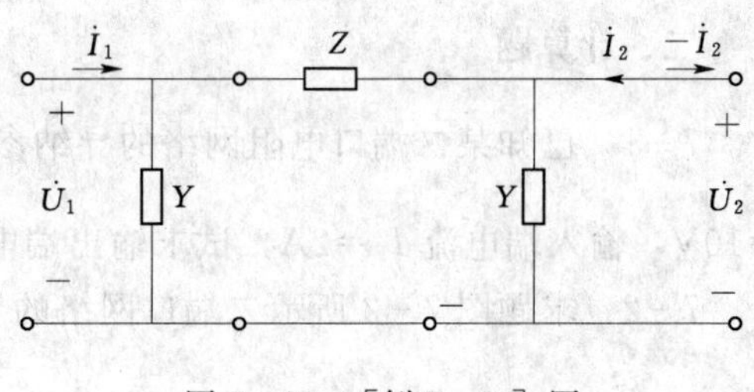

图 7－21 ［例 7－10］图

【例 7－10】 求图 7－21 所示级联网络的 T 参数方程。

解 将图 7－21 可看成 3 个简单二端口网络的级联，第一个、第三个的 T 参数与式(7－7)相同；第二个的 T 参数与式（7－6）相同。得

$$\begin{aligned}[\boldsymbol{T}]&=\begin{bmatrix}1 & 0\\ Y & 1\end{bmatrix}\times\begin{bmatrix}1 & Z\\ 0 & 1\end{bmatrix}\times\begin{bmatrix}1 & 0\\ Y & 1\end{bmatrix}\\ &=\begin{bmatrix}1 & Z\\ Y & ZY+1\end{bmatrix}\times\begin{bmatrix}1 & 0\\ Y & 1\end{bmatrix}=\begin{bmatrix}1+ZY & Z\\ 2Y+ZY^2 & ZY+1\end{bmatrix}\end{aligned}$$

T 参数方程为

$$\begin{cases}\dot{U}_1 = (1 + ZY)\dot{U}_2 + Z(-\dot{I}_2) \\ \dot{I}_1 = (2Y + ZY^2)\dot{U}_2 + (ZY + 1)(-\dot{I}_2)\end{cases}$$

习　题　7

一、问答题

7-1　什么是二端口网络的端口条件？普通四端口网络与二端口网络有何区别？

7-2　什么是参数方程？各参数的值与哪些因素有关？

7-3　二端口网络的4个变量 $\dot{U}_1$、$\dot{I}_1$、$\dot{U}_2$、$\dot{I}_2$ 中，导纳参数、阻抗参数、传输参数、混合参数分别反映了谁对谁的控制能力？

7-4　为什么说 Y 参数是短路参数，而 Z 参数是开路参数？

7-5　从混合参数方程的结构出发，分析为什么该方程中的参数称为混合参数？

7-6　传输参数中的 C 和导纳参数中的 Y_{12} 定义均为 $\dfrac{\dot{I}_1}{\dot{U}_2}$，两者有什么区别？一般情况下两者的值相等吗？

7-7　对同一个网络而言是否只要一种参数存在则其他三种参数一定存在？试举例说明。

7-8　Z、Y、H、T 4种参数在描述网络本身方面是否存在互求关系？

7-9　什么样的二端口网络是互易网络？什么样的二端口网络是对称网络？互易二端口网络、对称二端口网络的4种参数值各有什么特点？

7-10　互易二端口网络的等效电路有哪几种？

7-11　两个二端口网络级联时，总传输参数矩阵与两个网络传输参数矩阵的关系是什么？

二、计算题

7-1　已知某二端口电阻网络的导纳参数矩阵为 $\begin{bmatrix} 1 & -0.8 \\ -0.8 & 1.2 \end{bmatrix}$S，设输入端电压 $U_1=10$V，输入端电流 $I_1=2$A，试求输出端电压、电流。

7-2　求题图7-2所示二端口网络的导纳参数方程。

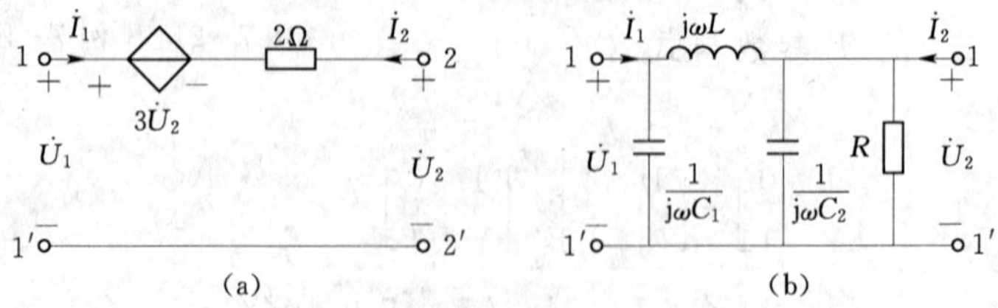

题图7-2

7-3 已知某电阻性二端口网络的开路实验数据为：（1）$I_2=0$ 时，$U_1=200\text{V}$，$U_2=150\text{V}$，$I_1=25\text{A}$；（2）$I_1=0$ 时，$U_1=60\text{V}$，$U_2=100\text{V}$，$I_2=10\text{A}$。试求其阻抗参数方程。

7-4 求题图 7-4 所示二端口网络的阻抗参数方程。

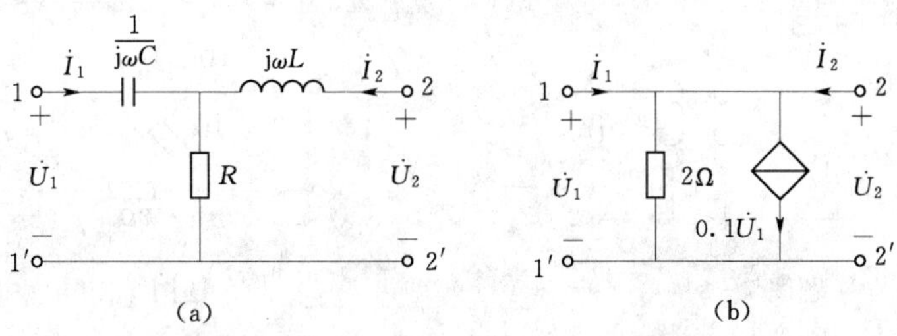

题图 7-4

7-5 电路如题图 7-5 所示，已知二端口网络 N 的阻抗参数矩阵为$\begin{bmatrix}6 & 8\\4 & 3\end{bmatrix}\Omega$，试求负载电阻的电压 $\dot{U}_2$。

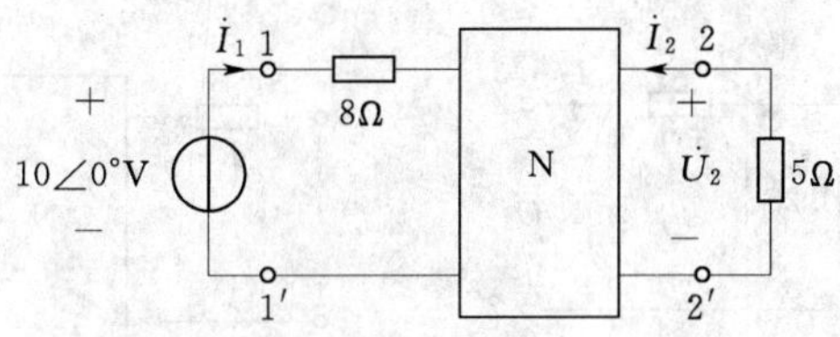

题图 7-5

7-6 求题图 7-6 所示二端网络口的传输参数方程。

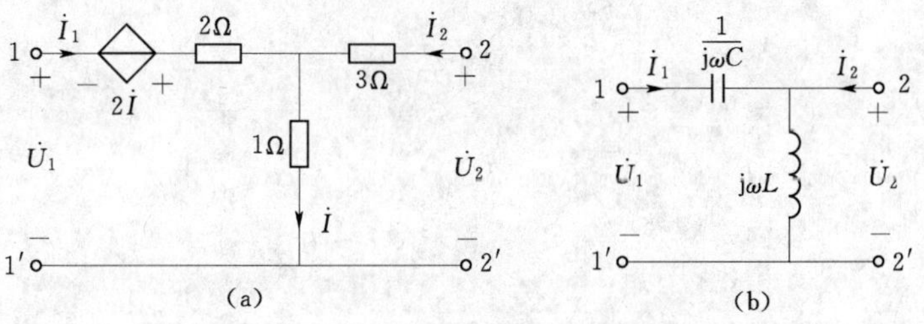

题图 7-6

7-7 求题图 7-7 所示二端口网络的混合参数方程。

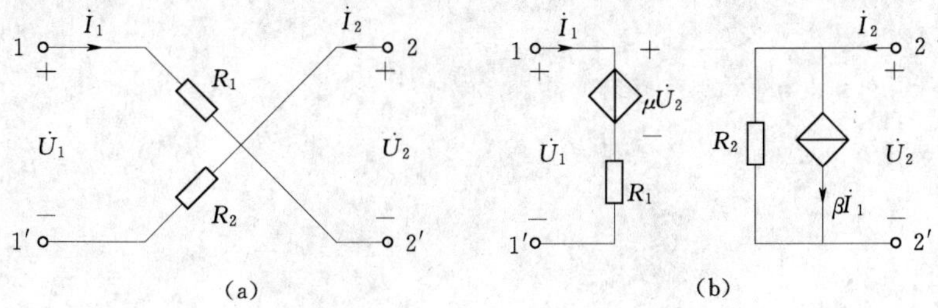

题图 7-7

7－8　求题图 7－8 所示二端网络口的传输参数方程和混合参数方程。

7－9　求题图 7－9 所示二端口网络的阻抗参数和导纳参数，并用阻抗参数表示 T 形等效电路中 Z_1，Z_2 和 Z_3，用导纳参数表示 Π 形等效电路中 Y_1，Y_2 和 Y_3。

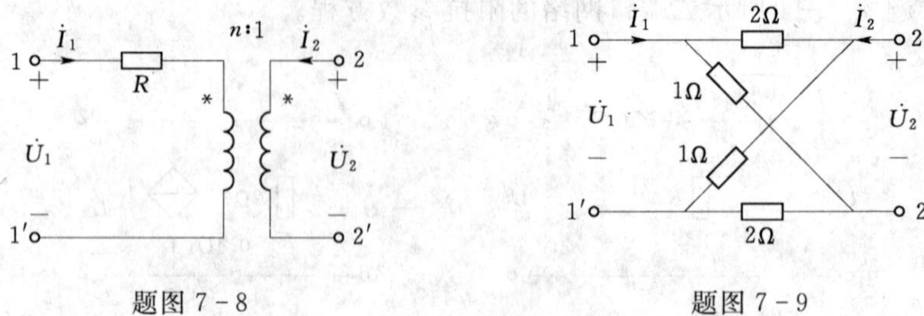

题图 7－8　　题图 7－9

7－10　试用级联公式求题图 7－10 所示二端口网络的传输参数矩阵。

7－11　电路如题图 7－11 所示，已知 N 的传输参数矩阵为

$$\begin{bmatrix} A_2 & B_2 \\ C_2 & D_2 \end{bmatrix}$$

试求二端口网络的传输参数矩阵。

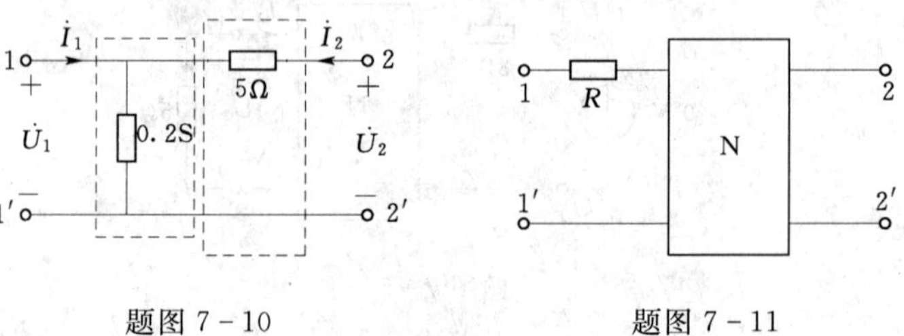

题图 7－10　　题图 7－11

第 8 章　磁路和铁芯线圈电路的概念

磁和电之间互为依存、互相转化。闭合导体切割磁感线会产生电流，而电流（或运动电荷）将产生磁场，磁场对运动电荷（或载流导线）有力的作用。生产中使用的电机、电器、指示仪表，都存在电与磁的相互作用和转化、电路与磁路并存，因此学习电路，也必须学习磁路。

8.1　磁路的主要物理量和基本性质

磁路是磁场中磁感线通过的路径。实际电路中许多线圈是绕在铁芯上的，电流通入线圈后产生的磁感线沿铁芯闭合，就构成磁路，磁路也会影响电路的工作状态。**将通电线圈绕在铁芯上形成磁路的目的是以较小的电流在限定区域内获取较强的磁场，以便得到较大的感应电动势或电磁力**。图 8－1（a）、（b）、（c）分别为电磁铁的磁路、变压器的磁路、直流电机的磁路。

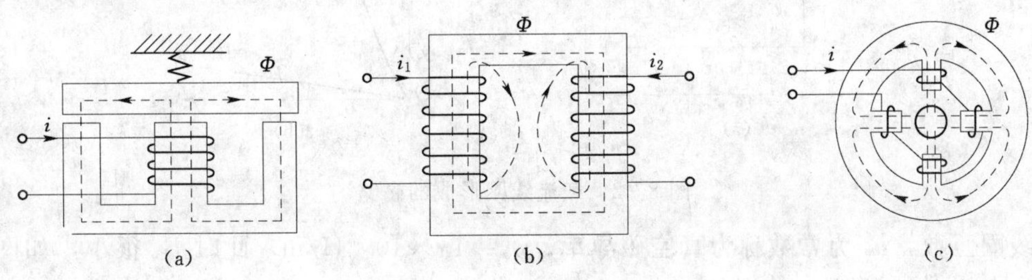

图 8－1　磁路示例

8.1.1　磁路的主要物理量

电流流经线圈产生磁场，磁感线用来描述磁场的状态，磁感线是无始无终的闭合曲线。磁场中任一点小磁针 N 极受磁场力的方向，就是那一点磁场的方向，即小磁针 N 极的指向。磁场的方向与磁感线上任意点的切线方向一致。磁感线越密的地方磁场越强。

1. 磁通 Φ

磁场中与磁感线方向垂直的某一截面内磁感线的条数称为磁通 Φ，单位为韦伯（Wb）。**绕组中的磁通 Φ 随流经绕组的电流增大而增大**，N 匝线圈磁通的总和称为磁通链 Ψ。

$$\Psi(t) = N\Phi = Li(t) \tag{8-1}$$

线圈绕在铁磁性物质的骨架上时，L 不是常数，Φ 与 i 不成正比。

2. 磁感应强度 B

磁感应强度是反映某点磁场强弱的物理量，是矢量，其方向就是磁场的方向。**匀强磁场中，磁感应强度的大小等于该点与磁场方向垂直的单位面积内所通过的磁感线条数，因此又称为磁通密度。**

$$B = \frac{\Phi}{S} \tag{8-2}$$

磁感应强度的单位为特斯拉（T），每平方米磁感线条数为 1 韦伯就是 1 特斯拉，因此磁感应强度的单位“特斯拉”就是“韦伯/米^2”。

磁感应强度越大，该磁场对载流导线有更大的作用力。设某根导线有效长度为 l，流经电流 i，将它置入磁感应强度为 B 的磁场中，导线所受作用力为

$$F=ilB$$

3. 真空磁导率 μ_0、相对磁导率 μ_r、绝对磁导率 μ

图 8-2（a）所示载流线圈处于真空中，磁路长 1m，通入电流 i，骨架为非磁性材料时，线圈中心的磁感应强度 B_0 为

$$B_0 = \mu_0 Ni \tag{8-3}$$

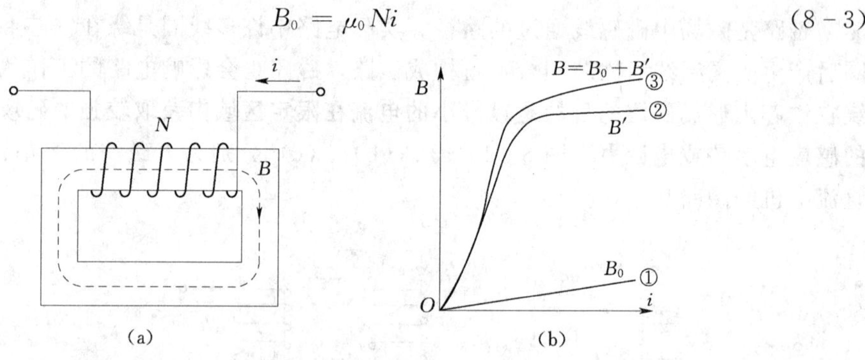

图 8-2　载流线圈形成的磁路

N 为线圈匝数，**μ_0 为常数称为真空磁导率**，$\mu_0=4\pi\times10^{-7}$ H/m，此时 B_0 很小，如图 8-2（b）中曲线①所示，B_0 与电流 i 成正比。若将绕线圈的骨架换成铁磁性物质——铁芯，发现在同一电流下磁感应强度增加许多，增加量为 B'，如图 8-2（b）中曲线②所示。铁芯中总的磁感应强度为 B，如图 8-2（b）中曲线③所示。

$$B = B_0 + B' \tag{8-4}$$

增加的倍数成千上万。

$$\frac{B}{B_0} = \mu_r,\quad B = \mu_r B_0 \tag{8-5}$$

μ_r 称为相对磁导率，是个倍数而没有单位。将式（8-3）代入式（8-5）中，得

$$B=\mu_r B_0=\mu_r\mu_0 Ni=\mu Ni \tag{8-6}$$

$\mu=\mu_r\mu_0$ 称为绝对磁导率，单位与真空磁导率一致，为亨/米（H/m）。

铁磁性物质主要是铁及其钴镍的合金，如铸钢、硅钢片、铁氧体等，它们在电流 i 产生的外磁场作用下被强烈地磁化，这种磁化产生的附加磁场 B' 使总磁场显著增强，并且把绝大部分磁感线集中在铁芯内部。**铁磁性物质的相对磁导率很大，μ_r 等**

于数千乃至数万，但不是常数。例如，硅钢片的 $\mu_r=6000\sim8000$，坡莫合金（铁镍合金）的 μ_r 在弱磁场中可达 10^5。除铁族元素及其化合物以外的全部物质，如空气、铜、木材、橡胶等，都是**非铁磁性物质，其绝对磁导率近似为真空磁导率，$\mu\approx\mu_0$，相对磁导率近似为 1，$\mu_r\approx1$**。

4. 磁场强度 H

反映磁场强弱的物理量是磁感应强度 B，在图 8-2（a）所示铁磁材料中 $B=\mu Ni$，**由于 μ 不是常数，使得铁芯中 B 并不与激励电流 i 成正比，所以已知 i 并不能依据 $B=\mu Ni$ 计算出 B，因此需要定义另一个能与电流直接成正比的辅助物理量——磁场强度 H**。注意 H 并不反映磁场的强弱，只是由于历史的原因将它称为“磁场强度”而已。

磁场强度也是矢量，单位是安/米（A/m），它与磁感应强度 B 的关系是

$$H=\frac{B}{\mu}\quad 或\quad B=\mu H \tag{8-7}$$

B 和 μ 都与材料的磁特性有关，相除后的 H 与磁材料的磁特性无关。

8.1.2 磁路的基本性质

1. 磁通连续性原理

如图 8-3 所示，形成磁通的磁感线是不间断的闭合曲线，假设磁路中有一个封闭的球面，那么穿进它的磁通恒等于穿出它的磁通，**磁通在任何地方都是连续的**。若穿进的磁通设为正，穿出为负，则磁场中任一闭合面的总磁通恒等于零。

2. 安培环路定律

在图 8-4（a）中，设磁场为匀强磁场，线圈的匝数为 N，材料统一均匀的磁路中心长度为 l，流入线圈的电流为 i，磁场强度矢量 H 的方向顺时针，并且 H 与 i 之间符合右手螺旋关系，即右手四指顺电流方向握住线圈竖起的大拇指刚好指向 H 的方向，则 H、l、N、i 之间的关系为

$$Hl=\sum i=Ni\quad 或\quad H=\frac{Ni}{l} \tag{8-8}$$

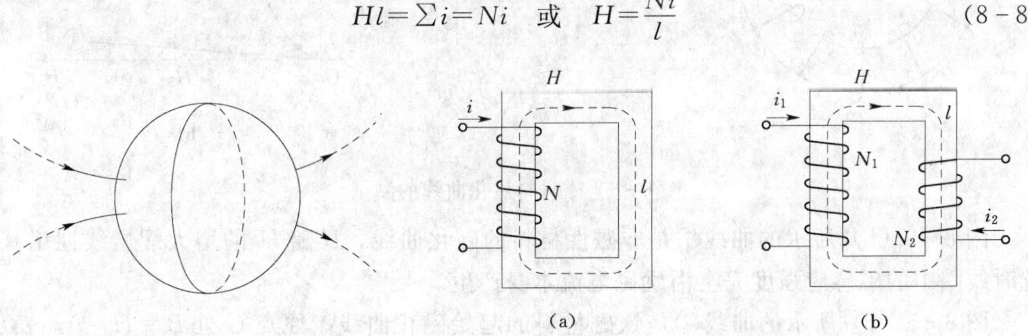

图 8-3 磁通连续性原理　　图 8-4 安培环路定律示例

式（8-8）所示的关系式称为安培环路定律，表明在均匀的磁路中，**磁场强度 H 与闭合路径 l 的乘积等于穿过该闭合路径所包围的全部电流的代数和**。可见**磁场强度与励磁电流成正比，还与电流的分布及线圈的匝数 N 有关**。从式（8-8）可直接推出磁场强度的单位为安/米(A/m)。

在图 8-4（b）中，磁路上绕有两个线圈，匝数分别为 N_1、N_2，i_1 与 H 符合右手螺

旋关系，i_2 与 H 不符合右手螺旋关系，因此

$$Hl=\sum i=N_1 i_1-N_2 i_2 \tag{8-9}$$

8.2　铁磁材料的磁化曲线及其分类

磁化曲线反映了磁材料的特性，使我们更好地了解和使用磁材料。不同的用途，要求磁材料的特性不同。

8.2.1　铁磁材料的起始磁化曲线

图 8-5（a）所示是测试磁材料磁化曲线的实验接线，被试品为绕有线圈的环形铁磁材料，该线圈称为励磁线圈，线圈中通过的电流称为励磁电流。直流供电电源 U_s，调压电阻输出的电压加在线圈上形成大小可调的电流，双刀双掷开关扳至 1、2 点，$i>0$ 为正值，激起的磁通逆时针方向；双刀双掷开关扳至 3、4 点，$i<0$ 为负值，激起的磁通顺时针方向；励磁电流大小与方向发生变化时，用特制的磁通表测试环形材料中磁通的大小与方向。磁化曲线以环形材料中的磁通 Φ 为纵轴，以励磁电流 i 为横轴绘制成 $\Phi-i$ 曲线，该 $\Phi-i$ 曲线就是含铁芯的非线性电感元件的韦—安特性曲线；磁化曲线也可以磁感应强度 B 为纵轴，以磁场强度 H 为横轴绘制成 $B-H$ 曲线，因为匀强磁场中 B 与 Φ 成正比：$B=\dfrac{\Phi}{S}$；H 与 i 成正比：$H=\dfrac{Ni}{l}$。两种曲线是相似形，$B-H$ 曲线是磁路设计、计算的依据。

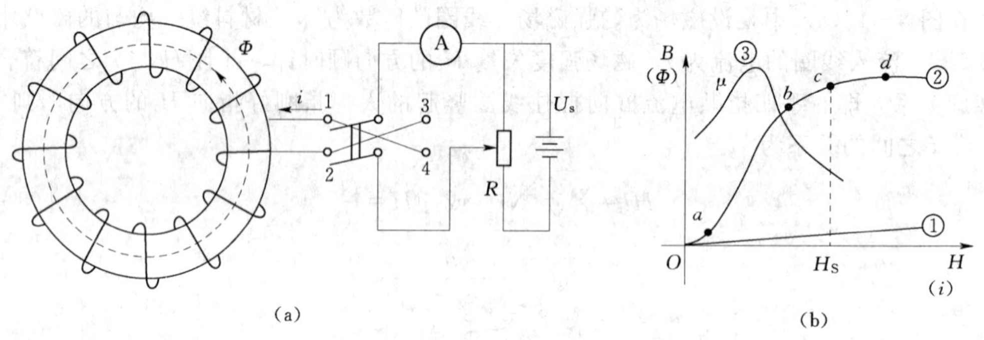

图 8-5　磁材料磁化曲线的测试

图 8-5（b）所示的曲线①是非磁性材料的磁化曲线，B 随 H 的增大缓慢线性增长，此时线圈中的磁感应强度完全由励磁电流本身产生。

图 8-5（b）所示的曲线②是铁磁材料的起始磁化曲线。原点 O 处 $B=H=0$，表示测试前铁磁材料无磁性，当 H 从零开始增加时，磁感应强度 B 随之缓慢上升，如线段 Oa；接着 B 随 H（随 i）迅速增长，如线段 ab，反映了铁磁材料的高导磁性；其后 B 的增长又趋缓慢，如线段 bc，c 点称为曲线的磁饱和点；cd 段则进入较深磁饱和，这时 B 随 H（随 i）仅略有增加。**“磁饱和”的含义是“磁路进入磁饱和后，增加励磁电流，B（或 Φ）不再随之迅速增长”。**

图 8-5（b）中还画出了铁磁材料的绝对磁导率 μ 的变化曲线③，μ 是 B 与 H 的比

值。起始段磁导率较小；ab 段 μ 值迅速增加，b 点前达到最大；随后 μ 值下降。可见，**磁材料的磁导率 μ 不是常数，反映了磁化曲线的非线性**。磁化曲线还与温度有关，磁导率 μ 一般随温度的升高而下降，高于某一温度（居里点）时，可能完全丧失其高导磁性能，使 $\mu=\mu_0$，如铁的居里点为760℃。因此含铁芯的电气设备要避免工作在高温下。

铁芯线圈能够使磁路获到很大的附加磁场，使 B 在磁化曲线的 ab 段迅速增长，可用磁畴理论解释。铁磁材料微观上由许多磁畴组成，未被磁化时这些磁畴的极性杂乱无章，对外不显示统一极性，如图 8-6（a）所示；线圈通入电流产生的磁场激励这些磁畴转向，使其极性逐渐统一为外加磁场的方向，从而极大地加强了外磁场，如图 8-6（b）所示，这时 B 随 H（随 i）迅速增长；在磁路进入磁饱和以后，绝大部分磁畴已经转向，再增加 H（增加 i），磁畴贡献的附加磁场 B' 不再增加，此时略有增加的 B 仅为 i 本身产生的磁场，此时曲线②上升的斜率几乎与曲线①相同，导致 μ 值下降。**进入磁饱和的铁磁材料其特性与非磁性材料相近，丧失了高导磁性能，所以通常要求铁磁材料工作在磁化曲线的 b 点附近**。磁饱和将严重影响铁芯变压器、电机等设备的正常工作，如出现高次谐波电流、增加铁损和温升等。

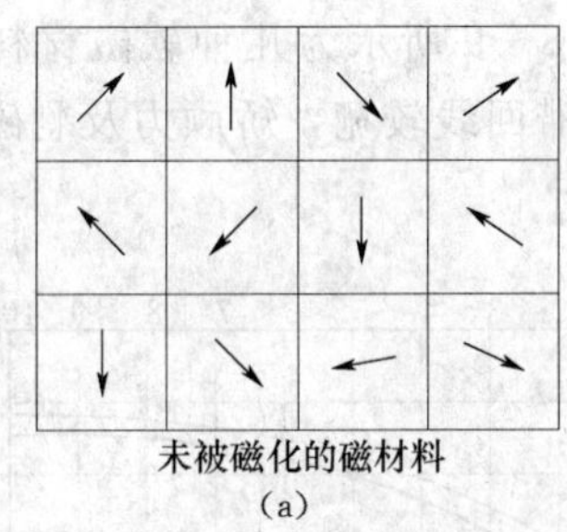

(a)

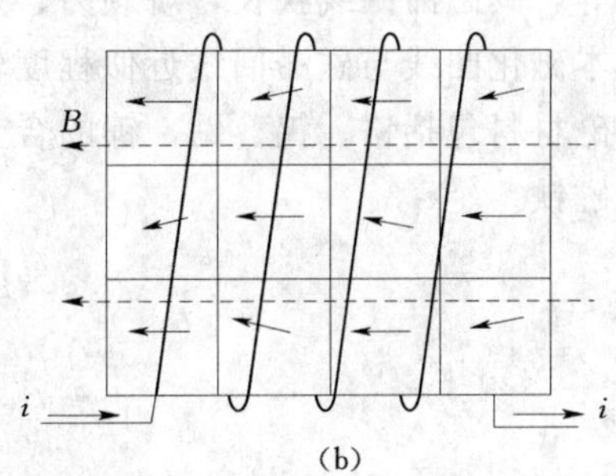

(b)

图 8-6 有关铁磁材料的磁畴理论

8.2.2 铁磁材料的磁滞回线

继续图 8-5（a）所示的测试，若正向电流增加到 $H=H_S$ 后逐渐减小至零，磁感应强度 B 并不沿起始磁化曲线恢复到“O”点，而是如图 8-7（a）所示沿 SR 下降，H 减小 B 也相应减小，但 B 的变化滞后于 H 的变化，这种现象称为磁滞。H 减小到零（即 $i=0$）时，$B=B_r$ 不为零，B_r 称为剩磁。当双刀双掷开关扳至 3、4，i 与 H 同时反向，H 从 0 负向增至 $-H_C$ 时，剩磁 B_r 才消失，因此要消除剩磁（即退磁），必须施加反向电流。H_C 称为矫顽力，它的大小反映了铁磁材料保持剩磁的能力。

如图 8-7（a）所示，当 H 按 $H_S \to O \to -H_C \to -H_S \to O \to H_C \to H_S$ 次序变化，相应的磁感应强度 B 则沿闭合曲线 $SRDS'R'D'S$ 变化，此闭合曲线称为磁滞回线。当线圈处于交变电流作用时，铁芯将沿磁滞回线反复磁化→退磁→反向磁化→反向退磁。在此过程中磁畴要周期性转向引起磁滞损耗，使铁芯变热。

8.2.3 基本磁化曲线

图 8-7（b）所示是最大磁场强度 H_m 由弱到强的一组磁滞回线，这些**磁滞回线的正顶点的连线称为基本磁化曲线**，如图中粗实线所示。工程上列出的磁化曲线都是基本磁化曲线，由此确定磁材料的性能，近似确定磁导率，并进行磁路的设计与计算。

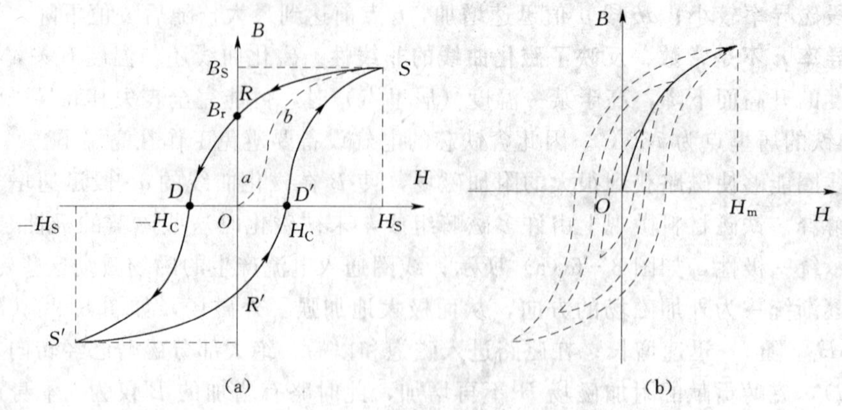

图 8-7　铁磁材料的磁滞回线

8.2.4　铁磁材料的分类

图 8-8 所示为两种典型铁磁材料的磁滞回线。软磁材料包括硅钢、坡莫合金、铸铁、铸钢、纯铁等，其磁滞回线狭长，矫顽力、剩磁和磁滞损耗较小，是变压器、电机铁芯的材料，其基本磁化曲线与磁滞回线近似程度较好，图 8-9 所示为几种软磁材料的基本磁化曲线。硬磁材料包括铬、钨、钴、镍的合金，其磁滞回线较宽，矫顽力及剩磁较大，用来制造永久磁铁。

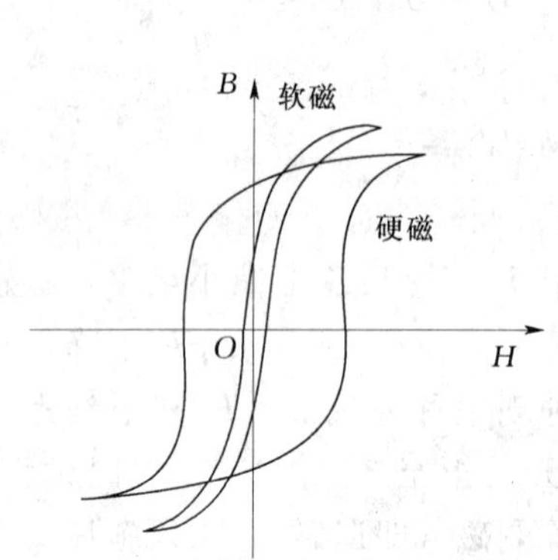

图 8-8　两种典型铁磁材料的磁滞回线

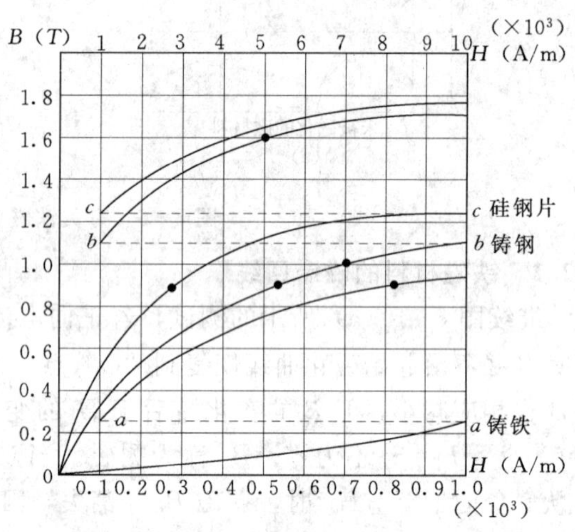

图 8-9　几种软磁材料的基本磁化曲线

8.3　磁路定律及磁路、电路的比较

电路中的电流，总在电导率高（电阻率低）的路径中流通。同理，磁路中的磁通也总是在磁导率高的通路中经过。因此，磁路与电路有某些相似的地方，但也独具特点。

图 8-1 所示各种磁路主要由铁磁材料组成，中间也包括气隙，气隙往往是电磁力的作用空间。铁磁材料的磁导率比周围的空气大许多倍，所以绝大部分磁通在铁芯中闭合，

称为主磁通 Φ；极少数磁通经周围空气闭合，称为漏磁通 Φ_σ。理想情况下，忽略漏磁通，则磁通均在铁芯组成的磁路中闭合。

8.3.1 磁路的基尔霍夫第一定律

根据磁通的连续性原理，再忽略漏磁通，图8-10所示为有分支磁路，对任一分支点上的封闭面而言，磁路的基尔霍夫第一定律表达式为

$$\sum\Phi=0 \tag{8-10}$$

设进入封闭面的磁通为正，穿出为负，则有

$$\Phi_1+\Phi_2-\Phi_3=0$$

即

$$\Phi_1+\Phi_2=\Phi_3 \tag{8-11}$$

磁路的基尔霍夫第一定律表明：进入和穿出任一封闭面磁通的代数和等于零，或进入封闭面的磁通量等于穿出该封闭面的磁通量。

8.3.2 磁路的基尔霍夫第二定律

图 8-11 所示为无分支磁路，可按磁路材料不同、横截面积不同分为 3 段，每段都为匀强磁场，磁路平均长度分别为 l_1、l_2、l_0，磁场强度方向顺时针，大小分别为 H_1、H_2、H_0，则磁路的基尔霍夫第二定律表达式为

$$\sum Hl=\sum Ni \tag{8-12}$$

即

$$H_1l_1+H_2l_2+H_0l_0=Ni \tag{8-13}$$

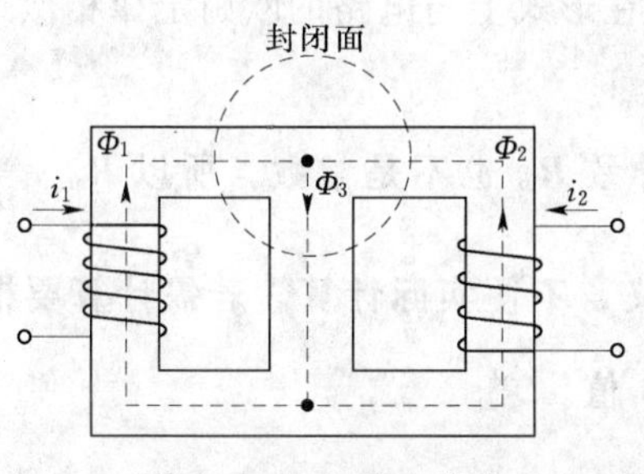

图 8-10 有分支磁路

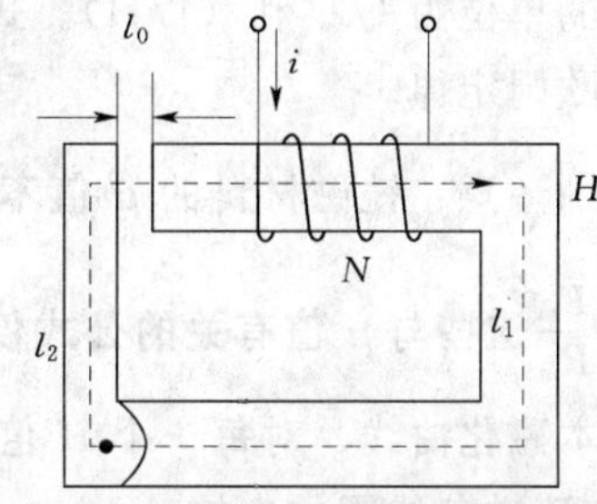

图 8-11 可分为几段的闭合磁路

左侧 H_1l_1、H_2l_2、H_0l_0 为各段磁路的磁压（也称为磁位降），右侧 Ni 称为磁通势，简称磁势，单位都为安（A），**磁通势是磁路中有磁场存在的根源**。线圈若不止一个，则 i 与 H 符合右手螺旋法则的磁通势为正，否则为负。若各段磁路的磁压用 U_m 表示，磁通势用 F_m 表示，式（8-12）可另写为

$$\sum U_m=\sum F_m \tag{8-14}$$

磁路的基尔霍夫第二定律表明：沿任一闭合磁路，各段磁路上的磁压之和恒等于磁通势的代数和。该定律是安培环路定律的具体化，若闭合磁路各段均匀且仅有一个 N 匝的线圈，则

$$H=\frac{Ni}{l}$$

8.3.3 磁路的欧姆定律

图 8-12 所示一段磁路由磁导率为 μ 的材料构成，长为 l，横截面积为 S，穿过的磁通为 Φ，其磁压为

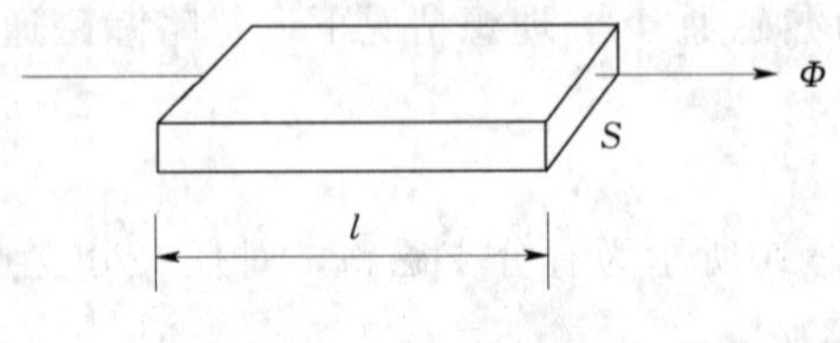

图 8-12　一段磁路的磁阻

$$U_m = Hl = \frac{B}{\mu}l = \frac{\Phi/S}{\mu}l = \frac{l}{\mu S}\Phi = R_m\Phi \tag{8-15}$$

定义 R_m 为该段磁路的磁阻，即

$$R_m = \frac{l}{\mu S} = \frac{U_m}{\Phi} = \frac{F_m}{\Phi} \tag{8-16}$$

磁阻也可以推导如下，由

$$B = \mu H = \mu\frac{Ni}{l} \tag{8-17}$$

及

$$B = \frac{\Phi}{S} = \mu\frac{Ni}{l}$$

即

$$\Phi = \mu S \times \frac{Ni}{l} = \frac{Ni}{l/\mu S} = \frac{F_m}{R_m} \tag{8-18}$$

可见，**磁通 Φ 与磁通势 F_m 成正比，与磁阻 R_m 成反比。当磁通势 $F_m = Ni$ 一定时，R_m 越大，磁通 Φ 越小；反之 R_m 越小，磁通 Φ 越大**。

磁阻 R_m 反映了磁路阻碍磁通经过的作用，是磁路的固有特性，与磁路长度成正比、与面积成反比，磁材料磁导率越高磁阻越小。磁路进入磁饱和后，μ 值下降，磁阻 R_m 增加。磁阻的单位为1/亨利（1/H）。式（8-16）在形式上与电路的欧姆定律相似，所以称为磁路的欧姆定律。

应特别注意：**铁磁材料的 μ 值不是常数，导致 R_m 也不是常数**。所以 **$R_m = \frac{l}{\mu S}$、$B = \mu H$、$\Phi = \frac{F_m}{R_m}$ 这些与 μ 值有关的公式仅有定性意义，不便实际计算。若需计算要根据铁芯材料的基本磁化曲线，对每一个 H 值查对应的 B 值**。

8.3.4　交流铁芯线圈的电抗

铁芯线圈中通入交流电流产生磁通链 Ψ，Ψ 与电流的关系为 $\Psi = N\Phi = Li$，则交流铁芯线圈的电感系数 L 为

$$L = \frac{\Psi}{i} = \frac{N\Phi}{i} = \frac{N}{i} \times \frac{F_m}{R_m} = \frac{N \times Ni}{iR_m} = \frac{N^2}{R_m} = N^2 \times \frac{\mu S}{l} \tag{8-19}$$

式（8-19）表明：**交流铁芯线圈的电感系数 L 与线圈匝数 N 的平方成正比，与磁导率 μ 及铁芯横截面积 S 成正比，与铁芯长度 l 成反比**。交流铁芯线圈的电抗为

$$X_L = \omega L = 2\pi f L = 2\pi f\frac{N^2}{R_m} = 2\pi f N^2 \times \frac{\mu S}{l} \tag{8-20}$$

可见**电抗与 f 成正比、与线圈匝数的平方成正比、与磁阻成反比。铁芯的饱和程度若增加，铁芯的磁导率 μ 值下降，磁阻 R_m 增加，则交流铁芯线圈的电抗随之减小**。这是《电机学》课程中非常有用的概念。

8.3.5　磁路与电路的比较

表 8-1 列出了磁路、电路中地位相似量的比较，但是磁路和电路有以下明显差别。

（1）导线中有电流 i 时，就有功率损耗；而在直流磁路中，磁通大小不变，铁芯中没

有功率损耗，仅交流磁路有损耗存在。

（2）电路中可以认为电流全部在导体中流通，导体外的绝缘物中没有电流，导体的电导率是绝缘物的 10^9 倍左右；但是对于磁路，不存在绝对的磁绝缘体，除铁芯中的主磁通外，工程中通常需考虑通过空气闭合的漏磁通，这是因为铁磁材料的相对磁导率仅为非磁性材料的 10^4 倍左右。因此磁路不可能短路和开路。

（3）电导体中的电阻率 ρ 在一定温度下恒定不变，而铁磁材料的磁导率 μ 不是常数，会随 B 的变化而变化，磁路饱和程度增大 μ 值下降。

表 8-1　磁路、电路中地位相似量的比较

电路基本物理量		单位	磁路基本物理量		单位
电流	i	A	磁通	Φ	Wb
电动势	e	V	磁通势	$F_m=Ni$	A
电位降	$u=Ri$	V	磁位降	$U_m=R_m\Phi=Hl$	A
电阻	$R=\frac{\rho l}{S}$	Ω	磁阻	$R_m=\frac{l}{\mu S}$	1/H
电路基本定律			磁路基本定律		
欧姆定律	$i=\frac{u}{R}$		磁路欧姆定律	$\Phi=\frac{U_m}{R_m}$	
基尔霍夫第一定律	$\sum i=0$		磁路第一定律	$\sum\Phi=0$	
基尔霍夫第二定律	$\sum Ri=\sum u_s$		磁路第二定律	$\sum Hl=\sum Ni$	

【例 8-1】　有一线圈匝数为 1500 匝，套在铸钢制成的闭合铁芯上，铁芯的截面积为 10cm^2，长度为 75cm。

（1）如果要在铁芯中产生 0.001Wb 的磁通，求线圈中应通入的直流电流，求此时磁路的磁阻。

（2）若线圈中通入电流 2.5A，求铁芯中的磁阻及磁通，并进行比较。

解　（1）该题计算要用到公式 $H=\frac{Ni}{l}$，但首先要求出磁场强度 H。

$$10\text{cm}^2=10\times10^{-4}\text{m}^2,\quad B=\frac{\Phi}{S}=\frac{0.001}{10\times10^{-4}}=1\ (\text{T})$$

查图 8-9 所示的铸钢的磁化曲线，$B=1\text{T}$ 时，$H=700\text{A/m}$

$$\mu=\frac{B}{H}=\frac{1}{700}=1.43\times10^{-3}\ (\text{H/m})$$

则

$$i=\frac{Hl}{N}=\frac{700\times75\times10^{-2}}{1500}=0.35\ (\text{A})$$

此时磁路的磁阻为

$$R_m=\frac{l}{\mu S}=\frac{75\times10^{-2}}{1.43\times10^{-3}\times10\times10^{-4}}=524.5\times10^3\,(1/\text{H})$$

（2）当线圈通入 2.5A 电流时，磁场强度为

$$H=\frac{Ni}{l}=\frac{1500\times2.5}{75\times10^{-2}}=5000\ (\text{A/m})$$

再查图 8-9 所示的铸钢的磁化曲线，$H=5000\text{A/m}$ 时，$B=1.6\text{T}$

$$\mu = \frac{B}{H} = 0.32 \times 10^{-3}\,\text{H/m}$$

则

$$R_m = \frac{l}{\mu S} = \frac{75 \times 10^{-2}}{0.32 \times 10^{-3} \times 10 \times 10^{-4}} = 2343.8 \times 10^3 (1/\text{H})$$

$$\Phi = \frac{IN}{R_m} = \frac{2.5 \times 1500}{2343.8 \times 10^3} = 0.0016\ (\text{Wb})$$

从该例计算可得到结论：**2.5A 电流太大，使磁路进入了磁饱和，结果绝对磁导率 μ 值下降了 4.5 倍，磁阻 R_m 增加了 4.5 倍。电流从 0.35～2.5A 增加了 7 倍多，换取磁通的增长仅为 1.6 倍。**

【例 8-2】　有一均匀闭合铁芯磁路，铁芯的截面积 $S=9\times10^{-4}\,\text{m}^2$，磁路的平均长度 $l=0.3\text{m}$，铁芯的磁导率 $5000\times4\pi\times10^{-7}\,\text{H/m}$，套装在铁芯上的励磁绕组为 500 匝。试求在铁芯中产生 1T 磁感应强度时，所需的磁通势和励磁电流。

解　(1) 用安培环路定律计算

磁场强度　$H=B/\mu=1/(5000\times4\pi\times10^{-7})=159\ (\text{A/m})$

磁通势　$F_m=Hl=159\times0.3=47.7\ (\text{A})$

励磁电流　$i=F_m/N=47.7/500=9.54\times10^{-2}\ (\text{A})$

(2) 用磁路欧姆定律计算

磁通　$\Phi=BS=1\times9\times10^{-4}=9\times10^{-4}\ (\text{Wb})$

磁阻　$R_m=\dfrac{l}{\mu S}=\dfrac{0.3}{5000\times4\pi\times10^{-7}\times9\times10^{-4}}=5.3\times10^4\ (1/\text{H})$

磁通势　$F_m=\Phi R_m=9\times10^{-4}\times5.3\times10^4=47.7\ (\text{A})$

励磁电流　$i=F_m/N=47.7/500=9.54\times10^{-2}\ (\text{A})$

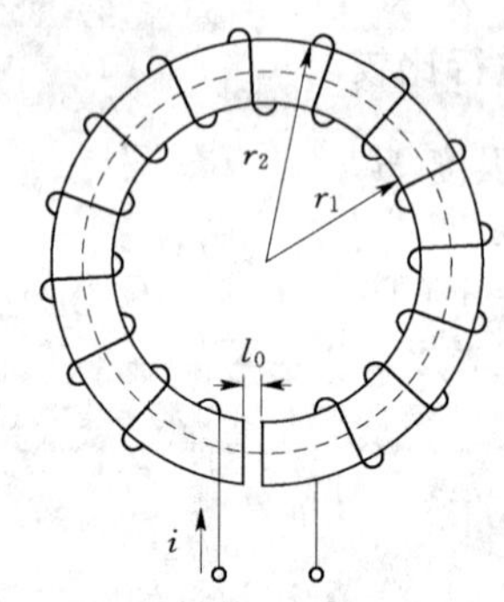

图 8-13　[例 8-3] 图

【例 8-3】　一环形铸钢铁芯，内直径为 10cm，外直径为 15cm，横截面积 S 为 2cm^2，磁路中有一空气隙 l_0，$l_0=0.2\text{cm}$，所绕线圈通有 1A 电流，如要得到 0.9T 的磁感应强度，试求线圈匝数。

解　由于空气隙 l_0 很短，可将空气隙和铸钢的横截面积看成相等，磁感应强度也相等。磁路平均长度为

$$l = 2\pi \times \frac{r_1 + r_2}{2} = 2 \times 3.14 \times \frac{10/2 + 15/2}{2} = 39.2(\text{cm})$$

查图 8-9 所示的铸钢的磁化曲线，$B=0.9\text{T}$ 时，$H_1=540\text{A/m}$

铸钢段的磁压

$$H_1 l_1 = 540 \times (39.2 - 0.2) \times 10^{-2} = 210.6(\text{A})$$

空气的磁导率为真空磁导率，则

$$H_0 = \frac{B}{\mu_0} = \frac{0.9}{4\pi \times 10^{-7}} = 7.2 \times 10^5 (\text{H/m})$$

空气隙的磁压

$$H_0 l_0 = 7.2\times10^5\times0.2\times10^{-2}=1440\ (\text{A})$$

$$F_m = Ni = \sum Hl = H_1 l_1 + H_0 l_0 = 210.6 + 1440 = 1650.6 \text{ (A)}$$

$$N = \frac{H_1 l_1 + H_0 l_0}{i} = \frac{1650.6}{1} = 1650.6 \text{(匝)}$$

从该例计算可得到结论：**大部分磁通势都用在了空气隙上，空气隙虽然很短但磁压很大，是由于空气隙的磁阻比铸钢铁芯的磁阻要大得多。**

铸钢段的磁阻

$$R_{m1} = \frac{l_1}{\mu S} = \frac{l_1}{\frac{B}{H_1} \times S} = \frac{(39.2 - 0.2) \times 10^{-2}}{\frac{0.9}{540} \times 2 \times 10^{-4}} = 11.7 \times 10^5 (1/\text{H})$$

空气隙的磁阻

$$R_{m0} = \frac{l_0}{\mu_0 S} = \frac{0.2 \times 10^{-2}}{4\pi \times 10^{-7} \times 2 \times 10^{-4}} = 79.6 \times 10^5 (1/\text{H})$$

【例 8-4】 一个闭合的均匀铁芯线圈，匝数为 300，磁感应强度 0.9T，磁路平均长度为 45cm。求：

（1）材料为铸铁时线圈中的电流。

（2）材料为硅钢片时线圈中的电流。

解 （1）查图 8-9 所示的铸铁的磁化曲线，$B=0.9\text{T}$ 时，$H_1=8250\text{A/m}$，$\mu_1=\frac{B}{H_1}=\frac{0.9}{8250}=0.11\times10^{-3}$（H/m），磁导率较小。

$$i_1 = \frac{H_1 l}{N} = \frac{8250 \times 0.45}{300} = 12.375(\text{A})$$

（2）查图 8-9 所示的硅钢片的磁化曲线，$B=0.9\text{T}$ 时，$H_2=280\text{A/m}$，$\mu_2=\frac{B}{H_2}=\frac{0.9}{280}=3.2\times10^{-3}$（H/m），磁导率较大。

$$i_2 = \frac{H_2 l}{N} = \frac{280 \times 0.45}{300} = 0.42(\text{A})$$

从该例计算可得到结论：**要得到同样大的磁感应强度 B，材料磁导率越大，所需磁通势越小，所需电流越小。**

8.4 交流磁路中电压、磁通及电流间的关系

直流磁路中，电流不发生变化，磁通是恒定不变的，线圈及铁芯中无感应电动势，当线圈电压给定时，其电流仅决定于线圈的电阻，与磁路的状态无关，磁通在铁芯中无功率损耗。交流磁路中，电流和磁通都是交变的，线圈及铁芯中均存在感应电动势，电路中的电流、电压要受磁路影响，铁芯中有磁滞损耗、涡流损耗，比直流磁路复杂。

8.4.1 交流铁芯线圈电压与磁通的关系

图 8-14（a）所示铁芯线圈由交流电压源供电，忽略漏磁通 Φ_σ、绕线电阻及磁损耗，设线圈中主磁通为 $\Phi=\Phi_m \sin\omega t$，线圈的感应电动势 e 总是要阻碍磁通随时间变化，则

$$u = -e = N\frac{\mathrm{d}\Phi}{\mathrm{d}t} = N\frac{\mathrm{d}}{\mathrm{d}t}(\Phi_m \sin\omega t) = N\Phi_m\omega\cos\omega t$$

$$= 2\pi fN\Phi_m \sin(\omega t + 90°) = E_m \sin(\omega t + 90°) \tag{8-21}$$

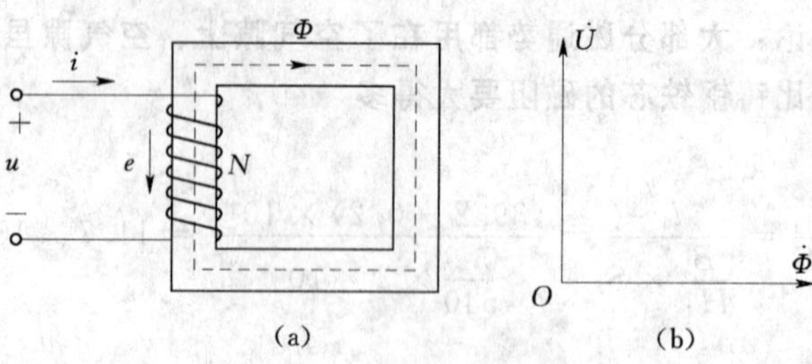

图 8－14　交流铁芯线圈

感应电动势的有效值　$$E = \frac{E_m}{\sqrt{2}} = \frac{2\pi fN\Phi_m}{\sqrt{2}} = 4.44fN\Phi_m \tag{8-22}$$

电压有效值　$$U = E = 4.44fN\Phi_m = 4.44fNB_mS \tag{8-23}$$

式（8－22）表明：**当频率 f、线圈匝数 N 一定时，线圈电压的有效值与磁通的最大值成正比，与磁路的状态无关；供电电压的有效值不变，则主磁通的最大值不变；电压为正弦波时，磁通也为正弦波**。磁通与电压的相量图如图 8－14（b）所示，电压超前磁通 90°。

8.4.2　正弦电压作用下磁化电流的波形

由 8.2.1 小节可知铁芯线圈的磁导率 μ 不是常数，图 8－5（b）$\Phi-i$ 曲线上，b 点以前 Φ 随 i 迅速增加，到达 c 点附近 Φ 随 i 增长渐趋缓慢。c 点为 $\Phi-i$ 曲线的磁饱和点，**进入磁饱和后，电流增长很多才能换取磁通少许的增长**。图 8－15 左上曲线为 $\Phi-i$ 曲线，右侧是磁通的半个周期正弦波，用作图的方法可画出对应的半个周期电流波形。波形表明：**交流铁芯线圈若进入了磁饱和，电压和磁通虽然同为正弦波，而磁化电流却畸变成尖顶波。尖顶波的电流中含有明显的 3 次谐波成分，饱和越深畸变越严重，这种尖顶波会给电气设备的运行造成不良影响。波形畸变由 $\Phi-i$ 曲线的非线性引起，其实质是铁芯的磁饱和。**

图 8－16 中将尖顶波的磁化电流分解为基波成分及 3 次谐波成分，得到

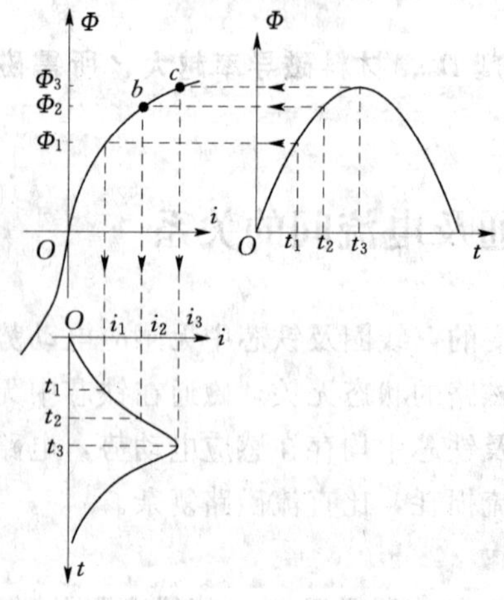

图 8－15　磁通为正弦波时，磁饱和使磁化电流变为尖顶波

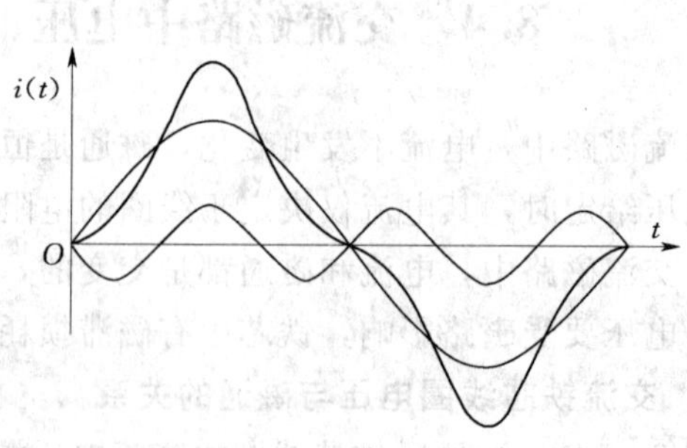

图 8－16　尖顶波的电流中含有明显的 3 次谐波成分

$$i(t) = I_{1m}\sin\omega t + I_{3m}\sin(3\omega t + 180°) \tag{8-24}$$

由式（8-21）已知此时的电压为

$$u = U_m\sin(\omega t + 90°) \tag{8-25}$$

根据式（8-24）、式（8-25）及式（6-7）可知，该磁化电流不消耗有功功率，其作用仅是产生磁通。

若铁芯线圈的电流保持为正弦波，则由于磁饱和的影响，磁通将畸变为平顶波、电压为尖顶波，如图8-17所示。如果考虑磁损耗，上述波形畸变会加剧。

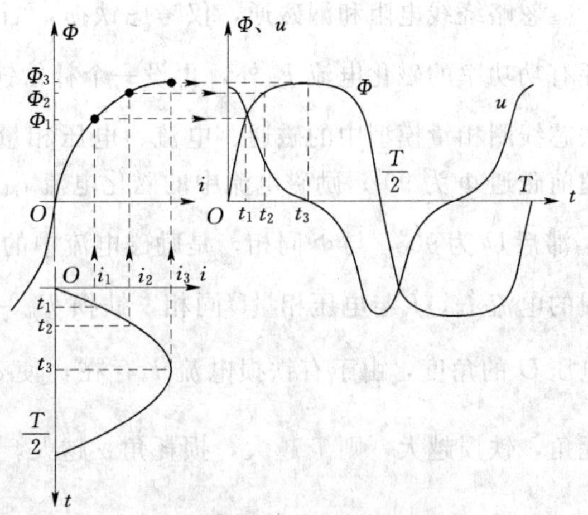

图8-17　i为正弦波时磁饱和使Φ变为平顶波、u变为尖顶波

8.4.3　交流铁芯线圈的磁滞损耗

由于铁芯的磁滞作用，在反复交变磁化的过程中，磁材料中的磁畴反复转向，相互摩擦产生磁滞损耗。**磁滞损耗P_h正比于交变磁化的频率、铁芯体积和磁滞回线所包围的面积**。可用下列经验公式计算，即

$$P_h = \sigma_h f B_m^n V \tag{8-26}$$

式中：σ_h为磁滞损耗系数；V为铁芯的体积；$B_m = \Phi_m/S$为磁感应强度的最大值；n为指数，由B_m的大小决定其取值，$B_m \leqslant 1T$，n取1.6；$B_m > 1T$，n取2，此种情况磁饱和较严重。

8.4.4　交流铁芯线圈的涡流损耗

铁芯本身是电流的导体，交变磁通会在铁芯中产生感应电动势，使铁芯中产生旋涡状的感应电流（涡流），引起涡流损耗P_e。涡流损耗可用下列经验公式计算，即

$$P_e = \sigma_e f^2 B_m^2 V \tag{8-27}$$

式中：σ_e为涡流损耗系数。

磁滞、涡流损耗统称为铁损。为了减小涡流损耗，铁芯由涂有绝缘漆的硅钢薄片叠装而成，绝缘漆可阻断涡流的流通路径，硅钢片的叠装方向使硅钢片平面与磁感应线平行，硅钢片是导电率较低而μ值较大的软磁材料。

【例8-5】　有一交流铁芯线圈接在220V、50Hz的正弦交流电源上，线圈的匝数为733匝，铁芯截面积为13cm²，求铁芯中的磁通最大值和磁感应强度最大值。

解　$U = 4.44fN\Phi_m = 4.44fNB_mS$

$$\Phi_m = \frac{U}{4.44fN} = \frac{220}{4.44\times 50\times 733} = 0.00135(\text{Wb})$$

$$B_m = \frac{\Phi_m}{S} = \frac{0.00135}{13\times 10^{-4}} = 1.04(\text{T})$$

8.5　交流铁芯线圈的电路模型

交流铁芯线圈中，电流和磁通都是交变的，铁芯中有磁滞损耗、涡流损耗，还由于铁

芯线圈磁化曲线的非线性及磁饱和，使电流波形畸变为非正弦波。因此对交流铁芯线圈的精确计算比较困难，为使问题简化，根据 6.2.3 小节所述非正弦周期电流的等效正弦波概念，用等效正弦电流替代实际的非正弦畸变电流（设畸变量较小），就可以给出交流铁芯线圈的相量模型。

8.5.1　忽略绕线电阻和漏磁通时的电路模型

忽略绕线电阻和漏磁通，仅考虑铁损，当正弦电压源作用于铁芯线圈时，除产生不消耗有功功率的磁化电流 $\dot{I}_M$ 外，再设一个补偿铁损的电流 $\dot{I}_a$，两者的相量和称为励磁电流。铁芯线圈相量模型中的磁通、电流、电压相量图如图 8-18（a）所示，电压源的电压 $\dot{U}$ 超前磁通 $\dot{\Phi}$ 为 90°；励磁电流中的磁化电流 $i_M(t)$ 不消耗有功功率，其等效正弦波的相量 $\dot{I}_M$ 滞后 $\dot{U}$ 为 90°，与 $\dot{\Phi}$ 同相，是励磁电流中的无功分量；励磁电流中的有功分量是模拟铁损的电流 $\dot{I}_a$，$\dot{I}_a$ 与电压相量 $\dot{U}$ 同相，铁损 $P_{Fe}=UI_a$。励磁电流 $\dot{I}=\dot{I}_M+\dot{I}_a$，$\varphi$ 是 $\dot{I}$ 滞后于电压 $\dot{U}$ 的角度，由于有铁损电流 $\dot{I}_a$ 存在，使 φ 角小于 90°。$\alpha=90°-\varphi=\arctan\dfrac{I_a}{I_M}$ 称为损耗角，铁损越大，则 $\dot{I}_a$ 越大，损耗角 α 越大。

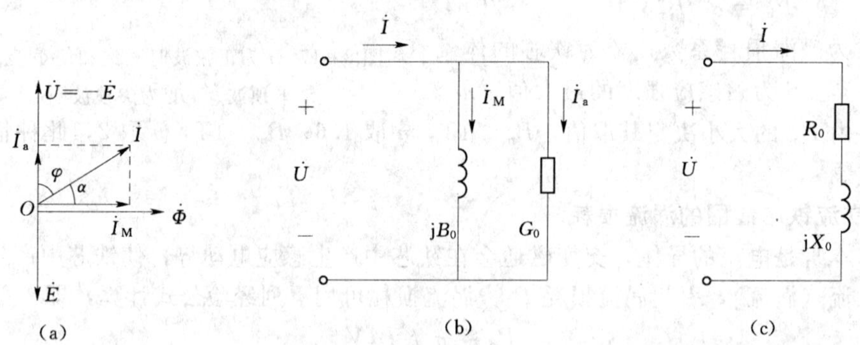

图 8-18　忽略绕线电阻和漏磁通时的电路模型

由磁路计算或由实验测得励磁电流后，根据图 8-18（a）所示的相量关系，可以画出铁芯线圈在这种情况下的电路模型如图 8-18（b）所示，由一个电纳 B_0 和一个电导 G_0 并联组成，有

$$\dot{I}=\dot{I}_M+\dot{I}_a=(G_0+\mathrm{j}B_0)\dot{U}=Y_0\dot{U} \tag{8-28}$$

其中 G_0 是对应于磁滞、涡流损耗的励磁电导，B_0 对应于磁化电流的感性电纳（其值为负），而 $Y_0=G_0+\mathrm{j}B_0$ 称为励磁导纳，G_0、B_0 分别为

$$G_0=\frac{I_a}{U}=\frac{P_{Fe}}{U^2},\quad B_0=-\frac{I_M}{U} \tag{8-29}$$

将该并联电路等效变换为串联，得到如图 8-18（c）所示交流铁芯线圈的串联电路模型，有

$$Z_0=R_0+\mathrm{j}X_0=\frac{1}{Y_0}=\frac{\dot{U}}{\dot{I}}=\frac{1}{G_0+\mathrm{j}B_0} \tag{8-30}$$

式中 R_0、X_0、Z_0 分别称为励磁电阻、励磁电抗、励磁阻抗。

8.5.2 考虑绕线电阻及漏磁通的电路模型

考虑绕线电阻，就是考虑线圈的铜损，**线圈的铜损是电流通过绕线电阻引起的功率损耗**，铜损 $P_{Cu}=RI^2$。漏磁通不容忽略时，把线圈的磁链分为两部分：主磁通 Φ 经铁芯闭合；漏磁通 Φ_σ 经空气闭合，与励磁电流成正比。漏磁通 Φ_σ 产生的感应电压 $\dot{U}_\sigma$ 超前电流 $\dot{I}$ 为 90°，绕线电阻上的电压 $\dot{U}_R$ 与电流 $\dot{I}$ 同相。因此

$$\dot{U}_1 = \dot{U}_R + \dot{U}_\sigma + \dot{U} = R\dot{I} + jX_\sigma\dot{I} + \dot{U} \tag{8-31}$$

其中 $X_\sigma = \omega L_\sigma$ 称为漏电抗，L_σ 称为漏电感，该电感 $L_\sigma = \dfrac{N\Phi_\sigma}{I}$ 与经空气闭合的漏磁通相联系，是线性电感。根据式（8-31），画出图 8-19 所示的相量图和电路模型。绕线电阻压降 U_R 和漏抗压降 U_σ 一般很小，仅为 U 的百分之几（为了观察，图中夸大了）。

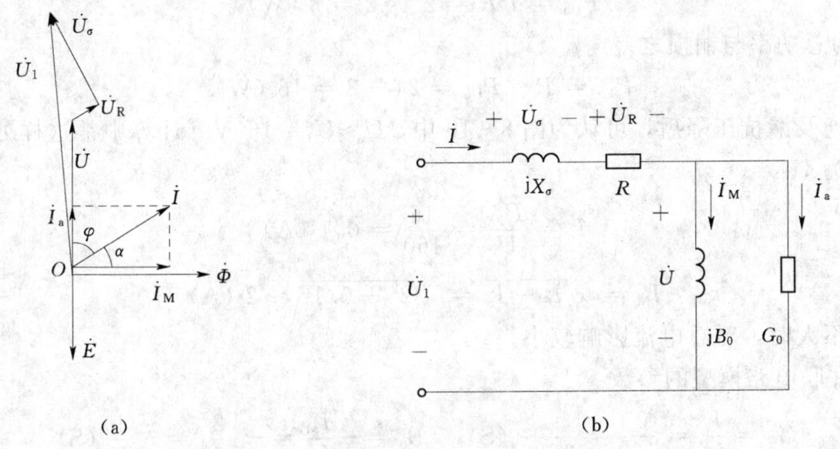

图 8-19 考虑绕线电阻及漏磁通的电路模型

应该注意：由于铁芯线圈是一个含有非线性电感元件的电路，其电路模型中各参数均与励磁电流的大小及对应的磁导率有关，一般都不是常量，会随线圈端电压 U 做非线性变化。但是如果端电压变化范围不大，没有严重磁饱和时，这些参数可近似看作常量，这样便可利用等效正弦波的概念，并采用上述的相量模型，通过相量进行计算，使问题大为简化。

【例 8-6】 将一匝数 $N=100$ 的铁芯线圈接到电压 $U=220$V 的工频正弦电压源上，测得线圈电流 $I=4$A，功率 $P=100$W。不计线圈电阻及漏磁通，求：

（1）铁芯中主磁通最大值 Φ_m。

（2）铁芯线圈的串联电路模型。

解 （1）根据式（8-23）得

$$\Phi_m = \frac{U}{4.44fN} = \frac{220}{4.44\times50\times100} = 0.00991\,(\text{Wb})$$

（2）

$$|Z_0| = \frac{U}{I} = \frac{220}{4} = 55\,(\Omega)$$

铁芯线圈的功率因数角为 $\varphi=\arccos\dfrac{P}{UI}=\arccos\dfrac{100}{220\times4}=83.5°$

$$Z_0=R_0+\mathrm{j}X_0=|Z_0|\angle\varphi=55\angle83.5°\Omega=(6.25+\mathrm{j}54.6)\Omega$$

【例 8-7】 将一铁芯线圈接到 3V 直流电压源上，测得电流 1.5A；接到 160V 的工频正弦电压源上，测得电流 2A，功率 $P=24$W。忽略漏磁通，试计算：

(1) 励磁电流的有功分量和无功分量。

(2) 铁芯线圈并联电路模型的参数。

(3) 铁芯线圈的损耗角 α。

解 (1) 直流电压源作用时，电压与电流之比为线圈的绕线电阻。

$$R=\frac{3}{1.5}=2\ (\Omega)$$

正弦电压源作用时，绕线电阻消耗的功率为铜损 P_{Cu}。

$$P_{\mathrm{Cu}}=I^2R=2^2\times2=8\ (\mathrm{W})$$

铁损 P_{Fe} 为总功率与铜损之差

$$P_{\mathrm{Fe}}=P-P_{\mathrm{Cu}}=24-8=16\ (\mathrm{W})$$

忽略漏磁通及漏抗压降后，可认为图 8-19 中，$U\approx U_1=160$V（计算中常这样处理），则铁损电流为

$$I_{\mathrm{a}}=\frac{P_{\mathrm{Fe}}}{U}=\frac{16}{160}=0.1\ (\mathrm{A})$$

$$I_{\mathrm{M}}=\sqrt{I^2-I_{\mathrm{a}}^2}=\sqrt{2^2-0.1^2}\approx2\ (\mathrm{A})$$

可见铁损不大时，对总电流影响较小。

(2) 并联电路模型的参数

$$G_0=\frac{I_{\mathrm{a}}}{U}=\frac{0.1}{160}=\frac{1}{1600}\ (\mathrm{S}),\quad B_0=-\frac{I_{\mathrm{M}}}{U}=-\frac{2}{160}=-\frac{1}{80}\ (\mathrm{S})$$

(3) 铁芯线圈的损耗角 α

$$\alpha=\arctan\frac{I_{\mathrm{a}}}{I_{\mathrm{M}}}=\arctan\frac{0.1}{2}=2.86°$$

习　题　8

一、问答题

8-1　磁场的物理量 B、Φ、μ、μ_0、μ_r、H 之间有哪些关系？它们的单位分别是什么？

8-2　反映磁场强弱的物理量是磁感应强度还是磁场强度？两者中哪一个量与励磁电流成正比？

8-3　在电工设备中为何常采用铁磁性物质作铁芯？

8-4　磁通连续性原理的内容是什么？

8-5　铁磁性物质的磁化特性主要表现为磁化曲线，磁化曲线有哪几种？哪一种用于磁路的设计和计算？

8-6　什么是磁饱和现象？磁饱和对铁磁材料的磁导率会产生什么影响？

8-7　什么是磁滞现象？磁滞回线上 B_r 和 H_C 有何含义？

8-8　软磁材料的磁滞回线有何特点？软磁材料在实际中有何应用？

8-9　硬磁材料的磁滞回线有何特点？硬磁材料在实际中有何应用？

8-10　简述磁路的基尔霍夫第一定律和第二定律的内容。

8-11　“磁路中气隙长度一般远小于磁路总长度，所以空气隙上的磁位差远小于磁路的总磁通势。”这句话对吗？为什么？

8-12　什么是磁阻？磁阻与哪些因素有关？为什么说磁路的欧姆定律公式只有定性意义，不便用于计算？

8-13　交流铁芯线圈的电感 L 的大小与哪些因素有关？为什么交流铁芯线圈的电感不是常数？

8-14　交流铁芯线圈的电抗与哪些因素有关？若铁芯的饱和程度增加，交流铁芯线圈的电抗会如何变化？

8-15　只考虑磁饱和的影响时，若铁芯线圈的电压为正弦波，则其磁通和电流的波形是什么形状？电流波形畸变的实质是什么？

8-16　只考虑磁饱和的影响时，若铁芯线圈的电流为正弦波，则其磁通和电压的波形是什么形状的？

8-17　接到正弦电压源上的铁芯线圈，在忽略线圈电阻及漏磁通的情况下，试证明：$U=4.44fN\Phi_m$ 关系式。

8-18　将铁芯线圈接至正弦交流电源上，当发生下列情况时，铁芯中的电流和磁通如何变化？

(1) 铁芯截面增加，其他条件不变。

(2) 线圈匝数减少，其他条件不变。

(3) 电源电压增加，其他条件不变。

8-19　交流铁芯产生磁损耗的原因是什么？磁损耗包括哪两部分？

8-20　什么是磁滞损耗？磁滞损耗的大小与哪些因素有关？

8-21　什么是涡流？为减小涡流损耗，可采取哪些措施？

8-22　铁芯线圈在交流电压源作用下，总的能量损耗有哪些？

8-23　交流铁芯线圈的励磁电流包括哪两个分量？各起什么作用？

二、计算题

8-1　有一均匀密绕的环形线圈，环中心线周长为 400mm，欲使铁芯中 $B=1$T，此时铁芯 $\mu_r=796$，求所需磁通势。如 B 不变，铁芯上开了一个 2mm 的气隙，求所需磁通势（忽略气隙面积的变化）。

8-2　题图 8-2 所示铁芯由硅钢片叠制，已知磁路中心线的总长度 $l=500$mm，截面积 $S=500\text{mm}^2$，气隙长 $l_0=3$mm，铁芯的 $B=1.2$T。试求此时铁芯和气隙的磁阻（忽略气隙面积的变化）。

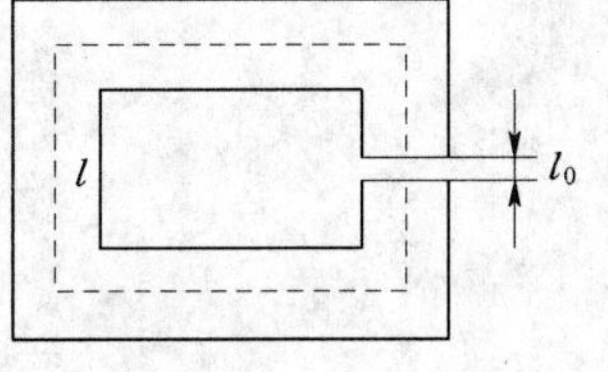

题图 8-2

8-3　交流接触器加额定工频电压 220V，铁芯截面积$S=5\text{cm}^2$，若铁芯尺寸、材料不变，欲使铁芯磁感应强度 B_m 从 1T 增加到 1.2T，问线圈匝数应变化多少？

8-4　一铁芯线圈，加正弦交流电压$U=160$V 时，测得 $I=2$A，$P=24$W；加直流电压 $U=6$V 时测得 $I=3$A。试计算该线圈的电阻 R 及忽略漏磁通时的并联电路模型参数。

第9章　线性电路过渡过程中电流电压的计算

电感元件中，当有电流 i 流过时，线圈所在的空间分布着许多磁感线，形成磁通链 Ψ，如图 9-1（a）所示，其中储存有磁场能量，其大小为 $W_L=\frac{1}{2}Li^2$，与电流 i 的平方成正比；电容元件中，当有电压 u 加在两极板之间时，两极板上充有等量异号的电荷 q，使正、负极板间形成许多电场线，如图 9-1（b）所示，其中储存着电场能量，其大小为 $W_C=\frac{1}{2}Cu^2$，与电压 u 的平方成正比。因此电路中电感元件与电容元件都是储能元件，**电感电流变化，电感元件所储存的磁场能量随之变化；电容电压变化，电容元件所储存的电场能量随之变化**。

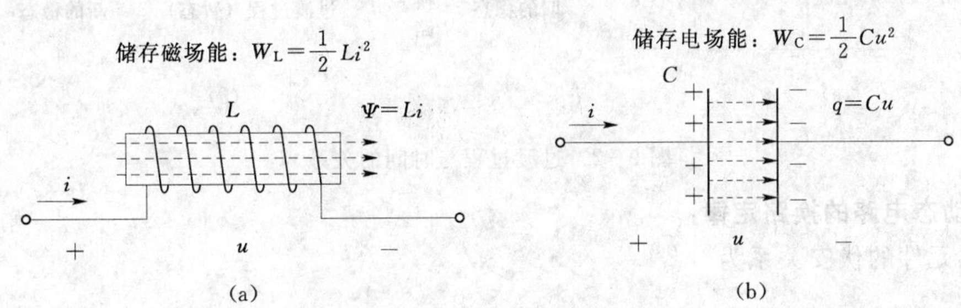

图 9-1　电感元件储存磁场能、电容元件储存电场能

自然界凡是与能量有关的物理量发生变化，都需要有一个过程来完成这种变化。能量一般不能跃变，如果能量跃变，那么能量随时间变化的速率为无穷大，即功率 $p=\frac{dW}{dt}\rightarrow\infty$，需要有一个无穷大的功率源来支持这种跃变，而自然界没有无穷大的功率源。例如，停在站台的火车，想要它高速行驶起来，要有牵引机车带动它慢慢加速的过程，增加火车的动能需要有一个过程；同理火车进站减速也需要一个过程来使其动能慢慢减小为零，即**火车速度的改变需要一个渐变过程**。再例如，用电炉烧一壶水，水从常温到 100℃ 沸腾要有一个热能慢慢积聚的过程，即**水温的改变需要一个渐变过程**。联系到电路中，**电感电流的改变、电容电压的改变也需要一个渐变过程，这个过程就称为电路的过渡过程**。

学习本章的目的是掌握线性电路过渡过程中电流、电压的变化规律。

9.1　换路定律和初始条件的计算

9.1.1　过渡过程与时间的关系

电路中电源的接入和切除、支路的接通和断开、元件参数的改变等动作统称为换路。

换路是在瞬间完成的，换路使电路结构发生了变化，引起电流、电压重新分配，就会出现电路的过渡过程。无换路动作的电路，其电感电流、电容电压的大小不变（交流时有效值不变），称为稳态电路，前述各章讨论的都是稳态电路。**电路的过渡过程从换路后瞬间开始，是电路从一种稳态（旧的稳态）变化到另一种稳态（新的稳态）的中间过程**。过渡过程中电路的状态称为暂态，**产生暂态的原因是电感、电容储存的能量要发生变化，必要条件是含有电感、电容的电路发生了换路**。在图 9-2（a）中，开关 S 在$t=0$瞬间打开实现换路，电容电压旧的稳态值为 6V，新的稳态值为 9V，过渡过程中电容电压由 6V 逐渐变为 9V。图 9-2（b）说明了电路由旧的稳态渐变为新稳态的全过程，$t=0_-$是换路前一瞬间，即旧的稳态结束时刻；$t=0$ 时发生换路；$t=0_+$是换路后一瞬间，是过渡过程的开始时刻；过渡过程中电流、电压发生渐变，渐变持续到 t'时刻结束，此时电路进入新的稳态。

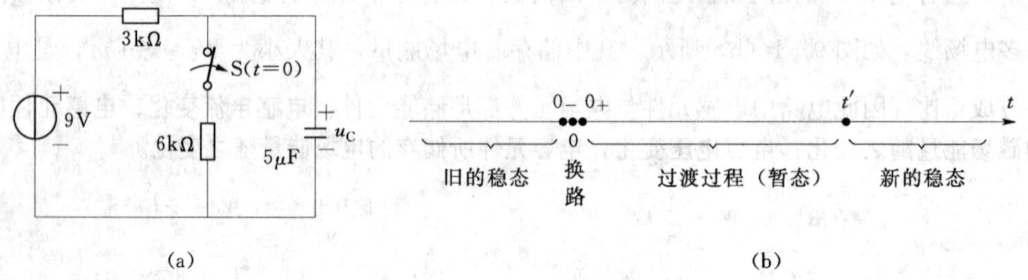

图 9-2　过渡过程与时间的关系

9.1.2　动态电路的换路定律

电感元件的伏安关系为

$$u_{\mathrm{L}}=L\frac{\mathrm{d}i_{\mathrm{L}}}{\mathrm{d}t} \tag{9-1}$$

电感电流随时间变动，电感电压才不为零。电容元件的伏安关系为

$$i_{\mathrm{C}}=C\frac{\mathrm{d}u_{\mathrm{C}}}{\mathrm{d}t} \tag{9-2}$$

电容电压随时间变动，电容电流才不为零。所以电感、电容元件称为动态元件。含有电感、电容的电路称为动态电路，只有动态电路中才会发生过渡过程。

设动态电路 $t=0$ 时发生换路，换路时若电感电压不为无穷大，即 $u_{\mathrm{L}}=L\frac{\mathrm{d}i_{\mathrm{L}}}{\mathrm{d}t}\neq\infty$，则电感电流随时间变化的速率$\frac{\mathrm{d}i_{\mathrm{L}}}{\mathrm{d}t}$不为无穷大，即**电感电流只能渐变不能跃变，可理解为电感中包含的磁感线条数（磁链）$\boldsymbol{\Psi}=\boldsymbol{L}\boldsymbol{i}_{\mathrm{L}}$ 不能跃变**。得到

换路定律①：

$$i_{\mathrm{L}}(0_+)=i_{\mathrm{L}}(0_-) \tag{9-3}$$

换路时若电容电流不为无穷大，即 $i_{\mathrm{C}}=C\frac{\mathrm{d}u_{\mathrm{C}}}{\mathrm{d}t}\neq\infty$，则电容电压随时间变化的速率$\frac{\mathrm{d}u_{\mathrm{C}}}{\mathrm{d}t}$不为无穷大，即**电容电压只能渐变不能跃变，可理解为电容两极板上聚集的电荷数 $\boldsymbol{q}=\boldsymbol{C}\boldsymbol{u}_{\mathrm{C}}$ 不能跃变**。得到

换路定律②： $$u_C(0_+)=u_C(0_-) \tag{9-4}$$

式（9-1）、式（9-2）表明，**换路后一瞬间的电感电流值、电容电压值仍为旧的稳态值，能够在换路前后承上启下**，可由换路前的等效电路计算出来。而电路中的其他量，包括**电阻上的电流电压、电感电压、电容电流——i_R、u_R、u_L、i_C，换路后都可以发生跃变，立即改变为另一个值**。

9.1.3 换路后瞬间 $t=0_+$ 时刻初始条件的计算

$t=0_+$ 时刻是过渡过程的开始时刻，此时刻电路中的电流、电压值称为过渡过程的初始条件或初始值。计算初始值有以下两个步骤。

第一步：画出换路前 $t=0_-$ 时刻的等效电路，计算独立初始值 $i_L(0_-)$、$u_C(0_-)$，对于直流电路电感代以短路、电容代以开路，根据换路定则得：$i_L(0_+)=i_L(0_-)$，$u_C(0_+)=u_C(0_-)$。

第二步：画出换路后 $t=0_+$ 时刻的等效电路，计算相关初始值 $i_R(0_+)$、$u_R(0_+)$、$u_L(0_+)$、$i_C(0_+)$，应用替代定理将电感元件用值为 $i_L(0_+)$ 的理想电流源替代［若 $i_L(0_+)=0$，则代以开路］，将电容元件用值为 $u_C(0_+)$ 的理想电压源替代［若 $u_C(0_+)=0$，则代以短路］。

【例 9-1】 图 9-3（a）所示电路，在 $t<0$ 时已处于稳态，$t=0$ 时闭合开关 S，求 $i_C(0_+)$、$u_L(0_+)$ 和 $i_R(0_+)$。

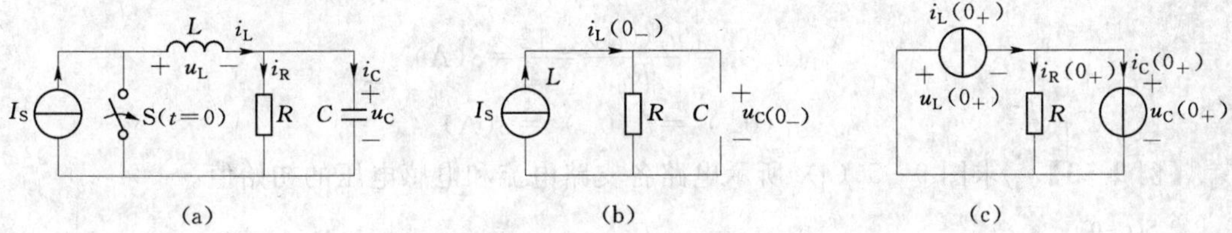

图 9-3 ［例 9-1］图
（a）电路；（b）$t=0_-$ 等效电路；（c）$t=0_+$ 等效电路

解 （1）画出 $t=0_-$ 时刻的等效电路如图 9-3（b）所示，因为是直流稳态，电路中的电感短路，电容开路，则

$$i_L(0_-)=i_L(0_+)=I_S,\quad u_C(0_-)=u_C(0_+)=I_SR$$

（2）画出 $t=0_+$ 时刻的等效电路如图 9-3（c）所示，电感用值为 I_S 的理想电流源替代，电容用值为 I_SR 的理想电压源替代。相关初始值必须依赖于独立初始值才能确定。

$$i_C(0_+)=i_L(0_+)-\frac{u_C(0_+)}{R}=I_S-\frac{I_SR}{R}=0$$

$$u_L(0_+)=-u_C(0_+)=-I_SR$$

$$i_R(0_+)=\frac{u_C(0_+)}{R}=I_S$$

【例 9-2】 图 9-4（a）所示的电路中，$U_S=12\text{V}$，$R_1=4\Omega$、$R_2=8\Omega$、开关 S 接通前电路已达稳定状态，且电容 C 原来未被充电。在 $t=0$ 时 S 接通，试求各电流、电压的初始值。

解 先求独立初始值。因为 S 接通前 C 未被充电，所以 $u_C(0_-)=0$，从而得到

$$u_C(0_+)=u_C(0_-)=0$$

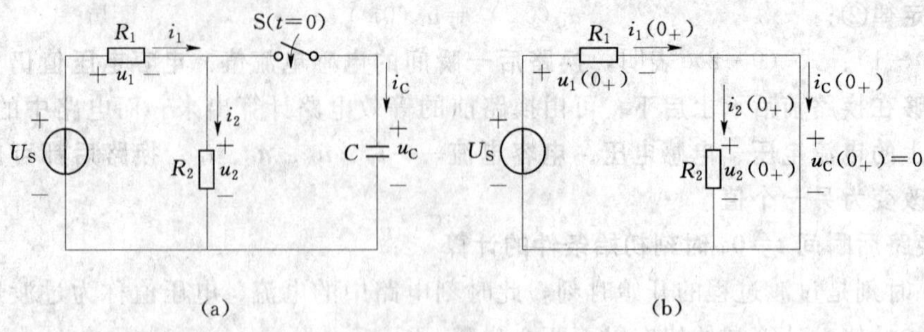

图 9-4　[例 9-2] 图

(a) 电路；(b) $t=0_+$ 等效电路

再求相关初始值。$t=0_+$ 时刻的等效电路图 9-4（b）中，电容用值为 0V 的理想电压源替代，0V 的理想电压源相当于短路，所以电容相当于短路。

$$u_2(0_+)=u_C(0_+)=0$$

$$i_2(0_+)=\frac{u_2(0_+)}{R_2}=0$$

$$u_1(0_+)=U_S=12\text{V}$$

$$i_1(0_+)=\frac{u_1(0_+)}{R_1}=\frac{12}{4}=3(\text{A})$$

$$i_C(0_+)=i_1(0_+)=3(\text{A})$$

【例 9-3】　求图 9-5（a）所示电路各支路电流和电感电压的初始值。

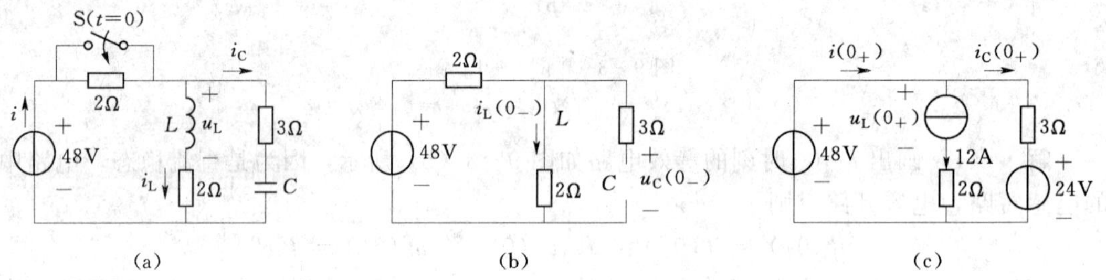

图 9-5　[例 9-3] 图

(a) 电路；(b) $t=0_-$ 等效电路；(c) $t=0_+$ 等效电路

解　(1) 由 $t=0_-$ 时刻的等效电路求独立初始值

$$i_L(0_-)=i_L(0_+)=48/4=12\ (\text{A})$$

$$u_C(0_-)=u_C(0_+)=2\times12=24\ (\text{V})$$

(2) 由 $t=0_+$ 时刻的等效电路求相关初始值

$$i_C(0_+)=(48-24)/3=8\ (\text{A})$$

$$i(0_+)=i_L(0_+)+i_C(0_+)=12+8=20\ (\text{A})$$

$$u_L(0_+)=48-2\times12=24\ (\text{V})$$

【例 9-4】　图 9-6（a）所示电路中的开关闭合已久，$t=0$ 时开关 S 断开，试求 $u_L(0_+)$和 $i_1(0_+)$。

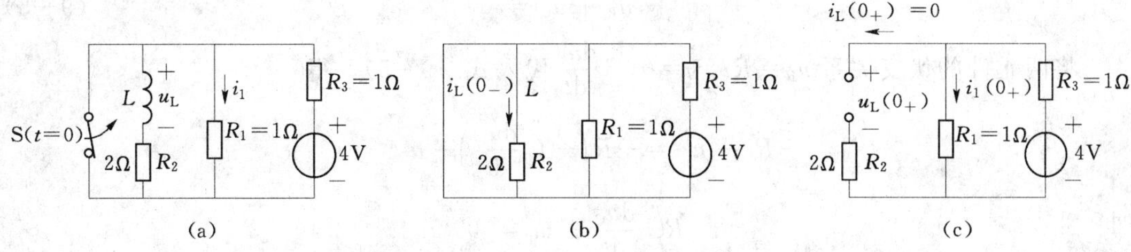

图 9-6 ［例 9-4］图

(a) 电路；(b) $t=0_-$ 等效电路；(c) $t=0_+$ 等效电路

解 (1) $t=0_-$ 时刻的等效电路如图 9-6 (b) 所示，得

$$i_L(0_-)=i_L(0_+)=0$$

(2) $t=0_+$ 时刻的等效电路如图 9-6 (c) 所示，电感电流的初始值为零，用值为 0A 的理想电流源替代电感，0A 的理想电流源相当于开路，所以电感相当于开路。

$$i_1(0_+)=\frac{4}{R_1+R_3}=\frac{4}{2}=2(\text{A}),\ u_L(0_+)=i_1(0_+)R_1=2(\text{V})$$

从以上例题可以看出，直流激励情况下，$t=0_-$ 及 $t=0_+$ 时刻的等效电路中，都不再有电感或电容存在，进行简单的电阻电路计算就可求出初始值。

9.2　一阶电路的零输入响应——仅由初始储能激励

动态电路中电感、电容元件的伏安关系式 (9-1)、式 (9-2) 都是导数关系，那么对动态电路所列写的 KCL、KVL 方程都是微分方程，仅有一个动态元件（一个电感或一个电容）的电路方程只含一阶导数项，称为一阶电路。

电阻是耗能元件，纯电阻电路中没有电源就没有电流、电压响应。动态电路中若 $i_L\neq 0$，表明电感元件储有磁场能；若 $u_C\neq 0$，表明电容元件储有电场能，那么动态电路即使没有电源，仅由电感、电容元件的初始储能也能维持一段时间的电流、电压响应，这里把初始储能也看成是电路的一种激励。这类似于火车关闭牵引机车后靠已经具有的速度形成的动能也可向前滑行一段距离。

“输入”指电路外加的电源激励，“零输入”指外加电源为零，而“零输入响应”指仅由电容元件换路以前储有的电场能，或电感元件换路以前储有的磁场能引起的电流、电压响应。

9.2.1　*RC* 电路的零输入响应——电容放电过程

如图 9-7 (a) 所示电路，$t<0$ 时，开关 S 掷向 A 电路已处于稳态，电容已被充电，其电压 $u_C(0_-)=U_0$。$t=0$ 时，开关 S 掷向 B，换路后电容上极板储存的正电荷将通过电阻 R 流向下极板与负电荷中和而放电，放电电流流过电阻时将电容储存的能量变成热能耗散，所以随着放电的进行，电容电压逐渐下降，放电电流也逐渐减小，最后电路中的电压和电流均趋近于零，过渡过程结束，电路进入新的稳态。

开关换路 S 掷向 B 后，$t>0$ 时，电路如图 9-7 (b) 所示，根据 KVL 可得

$$-u_R + u_C = 0 \tag{9-5}$$

将两元件的伏安关系 $u_R = Ri$，$i = -C\dfrac{du_C}{dt}$ 代入式（9-5），得

$$-Ri + u_C = -R\left(-C\frac{du_C}{dt}\right) + u_C = 0$$

即

$$RC\frac{du_C}{dt} + u_C = 0$$

或写成

$$\frac{du_C}{dt} + \frac{1}{RC}u_C = 0 \tag{9-6}$$

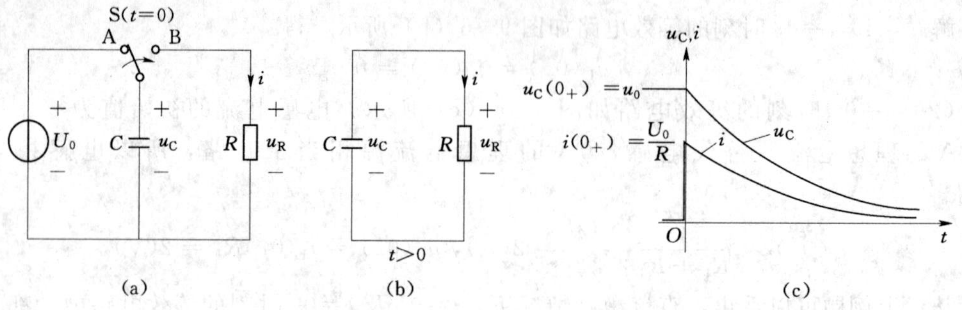

图 9-7　RC 电路的零输入响应

式（9-6）是以 u_C 为未知量的一阶线性常系数齐次微分方程，对应的特征方程为

$$p + \frac{1}{RC} = 0$$

特征根 p 为

$$p = -\frac{1}{RC}$$

设 RC 用 τ 来表示，得特征根

$$p = -\frac{1}{RC} = -\frac{1}{\tau}$$

则微分方程（9-6）的通解为

$$u_C(t) = Ae^{pt} = Ae^{-\frac{t}{RC}} = Ae^{-\frac{t}{\tau}} \tag{9-7}$$

式中 A 为待定常数。式（9-7）应该也适用于 $t=0$ 的情况，将 $t=0$ 时的电容电压初始值代入，则有

$$u_C(0_+) = u_C(0_-) = U_0 = Ae^{-\frac{1}{\tau}\times 0}$$

得待定常数

$$A = U_0$$

所以式（9-6）满足初始条件的定解为

$$u_C(t) = U_0 e^{-\frac{t}{RC}} = u_C(0_+)e^{-\frac{t}{\tau}} \tag{9-8}$$

这就是电容放电过程中 u_C 的变化规律。放电电流 i 与 u_C 参考方向非关联，其变化规律为

$$i(t) = -C\frac{du_C}{dt} = -C\times\frac{-U_0}{RC}e^{-\frac{t}{RC}}$$

$$= \frac{u_C(0_+)}{R}e^{-\frac{t}{\tau}} = i(0_+)e^{-\frac{t}{\tau}} \tag{9-9}$$

式（9-8)、式（9-9）就是 RC 电路的零输入响应，u_C 和 i 按照相同的负指数规律逐渐衰减为零，其波形如图 9-7（c）所示。观察波形可见 u_C 在 $t=0$ 处是连续的，$u_C(0_+)=u_C(0_-)$，没有发生跃变；i 在 $t=0$ 处不连续，$t=0_-$ 时 i 等于零，$t=0_+$ 时 i 跃变为$\frac{u_C(0_+)}{R}$。

观察式（9-8)、式（9-9）可知，**u_C 和 i 的表达式分别仅与两个要素有关，一个是 u_C 和 i 的初始值 $u_C(0_+)$ 和 $i(0_+)$；另一个是被称为时间常数的 τ 值，$\tau=R\times C$**。

9.2.2 时间常数的意义与计算

过渡过程中，u_C 和 i 衰减的快慢与式（9-8)、式（9-9）指数中 τ 的大小有关，τ 值仅取决于电路的结构和元件参数，反映了电路的固有特性，R 的单位用 Ω，C 的单位用 F 时，τ 的单位是“s”，故 $\tau=RC$ 称为电路的时间常数。

τ 值的大小表征了一阶电路过渡过程进展的快慢。图 9-8 所示是电容电压初始值相同而 τ 值不同的 3 条放电曲线，**τ 值越大，u_C 和 i 衰减越慢，过渡过程越长；反之，τ 值越小，u_C 和 i 衰减越快，过渡过程越短**。这是因为电容量 C 越小，电容储存的初始能量越少，维持的时间就短；而 R 越小，$p_R=\frac{u_C^2}{R}$越大，电阻耗能越快。适当选择 R 和 C，改变电路的时间常数，可控制放电速度。

τ 值还是零输入响应 u_C（或 i）下降为初始值的 36.8%所需时间。如图 9-9 所示，$t=\tau$时，过渡过程已完成 63.2%的进程，只剩下 36.8%的进程，并且零输入响应每经过一个 τ 值的时间后都衰减为原有值的 36.8%，累计起来 $t=5\tau$ 时，$u_C=U_0e^{-5}=0.007U_0$，认为 u_C 已基本衰减为零，过渡过程结束，电路进入新的稳态。从表 9-1 所示的数据可见 $u_C(t)$ 随时间衰减的规律。

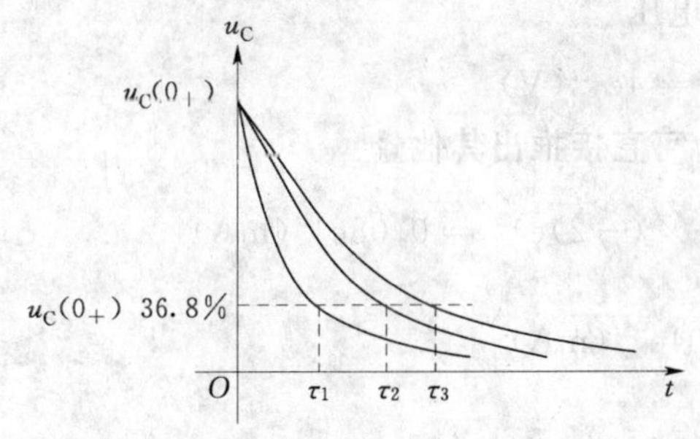

图 9-8 τ 值越小 u_C 衰减越快

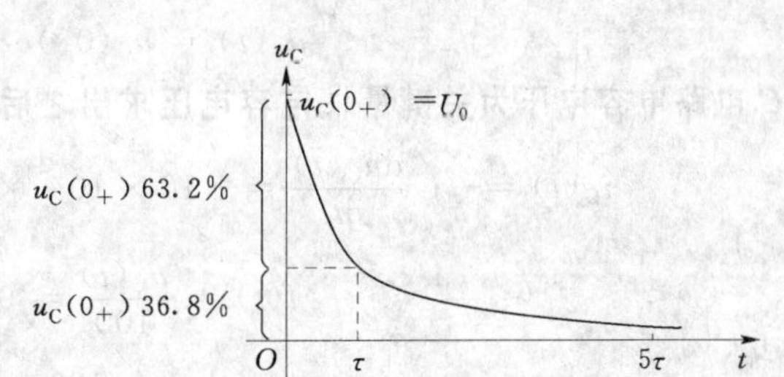

图 9-9 τ 值是 u_C 下降为初始值的 36.8%所需时间

表 9-1　$u_C(t)$ 随时间衰减的规律

t	0	τ	2τ	3τ	5τ
$u_C=U_0e^{-\frac{t}{\tau}}$	U_0	U_0e^{-1}	U_0e^{-2}	U_0e^{-3}	U_0e^{-5}
	U_0	$0.368U_0$	$0.135U_0$	$0.05U_0$	$0.007U_0$

还应指出，$t>0$ 时，同一电路中不同支路的电流、电压衰减的时间常数相等，即一个电路只有一个 τ 值。**与放电电容相连的电阻不止一个时，$\tau=RC$ 中的 R 是换路后从电容**

两端来观察的等效电阻，可由串、并联公式计算得到。

【例 9-5】　图 9-10（a）所示电路，开关 S 原在位置 1 时间已久，$t=0$ 时 S 合向位置 2，求 $u_C(t)$、$i_C(t)$ 和 $i(t)$。

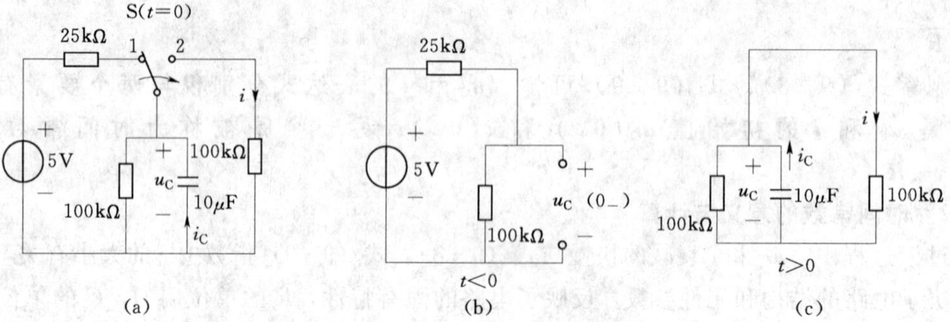

图 9-10　［例 9-5］图

解　$t<0$ 时的电路如图 9-10（b）所示，可知

$$u_C(0_-)=\frac{5}{100+25}\times 100=4\ (\mathrm{V})$$

根据换路定律得电容电压的初始值

$$u_C(0_+)=u_C(0_-)=4(\mathrm{V})$$

$t>0$ 后的电路如图 9-10（c）所示，从电容两端来观察两个电阻是并联关系，其等效电阻 R 为

$$R=100//100=50(\mathrm{k\Omega})$$

时间常数为

$$\tau=RC=50\times 10^3\times 10\times 10^{-6}=0.5\ (\mathrm{s})$$

将两个要素 $u_C\ (0_+)$、τ 代入式（9-8），得电容电压

$$u_C(t)=u_C(0_+)\mathrm{e}^{-\frac{t}{\tau}}=4\mathrm{e}^{-2t}(\mathrm{V})$$

***RC* 电路电容电压为关键量，电容电压求出之后，可直接推出其他量。**

$$i_C(t)=-C\frac{\mathrm{d}u_C(t)}{\mathrm{d}t}=-10\times 10^{-6}\times 4\times(-2)\mathrm{e}^{-2t}=0.08\mathrm{e}^{-2t}(\mathrm{mA})$$

$$i(t)=\frac{u_C(t)}{100}=0.04\mathrm{e}^{-2t}(\mathrm{mA})$$

或由分流公式得　$$i(t)=i_C(t)\frac{100}{100+100}=0.04\mathrm{e}^{-2t}(\mathrm{mA})$$

也可先求出放电电流的初始值

$$i_C(0_+)=\frac{u_C(0_+)}{100//100}=\frac{4}{50\times 10^3}=0.08\ (\mathrm{mA})$$

再代入式（9-9）得电容电流。

【例 9-6】　一组 $C=40\mu\mathrm{F}$ 需检修的电容器从 10kV 高压三相电路上断开，电容器星形连接如图 9-11 所示，电容器断开后经它两极间本身的泄漏电阻（仅画出三相中的一相）放电，如电容器的泄漏电阻 $R=100\mathrm{M\Omega}$，试问断开后经过多长时间，电容器的电压衰减为36V安全电压？

解　10kV是高压三相电路的线电压，星形连接时电容器两端电压为相电压，则

$$\frac{10000}{\sqrt{3}} \approx 5770\ (\text{V})$$

5770V是电容器电压的有效值，考虑最危险情况应取最大值，则

$$u_C(0_+) = u_C(0_-) = 5770 \times \sqrt{2} = 8160(\text{V})$$

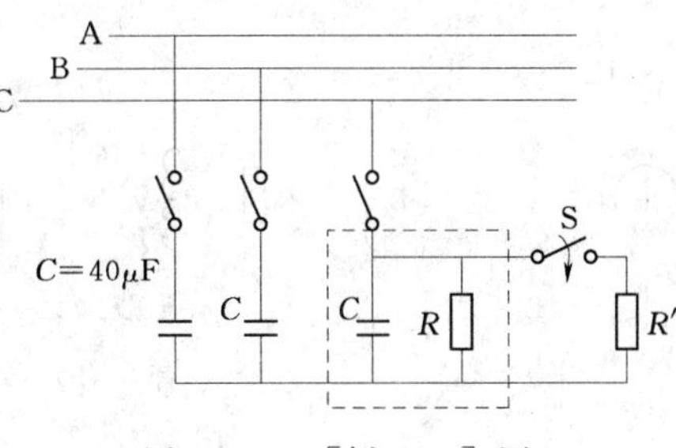

图9-11　[例9-6]图

电容器两极板间的绝缘层虽电阻极大，但不能绝对阻止电荷通过。从高压线路上断开后的电容器会经两极间的泄漏电阻缓慢放电，放电时间常数为

$$\tau = RC = 100 \times 10^6 \times 40 \times 10^{-6} = 4000\ (\text{s})$$

放电过程中电容电压的变化规律为

$$u_C(t) = u_C(0_+)e^{-\frac{t}{\tau}} = 8160e^{-\frac{1}{4000}t}(\text{V})$$

求电压衰减为36V需要的时间

$$36\text{V} = 8160e^{-\frac{1}{4000}t}\text{V}, \quad \frac{36}{8160} = e^{-\frac{1}{4000}t}$$

上式两边取自然对数

$$\ln\frac{36}{8160} = \ln e^{-\frac{1}{4000}t}$$

$$-5.42 = -\frac{1}{4000}t, \quad t = 5.42 \times 4000 = 21680(\text{s}) = 6\text{h}1\text{min}20\text{s}$$

由于C与R都较大，故时间常数τ很大，过渡过程很长。高压电容器靠内部泄漏电阻放电，6个多小时才衰减为安全电压，此后才能展开检修。为节省时间，实际操作中可在每相电容器两端并联一个适当大小的电阻R'进行放电，如$R'=1000\Omega$，由于R'比泄漏电阻小得多，则等效电阻为：$R//R' \approx R'$，可忽略泄漏电阻，此时放电电流的初始值为

$$i(0_+) = \frac{u_C(0_+)}{R'} = \frac{8160}{1000} = 8.16\ (\text{A})$$

R'越小，放电电流初始值越大。时间常数τ'为

$$\tau' = 1000 \times 40 \times 10^{-6} = 0.04\ (\text{s})$$

电压衰减为36V所需的时间减少为

$$-5.42 = -\frac{1}{0.04}t, \quad t = 5.42 \times 0.04 = 0.22(\text{s})$$

在检修具有大电容的设备时，停电后均需并联一个适当大小的电阻放电才能工作，以确保操作安全。

9.2.3　*RL*电路的零输入响应——电感续流过程

如图9-12（a）所示电路，$t<0$时，开关S处于闭合状态已久，电路已达稳定状态，电感L中的电流为$i_L(0_-) = I_0 = \frac{U_0}{R_0}$。$t=0$时，开关动作使S断开，换路后电路简化成图9-12（b）所示的RL串联电路。由于电感电流不能跃变，电感电流将继续流经电阻R形

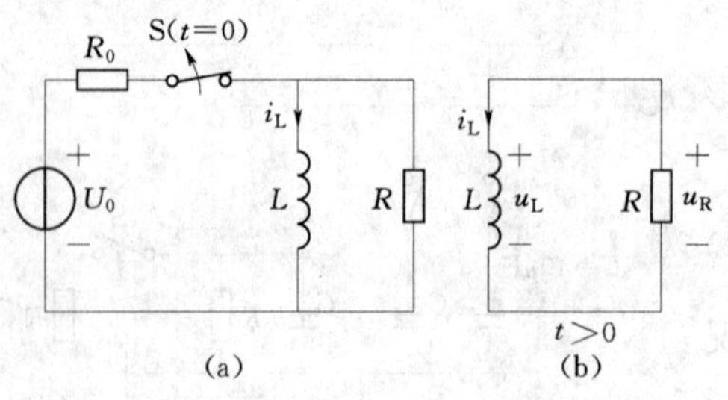

图 9-12　RL 电路的零输入响应

成通路，电阻将电感储存的能量变成热能耗散，所以随着时间的延续，电感电流逐渐下降，电阻两端的电压也逐渐减小，最后电路中的电压和电流均趋近于零，过渡过程结束，电路进入新的稳态。

开关 S 断开后，$t>0$ 时，电路如图 9-12（b）所示，根据 KVL 可得

$$u_L - u_R = 0 \tag{9-10}$$

将两元件的伏安关系 $u_R=-Ri_L$，$u_L=L\dfrac{di_L}{dt}$代入式（9-10），得

$$L\frac{di_L}{dt}+Ri_L=0$$

或写成

$$\frac{di_L}{dt}+\frac{R}{L}i_L=0 \tag{9-11}$$

式（9-11）是以 i_L 为未知量的一阶线性常系数齐次微分方程，对应的特征方程为

$$p+\frac{R}{L}=0 \quad 或\ p+\frac{1}{L/R}=0$$

特征根 p 为

$$p=-\frac{1}{L/R}$$

则微分方程（9-11）的通解为

$$i_L(t)=Ae^{pt} \tag{9-12}$$

其中 A 为待定常数。式（9-12）应该也适用于 $t=0$ 的情况，将 $t=0$ 时的电感电流初始值代入，则有

$$i_L(0_+)=i_L(0_-)=I_0=Ae^{p\times 0}$$

得待定常数

$$A=I_0$$

所以式（9-11）满足初始条件的定解为

$$i_L(t)=I_0e^{pt}=i_L(0_+)e^{-\frac{t}{L/R}}=i_L(0_+)e^{-\frac{t}{\tau}} \tag{9-13}$$

式（9-13）为电感脱离电源后通过电阻续流过程中 i_L 的变化规律。电阻电压与电感电压相等，其变化规律为

$$\begin{aligned}u_L(t)=u_R(t)&=L\frac{di_L}{dt}=-L\times\frac{i_L(0_+)}{L/R}e^{-\frac{t}{L/R}}\\&=-I_0Re^{-\frac{t}{L/R}}=u_L(0_+)e^{-\frac{t}{\tau}}\end{aligned} \tag{9-14}$$

式（9-13）、式（9-14）就是 RL 电路的零输入响应，i_L 和 u_L 按照相同的指数规律逐渐衰减为零，其波形如图 9-13 所示。观察波形可见 i_L 在 $t=0$ 处是连续的，$i_L(0_+)=i_L(0_-)=I_0$，没有发生跃变；u_L 在 $t=0$ 处不连续，$t=0_-$ 时 u_L 等于零，$t=0_+$ 时 u_L 跃变为 $-I_0R$。

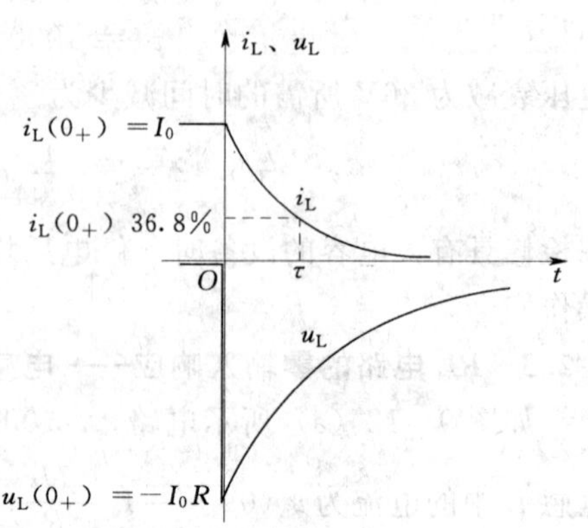

图 9-13　过渡过程中 i_L 和 u_L 的波形

观察式（9-13）、式（9-14）可知，**i_L 和 u_L 的表达式分别仅与两个要素有关，一个是 i_L 和 u_L 的初**

始值 $i_L(0_+)$ 和 $u_L(0_+)$，另一个是时间常数 τ 值，RL 电路的时间常数 $\tau=L/R$，单位为 s。

时间常数的意义与 RC 电路相同。**τ 值是 i_L（或 u_L）下降为初始值的 36.8% 所需时间**。$t=5\tau$ 时，认为已基本衰减为零，过渡过程结束，电路进入新的稳态。**τ 值越小，i_L 和 u_L 衰减越快，过渡过程越短**。这是因为 L 越小，电感储存的初始能量越少，维持的时间就短；而 R 越大，$p_R=i_L^2R$ 越大，电阻耗能越快。所以 **RL 电路的时间常数与 R 成反比**。与电感元件相连的电阻不止一个时，$\tau=L/R$ 中的 R 是换路后从电感两端来观察的等效电阻，也可由串、并联公式计算得到。

【例 9-7】 在图 9-14（a）所示电路中，$t=0$ 时开关 S 由 1 合向 2，换路前电路已处于稳态，试求换路后 i_L、u_L 和 i。

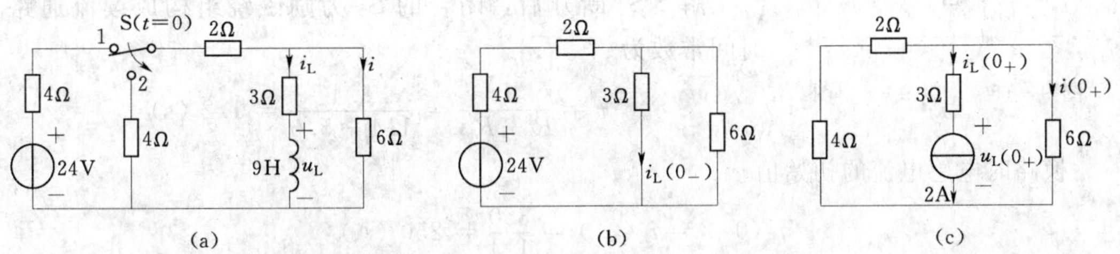

图 9-14 ［例 9-7］图

(a) 电路；(b) $t=0_-$ 等效电路；(c) $t=0_+$ 等效电路

解 根据 $t=0_-$ 等效电路图 9-14（b）所示，计算电感电流初始值。

$$i_L(0_-)=i_L(0_+)=\frac{24}{2+4+\dfrac{3\times 6}{3+6}}\times\frac{6}{3+6}=2\ (\text{A})$$

根据 $t=0_+$ 等效电路图 9-14（c）所示，计算相关初始值 $u_L(0_+)$、$i(0_+)$。

$$u_L(0_+)=-\left(3+\frac{6\times 6}{6+6}\right)i_L(0_+)=-6\times 2=-12\ (\text{V})$$

$$i(0_+)=-\frac{1}{2}i_L(0_+)=-1(\text{A})$$

根据换路后的电路计算时间常数，从电感两端来观察，两个 6Ω 电阻并联后与 3Ω 串联，得

$$\tau=\frac{L}{R}=\frac{9}{3+3}=1.5\ (\text{s})$$

将 $i_L(0_+)$ 与 τ 代入式（9-13），得

$$i_L=i_L(0_+)e^{-\frac{1}{\tau}t}=2e^{-0.67t}(\text{A})$$

将 $u_L(0_+)$ 与 τ 代入式（9-14），得

$$u_L=u_L(0_+)e^{-\frac{1}{\tau}t}=-12e^{-0.67t}(\text{V})$$

同理

$$i=i(0_+)\ e^{-\frac{1}{\tau}t}=-e^{-0.67t}\quad(\text{A})$$

另一解法是：**RL 电路电感电流为关键量，电感电流求出之后，直接推出其他量。**

$$u_L=L\frac{di_L}{dt}=9\frac{d}{dt}(2e^{-0.67t})=-18\times 0.67e^{-0.67t}=-12e^{-0.67t}(\text{V})$$

$$i=\frac{3i_L+u_L}{6}=\frac{3\times 2e^{-0.67t}-12e^{-0.67t}}{6}=-e^{-0.67t}(A)$$

【例 9-8】 图 9-15 所示为汽轮发电机的励磁回路，励磁回路的作用是使转子建立起固定磁极的磁场。励磁绕组的电阻 $R=1.4\Omega$，电感 $L=8.4H$，直流供电电压 $U=350V$。发电机退出运行时，断开开关 S_1，为了便于励磁绕组安全灭磁，降低励磁绕组的瞬间高压，同时闭合开关 S_2，使 $R_m=5.6\Omega$ 的电阻与励磁绕组并联。求换路瞬间励磁绕组的电压以及电压下降至初始值的 1.8%所需时间。

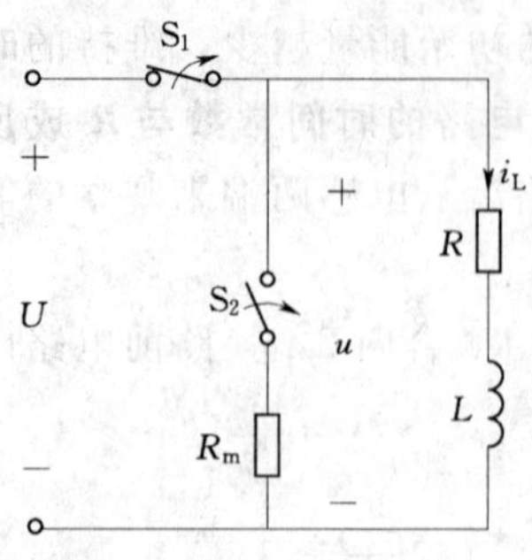

图 9-15　[例 9-8] 图

解　S_1 断开后，闭合的 S_2 为励磁绕组构成续流通路。时间常数为

$$\tau=\frac{L}{R+R_m}=\frac{8.4}{1.4+5.6}=1.2\ (s)$$

换路时电感电流的初始值

$$i_L(0_+)=i_L(0_-)=\frac{350}{1.4}=250\ (A)$$

电感电流的变化规律为

$$i_L=i_L(0_+)e^{-\frac{1}{\tau}t}=250e^{-\frac{1}{1.2}t}(A)$$

励磁绕组的电压变化规律为

$$u=-R_m i_L=-5.6\times 250e^{-\frac{1}{1.2}t}=-1400e^{-\frac{1}{1.2}t}V=u_L(0_+)e^{-\frac{1}{1.2}t}(V)$$

可见换路瞬间励磁绕组的电压由原来的 350V 跃变为−1400V，这是过渡过程引起的瞬时高压，R_m 越大该瞬时高压值越大；当 $R_m\to\infty$ 时，$|u_L(0_+)|\to\infty$，会破坏发电机的绝缘性能；R_m 减小，有利于电感储存的磁场能量安全释放，但 R_m 也不宜过小，否则时间常数增大使过渡过程太长，不能使励磁绕组很快灭磁，R_m 通常取励磁绕组电阻的 4～5 倍。

求励磁绕组电压下降至初始值的 1.8%所需时间：

$$1.8\%\times(-1400)=-25.2=-1400e^{-\frac{1}{1.2}t}(V)$$

$$\frac{25.2}{1400}=e^{-\frac{1}{1.2}t},\quad \ln\frac{25.2}{1400}=\ln e^{-\frac{1}{1.2}t}$$

$$-4.02=-\frac{1}{1.2}t,\quad t=4.02\times 1.2=4.82(s)$$

9.3　一阶电路的零状态响应——仅由电源激励

动态电路的"状态"指电感电流与电容电压的值，"零状态"指电感电流与电容电压为零，"零状态响应"指换路瞬间 $i_L(0)=0$、$u_C(0)=0$ 时的响应，即换路时电感、电容无初始储能，电路中的电流、电压完全由外加激励电源引起。这类似于火车从静止开始由牵引机车带动逐渐加速的过程。

9.3.1　*RC* 电路在直流电源激励下的零状态响应——电容充电过程

图 9-16 (a) 所示 *RC* 充电电路，在开关 S 闭合前 $u_C(0_-)=0$，处于零初始状态，

$t=0$ 时开关 S 闭合，电容从无电荷开始充电。

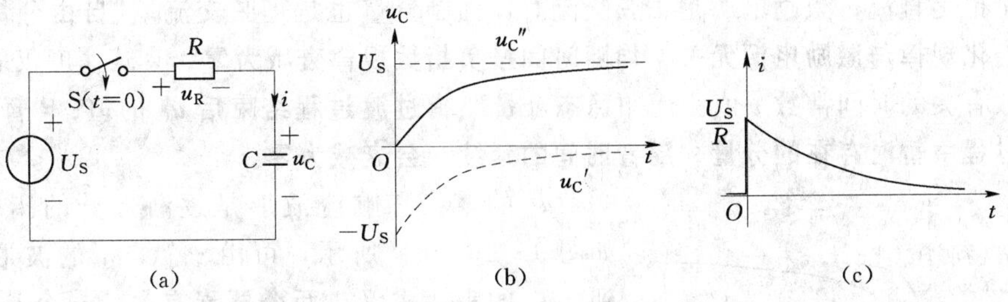

图 9-16 *RC* 电路在直流电源激励下的零状态响应

$t=0$ 时由于电容电压不变，电源电压 U_S 全部加在电阻 R 上，使 i 由零跃变为最大值 $\frac{U_S}{R}$，随着充电的进行，$u_C\nearrow$，$u_R\searrow$，i 也逐渐衰减为零。电路进入新的稳态时，u_C 稳定到 U_S 这个值，$u_R=0$，$i=0$。

$t>0$ 后的 KVL 方程为

$$u_R+u_C=U_S \tag{9-15}$$

将两元件的伏安关系 $u_R=Ri$，$i=C\frac{\mathrm{d}u_C}{\mathrm{d}t}$代入式（9-15），得

$$Ri+u_C=U_S$$

即

$$RC\frac{\mathrm{d}u_C}{\mathrm{d}t}+u_C=U_S \tag{9-16}$$

式（9-16）是以 u_C 为未知量的一阶常系数非齐次微分方程，与上一节的式（9-6）相比，差别仅是方程右边不为零，而是等于激励电压源的值。非齐次微分方程的解等于对应的齐次方程的通解 u_C'加上某特定时刻的特解 u_C''。

通解 u_C'就是上一节的式（9-7）

$$u_C'=Ae^{pt}=Ae^{-\frac{1}{RC}t}=Ae^{-\frac{1}{\tau}t} \tag{9-17}$$

式中 A 为待定常数。选定电路进入新的稳定状态时的电容电压值为特解。即

$$u_C''=u_C(\infty)=U_S \tag{9-18}$$

理论上 $t\rightarrow\infty$时，电路才进入新的稳态，本教材用 $f(\infty)$ 来表示任意量新的稳态值。

因此式（9-16）的解答形式为

$$u_C(t)=u''_C+u'_C=U_S+Ae^{-\frac{t}{RC}}$$

代入 $t=0$ 时的初始条件

$$u_C(0_+)=u_C(0_-)=0=U_S+Ae^{-\frac{1}{RC}\times 0}$$

得待定常数

$$A=-U_S$$

则式（9-16）微分方程的定解为

$$u_C=u''_C+u'_C=\underbrace{U_S}_{\substack{\text{强制分量}\\\text{(稳态分量)}}}-\underbrace{U_Se^{-\frac{t}{RC}}}_{\substack{\text{自由分量}\\\text{(暂态分量)}}} \tag{9-19}$$

或写成

$$\begin{aligned}u_C&=u_C(\infty)-u_C(\infty)\,e^{-\frac{t}{RC}}\\&=u_C(\infty)\left[1-e^{-\frac{t}{\tau}}\right]\end{aligned} \tag{9-20}$$

其中“**强制分量**”**是指该分量与输入的激励电源有相同的变化规律**，激励电源是直流时，强制分量也是直流；激励电源是正弦交流时，强制分量也是正弦交流；“**自由分量**”**指该分量的变化规律与激励电源无关，均随时间按负指数规律衰减为零**，衰减速度仅取决于与电路参数有关的时间常数 τ 值。**而“稳态分量”指过渡过程结束后 u_C 的值；“暂态分量”指过渡过程中暂时存在的分量，随着时间的延续，会衰减为零。**

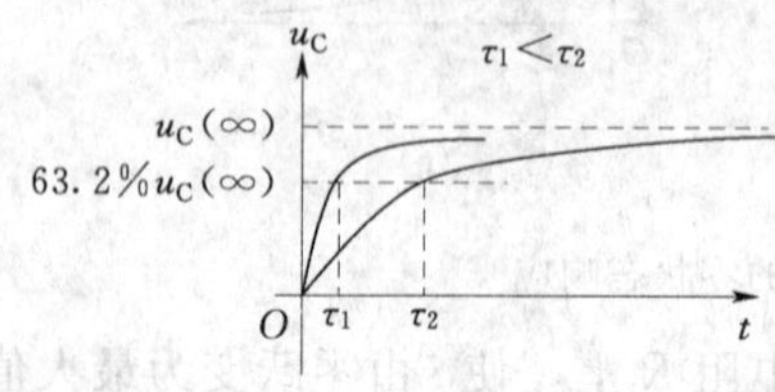

图 9－17　τ 值越小过渡过程越短

u_C 的零状态响应波形是逐渐上升的指数曲线，如图 9－16（b）所示，可由 u_C''、u_C'的波形叠加得到。u_C 的表达式仅与**两个要素有关，一个是 $u_C(\infty)$，$u_C(\infty)$ 是过渡过程结束后电容电压达到的新的稳态值；另一个是时间常数 $\tau=RC$**，τ 值是电容电压上升到新的稳态值的 63.2%所需的时间，τ 值越小，过渡过程越短，u_C 上升越快，如图9－17所示。

进一步可得充电电流

$$i = C\frac{\mathrm{d}u_C}{\mathrm{d}t} = -C\times U_S\times\frac{-1}{RC}\mathrm{e}^{-\frac{t}{RC}} = \frac{U_S}{R}\mathrm{e}^{-\frac{t}{\tau}} \tag{9-21}$$

充电电流的波形如图 9－16（c）所示，是衰减的指数曲线。充电过程中，电源提供的能量一部分消耗在电阻上；另一部分转换成电场能量储存在电容中。

【例 9－9】　图 9－18（a）所示电路，开关 S 原在位置 1 时间已久，$t=0$ 时 S 合向位置 2，求 $u_C(t)$、$i_C(t)$ 和 $i(t)$。

解　电容所在支路 $t<0$ 时与电源分离，属于零状态响应。***RC* 电路电容电压为关键量，电容电压求出之后，可直接推出其他量。**

画出 $t\to\infty$时的等效电路图 9－18（b）所示，直流稳态下电容相当于开路，电容电压新的稳态值为

$$u_C(\infty) = 1\times10^{-3}\times6\times10^3 = 6(\mathrm{V})$$

按图 9－18（c）计算 τ 值，其中 1mA 的理想电流源相当于开路，使 3kΩ 的电阻悬空与时间常数无关，等效电阻 $R=(6+4)\times10^3\,\Omega$。

$$\tau = RC = (6+4)\times10^3\times5\times10^{-6} = 0.05(\mathrm{s})$$

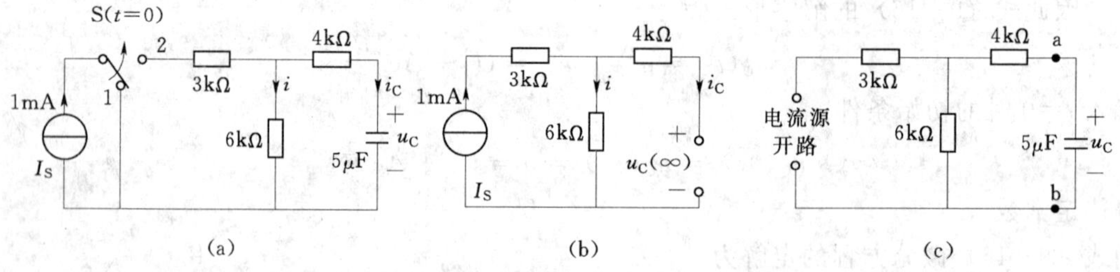

图 9－18　［例 9－9］图

（a）电路；（b）$t\to\infty$时的等效电路；（c）从电容两端计算等效电阻

将 $u_C(\infty)$ 及 τ 值代入式（9－20）得电容电压

$$u_C(t) = u_C(\infty)[1-\mathrm{e}^{-\frac{t}{RC}}] = 6(1-\mathrm{e}^{-\frac{1}{0.05}t}) = 6(1-\mathrm{e}^{-20t})(\mathrm{V})$$

推导出电容电流

$$i_C(t)=C\frac{du_C}{dt}=-C\times 6\times(-20)e^{-20t}=0.6e^{-20t}(\text{mA})$$

根据 KCL 得

$$i(t)=I_S-i_C(t)=1-0.6e^{-20t}(\text{mA})$$

9.3.2 *RL* 电路在直流电源激励下的零状态响应——电感电流建立过程

用相似方法分析图 9-19 所示的 RL 电路。在开关 S 闭合前，$i_L(0_-)=0$，电路处于零初始状态，$t=0$ 时开关 S 闭合，电感电流从零开始建立。

$t=0$ 时，由于电感电流 i_L 为零，使电阻电压 u_R 也为零，u_L 则由零跃变为 U_S。随着电感电流 i_L 的增长，$u_R\nearrow$，$u_L\searrow$，电路进入新的稳态时，i_L 稳定到$\frac{U_S}{R}$这个值，$u_R=U_S$，$u_L=0$。

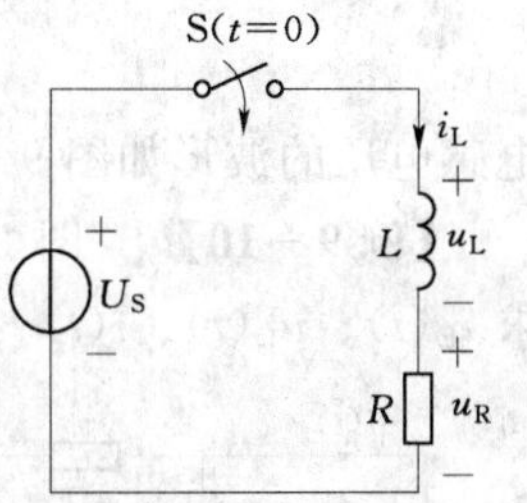

S(t=0)
i_L
L u_L
U_S
R u_R

图 9-19 *RL* 电路在直流电源激励下的零状态响应

$t>0$ 后，以 i_L 为未知量的微分方程是

$$u_L+u_R=L\frac{di_L}{dt}+Ri_L=U_S \tag{9-22}$$

对应的齐次方程的通解为

$$i'_L=Ae^{-\frac{1}{\tau}t}=Ae^{-\frac{1}{L/R}t}$$

选定电路进入新的稳定状态时（$t\to\infty$）的电感电流值为特解

$$i_L''=i_L(\infty)=\frac{U_S}{R}$$

因此式（9-22）的解答形式为

$$i_L=i_L''+i_L'=\frac{U_S}{R}+Ae^{-\frac{t}{L/R}}$$

代入 $t=0$ 时的初始条件

$$i_L(0_+)=i_L(0_-)=0=\frac{U_S}{R}+Ae^{-\frac{1}{L/R}\times 0}$$

得待定常数 $$A=-\frac{U_S}{R}$$

i_L 零状态响应的定解为

$$i_L=i_L''+i_L'=\underbrace{\frac{U_S}{R}}_{\substack{\text{强制分量}\\\text{(稳态分量)}}}\underbrace{-\frac{U_S}{R}e^{-\frac{t}{L/R}}}_{\substack{\text{自由分量}\\\text{(暂态分量)}}} \tag{9-23}$$

或写成
$$i_L=i_L(\infty)-i_L(\infty)e^{-\frac{t}{L/R}}$$
$$=i_L(\infty)\left[1-e^{-\frac{t}{\tau}}\right] \tag{9-24}$$

i_L 零状态响应的波形是逐渐上升的指数曲线，如图 9-20（a）所示，可由 i_L''、i_L' 的波形叠加得到。i_L 的表达式仅与**两个要素有关，一个是 $i_L(\infty)$，$i_L(\infty)$ 是过渡过程结束后电感电流达到新的稳态值；另一个是时间常数 $\tau=\frac{L}{R}$**。

进一步可得电感电压

$$u_L = L\frac{di_L}{dt} = -L \times \frac{U_S}{R} \times \frac{-1}{L/R} e^{-\frac{t}{L/R}} = U_S e^{-\frac{t}{\tau}} \tag{9-25}$$

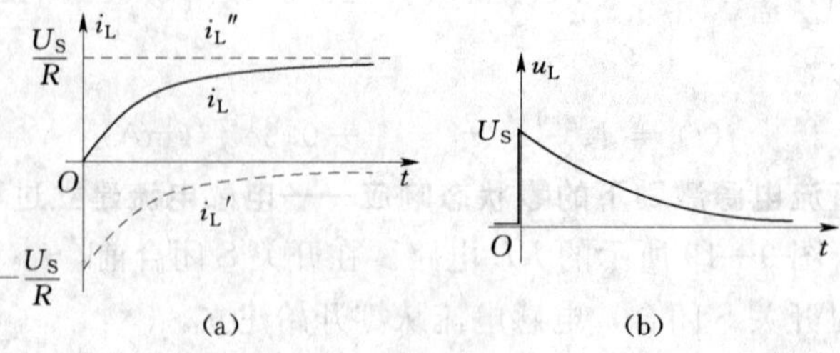

图 9-20　零状态响应中 i_L 和 u_L 的波形

电感电压的波形如图 9-20（b）所示，是衰减的指数曲线。

【例 9-10】　图 9-21（a）所示电路，开关 S 原来打开已久，$t=0$ 时 S 闭合，求 $i_L(t)$、$u_L(t)$、$i(t)$。

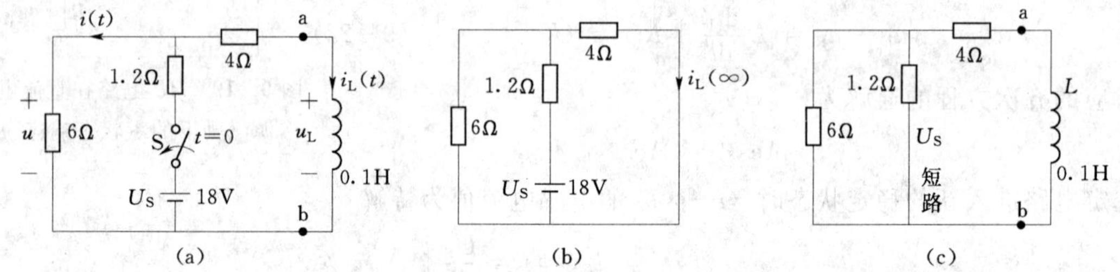

图 9-21　［例 9-10］图 1

（a）电路；（b）$t\to\infty$时的等效电路；（c）从电感两端计算等效电阻

解　电感所在支路 $t<0$ 时与电源分离，属于零状态响应。***RL* 电路电感电流为关键量，电感电流求出之后，可直接推出其他量。**

画出 $t\to\infty$时的等效电路图 9-21（b）所示，直流稳态下电感相当于短路，电感电流新的稳态值为

$$i_L(\infty) = \frac{18}{1.2 + \frac{4\times 6}{4+6}} \times \frac{6}{4+6} = 3(\text{A})$$

按图 9-21（c）计算 τ 值，其中 18V 的理想电压源 U_S 用短路替代，得等效电阻

$$R = \frac{1.2\times 6}{1.2+6} + 4 = 5\ (\Omega)$$

求出时间常数　$$\tau = \frac{L}{R} = \frac{0.1}{5} = 0.02\ (\text{s})$$

将 i_L（∞）及 τ 值代入式（9-24）得电感电流

$$i_L(t) = i_L(\infty)[1 - e^{-\frac{t}{\tau}}]$$
$$= 3(1 - e^{-\frac{t}{0.02}}) = 3(1 - e^{-50t})(\text{A})$$

推导出电感电压

$$u_L = L\frac{di_L}{dt} = -L \times 3 \times (-50)e^{-50t} = 15e^{-50t}(\text{V})$$

根据 KVL 得

$$i=\frac{u}{6}=\frac{4i_{\mathrm{L}}+u_{\mathrm{L}}}{6}=\frac{12(1-\mathrm{e}^{-50t})+15\mathrm{e}^{-50t}}{6}=(2+0.5\mathrm{e}^{-50t})(\mathrm{V})$$

另一种解法：先求出换路后，从电感元件的 a、b 两端看去的戴维南等效电路，如图 9-22 所示，其 a、b 端的开路电压

$$U_{\mathrm{OC}}=\frac{18}{6+1.2}\times6=15\ (\mathrm{V})$$

等效电阻 R_0 就是时间常数中的 R

$$R_0=R=\frac{1.2\times6}{1.2+6}+4=5\ (\Omega)$$

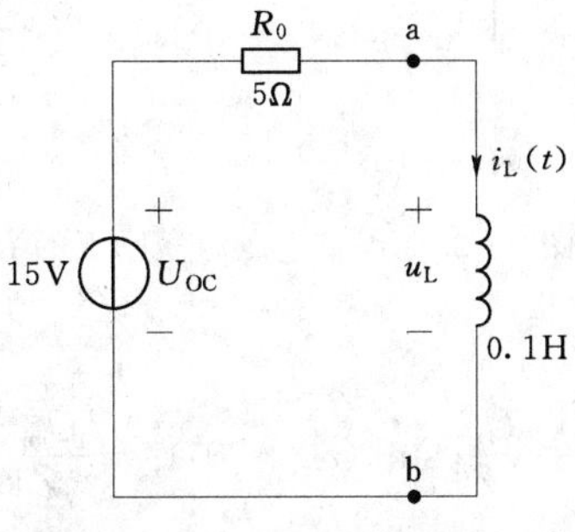

图 9-22 ［例 9-10］图 2

然后由图 9-22 直接得到电感电流

$$i_{\mathrm{L}}(t)=i_{\mathrm{L}}(\infty)[1-\mathrm{e}^{-\frac{t}{\tau}}]=\frac{15}{5}(1-\mathrm{e}^{-\frac{t}{L/R}})=3(1-\mathrm{e}^{-50t})(\mathrm{A})$$

9.3.3 *RL* 电路在正弦电压源激励下的零状态响应

图 9-23 所示 RL 电路，在开关 S 闭合前，$i_{\mathrm{L}}(0_-)=0$，属于零状态响应，由正弦电压源激励。

$$u_{\mathrm{S}}=U_{\mathrm{m}}\sin(\omega t+\psi_{\mathrm{u}})$$

电路微分方程是

$$u_{\mathrm{L}}+u_{\mathrm{R}}=L\frac{\mathrm{d}i_{\mathrm{L}}}{\mathrm{d}t}+Ri_{\mathrm{L}}=U_{\mathrm{m}}\sin(\omega t+\psi_{\mathrm{u}}) \tag{9-26}$$

i_{L} 解的形式为

$$i_{\mathrm{L}}=i''_{\mathrm{L}}+i'_{\mathrm{L}}=\frac{U_{\mathrm{m}}}{\sqrt{R^2+(\omega L)^2}}\sin(\omega t+\psi_{\mathrm{u}}-\varphi)+A\mathrm{e}^{-\frac{t}{\tau}}$$

代入 $t=0$ 时的初始条件，确定待定常数 A

$$i_{\mathrm{L}}(0)=0=\frac{U_{\mathrm{m}}}{\sqrt{R^2+(\omega L)^2}}\sin(\omega\times0+\psi_{\mathrm{u}}-\varphi)+A\mathrm{e}^{-\frac{1}{\tau}\times0}$$

得待定常数

$$A=-\frac{U_{\mathrm{m}}}{\sqrt{R^2+(\omega L)^2}}\sin(\psi_{\mathrm{u}}-\varphi)$$

i_{L} 的定解为

$$i_{\mathrm{L}}=\underbrace{\frac{U_{\mathrm{m}}}{|Z|}\sin(\omega t+\psi_{\mathrm{u}}-\varphi)}_{\substack{\text{强制分量 } i''_{\mathrm{L}}\\(\text{稳态分量})}}-\underbrace{\frac{U_{\mathrm{m}}}{|Z|}\sin(\psi_{\mathrm{u}}-\varphi)\mathrm{e}^{-\frac{t}{L/R}}}_{\substack{\text{自由分量 } i'_{\mathrm{L}}\\(\text{暂态分量})}} \tag{9-27}$$

其中强制分量 i''_{L} 与正弦激励电压源有相同的变化规律，可按第 3 章的相量法用换路后的电路计算，$|Z|$是 RL 电路阻抗的模值，阻抗角 φ，是电流滞后激励电压的相位；i''_{L} 也是电路进入新的稳态后的电流值，它随时间变化的规律是稳定的，因此称为稳态分量。

其中自由分量 i'_{L} 的变化规律由负指数函数 $\mathrm{e}^{-\frac{t}{\tau}}$ 决定，随时间延续衰减为零，称为暂态分量。暂态分量的系数 $\frac{-U_{\mathrm{m}}}{|Z|}\sin(\psi_{\mathrm{u}}-\varphi)$ 是个常数，其大小与 ψ_{u}、φ 之间的差

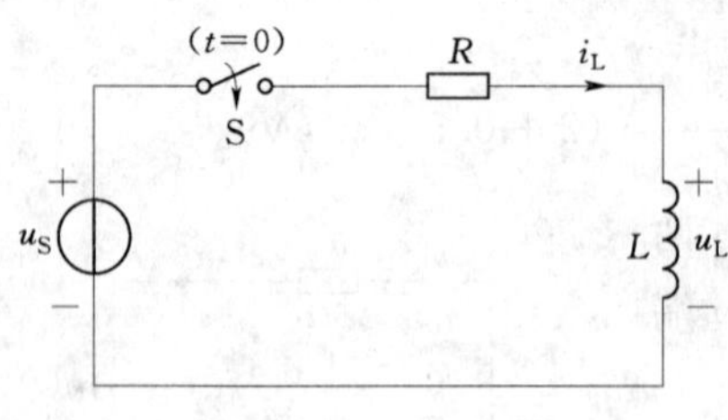

图 9-23　正弦电压源激励下的 RL 电路

值有关，有以下几种特殊情况：

(1) 开关 S 闭合时，若 $\psi_u=\varphi$，则 $i'_L=\frac{-U_m}{|Z|}\times\sin(\psi_u-\varphi)e^{-\frac{t}{\tau}}=0$，暂态分量为零，电路不存在过渡过程，S 闭合立即进入稳态，$i_L=\frac{U_m}{|Z|}\sin\omega t$。

(2) 开关 S 闭合时，若 $\psi_u=\varphi+90°$，则 $i'_L=\frac{-U_m}{|Z|}\sin 90°e^{-\frac{t}{\tau}}=\frac{-U_m}{|Z|}e^{-\frac{t}{\tau}}$，暂态分量为负值最大，$i_L=\frac{U_m}{|Z|}\sin(\omega t+90°)-\frac{U_m}{|Z|}e^{-\frac{t}{\tau}}$，$t=\frac{1}{2}T$ **时将出现接近正常振幅两倍的过电流**，波形如图 9-24 (a) 所示。

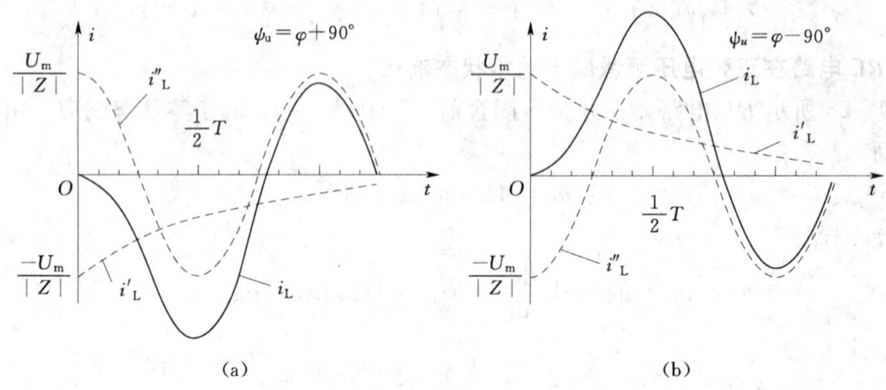

图 9-24　正弦激励下的 RL 电路出现过电流

(3) 开关 S 闭合时，若 $\psi_u=\varphi-90°$，则 $i'_L=\frac{-U_m}{|Z|}\sin(-90°)e^{-\frac{t}{\tau}}=\frac{U_m}{|Z|}e^{-\frac{t}{\tau}}$，暂态分量为正值最大，$i_L=\frac{U_m}{|Z|}\sin(\omega t-90°)+\frac{U_m}{|Z|}e^{-\frac{t}{\tau}}$，$t=\frac{1}{2}T$ **时也将出现接近正常振幅两倍的过电流**，波形如图 9-24 (b) 所示。

许多电气设备在开关换路的过渡过程中，会出现类似的过电流或过电压现象，因此在设计、选择设备时，设备能够承受的电流、电压值应该适当选大一些。

9.4　一阶电路的全响应

动态电路换路时，最一般的情况是既有外加电源激励，电容、电感上又储存有初始能量，$u_C(0_-)$、$i_L(0_-)$ 不为零，这时引起的电路响应称为全响应。全响应类似于正在行驶中的火车在牵引机车带动下加速或减速的过程。

9.4.1　直流电源激励下一阶电路的全响应——三要素法

1. 全响应等于“零输入响应”与“零状态响应”之和

以图 9-25 所示的 RC 电路为例，图 9-25 (a) 既有电源，$u_C(0)$ 又不为零，根据线性电路适用的叠加定理，图 9-25（a）可等效为图 9-25（b）与（c）的叠加。图 9-25（b）无电源，但 $u_C(0)$ 不为零，出现零输入响应；图 9-25（c）有电源，但 $u_C(0)$ 为零，出现零状态响应。电容电压的全响应为

$$\begin{aligned} u_C(t) &= \text{零输入响应} + \text{零状态响应} \\ &= u_C(0_+)e^{-\frac{t}{\tau}} + u_C(\infty)[1 - e^{-\frac{t}{\tau}}] \end{aligned} \tag{9-28}$$

即 $$u_C(t) = U_0 e^{-\frac{t}{\tau}} + U_S [1 - e^{-\frac{t}{\tau}}]$$

将全响应分解为零输入响应和零状态响应，反映了响应与激励之间的因果关系。

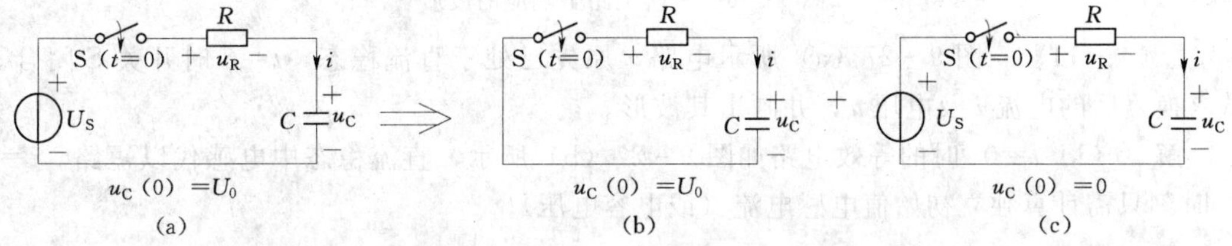

图 9-25 RC 电路的全响应

2. 全响应等于“稳态分量”与“暂态分量”之和

式（9-28）中，只有 **3 个要素：初始值 $u_C(0_+)$、新的稳态值 $u_C(\infty)$ 及时间常数 τ 值**。将式（9-28）的结构重新排列，得

$$u_C(t) = \underbrace{u_C(\infty)}_{\substack{\text{稳态分量} \\ \text{(强制分量)}}} + \underbrace{[u_C(0_+) - u_C(\infty)]e^{-\frac{t}{\tau}}}_{\substack{\text{暂态分量} \\ \text{(自由分量)}}} \tag{9-29}$$

因此一阶电路的全响应可表示为

$$\text{全响应} = \text{稳态分量(强制分量)} + \text{暂态分量(自由分量)}$$

直流激励下稳态分量不随时间变化是常数。将全响应分解为稳态分量和暂态分量反映了过渡过程中的阶段性特点。

3. 直流激励下一阶电路全响应的三要素表达式

更一般的情况，设所求电流、电压响应为 $f(t)$，则有

$$f(t) = f(\infty) + [f(0_+) - f(\infty)]e^{-\frac{t}{\tau}} \tag{9-30}$$

式（9-30）称为三要素表达式，可用于计算直流激励下一阶动态电路中所有元件及支路的电流、电压响应，也可以用于计算零输入响应与零状态响应。

根据 $[f(0_+) - f(\infty)]$ 的差值，$f(t)$ 在过渡过程中的变化可能有以下 3 种情况：

（1）当 $f(0_+) = f(\infty)$ 时，暂态分量为零，无过渡过程。

（2）当 $f(0_+) < f(\infty)$ 时，**$f(t)$ 在换路后从 $f(0_+)$ 增长至 $f(\infty)$**，波形如图 9-26（a）所示，是上升的负指数曲线，$f(t)$ 逐渐趋近于较大的 $f(\infty)$ 值。

（3）当 $f(0_+) > f(\infty)$ 时，**$f(t)$ 在换路后从 $f(0_+)$ 衰减至 $f(\infty)$**，波形如图 9-26（b）所示，是下降的负指数曲线，$f(t)$ 逐渐趋近于较小的 $f(\infty)$ 值。

用三要素法解题十分方便，只要准确画出 $t=0_-$、$t=0_+$、$t\to\infty$ 时刻的等效电路，计算出 3 个要素，代入式（9-30）即可。

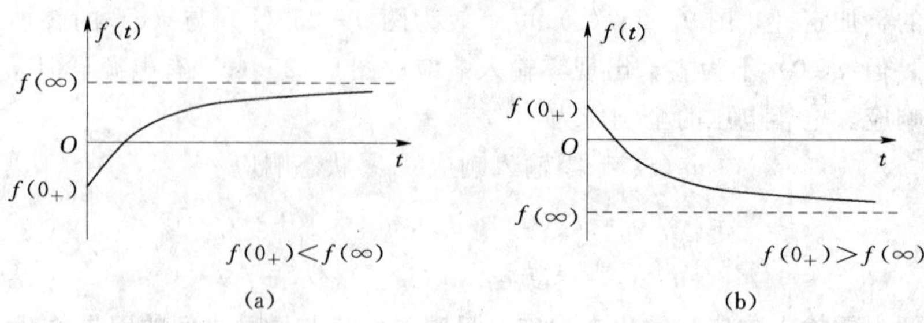

图 9-26　一阶电路全响应的波形

【例 9-11】　图 9-27（a）所示电路，原先已处于直流稳态，$t=0$ 时开关 S 闭合。试求换路后的电流 i 及电压 u，并画出其波形。

解　（1）$t=0_-$ 时的等效电路如图 9-27（b）所示，直流稳态中电感代以短路。$t=0_-$ 时刻只需计算独立初始值电感电流（或电容电压）。

$$i(0_-)=\frac{U_S}{R+R+R_1}=\frac{10}{2.5+2.5+5}=1\,(\mathrm{A})$$

（2）$t=0_+$ 时的等效电路如图 9-27（c）所示，其中电感用值为 $i(0_-)$ 的理想电流源替代，计算各相关初始值。注意 $t=0_+$ 时刻才是过渡过程的起点。

$$i(0_+)=i(0_-)=1\mathrm{A}$$

$$u(0_+)=U_S-Ri(0_+)$$

$$=10-2.5\times1=7.5\,(\mathrm{V})$$

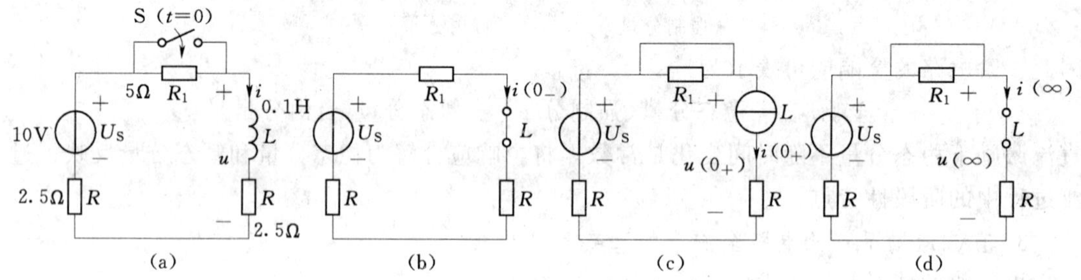

图 9-27　［例 9-11］图 1

（a）电路；（b）$t=0_-$ 等效电路；（c）$t=0_+$ 等效电路；（d）$t\to\infty$ 等效电路

（3）$t\to\infty$ 时的等效电路如图 9-27（d）所示，这时电路已进入新的直流稳态，电感又代以短路。

$$i(\infty)=\frac{U_S}{R+R}=\frac{10}{5}=2\,(\mathrm{A})$$

$$u(\infty)=Ri(\infty)=2.5\times2=5\,(\mathrm{V})$$

（4）计算时间常数，必须用换路后的电路。R_1 已被短接，不应计入等效电阻。

$$\tau=\frac{L}{R+R}=\frac{0.1}{2.5+2.5}=\frac{1}{50}(\mathrm{s})$$

（5）将 3 个要素代入式（9-30）得

$$i(t)=i(\infty)+[i(0_+)-i(\infty)]\mathrm{e}^{-\frac{t}{\tau}}=2+(1-2)\mathrm{e}^{-50t}=(2-\mathrm{e}^{-50t})(\mathrm{A})$$

$$u(t)=u(\infty)+[u(0_+)-u(\infty)]\mathrm{e}^{-\frac{t}{\tau}}=5+(7.5-5)\mathrm{e}^{-50t}=(5+2.5\mathrm{e}^{-50t})(\mathrm{V})$$

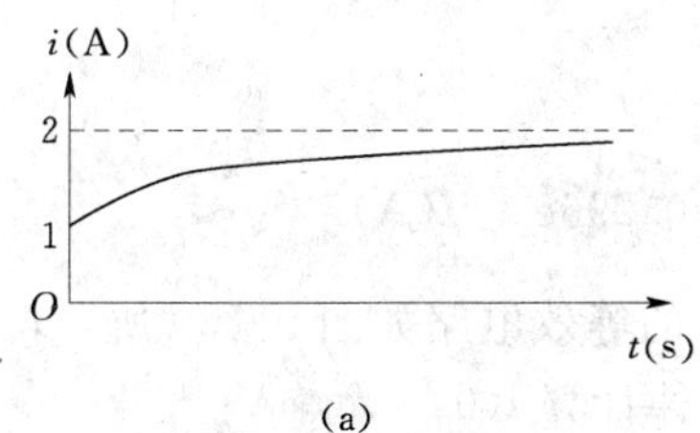

(a)

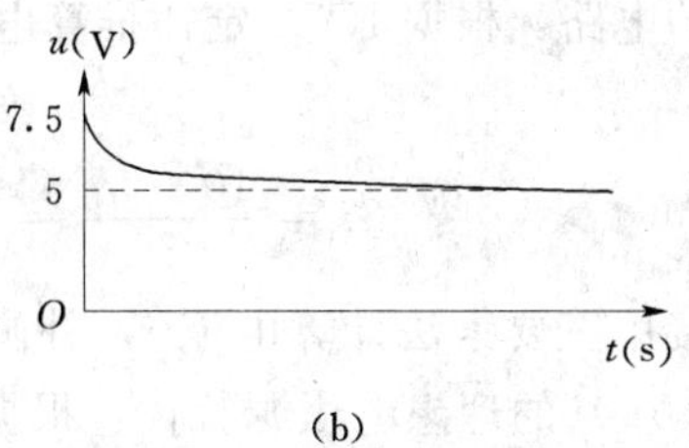

(b)

图 9-28 [例 9-11] 图 2

【例 9-12】 图 9-29 (a) 所示电路，原先已处于直流稳态，$t=0$ 时开关 S 闭合。

(1) 试求换路后的电容电压 u_C 和电流 i。

(2) 分解电容电压 u_C 中的零输入响应、零状态响应、稳态分量、暂态分量。

解 (1) RC 电路电容电压为关键量，先用三要素法求电容电压，再根据电路定律来推算电流 i。

$t=0_-$ 时的等效电路如图 9-29 (b) 所示，这时开关未闭合，直流稳态中电容代以开路。

$$u_C(0_+)=u_C(0_-)=2\times 4=8\ (\mathrm{V})$$

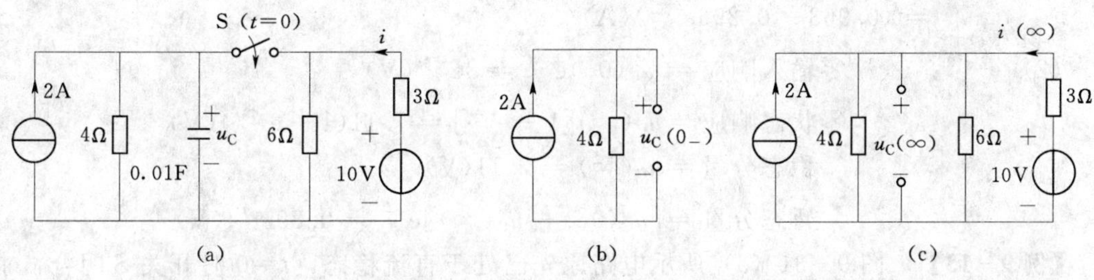

(a) (b) (c)

图 9-29 [例 9-12] 图 1

(a) 电路；(b) $t=0_-$ 等效电路；(c) $t\to\infty$ 等效电路

$t\to\infty$ 时的等效电路如图 9-29 (c) 所示，这时电路已进入新的直流稳态，电容又代以开路。应用弥尔曼定理求 $u_C(\infty)$。

$$\left(\frac{1}{4}+\frac{1}{6}+\frac{1}{3}\right)u_C(\infty)=2+\frac{10}{3}$$

$$u_C(\infty)=\frac{64}{9}=7.11\ (\mathrm{V})$$

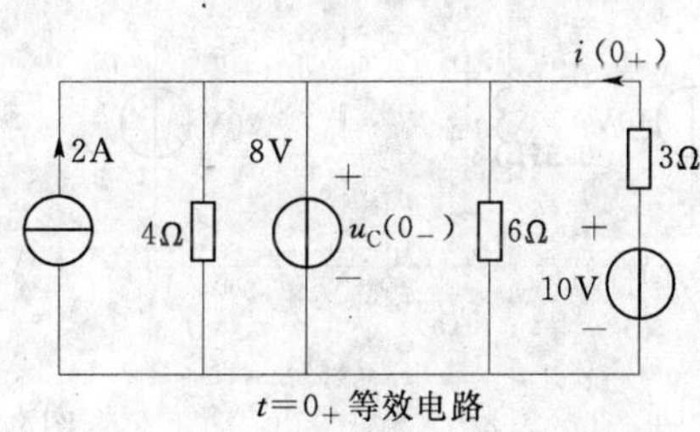

$t=0_+$ 等效电路

图 9-30 [例 9-12] 图 2

换路后电容两端的等效电阻为

$$R=\frac{1}{\frac{1}{4}+\frac{1}{3}+\frac{1}{6}}=\frac{4}{3}\ (\Omega)$$

时间常数为

$$\tau=RC=\frac{4}{3}\times 10^{-2}=\frac{1}{75}(\mathrm{s})$$

电容电压为

$$u_C = 7.11 + (8 - 7.11)e^{-75t} = (7.11 + 0.89e^{-75t})(V)$$

由换路后的电路，根据 KVL 定律推算电流

$$3i + u_C - 10 = 0$$

$$i = \frac{10 - u_C}{3} = (0.963 - 0.296e^{-75t})(A)$$

也可以直接用三要素法计算电流 i，补画 $t=0_+$ 时的等效电路如图 9-30 所示，此时电容用值为 $u_C(0_-)$ 的理想电压源替代，根据 KVL 定律计算 $i(0_+)$。

$$3i(0_+) + u_C(0_-) - 10 = 0$$

$$i(0_+) = \frac{10 - u_C(0_-)}{3} = \frac{10 - 8}{3} = 0.667\ (A)$$

用 $t\to\infty$ 时的等效电路计算 $i(\infty)$

$$3i(\infty) + u_C(\infty) - 10 = 0$$

$$i(\infty) = \frac{10 - u_C(\infty)}{3} = \frac{10 - 7.11}{3} = 0.963\ (A)$$

将 $i(0_+)$、$i(\infty)$、τ 代入三要素表达式，得

$$i(t) = i(\infty) + [i(0_+) - i(\infty)]e^{-\frac{t}{\tau}} = 0.963 + (0.667 - 0.963)e^{-75t}$$
$$= (0.963 - 0.296e^{-75t})(A)$$

(2)　零输入响应 $= u_C(0_+)e^{-\frac{t}{\tau}} = 8e^{-75t}(V)$

零状态响应 $= u_C(\infty)[1 - e^{-\frac{t}{\tau}}] = 7.11(1 - e^{-75t})(V)$

稳态分量 $= u_C(\infty) = 7.11(V)$

暂态分量 $= [u_C(0_+) - u_C(\infty)]e^{-\frac{t}{\tau}} = 0.89e^{-75t}(V)$

【例 9-13】　图 9-31 (a) 所示电路原先已处于直流稳态，$t=0$ 时开关 S 闭合，求换路后各支路的电流。

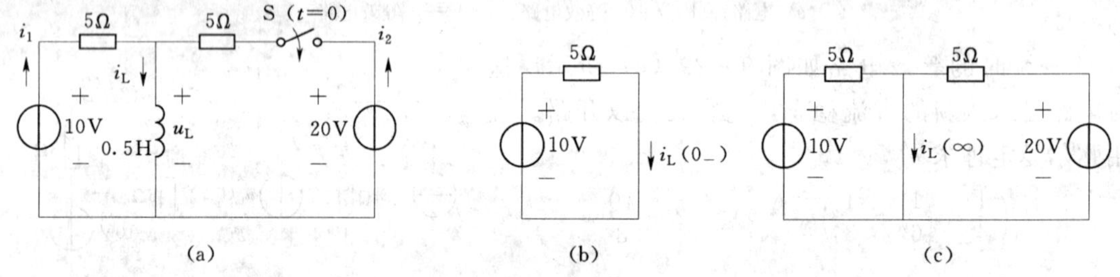

图 9-31　[例 9-13] 图

(a) 电路；(b) $t=0_-$ 等效电路；(c) $t\to\infty$ 等效电路

解　应用三要素法，先求电感电流 i_L。

根据 $t=0_-$ 时的等效电路图 9-31 (b) 得

$$i_L(0_+) = i_L(0_-) = 10/5 = 2\ (A)$$

根据 $t\to\infty$ 时的等效电路图 9-31 (c) 得

$$i_L(\infty) = 10/5 + 20/5 = 6\ (A)$$

计算时间常数

$$R=\frac{5\times 5}{5+5}=2.5(\Omega),\quad \tau=\frac{L}{R}=\frac{0.5}{2.5}=\frac{1}{5}\ (\text{s})$$

代入三要素表达式，得

$$i_{\text{L}}(t)=6+(2-6)\text{e}^{-5t}=(6-4\text{e}^{-5t})(\text{A})$$

求电感电压 $u_{\text{L}}(t)=L\frac{\text{d}i_{\text{L}}}{\text{d}t}=0.5\times(-4\text{e}^{-5t})\times(-5)=10\text{e}^{-5t}(\text{V})$

由图 9-31（a）得支路 1 的电流 $i_1(t)=(10-u_{\text{L}})/5=(2-2\text{e}^{-5t})(\text{A})$

由图 9-31（a）得支路 2 的电流 $i_2(t)=(20-u_{\text{L}})/5=(4-2\text{e}^{-5t})(\text{A})$

9.4.2 正弦电源激励下一阶电路的全响应

正弦电源激励时，电路响应的稳态分量（即强制分量）是一个正弦函数，可按第 3 章的相量法用换路后的电路计算。全响应也等于零输入响应与零状态响应之和。以 RL 电路为例，将 9.2.3 小节的式（9-13）所示的零输入响应

$$i_{\text{L}}=i_{\text{L}}(0_+)\text{e}^{-\frac{t}{L/R}}=i_{\text{L}}(0_+)\text{e}^{-\frac{t}{\tau}}$$

及 9.3.3 小节的式（9-27）所示的零状态响应

$$i_{\text{L}}=\frac{U_{\text{m}}}{|Z|}\sin(\omega t+\psi_{\text{u}}-\varphi)-\frac{U_{\text{m}}}{|Z|}\sin(\psi_{\text{u}}-\varphi)\text{e}^{-\frac{t}{\tau}}$$

相加后得到

$$i_{\text{L}}=i_{\text{L}}(0_+)\text{e}^{-\frac{t}{\tau}}+\frac{U_{\text{m}}}{|Z|}\sin(\omega t+\psi_{\text{u}}-\varphi)-\frac{U_{\text{m}}}{|Z|}\sin(\psi_{\text{u}}-\varphi)\text{e}^{-\frac{t}{\tau}}$$

将两部分暂态分量合并，得

$$i_{\text{L}}=\frac{U_{\text{m}}}{|Z|}\sin(\omega t+\psi_{\text{u}}-\varphi)+\left[i_{\text{L}}(0_+)-\frac{U_{\text{m}}}{|Z|}\sin(\psi_{\text{u}}-\varphi)\right]\text{e}^{-\frac{t}{\tau}} \tag{9-31}$$

整理成三要素表达式，得

$$i_{\text{L}}=i_{\text{L}\infty}(t)+[i_{\text{L}}(0_+)-i_{\text{L}\infty}(0_+)]\text{e}^{-\frac{t}{\tau}} \tag{9-32}$$

或写成

$$f=f_\infty(t)+[f(0_+)-f_\infty(0_+)]\text{e}^{-\frac{t}{\tau}} \tag{9-33}$$

其中 $f_\infty(0_+)$ 是稳态分量 $f_\infty(t)$ 中的 $t=0$ 时的值。

【例 9-14】 图 9-32 所示电路中，电源电压 $u(t)=10\sin(2t+90°)$ V。换路前，开关 S 合在位置 1，此时电路已达到稳态。在 $t=0$ 时，开关 S 从 1 打到 2。若要求电路无暂态分量，电流 $i(0_+)$ 和电阻 R 各为多少？

解 用三要素法求解。

（1）$t=0_-$ 时，直流稳态下电感代以短路，则有

$$i(0_-)=10/(R+1)$$

$$i(0_+)=i(0_-)=10/(R+1)$$

（2）用相量法计算电感电流的正弦稳态响应 $i_\infty(t)$ 及 $i_\infty(0_+)$。$t\to\infty$ 时，电感电流的振幅相量为

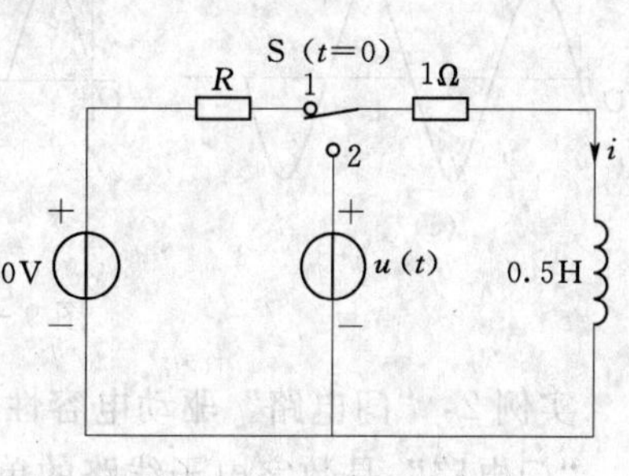

图 9-32 ［例 9-14］图

$$\dot{I}_{\text{m}}=\frac{\dot{U}_{\text{m}}}{1+\text{j}\omega L}=\frac{10\angle 90°}{1+\text{j}}=5\sqrt{2}\angle 45°\ (\text{A})$$

$$i_\infty(t)=5\sqrt{2}\sin(2t+45°)\ (\text{A})$$

$$i_{\infty}(0_{+}) = 5\sqrt{2}\sin 45^{\circ} = 5\ (\mathrm{A})$$

（3）代入三要素表达式

$$\begin{aligned} i &= i_{\infty}(t) + [i(0_{+}) - i_{\infty}(0_{+})]\mathrm{e}^{-\frac{t}{\tau}} \\ &= 5\sqrt{2}\sin(2t + 45^{\circ}) + [i(0_{+}) - 5]\mathrm{e}^{-\frac{t}{\tau}} \end{aligned}$$

令暂态响应为零，即

$$i(0_{+}) - 5 = 0$$

$$i(0_{+}) = i_{\infty}(0_{+}) = 5\ (\mathrm{A}) = 10/(R+1),\text{则 } R = 1\Omega$$

9.4.3　电子技术中 *RC* 充、放电电路举例

电子技术中存在许多 RC 充、放电电路，有些是人为设计的 RC 电路，通过选择不同的时间常数，来控制时间的延迟，或控制充、放电快慢；有些则不是人为安装的电容器，而是某器件两个金属电极间实际存在的充、放电现象，与电容的充、放电作用有相同的效果，可用 RC 电路对其进行分析。

实例 1：电容用于对半波整流信号进行滤波。

为了从交流电源获取直流电，图 9－33 所示电路，先将交流电 u_1 降压为 u_2。图 9－33（a）中 u_2 为正值，二极管导通，此时二极管的等效电阻 R_d 很小；图 9－33（b）中 u_2 为负值，二极管截止相当于断开，使 u_2 的负半波不能通过二极管到达负载侧。二极管输出的电压波形 u_o 只有正半波切去了负半波，成为脉动性很大的直流，如图 9－33（d）所示。为了使脉动直流波形更平直，需并联电容进行滤波，$u_2>0$ 时，u_2 给负载 R_L 供电的同时，给电容充电，**充电时间常数 $\tau_1=R_dC$ 很小**（与 R_d 相比 R_L 太大，计算 τ_1 时忽略 R_L），**电容电压 u'_o 立即充至 u_2 的正峰值**；u_2 从正峰值开始减小时，$u'_o>u_2$，二极管截止相当于断开，电容通过负载电阻 R_L 放电，**放电时间常数 $\tau_2=R_LC$ 很大，放电很慢，使 u_o 下降不多**，结果改善了负载电压 u'_o 的波动性。

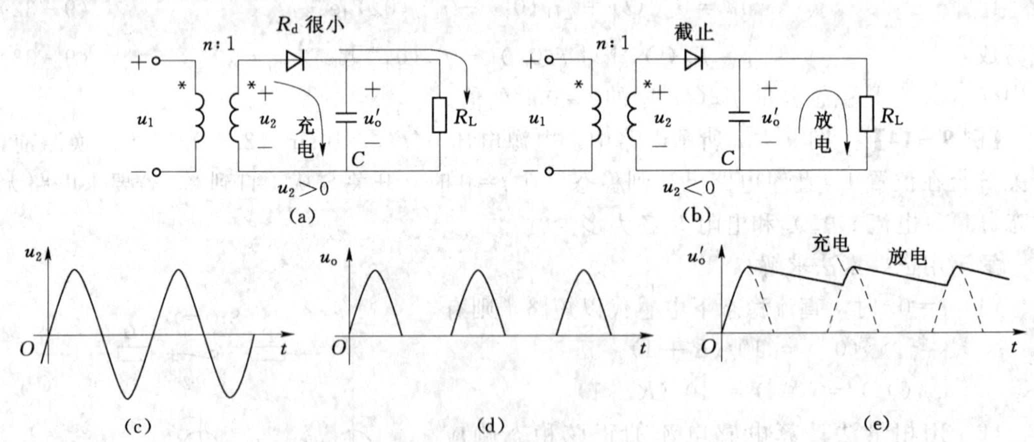

图 9－33　半波整流 *RC* 滤波电路

实例 2：“门电路”驱动电容性负载。

“门电路”是数字电子线路的单元电路，其输出信号应是上升沿、下降沿都很陡峭的方波。图 9－34 所示是某“门电路”驱动电容性负载时的示意图，C_L 与下一级“门电路”

的输入电容及接线电容等因素有关，约 100pF；R_P 较大约 1.5kΩ，是人为设置的；R_{on} 是"门电路"的导通电阻，较小约 100Ω。"门电路"的输出部件是一个电子开关，它可使电路的输出端 3 交替地与端点 1 或端点 2 相连。图 9-34（a）中输出端与端点 1 相连，C_L 通过 R_P 与正电源 V_{DD} 相连，V_{DD} 通过 R_P 向电容 C_L 充电，随着充电的进行，输出端的电压 u_o 升高，**其充电时间常数 $\tau_1 = R_P C_L = 1.5\times10^3\times100\times10^{-12} = 150$（ns）较大，使 u_o 上升较慢，影响开关动作的速度**；图 9-34（b）中输出端与端点 2 相连，C_L 通过 R_{on} 对地放电，随着放电的进行，输出端的电压 u_o 下降，其**放电时间常数 $\tau_2 = R_{on} C_L = 100\times100\times10^{-12} = 10$（ns）较小，使 u_o 下降较快**。因此当要求"门电路"的开关速度较快时，应尽量避免驱动大的电容性负载。图 9-34（c）所示的上图是 C_L 较小时 u_o 的波形，上升沿增长较快，为较标准的方波；下图是 C_L 较大时 u_o 的波形，上升沿不陡峭，方波失真。

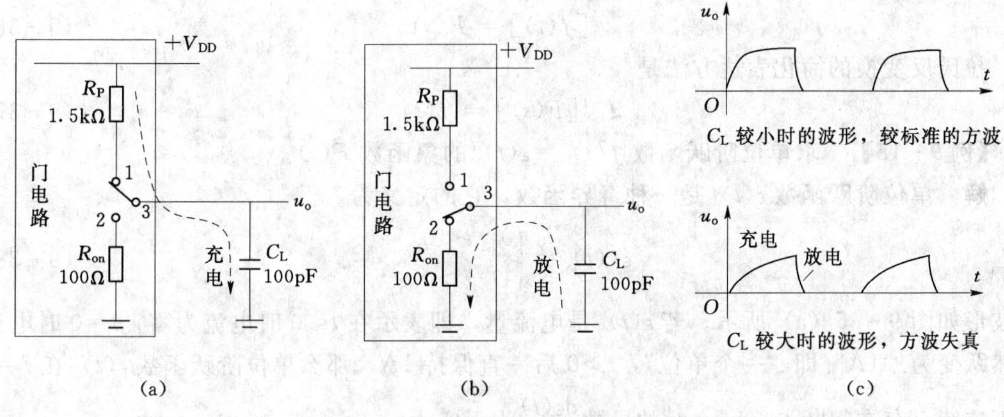

图 9-34 "门电路"驱动电容性负载

9.5 线性动态电路的复频域分析

前面 3 节讨论的都是一阶动态电路，电路中仅包含一个电感元件或一个电容元件，所列方程是一阶微分方程，解答比较简单。但电路中往往含多个动态元件，这时所列微分方程和解答都比较复杂；还会出现电感电流或电容电压发生跃变的情况，这时换路瞬间已不符合 9.1.2 小节中换路定律的式（9-3）、式（9-4）；而且激励电源不一定是简单的直流或正弦交流，可能出现类似 $2e^{-3t}$ 及 $220e^{-10t}\sin(\omega t+30°)$ 变化规律的电源。以上因素使电路过渡过程的计算更加复杂，这时必须借助新的数学工具对电路进行计算。

9.5.1 拉普拉斯正变换与反变换的定义及拉普拉斯变换表

要借助的数学工具称为"拉普拉斯变换"，简称"拉氏变换"，包括拉普拉斯正变换与反变换。拉普拉斯正变换可以将一个以时间 t 为自变量的时域函数，变换为以复频率 s 为自变量的复频域函数，其定义为：

在时域（$0\leqslant t<\infty$）区间的函数 $f(t)$，它的拉普拉斯正变换函数式 $F(s)$ 为

$$F(s) = \int_{0-}^{\infty} f(t)e^{-st}dt \tag{9-34}$$

其中 $s=\sigma+j\omega$ 为复数，称为复频率，其实部 σ 为足够大的正数。$F(s)$ 称为 $f(t)$ 的象函

数，$f(t)$ 称为 $F(s)$ 的原函数，$f(t)$ 与 $F(s)$ 两者一一对应。

拉氏变换是一种积分变换，适用于电工技术中出现的各种函数，把 $f(t)$ 与 e^{-st} 构成的乘积由 $t=0_-\sim\infty$ 进行定积分，定积分的值不再是 t 的函数，而是复频率 s 的函数，原来的自变量 t 消失了。

拉普拉斯反变换则是将以复频率 s 为自变量的复频域函数 $F(s)$ 反过来重新变换成以时间 t 为自变量的时域函数 $f(t)$。其定义为

$$f(t)=\frac{1}{2\pi j}\int_{\sigma-j\infty}^{\sigma+j\infty}F(s)e^{st}ds \tag{9-35}$$

这是一个较复杂的定积分计算。而实用中并不需要去做这个积分，只需查对拉氏变换表所列公式即可完成反变换。

拉氏正变换的简化表达方法是

$$\mathscr{L}[f(t)]=F(s) \tag{9-36}$$

拉氏反变换的简化表达方法是

$$\mathscr{L}^{-1}[F(s)]=f(t) \tag{9-37}$$

【例 9-15】　求单位阶跃函数 $f(t)=\varepsilon(t)$ 的象函数 $F(s)$。

解　单位阶跃函数 $\varepsilon(t)$ 是一种奇异函数，它的定义为

$$\varepsilon(t)=\begin{cases}0 & t<0\\1 & t>0\end{cases} \tag{9-38}$$

其波形如图 9-35（a）所示。若 $\varepsilon(t)$ 是电流量，即表示在 $t<0$ 时电流为零，$t=0$ 时电流突然跃变为“1A”即“一个单位”，$t>0$ 后一直保持 1A。那么单位阶跃函数 $\varepsilon(t)$ 在 $t=0$ 时不连续，存在间断点，$t=0$ 时的导数$\frac{d\varepsilon(t)}{dt}$为无穷大。

单位阶跃函数 $\varepsilon(t)$ 的象函数为

$$F(s)=\mathscr{L}[f(t)]=\int_{0_-}^{\infty}\varepsilon(t)e^{-st}dt=\int_{0}^{\infty}e^{-st}dt=\frac{-1}{s}e^{-st}\Big|_0^{\infty}=\frac{1}{s} \tag{9-39}$$

阶跃函数也可以出现负跃变，跃变量也可以是其他数值，图 9-35（b）所示阶跃函数“$-2\varepsilon(t)$”在 $t=0$ 时由 0 跃变为“-2”，其函数式可表达为

$$-2\varepsilon(t)=\begin{cases}0 & t<0\\-2 & t>0\end{cases} \tag{9-40}$$

阶跃函数“$-2\varepsilon(t)$”的象函数则为

$$F(s)=\mathscr{L}[-2\varepsilon(t)]=\frac{-2}{s} \tag{9-41}$$

借助阶跃函数可以求得直流电流源、直流电压源的象函数。如一个 100V 直流电压源 $t=0$ 时开始作用于电路，可将该电压源表示为 $u_s(t)=100\varepsilon(t)$ V，那么该电压源的象函数为

$$\mathscr{L}[u_s(t)]=\mathscr{L}[100\varepsilon(t)]=\frac{100}{s}$$

【例 9-16】　求单位冲激函数 $\delta(t)$ 的象函数 $F(s)$。

解　单位冲激函数 $\delta(t)$ 也是一种奇异函数，该函数在 $t=0$ 处发生“冲激”，“冲激”的含义是在 $t=0$ 的瞬间出现了接近无穷大的数值，而在 $t\neq0$ 时处处为零，它的定义为

$$\begin{cases}\delta(t)\to\infty & t=0\\ \delta(t)=0 & t\neq 0\\ \int_{-\infty}^{\infty}\delta(t)\mathrm{d}t=\int_{0_-}^{0_+}\delta(t)\mathrm{d}t=1\end{cases}\tag{9-42}$$

其波形如图 9-36（a）所示。“冲激”发生的时间段是 0_- 至 0_+ 瞬间，定积分

$$\int_{-\infty}^{\infty}\delta(t)\mathrm{d}t=\int_{0_-}^{0_+}\delta(t)\mathrm{d}t=1$$

表示该冲激波形所占面积为 1，此面积是冲激波形的强度，“单位冲激”表示冲激强度为“1 个单位”。冲激强度也可以为其他数值或为负值，图 9-36（b）所示“$-3\delta(t)$”的冲激强度就为“-3”。

单位冲激函数 $\delta(t)$ 与 $-3\delta(t)$ 的象函数分别为

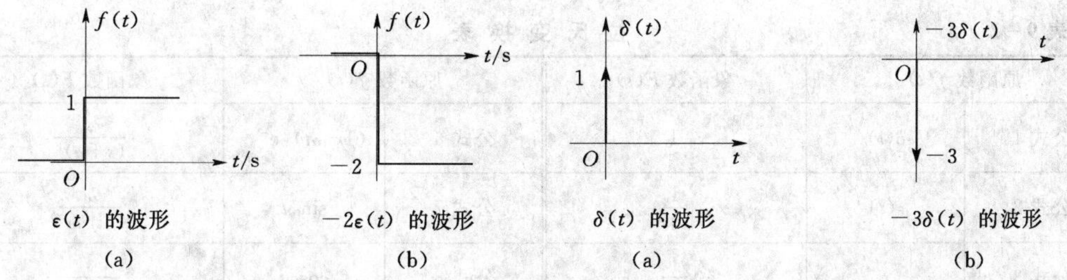

图 9-35　阶跃函数的波形　　　　图 9-36　冲激函数的波形

$$F(s)=\mathscr{L}[f(t)]=\int_{0_-}^{\infty}\delta(t)\mathrm{e}^{-st}\mathrm{d}t=\int_{0_-}^{0_+}\delta(t)\mathrm{e}^{-s\times 0}\mathrm{d}t=1\tag{9-43}$$

$$F(s)=\mathscr{L}[f(t)]=\int_{0_-}^{\infty}-3\delta(t)\mathrm{e}^{-3t}\mathrm{d}t=-3\int_{0_-}^{0_+}\delta(t)\mathrm{e}^{-s\times 0}\mathrm{d}t=-3$$

冲激强度是冲激波形所占面积，其单位应是纵轴与横轴变量单位的乘积。如图 9-37 所示，冲激函数 $\delta(t)$ 用于表示瞬间无穷大的电容电流 i_C 时，其冲激强度的单位应是：1A・s=1C（库仑）；冲激函数 $\delta(t)$ 用于表示瞬间无穷大的电感电压 u_L 时，其冲激强度的单位应是：1V・s=1Wb（韦伯）。

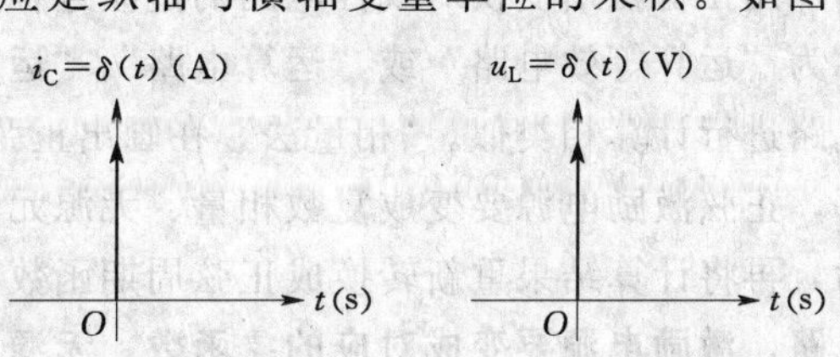

$i_C=\delta(t)$ (A)　　$u_L=\delta(t)$ (V)

1A・s=1C（库仑）　　1V・s=1Wb（韦伯）

(a)　　(b)

图 9-37　冲激波形面积（即冲激强度）的单位

单位阶跃函数 $\varepsilon(t)$ 与单位冲激函数 $\delta(t)$ 之间的关系是：$\delta(t)$ 对时间积分等于 $\varepsilon(t)$；反之 $\varepsilon(t)$ 对时间求导等于 $\delta(t)$。即

$$\int_{-\infty}^{t}\delta(t)\mathrm{d}t=\begin{cases}0 & t<0\\ 1 & t>0\end{cases}=\varepsilon(t)\tag{9-44}$$

$$\frac{\mathrm{d}\varepsilon(t)}{\mathrm{d}t}=\delta(t)\tag{9-45}$$

借助阶跃函数 $\varepsilon(t)$ 和冲激函数 $\delta(t)$ 可以描述电路在过渡过程中发生的某些电磁现象。

【例 9-17】　求负指数函数 $f_1(t)=\mathrm{e}^{-\alpha t}$ 及 $f_2(t)=220\mathrm{e}^{-5t}$ 的象函数。

解　$$F_1(s)=\mathscr{L}[f_1(t)]=\int_{0_-}^{\infty}\mathrm{e}^{-\alpha t}\mathrm{e}^{-st}\mathrm{d}t=\int_{0_-}^{\infty}\mathrm{e}^{-(s+\alpha)t}\mathrm{d}t$$

$$=\frac{1}{-(s+\alpha)}\mathrm{e}^{-(s+\alpha)t}\Big|_{0_-}^{\infty}=\frac{1}{s+\alpha} \tag{9-46}$$

$$F_2(s)=\mathscr{L}[f_2(t)]=\int_{0_-}^{\infty}220\mathrm{e}^{-5t}\mathrm{e}^{-st}\mathrm{d}t$$

$$=220\int_{0_-}^{\infty}\mathrm{e}^{-(s+5)t}\mathrm{d}t=\frac{1}{-(s+5)}\mathrm{e}^{-(s+5)t}\Big|_{0-}^{\infty}$$

$$=\frac{220}{s+5} \tag{9-47}$$

表 9-2 所列的拉氏变换公式，既可用于正变换，也可用于反变换。拉氏变换表的应用将结合例题讲解。

表 9-2　　**拉 氏 变 换 表**

原函数 $f(t)$		象函数 $F(s)$	原函数 $f(t)$		象函数 $F(s)$
公式 1	$\delta(t)$	1	公式 6	$(1-\alpha t)\ \mathrm{e}^{-\alpha t}$	$\frac{s}{(s+\alpha)^2}$
公式 2	$\varepsilon(t)$	$\frac{1}{s}$	公式 7	$\sin\omega t$	$\frac{\omega}{s^2+\omega^2}$
公式 3	t	$\frac{1}{s^2}$	公式 8	$\cos\omega t$	$\frac{s}{s^2+\omega^2}$
公式 4	$\mathrm{e}^{-\alpha t}$	$\frac{1}{s+\alpha}$	公式 9	$\mathrm{e}^{-\alpha t}\sin\omega t$	$\frac{\omega}{(s+\alpha)^2+\omega^2}$
公式 5	$t\mathrm{e}^{-\alpha t}$	$\frac{1}{(s+\alpha)^2}$	公式 10	$\mathrm{e}^{-\alpha t}\cos\omega t$	$\frac{s+\alpha}{(s+\alpha)^2+\omega^2}$

9.5.2　线性元件的运算等效电路

用拉普拉斯变换对线性电路的过渡过程进行计算，称为“运算法”，对应的等效电路称为“运算等效电路”或“运算电路”。“运算法”的计算过程与用“相量法”对正弦稳态电路进行计算相类似。“相量法”在画出正弦电路的相量模型后，用复数对正弦量进行计算，正弦激励电源要变成复数相量、无源元件要变成复数阻抗，在复数的范围内计算完毕后，再将计算结果重新转换成正弦周期函数。**“运算法”则需首先画出过渡过程中的运算电路，激励电源要变成对应的象函数，无源元件要变成运算阻抗，同时考虑电容电压初始值 $u_C(0_-)$ 及电感电流初始值 $i_L(0_-)$ 的影响，在复频域里对“运算电路”计算完毕后，再将计算结果反变换得到响应的时间函数。**

可以证明，基尔霍夫定律在复频域里的运算形式也是成立的，即

根据 KCL：$\sum i(t)=0$，由拉普拉斯正变换得

$$\sum I(s)=0 \tag{9-48}$$

根据 KVL：$\sum u(t)=0$，由拉普拉斯正变换得

$$\sum U(s)=0 \tag{9-49}$$

电流 $i(t)$、电压 $u(t)$ 在时域中的单位分别为 A、V，通过拉氏正变换变为对应的象函数 $I(s)$、$U(s)$ 后，正变换的积分使电流、电压的单位（A、V）与时间的单位（s）相乘，电流 $I(s)$的单位变成了 A×s=C（**库仑**），电压 $U(s)$ 的单位变成了 V×s=Wb（**韦伯**），阻抗的单位

仍是Ω。为了方便，习惯上**用运算法对过渡过程进行计算时，各量都换算到国际主单位后，运算电路图及象函数的算式中不带单位，拉氏反变换变成时域函数时再注明单位。**

1. 电阻元件 R 在复频域里的电流、电压关系及运算电路

图 9-38（a）所示为电阻元件在时域中的电路，伏安关系为 $u(t)=Ri(t)$；图 9-38（b）所示为电阻元件在复频域中的运算电路，伏安关系为

$$U(s)=RI(s) \tag{9-50}$$

两者在形式上基本吻合。

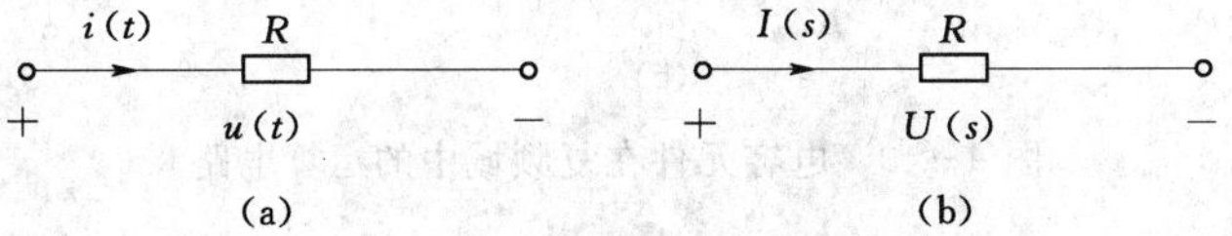

图 9-38 电阻元件 R 的运算电路

2. 电感元件 L 在复频域里的电流、电压关系及运算电路

图 9-39（a）所示是电感元件在时域中的电路，伏安关系为 $u_L(t)=L\dfrac{di_L(t)}{dt}$。根据拉普拉斯变换的微分定理，求得电感元件在复频域中的伏安关系为

$$\begin{aligned}U_L(s)&=\mathscr{L}\left[L\frac{di_L(t)}{dt}\right]\\&=L\left[sI_L(s)-i_L(0_-)\right]\\&=sLI_L(s)-Li_L(0_-)\end{aligned} \tag{9-51}$$

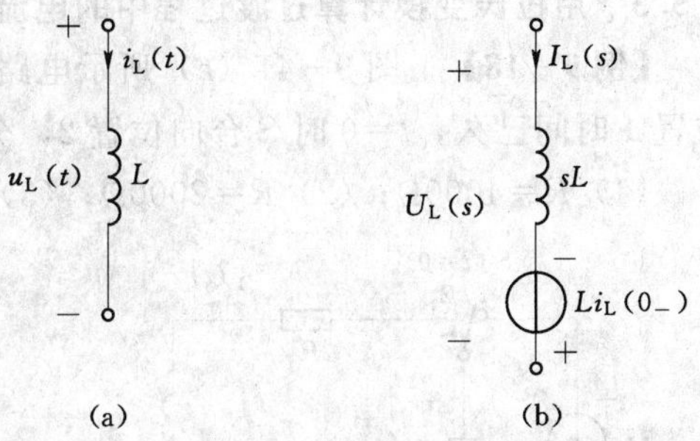

图 9-39 电感元件在复频域中的运算电路

图 9-39（b）所示为电感元件在复频域中的运算电路，**其中 sL 为电感元件的运算感抗，$Li_L(0_-)$ 反映了电感电流初始值的影响，称为附加电压源。该附加电压源的参考正极在电感电流的前进方向上，具有维持该电流继续向前流动的意义。**

3. 电容元件 C 在复频域里的电流、电压关系及运算电路

图 9-40（a）所示是电容元件在时域中的电路，伏安关系为 $i_C(t)=C\dfrac{du_C(t)}{dt}$。根据拉普拉斯变换的微分定理，求得电容元件在复频域中的伏安关系为

$$\begin{aligned}I_C(s)&=\mathscr{L}\left[C\frac{du_C(t)}{dt}\right]\\&=C\left[sU_C(s)-u_C(0_-)\right]\\&=sCU_C(s)-Cu_C(0_-)\end{aligned} \tag{9-52}$$

即

$$I_C(s)=\frac{U_C(s)}{\frac{1}{sC}}-Cu_C(0_-) \tag{9-53}$$

图 9-40（b）所示为电容元件在复频域中并联形式的运算电路，将其进行电源等效变换得图 9-40（c）所示串联形式的运算电路，**其中 $\dfrac{1}{sC}$ 为电容元件的运算容抗，$\dfrac{u_C(0_-)}{s}$ 反映了电容电压初始值的影响，也称为附加电压源。该附加电压源的参考正极与电容电压本身的参考正极一**

致，具有维持该电压继续存在的意义。电容电压的表达式为

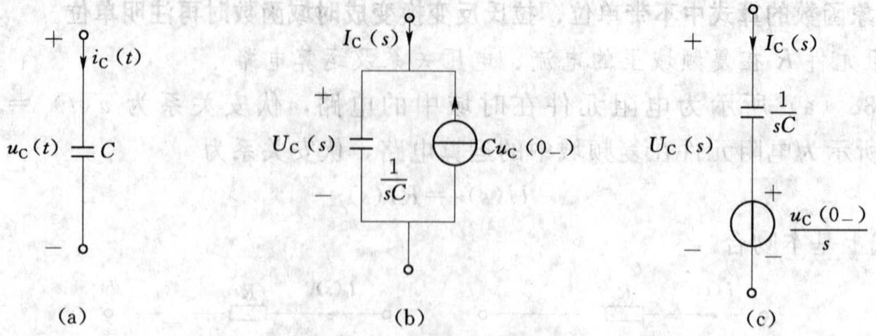

图 9-40　电容元件在复频域中的运算电路

$$U_C(s) = \frac{1}{sC}I_C(s) + \frac{u_C(0_-)}{s} \tag{9-54}$$

电容元件的运算电路用串联形式比较方便。

9.5.3　用拉氏变换计算过渡过程中的电流、电压实例

【例 9-18】　图 9-41（a）所示电路中，$U_S=10\text{V}$，$C=1\mu\text{F}$，$L=1\text{H}$，开关 S 原在位置 1 时间已久，$t=0$ 时 S 合向位置 2，分别求换路后以下 4 种情况的 $i_L(t)$。

（1）$R=4000\Omega$；（2）$R=2000\Omega$；（3）$R=1000\Omega$；（4）$R=0$。

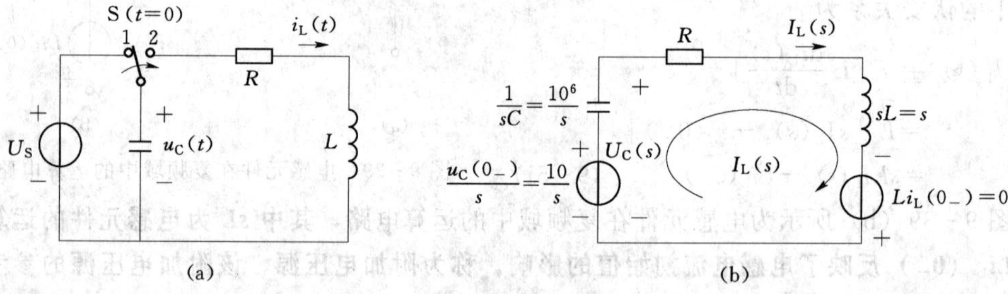

图 9-41　［例 9-18］图 1

解　该电路为二阶动态电路，$i_L(0_-)=0$，$u_C(0_-)=10\text{V}$，为零输入响应，$t\geqslant 0$ 时的运算等效电路如图 9-41（b）所示。

（1）$R=4000\Omega$ 时，根据网孔法得

$$\left[R+sL+\frac{1}{sC}\right]I_L(s) = \frac{u_C(0_-)}{s}$$

$R+sL+\frac{1}{sC}$**称为运算阻抗，其中的 s 取代了相量法中 $\mathrm{j}\omega L$、$\frac{1}{\mathrm{j}\omega C}$ 中的 $\mathrm{j}\omega$。**代入数据得

$$\left(4000+s+\frac{10^6}{s}\right)I_L(s) = \frac{10}{s}$$

即

$$I_L(s) = \frac{\frac{10}{s}}{4000+s+\frac{10^6}{s}} \tag{9-55}$$

象函数 $I_L(s)$ 的表达式列出后，进行拉氏反变换就得到时间函数 $i_L(t)$。拉氏反变换可以查

表 9-2 中的公式，但查公式前还要对象函数进行整理，使之成为表 9-2 中能找到的形式。

象函数的结构一般是与式（9-55）类似的分式或繁分式，对象函数进行整理的方法是：

1）象函数若为繁分式应该化简为简单分式，即分子、分母多项式中每项的分母里不能含有 s。如将式（9-55）分子、分母同乘以 s，约去单项分母里的 s，得

$$I_L(s)=\frac{\frac{10}{s}}{4000+s+\frac{10^6}{s}}=\frac{10}{s^2+4000s+10^6} \tag{9-56}$$

2）待反变换的象函数必须是真分式，即分母多项式中 s 的次方数必须大于分子多项式。分母多项式中 s 的次方数最高项的系数应为 1。

3）象函数的分式较复杂时，要对分母进行因式分解，可先求分母多项式的根（根是使分母为零的 s 值），进而将象函数分解为几个简单的部分分式。如对式（9-56）整理，先求分母多项式的根，令 $s^2+4000s+10^6=0$，则

$$s_{1,2}=\frac{-4000\pm\sqrt{4000^2-4\times1\times10^6}}{2}$$

得

$$s_1=-268,\quad s_2=-3732$$

将分母因式分解后得部分分式

$$I_L(s)=\frac{10}{s^2+4000s+10^6}=\frac{10}{(s+268)(s+3732)}$$

$$=\frac{A}{s+268}+\frac{B}{s+3732} \tag{9-57}$$

欲确定式（9-57）中的常数 A、B，可重新对式（9-57）通分

$$I_L(s)=\frac{A}{s+268}+\frac{B}{s+3732}=\frac{A(s+3732)+B(s+268)}{(s+268)(s+3732)}$$

得分子的恒等式 $A(s+3732)+B(s+268)=10$

比较该恒等式两侧 s 的同次方项系数得

$$\begin{cases}A+B=0\\3732A+268B=10\end{cases}\quad 解之\begin{cases}A=2.89\times10^{-3}\\B=-2.89\times10^{-3}\end{cases}$$

则有

$$I_L(s)=\frac{2.89\times10^{-3}}{s+268}-\frac{2.89\times10^{-3}}{s+3732} \tag{9-58}$$

式（9-58）表明，$I_L(s)$ 的分母中出现两个单根，由表 9-2 中的公式 4 得

$$i_L(t)=(2.89e^{-268t}-2.89e^{-3732t})\times10^{-3}\,\text{A}$$

（2）$R=2000\Omega$ 时，其他数据不变，得

$$I_L(s)=\frac{10/s}{2000+s+10^6/s}=\frac{10}{s^2+2000s+10^6}$$

$$=\frac{10}{(s+1000)(s+1000)}=\frac{10}{(s+1000)^2} \tag{9-59}$$

此时象函数 $I_L(s)$ 的分母出现重根 $s=-1000$，由表 9-2 中的公式 5 得

$$i_L(t)=10te^{-1000t}\,\text{A}$$

（3）$R=1000\Omega$ 时，其他数据不变，得

$$I_L(s)=\frac{10/s}{1000+s+10^6/s}=\frac{10}{s^2+1000s+10^6}$$

求分母多项式的根，令 $s^2+1000s+10^6=0$，则

$$s_{1,2}=\frac{-1000\pm\sqrt{1000^2-4\times1\times10^6}}{2}$$

$$=\frac{-1000\pm\sqrt{-3\times10^6}}{2}=-500\pm \mathrm{j}866=-\alpha\pm \mathrm{j}\omega$$

此时象函数 $I_L(s)$ 的分母出现共轭复根，这时可用初等数学中的配方方法，按照共轭复根的结构将分母整理成 $(s+\alpha)^2+\omega^2$ 的形式。

$$I_L(s)=\frac{10}{s^2+1000s+10^6}=\frac{10}{(s+\alpha)^2+\omega^2}=\frac{10}{(s+500)^2+866^2} \tag{9-60}$$

式（9－60）与表 9－2 中的公式 9 分母结构一致，$\omega=866$，那么分子中也要有 866 这个因子，因此对式（9－60）再作数学变换。

$$I_L(s)=\frac{10\times\frac{866}{866}}{(s+500)^2+866^2}=\frac{11.5\times10^{-3}\times866}{(s+500)^2+866^2}$$

由表 9－2 中的公式 9 得

$$i_L(t)=(11.5\mathrm{e}^{-500t}\sin866t)\times10^{-3}\,\mathrm{A}$$

（4）$R=0$ 时，其他数据不变，得

$$I_L(s)=\frac{10/s}{s+10^6/s}=\frac{10}{s^2+10^6}=\frac{10}{s^2+1000^2}=\frac{0.01\times1000}{s^2+1000^2} \tag{9-61}$$

令 $\omega=1000$，由表 9－2 中的公式 7 得

$$i_L(t)=0.01\sin1000t\quad \mathrm{A}$$

［例 9－18］　中电阻元件取值不同，使响应 $i_L(t)$ 的变化规律发生了质的变化，波形分别如图 9－42 所示。该电路开关动作后，是一个无电源激励的 R、L、C 串联电路，响应由电容的初始储能引起。$R=4000\Omega$ 时称为过阻尼，$R=2000\Omega$ 称为临界阻尼，这两种情况的放电都属于非振荡放电。$0<R<2000\Omega$ 称为欠阻尼（阻碍放电的电阻成分较弱之意），此时的放电是衰减的振荡放电，$i_L(t)$ 虽是正弦波，但其振幅随着放电的进行逐渐衰减为零。$R=0$ 时称为无阻尼，此时的放电是等幅的振荡放电，无衰减，电容与电感两者储存的能量周期性地互相转换。

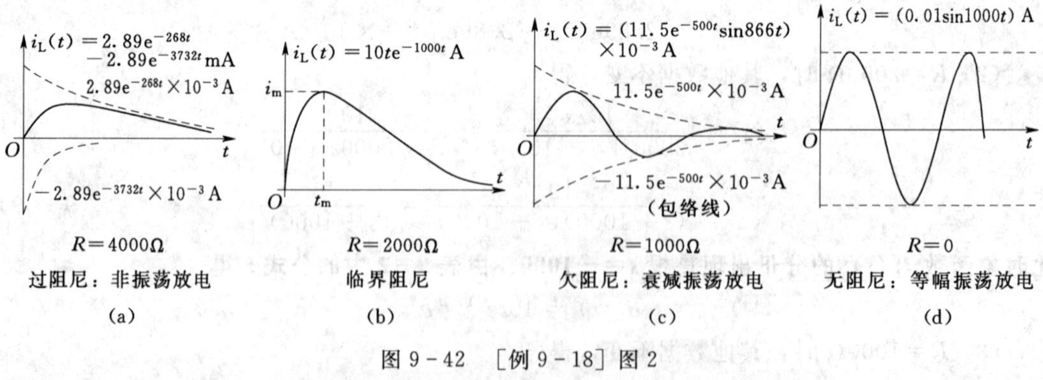

图 9－42　［例 9－18］图 2

【例 9-19】 图 9-43（a）所示电路，开关 S 原来是闭合的，试求 S 打开后电路的电流及两电感元件上的电压。

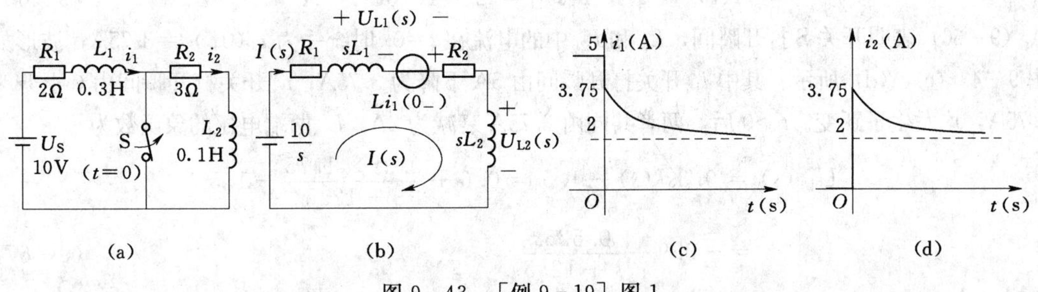

图 9-43 [例 9-19] 图 1

解 电感 L_1 有初始电流：$i_1(0_-)=\dfrac{U_S}{R_1}=5\text{A}$；电感 L_2 初始电流 $i_2(0_-)$ 为零。开关 S 打开瞬间，两电感元件上的电流依据 KCL 会立即统一为另一个值 $i(0_+)$，电感电流发生了跃变，称为强迫跃变。电感电流发生跃变则其导数为无穷大，即

$$\frac{\mathrm{d}i_L}{\mathrm{d}t}\to\infty \quad 则 \quad u_L=L\frac{\mathrm{d}i_L}{\mathrm{d}t}\to\infty$$

那么电感电压在 $t=0$ 时出现冲激（即出现瞬间高压）。画出图 9-43（b）所示运算电路，其中 10V 直流电压源的作用相当于 $10\varepsilon(t)$ V 阶跃函数的作用，象函数为$\dfrac{10}{s}$。列网孔方程并代入数据得

$$[R_1+R_2+s(L_1+L_2)]I(s)=\frac{10}{s}+5L_1$$

$$I(s)=\frac{\dfrac{10}{s}+5L_1}{R_1+R_2+s(L_1+L_2)}=\frac{\dfrac{10}{s}+1.5}{5+0.4s} \tag{9-62}$$

式（9-62）**的分子、分母同乘以 s，消去单项分母里的 s**，得

$$I(s)=\frac{\dfrac{10}{s}+1.5}{5+0.4s}=\frac{10+1.5s}{s(5+0.4s)} \tag{9-63}$$

式（9-63）**分母的因子（$5+0.4s$）中 s 前的系数必须为 1，将 0.4 提出括号外**，则

$$I(s)=\frac{10+1.5s}{s(5+0.4s)}=\frac{10+1.5s}{0.4s(5/0.4+s)} \tag{9-64}$$

对式（9-64）进一步整理后，得

$$I(s)=\frac{10+1.5s}{0.4s(12.5+s)}=\frac{25+3.75s}{s(12.5+s)}=\frac{A}{s}+\frac{B}{s+12.5} \tag{9-65}$$

将式（9-65）重新通分得分子的恒等式

$$A(s+12.5)+Bs=25+3.75s$$

$$\begin{cases}A+B=3.75\\12.5A=25\end{cases} \quad 解之 \quad \begin{cases}A=2\\B=1.75\end{cases}$$

得

$$I(s)=\frac{A}{s}+\frac{B}{s+12.5}=\frac{2}{s}+\frac{1.75}{s+12.5}$$

$$i(t)=\mathscr{L}^{-1}[I(s)]=2+1.75\mathrm{e}^{-12.5t}\mathrm{A} \tag{9-66}$$

式（9-66）表明开关 S 打开瞬间，L_1 和 L_2 中的电流在 $t=0_+$ 时统一为 $i(0_+)=3.75\mathrm{A}$，波形如图 9-43（c）、(d) 所示。其中 i_1 开关打开瞬间由 5A 下降为 3.75A；i_2 开关打开瞬间由 0 上升为 3.75A，均发生了跃变。$t>0$ 后，两者共同由 3.75A 衰减为 2A。L_1 两端电压的象函数为

$$U_{L1}(s)=0.3sI(s)-1.5=0.6+\frac{0.3s\times 1.75}{s+12.5}-1.5$$

$$=-0.9+\frac{0.525s}{s+12.5} \tag{9-67}$$

式（9-67）第二项分母 s 的次方数不大于分子，是假分式，可用下列方法整理成真分式。

$$U_{L1}(s)=-0.9+0.525\times\frac{(s+12.5)-12.5}{s+12.5}$$

$$=-0.9+0.525\times\left(1-\frac{12.5}{s+12.5}\right)$$

$$=-0.375-\frac{6.56}{s+12.5}$$

由表 9-2 中的公式 1、公式 4 得

$$u_{L1}(t)=\mathscr{L}^{-1}[U_{L1}(s)]=[-0.375\delta(t)-6.56\mathrm{e}^{-12.5t}]\mathrm{V} \tag{9-68}$$

同理　$U_{L2}(s)=0.1sI(s)=0.2+\dfrac{0.175s}{s+12.5}=0.2+0.175-\dfrac{2.19}{s+12.5}$　(9-69)

$$u_{L2}(t)=\mathscr{L}^{-1}[U_{L2}(s)]=[0.375\delta(t)-2.19\mathrm{e}^{-12.5t}]\mathrm{V} \tag{9-70}$$

$u_{L1}(t)$ 和 $u_{L2}(t)$ 的波形分别如图 9-44（a）、(b) 所示，两者 $t=0$ 时均出现了趋于无穷大的瞬间高压（冲激电压），且两者冲激强度大小相等、方向相反，可以互相平衡，换路后的单网孔电路仍符合 KVL。**该例电感电流发生跃变可理解为：$t=0$ 时 L_1 中有部分磁感线瞬间迁移至 L_2，使两电感的磁链和电流都发生了跃变。**

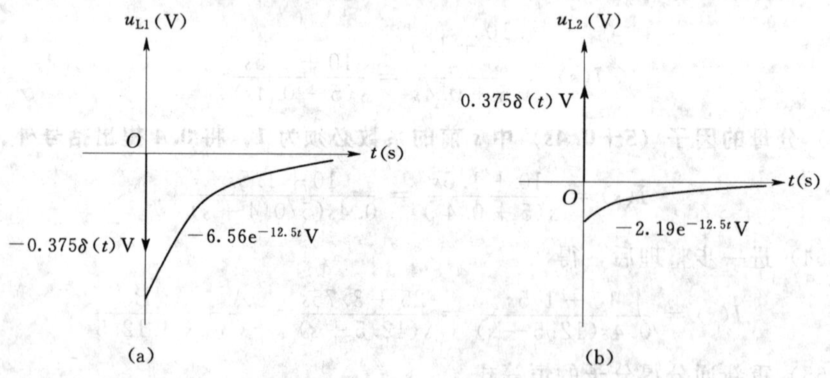

图 9-44　[例 9-19] 图 2

【例 9-20】　图 9-45（a）所示电路，电路原已处于稳态，$t=0$ 时将开关 S 闭合，已知 $u_{S1}=2\mathrm{e}^{-2t}\mathrm{V}$，$u_{S2}=5\mathrm{V}$，$R_1=R_2=5\Omega$，$L=1\mathrm{H}$。求 $t\geqslant 0$ 时的 $u_L(t)$。

解　先求电感电流的初始值及电源的象函数。

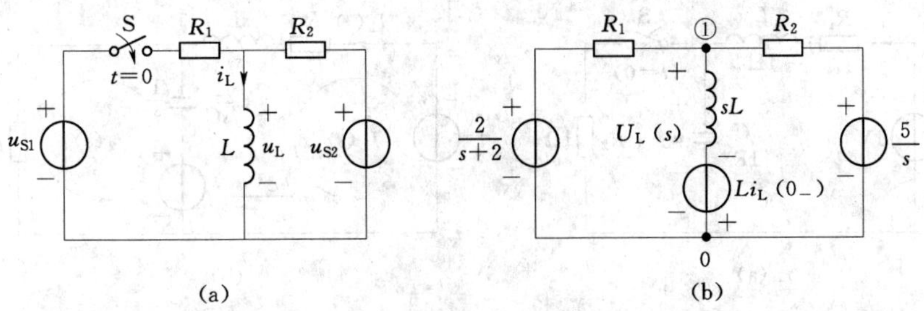

图 9-45　[例 9-20] 图

$$i_L(0_-) = \frac{u_{S2}}{R_2} = 1\text{A}$$

$$\mathscr{L}[u_{S1}] = \mathscr{L}[2e^{-2t}] = \frac{2}{s+2}$$

$$\mathscr{L}[u_{S2}] = \mathscr{L}[5] = \frac{5}{s}$$

画运算电路如图 9-45（b）所示，根据弥尔曼定理得

$$U_L(s) = \frac{\dfrac{2/(s+2)}{R_1} - \dfrac{Li(0_-)}{sL} + \dfrac{5/s}{R_2}}{\dfrac{1}{R_1} + \dfrac{1}{R_2} + \dfrac{1}{sL}} = \frac{\dfrac{2}{5(s+2)} - \dfrac{1}{s} + \dfrac{1}{s}}{\dfrac{1}{5} + \dfrac{1}{5} + \dfrac{1}{s}}$$

$$= \frac{\dfrac{2}{5(s+2)}}{0.4 + 1/s} = \frac{\dfrac{0.4}{(s+2)}}{0.4 + 1/s} \tag{9-71}$$

式（9-71）分子、分母同乘以 $s(s+2)$，从而消去每个单项分母里的 s。

$$U_L(s) = \frac{\dfrac{0.4}{(s+2)} \times s(s+2)}{(0.4+1/s) \times s(s+2)} = \frac{0.4s}{(s+2)(0.4s+1)}$$

分子、分母再同除以 0.4，得

$$U_L(s) = \frac{s}{(s+2)(s+2.5)} = \frac{A}{s+2} + \frac{B}{s+2.5} = \frac{-4}{s+2} + \frac{5}{s+2.5}$$

$$u_L(t) = \mathscr{L}^{-1}[U_L(s)] = (\underbrace{-4e^{-2t}}_{\text{强制分量}} + \underbrace{5e^{-2.5t}}_{\text{自由分量}})\text{V}$$

$u_L(t)$ 的第一项与 u 的变化规律一致，是强制分量；第二项的变化规律仅与电路的时间常数有关，是自由分量。

【例 9-21】　图 9-46（a）所示电路，原已处于稳态，$t=0$ 时开关 S 闭合，试用运算法求解电流 $i_1(t)$。

解　旧的稳态为直流稳态，电容代以开路，使 $i_1(0_-)=0$，$u_C(0_-)=1$V。对图 9-46（b）所示运算电路列写网孔方程得

$$\begin{cases}(R_1 + sL + \dfrac{1}{sC})I_1(s) - \dfrac{1}{sC}I_2(s) = \dfrac{1}{s} - \dfrac{u_C(0_-)}{s} \\ -\dfrac{1}{sC}I_1(s) + (R_2 + \dfrac{1}{sC})I_2(s) = \dfrac{u_C(0_-)}{s}\end{cases}$$

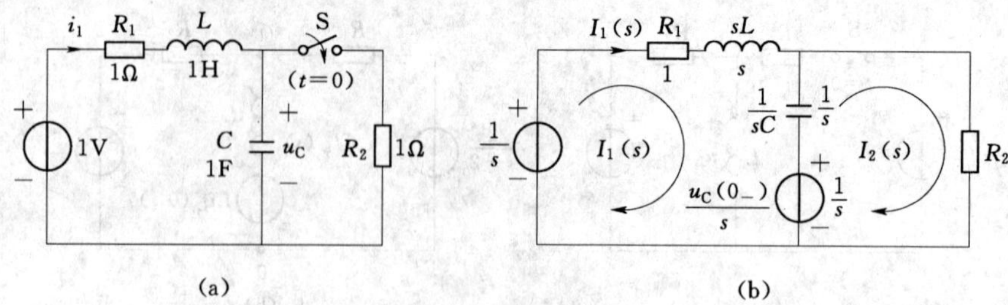

图 9-46 ［例 9-21］图

代入参数

$$\begin{cases}(1+s+\frac{1}{s})I_1(s)-\frac{1}{s}I_2(s)=0 & (1)\\ -\frac{1}{s}I_1(s)+(1+\frac{1}{s})I_2(s)=\frac{1}{s} & (2)\end{cases}$$

式（1）、式（2）相加

$$(1+s)I_1(s)+I_2(s)=\frac{1}{s}$$

即

$$I_2(s)=\frac{1}{s}-(1+s)I_1(s) \tag{3}$$

将式（3）代入式（2）

$$-\frac{1}{s}I_1(s)+(1+\frac{1}{s})[\frac{1}{s}-(1+s)I_1(s)]=\frac{1}{s}$$

整理得

$$I_1(s)=\frac{1}{s(s^2+2s+2)}=\frac{A}{s}+\frac{Bs+C}{(s^2+2s+2)} \tag{9-72}$$

式（9-72）**分母第二因式中含 s 的二次方项，并且该 s 的二次方项的根是共轭复根，这时第二因式分解为部分分式对应的分子必须设为 s 的一次方项 $Bs+C$**。对式（9-72）重新通分得分子恒等式

$$A(s^2+2s+2)+(Bs+C)s=1 \tag{9-73}$$

比较式（9-73）两侧 s 的同次方项系数得

$$\begin{cases}A+B=0\\2A=1\\2A+C=0\end{cases}\quad 解之\quad\begin{cases}A=0.5\\B=-0.5\\C=-1\end{cases} \tag{9-74}$$

整理式（9-72）得

$$\begin{aligned}I_1(s)&=\frac{0.5}{s}+\frac{-0.5s-1}{(s^2+2s+2)}=\frac{0.5}{s}+\frac{-0.5(s+1+1)}{(s+1)^2+1}\\&=\frac{0.5}{s}+\frac{-0.5(s+1)}{(s+1)^2+1}-\frac{0.5}{(s+1)^2+1}\end{aligned}$$

由表 9-2 中的公式 2、公式 9、公式 10 得

$$i_1(t)=\mathscr{L}^{-1}[I_1(s)]=\frac{1}{2}(1-e^{-t}\cos t-e^{-t}\sin t)\text{A}$$

【例 9-22】 图 9-46（a）所示电路，已知激励电压源 $u_s=0.1e^{-5t}$V，$R_1=1\Omega$，$R_2=2\Omega$，$L=0.1$H，$C=0.5$F，求开关 S 在 $t=0$ 时闭合后的 $i_2(t)$。

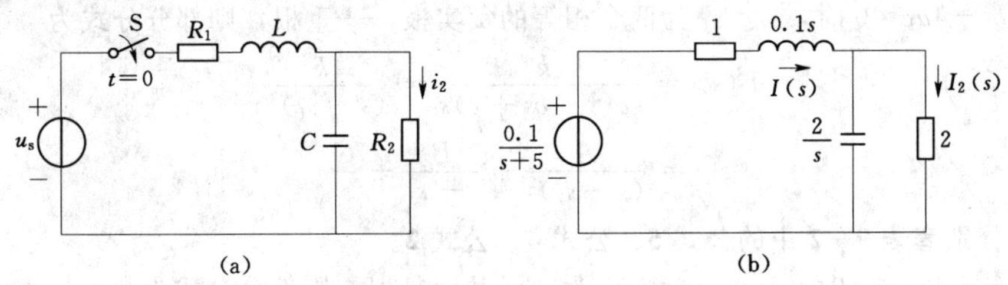

图 9-47 ［例 9-22］图

解 从电路图分析电感与电容均无初始储能，因此运算电路中无附加电源。激励电压源的象函数为 $U_s(s)=\frac{0.1}{s+5}$，运算电路如图 9-46（b）所示。根据分流公式得

$$I_2(s)=\frac{I(s)\frac{1}{sC}}{R_2+\frac{1}{sC}}=\frac{U_s(s)}{R_1+sL+\frac{R_2\frac{1}{sC}}{R_2+\frac{1}{sC}}}\times\frac{\frac{1}{sC}}{R_2+\frac{1}{sC}}=\frac{1}{(s+5)^2(s+6)} \quad (9-75)$$

对式（9-75）分解部分分式时，**因分母中包含具有重根的因子 $(s+5)^2$，必须分出来两个分式，一个以 $(s+5)^2$ 做分母，另一个以 $s+5$ 做分母**，即

$$I_2(s)=\frac{A}{(s+5)^2}+\frac{B}{s+5}+\frac{C}{s+6} \quad (9-76)$$

$$A(s+6)+B(s+5)(s+6)+C(s+5)^2=1 \quad (9-77)$$

$$\begin{cases}B+C=0\\A+11B+10C=0\\6A+30B+25C=1\end{cases} \text{解之} \begin{cases}A=1\\B=-1\\C=1\end{cases} \quad (9-78)$$

所以
$$I_2(s)=\frac{1}{(s+5)^2}+\frac{-1}{s+5}+\frac{1}{s+6}$$

由表 9-2 中的公式 4、公式 5 得

$$i_2(t)=(te^{-5t}-e^{-5t}+e^{-6t})\text{A}$$

9.5.4 拉普拉斯反变换分解部分分式小结

设待反变换的象函数为

$$F(s)=\frac{k}{(as^2+bs+c)s} \quad (9-79)$$

其中 $a=1$，对式（9-79）分解部分分式，要对分母进行因式分解。分母多项式中有 s 的二次方项时，依据常数 a、b、c 的不同，按求根公式 $s_{1,2}=\frac{-b\pm\sqrt{b^2-4ac}}{2a}$ 求 as^2+bs+c 的根有以下 3 种情况。

（1）$b^2-4ac>0$ 时，s_1、s_2 为两个不相等的负实根，则部分分式为

$$F(s)=\frac{k}{(as^2+bs+c)s}=\frac{k}{(s-s_1)(s-s_2)s}=\frac{A}{s-s_1}+\frac{B}{s-s_2}+\frac{C}{s} \quad (9-80)$$

反变换时分别套**表 9-2 中的公式 4、公式 4、公式 2**。

（2）$b^2-4ac=0$ 时，$s_1=s_2$ 为两个相等的负实根——重根，则部分分式为

$$F(s)=\frac{k}{(as^2+bs+c)s}=\frac{k}{(s-s_1)^2 s}$$

$$=\frac{A}{(s-s_1)^2}+\frac{B}{s-s_1}+\frac{C}{s} \tag{9-81}$$

反变换时分别套表 **9-2 中的公式 5、公式 4、公式 2**。

（3）$b^2-4ac<0$ 时，$s_{1,2}=-\alpha\pm j\omega$ 为一对共轭复根，则部分分式为

$$F(s)=\frac{k}{(as^2+bs+c)s}=\frac{k}{[(s+\alpha)^2+\omega^2]s}$$

$$=\frac{As+B}{(s+\alpha)^2+\omega^2}+\frac{C}{s} \tag{9-82}$$

进一步整理得

$$F(s)=\frac{As+B}{(s+\alpha)^2+\omega^2}+\frac{C}{s}=\frac{A(s+B/A+\alpha-\alpha)}{(s+\alpha)^2+\omega^2}+\frac{C}{s}$$

$$=\frac{A(s+\alpha)}{(s+\alpha)^2+\omega^2}+\frac{\frac{A(B/A-\alpha)}{\omega}\times\omega}{(s+\alpha)^2+\omega^2}+\frac{C}{s}$$

反变换时分别套表 **9-2 中的公式 10、公式 9、公式 2**。

式（9-80）、式（9-81）、式（9-82）中的 A、B、C 均按各分式重新通分后，得到的分子恒等式来确定。

注：若已学习过工程数学《拉普拉斯变换》课程，可直接用该课程中的高等数学方法进行拉氏反变换。

习　题　9

一、问答题

9-1　电容电压和电感电流一般不能突变的实质是什么？

9-2　换路定律的内容是什么？换路定律在什么条件下成立？

9-3　在直流稳态时，电容和电感可用什么替代？在 $t=0_+$ 时刻的等效电路中，电容和电感各用什么元件替代？若 $u_C(0_-)=0$ 或 $i_L(0_-)=0$，则在 $t=0_+$ 时刻电容和电感各用什么元件替代？

9-4　什么是零输入响应？RC 电路零输入响应中，u_C 的表达式与哪两个要素有关？RL 电路零输入响应中，i_L 的表达式与哪两个要素有关？

9-5　时间常数有何意义？

9-6　什么是零状态响应？RC 电路零状态响应的表达式与哪两个要素有关？

9-7　试画出时间常数不同（$\tau_1>\tau_2$），而稳态值相同的两条 RL 串联电路零状态响应 i_L 的曲线，并说明规律。

9-8　什么是全响应？其两种分解形式是什么？请举例说明。

9-9　零状态响应与全响应的表达式中，强制分量、自由分量、稳态分量和暂态分量各指什么？

9-10　试画出电感元件的复频域串联电路模型，其初始电流的作用是用什么表示的？参考方向如何处理？

9-11　试画出电容元件的复频域串联电路模型，其初始电压的作用是用什么表示的？参考方向如何处理？

9-12　RLC 串联二阶动态电路的零输入响应中，随着电阻值的变化，电路的过渡过程有哪几种情况？

二、计算题

9-1　题图 9-1 所示电路原已稳定。求开关 S 闭合后瞬间 $i(0_+)$ 及 $i_1(0_+)$ 的值。

9-2　题图 9-2 所示电路换路前处于稳定状态。已知恒流源 $I_S=6A$，$R_1=1\Omega$，$R_2=2\Omega$，$R_3=3\Omega$，开关 S 在 $t=0$ 时刻闭合。试求 i 和 u_L 的初始值。

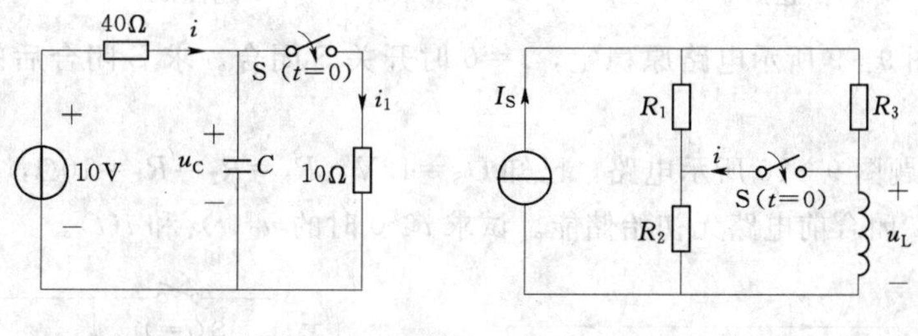

题图 9-1　　　　题图 9-2

9-3　题图 9-3 所示电路在开关 S 断开前闭合已久，已知稳压源 $U_S=48V$，$R_1=R_2=6\Omega$，$R_3=12\Omega$，$i_L(0_-)=0$，$u_C(0_-)=0$，求 $t=0_+$ 时的 $i_C(0_+)$ 和 $u_L(0_+)$。

9-4　题图 9-4 所示电路由直流电压源激励，开关 S 闭合前电路已稳定，试求 $t=0_+$ 时的 $u_{C2}(0_+)$ 和 $i(0_+)$。

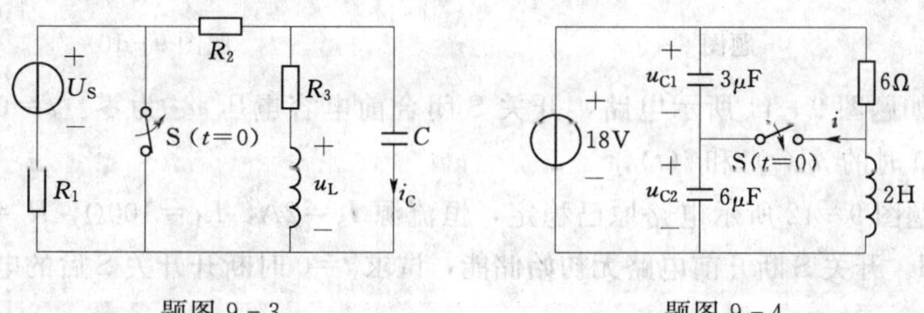

题图 9-3　　　　题图 9-4

9-5　题图 9-5 所示电路中，稳压源 $U_S=12V$，$R_0=3k\Omega$，$R_1=3k\Omega$，$R_2=6k\Omega$，$R_3=8k\Omega$，$C=1\mu F$。开关 S 合于 1 点时间已久，在 $t=0$ 时将开关切换到 2 点的位置，试求电容电压 u_C 和 R_2 支路电流 i，并画波形图。

题图 9-5

9-6　某 RC 放电电路，$t=15s$ 时，放电电流 $i_C=10\mu A$；$t=20s$ 时，放电电流 $i_C=6\mu A$。试求此电路的时间常数。

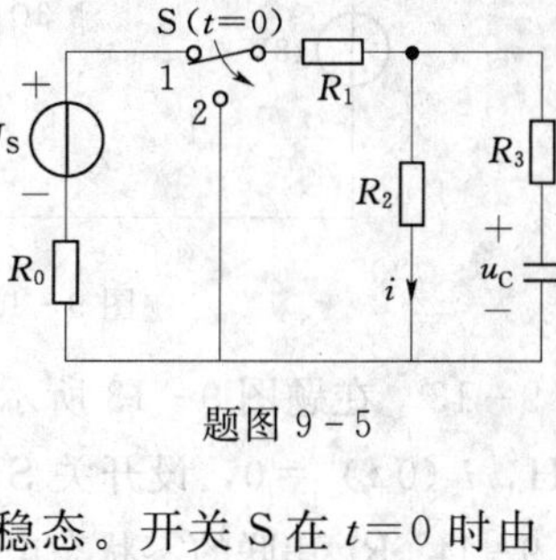

9-7　电路如题图 9-7 所示，已知稳压源 $U_S=20V$，$R_1=R_2=10\Omega$，$R_3=20\Omega$，$L=1H$，换路前电路已处稳态。开关 S 在 $t=0$ 时由 1 的

位置切换到 2，求 $t\geqslant 0$ 时的各支路电流。

9-8　题图 9-8 所示电路原已稳定，已知稳压源 $U_S=200$V，$R_S=2\Omega$，$R=2\Omega$，$L=2$H。$t=0$ 打开开关 S_1 的同时闭合 S_2。试选择续流电阻 R_0，使之同时满足：(1) R_0 两端电压不超过 500V；(2) 2s 内放电过程基本结束（以 5τ 计）。

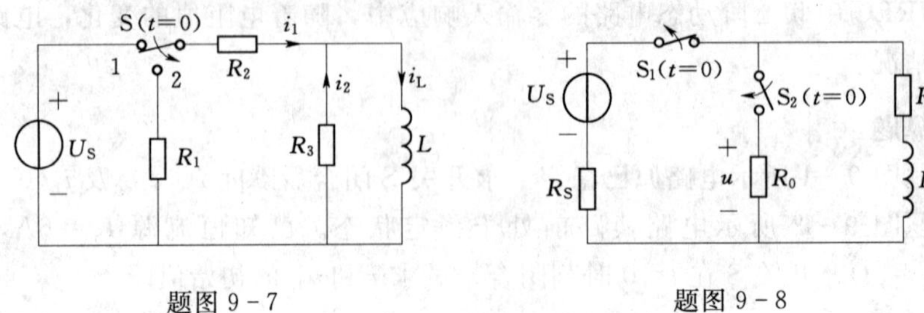

题图 9-7　　　　题图 9-8

9-9　题图 9-9 所示电路原稳定，$t=0$ 时开关 S 闭合。求 S 闭合后的 $i_1(t)$、$i_2(t)$ 和 $i_3(t)$。

9-10　如题图 9-10 所示电路，已知 $U_S=12$V，$R_1=R_2=R_3=10\Omega$，$C=2$mF，$t=0$ 时开关 S 闭合，闭合前电路无初始储能。试求 $t\geqslant 0$ 时的 $u_C(t)$ 和 $i(t)$。

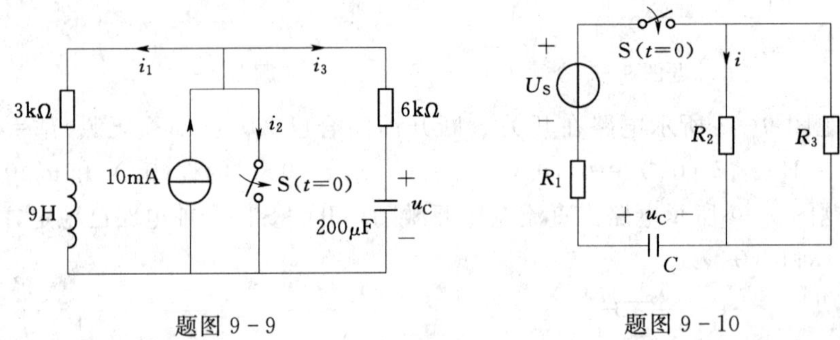

题图 9-9　　　　题图 9-10

9-11　如题图 9-11 所示电路，开关 S 闭合前电容电压 u_C 为零。$t=0$ 时开关 S 闭合，试求 $t>0$ 时的 $u_C(t)$ 和 $i(t)$。

9-12　题图 9-12 所示电路原已稳定，恒流源 $I_S=2$A，$R_1=100\Omega$，$R_2=200\Omega$，$R_3=300\Omega$，$L=1$H。开关 S 断开前电路无初始储能，试求 $t=0$ 时断开开关 S 后的电压 $u(t)$。

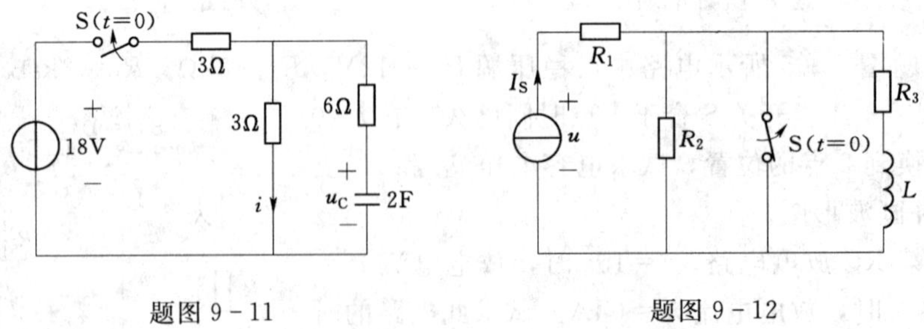

题图 9-11　　　　题图 9-12

9-13　在题图 9-13 所示电路中，已知 $U_S=300$V 不变，$R_1=R_2=R_3=100\Omega$，$L=0.1$H，$i_2(0_-)=0$，设开关 S 在 $t=0$ 时接通。求各支路电流，并画出 $i_3(t)$ 的波形图。

9-14　RL 串联的零状态电路在 $t=0$ 时接至 $u_S(t)=100\sin(60t+\psi_u)$ V 的电压源，已知

$R=40\Omega$，$L=0.5\text{H}$。(1) 若 $\psi_u=15°$，试求 $i(t)$；(2) 问 ψ_u 为多少时 $i(t)$ 的暂态分量为零？

9-15　电路如题图 9-15 所示，开关 S 闭合前电路已经稳定。已知 $U_S=60\text{V}$ 不变，$R_1=2\text{k}\Omega$，$R_2=5\text{k}\Omega$，$R_3=3\text{k}\Omega$，$C=\frac{50}{3}\mu\text{F}$。求开关 S 闭合后电容电压 $u(t)$ 的变化规律，并指出其中的零输入响应、零状态响应、稳态分量和暂态分量。

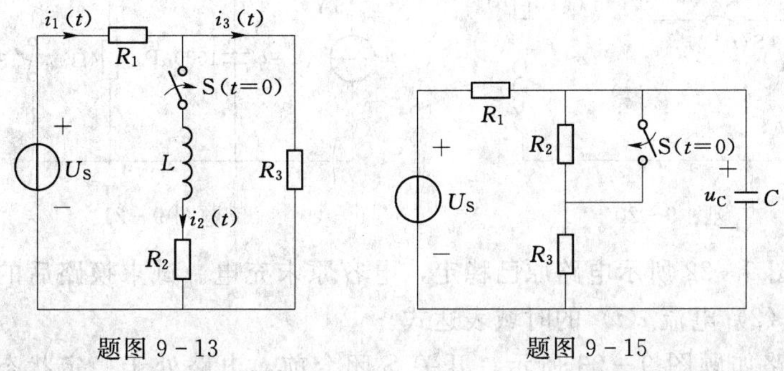

题图 9-13　　题图 9-15

9-16　电路如题图 9-16 所示，$t=0$ 时开关闭合，求电容电压的表达式，并画出波形图。

9-17　题图 9-17 所示电路在换路前已处于稳态，$t=0$ 时开关闭合。已知 $I_S=4.5\text{A}$，$R_1=R_4=3\Omega$，$R_2=R_3=6\Omega$，$L=1\text{H}$。试求开关闭合以后的 $i_L(t)$ 和 $u_L(t)$。

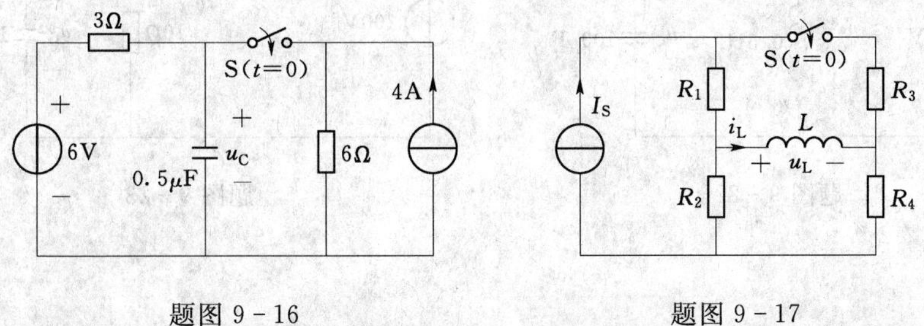

题图 9-16　　题图 9-17

9-18　题图 9-18 所示电路原已稳定，试求合上开关 S 后的电流 $i_L(t)$ 和电流源的电压 $u(t)$。

9-19　题图 9-19 所示电路中 $U_S=40\text{V}$，$R_3=10\Omega$，$R_1=R_2=5\Omega$，$L=1\text{mH}$，$C=4\mu\text{F}$。开关 S 闭合前电路原已稳定，求 $t>0$ 时的 $i(t)$。

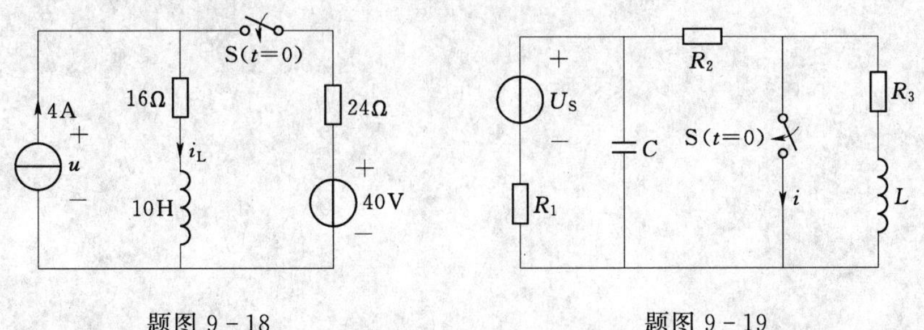

题图 9-18　　题图 9-19

9-20　题图 9-20 所示，已知 $U_S=40\text{V}$，$R_1=4\Omega$，$R_2=6\Omega$，$L=2\text{H}$。换路前电路已经稳定。当 $t=0$ 时开关断开。试求：(1) 换路后的复频域运算电路；(2) 求电流 $i(t)$

的时域表达式。

9-21　题图 9-21 所示电路原已稳定，$t=0$ 时开关断开。试求换路后的复频域运算电路模型及 $U(s)$。

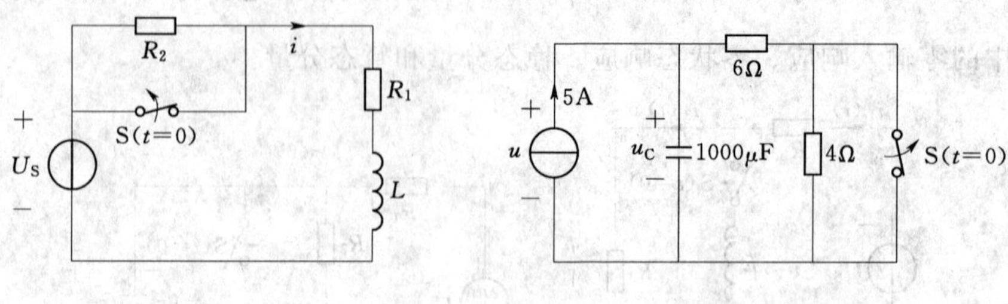

题图 9-20　　　　题图 9-21

9-22　题图 9-22 所示电路原已稳定，电容原未充电。试求换路后的：(1) 复频域运算电路模型；(2) 电流 $i(t)$ 的时域表达式。

9-23　电路如题图 9-23 所示，开关 S 闭合前，电路处于稳定状态，电容电压为 100V。试求开关闭合后的复频域运算电路及电流 $i_2(t)$ 的时域函数。

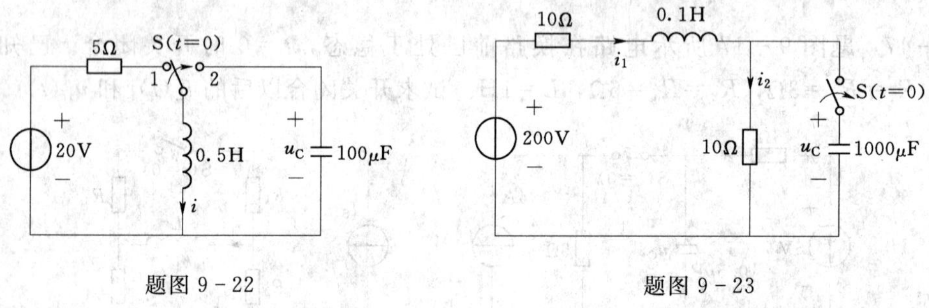

题图 9-22　　　　题图 9-23

第 10 章　非线性电阻电路的概念※

本章讨论非线性电阻电路，非线性电阻经常用在控制、测量等电路中。非线性电阻的电阻值不是常数，其值会随电流、电压值的变化而变化。电子元件、电气设备的一些特性可用非线性电阻元件来描述。分析非线性电阻电路的依据仍然是 KCL、KVL 和元件的 VCR。本书只讨论简单非线性电阻电路的概念。

10.1　非线性电阻元件的伏安特性

非线性电阻元件按照其伏安曲线的特点进行分类。图 10-1（a）所示的隧道二极管是压控型电阻，其电流是电压的单值函数，用 $i=g(u)$ 表示。图 10-1（b）所示的氖灯是流控型电阻，其电压是电流的单值函数，用 $u=f(i)$ 表示。图 10-1（c）所示的普通二极管是单调型电阻，其电流与电压间的关系为单值函数，越过门槛电压 u_{th} 后正向电流随着 u 的增长迅速增长；而反向电流却极小，只有当反向电压增加到击穿二极管的 u_{BR} 时，反向电流才突然增大，反映了普通二极管的单向导电性。图 10-1（d）所示的理想二极管特性，是对普通二极管特性的理想化描述，当电压向正值变化时理想二极管等效为短路；当电压为负值时理想二极管等效为开路。

图 10-1（a）、（c）、（d）所示的隧道二极管、普通二极管和理想二极管都是要区分极性的电阻（单向电阻），这种电阻在使用时必须注意正、负极性，两个端子不能交换使用；而图 10-1（b）所示的氖灯是双向电阻，没有正、负极性之分。

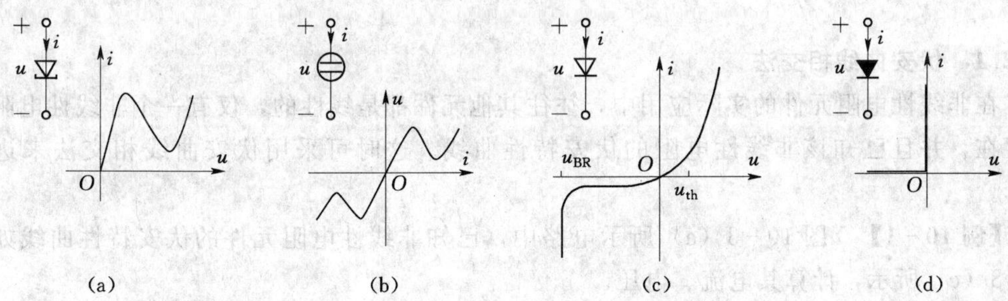

图 10-1　非线性电阻元件的伏安特性曲线
（a）隧道二极管；（b）氖灯；（c）普通二极管；（d）理想二极管

非线性电阻元件的电路符号如图 10-2（a）所示。**非线性电阻元件的静态电阻定义为：其伏安特性曲线上工作点 Q 处电压坐标与电流坐标之比，工作点 Q 所处位置不同其静态电阻不相等**。如图 10-2（b）所示，即

$$R_1 = \frac{u_1}{i_1} \neq R_2 = \frac{u_2}{i_2} \tag{10-1}$$

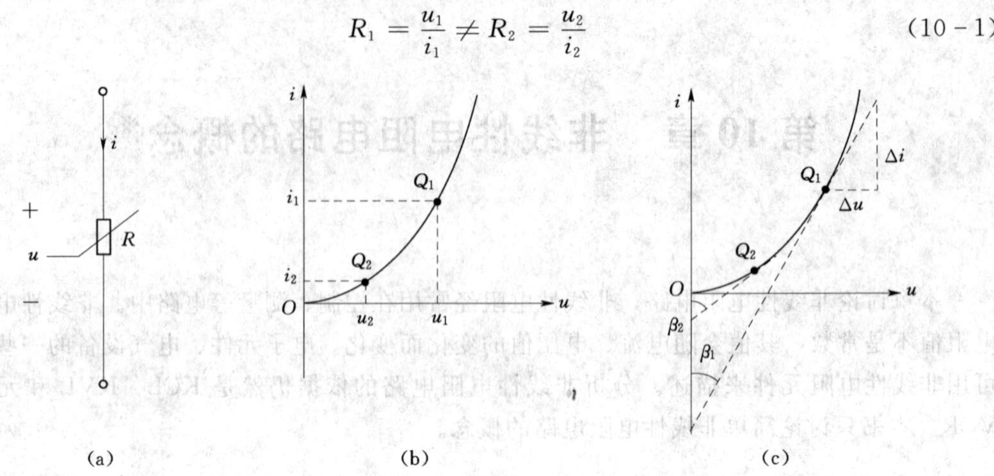

图 10-2　非线性电阻元件的电路符号和静态电阻、动态电阻示意图

非线性电阻元件的动态电阻定义为：其伏安特性曲线上工作点 Q 处电压增量与电流增量之比，工作点不同其动态电阻不相等。如图 10-2（c）所示，即

$$r_1 = \frac{\Delta u}{\Delta i}\Big|_{Q_1} = \frac{\mathrm{d}u}{\mathrm{d}i}\Big|_{Q_1} = \tan\beta_1 \neq r_2 = \frac{\Delta u}{\Delta i}\Big|_{Q_2} = \frac{\mathrm{d}u}{\mathrm{d}i}\Big|_{Q_2} = \tan\beta_2 \tag{10-2}$$

按高等数学求导数的定义，**动态电阻即为工作点 Q 处 u 对 i 的导数。观察图 10-2（c），r_1、r_2 分别为 Q_1、Q_2 点切线斜率的倒数**。

应注意到图 10-1（a）、（b）所示两伏安特性曲线，存在弯曲的下降段，即 u 与 i 的函数关系为减函数，电流增大时电压在下降，或者电压增大时电流在减小，在这下降段非线性元件的动态电阻为负值，即 $r_d = \frac{\Delta u}{\Delta i} < 0$。

10.2　非线性电阻电路计算简介

10.2.1　伏安曲线相交法

在非线性电阻元件的实际应用中，往往其他元件都是线性的，仅有一个非线性电阻元件存在，并且已知该非线性电阻的伏安特性曲线。这时可采用伏安曲线相交法来进行计算。

【例 10-1】　图 10-3（a）所示电路中，已知非线性电阻元件的伏安特性曲线如图 10-3（c）所示，计算其电流、电压。

解　该电路 a、b 左侧为一线性有源二端网络，例 2-18 已经求出其戴维南等效电路，$U_{OC}=4\text{V}$，$I_{SC}=8\text{A}$，$R_0=0.5\Omega$。图 10-3（b）所示电路的虚线框内戴维南等效电路的伏安关系式为

$$u = 4 - 0.5i \tag{10-3}$$

为画出其伏安特性曲线，先求纵轴和横轴的截距：当 $u=0$ 时，$i=I_{SC}=8\text{A}$，得纵轴截距 M 点。当 $i=0$ 时，$u=U_{OC}=4\text{V}$，得横轴截距 N 点。连接 M、N 两点的直线即为线性电

路的伏安特性曲线（也称为负载线）。

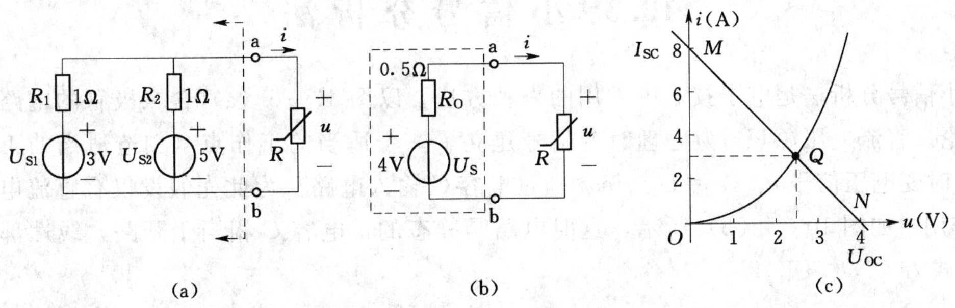

图 10-3　［例 10-1］图

a、b 端口左右分别为线性电路和非线性电路，两者的电流、电压相等，因此只有两者伏安特性曲线的交点 Q 的坐标才是唯一解答，即

$$u=2.4\text{V},\ i=3\text{A}$$

10.2.2　VCR 式联立求解法

当电路中线性部分和非线性部分的 VCR 式均为已知时，就可联立两部分的 VCR 式来求解。

【例 10-2】　图 10-4（a）所示电路中，已知非线性电阻元件的 VCR 式为$i_1=g_1(u)=u^2-3u+1$，求解电压 u 和电流 i。

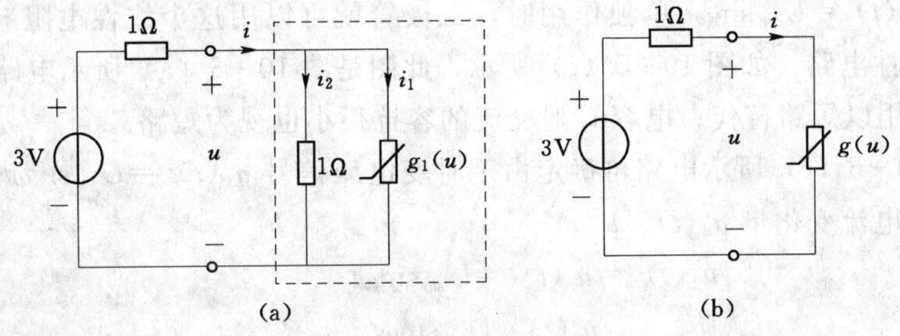

图 10-4　［例 10-2］图

解　该电路虚线部分，是一线性电阻与非线性电阻的并联组合，并联后仍为一个非线性电阻，根据 KCL 定律合并这两条支路，有

$$i=g(u)=i_1+i_2=(u^2-3u+1)+\frac{u}{1}=u^2-2u+1 \qquad (10-4)$$

虚线左侧线性支路的 VCR 式为

$$u=-i\times 1+3=3-i \qquad (10-5)$$

联立式（10-4）和式（10-5）得

$$i=u^2-2u+1=(3-i)^2-2(3-i)+1$$

即得一元二次方程式　　$i^2-4i+4=0$

解之，得 $i=2\text{A}$

则　　$U=3-i=1$（V）

10.3 小信号分析法

小信号分析法是电子技术中常用的一种方法，以图 10－5（a）含二极管的电路为例来讨论。直流电压源 U_{DD} 为处理时变信号建立了一个适当的工作点（创造适当的工作环境），时变电压信号 $u_s(t)=U_{sm}\sin\omega t$ 通过电容 C 输入电路。为此先假设仅有直流电压源 U_{DD} 作用，如图 10－5（b）所示，这时电路是静态的，电容 C 相当于开路，线性部分的 VCR 式为

$$U_D=-Ri_D+U_{DD}$$

画出线性部分的伏安曲线（又称为负载线）与二极管的伏安曲线 $i_D=g(u_D)$ 相交于 Q 点，Q 点的坐标为（U_Q、I_Q），Q 点就是静态工作点，是电路处理时变信号的基础电压、电流值。

工作点 Q 是二极管伏安曲线 $i_D=g(u_D)$ 上的一点，该点切线的斜率反映了二极管在该点的动态电阻 r_d，即

$$r_d=\frac{du_D}{di_D}=\frac{\Delta u_D}{\Delta i_D}\Big|_Q \tag{10-6}$$

因为时变电压信号 $u_s(t)=U_{sm}\sin\omega t$ 很小，使得加上该时变信号后，二极管的电压、电流值仅在 Q 点周围很小的范围内变化，这时可认为动态电阻不变仍为 r_d，那么考虑时变电压信号 $u_s(t)=U_{sm}\sin\omega t$ 单独作用时，二极管就可以用这个线性电阻 r_d 来取代，使电路变成了线性电路，如图 10－5（c）所示，此图是图 10－5（a）所示电路的交流通路，其中 U_{DD} 不作用以短路替代；电容 C 对交流的容抗很小也视为短路。

根据图 10－5（c）所示电路可确定由于时变电压信号 $u_s(t)=U_{sm}\sin\omega t$ 的单独作用，引起的电压、电流变化量 $u_d(t)$、$i_d(t)$

$$\begin{cases} u_d(t)=u_s(t)=U_{sm}\sin\omega t & (10-7)\\ i_d(t)=\dfrac{u_s(t)}{r_d}=\dfrac{U_{sm}\sin\omega t}{r_d} & (10-8)\end{cases}$$

综合静态分析和动态分析的结果，二极管的电压、电流为

$$\begin{cases} u(t)=U_Q+u_d(t)=U_Q+U_{sm}\sin\omega t & (10-9)\\ i(t)=I_Q+i_d(t)=I_Q+\dfrac{U_{sm}\sin\omega t}{r_d} & (10-10)\end{cases}$$

以上结果也可以用图解法来解释，如图 10－5（d）所示。静态时线性部分的伏安曲线（负载线）纵轴的截距为 U_{DD}/R、横轴的截距为 U_{DD}。当加入时变电压信号 $u_s(t)$ 时，工作点 Q 沿着曲线 $i_D=g(u_D)$ 朝右上和左下方向移动，由于该时变电压信号很小，Q 点移动的范围也很小，并且 Q 点沿 $i_D=g(u_D)$ 移动与沿 Q 点处的切线移动几乎等效，产生的误差很小。这反映了当信号变化很小时，在 Q 点附近非线性元件就可以用 Q 点的动态电阻 r_d 来取代。Q 点移动的结果是使二极管的电压 $u_D(t)$、电流 $i_D(t)$ 发生了相应的变化，如图 10－5（d）中波形所示。

当输入的时变电压振幅较大时，Q 点沿着曲线 $i_D=g(u_D)$ 移动与沿 Q 点处的切线移

动产生很大分歧，小信号分析法就不适用了。

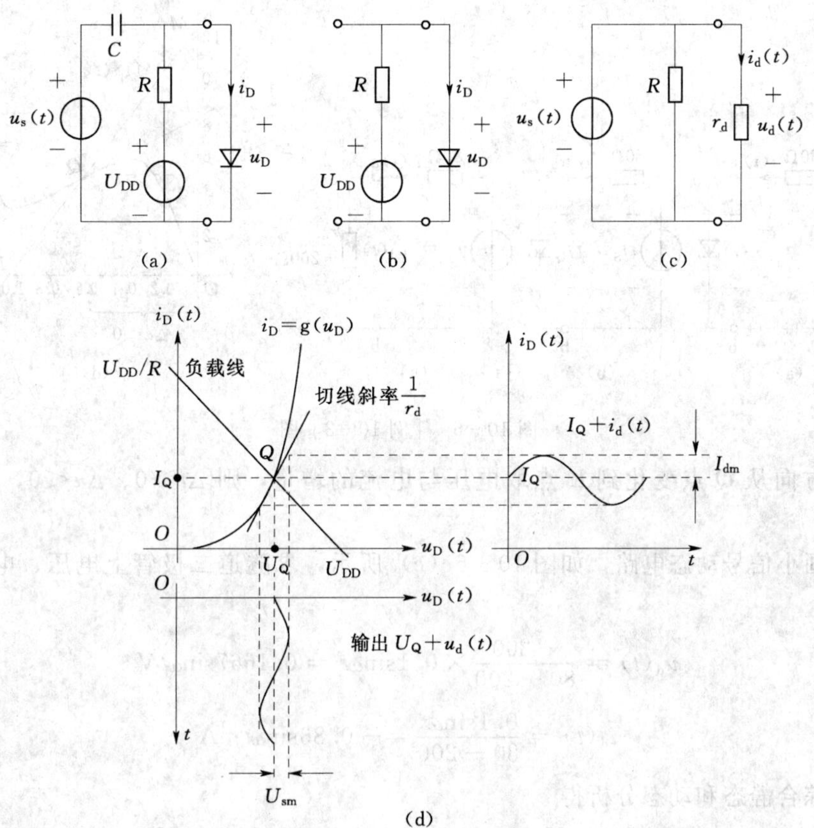

图 10-5　小信号分析法示例

综上所述，小信号分析方法的步骤如下：

(1) 先假设仅有直流电源作用，用曲线相交法求静态工作点 Q 的坐标（U_Q、I_Q），然后画 Q 点的切线，确定动态电阻值 r_d。

(2) 画出小信号交流通路，也称为微变等效电路，用动态电阻值取代非线性电阻元件，计算电压、电流变化量 $u_d(t)$、$i_d(t)$。

(3) 综合静态和动态分析：$u(t)=U_Q+u_d(t)$，$i(t)=I_Q+i_d(t)$。

【例 10-3】　图 10-6（a）所示电路中隧道二极管的伏安曲线如图 10-6（d）中粗线所示。已知 $U_S=1V$，$R_0=80\Omega$，$u_s(t)=0.1\sin\omega t V$。求隧道二极管上的电压与电流。

解　(1) 用图 10-6（b）所示电路求静态工作点。线性部分的 VCR 式为

$$U_Q=1-80I_Q$$

得 M 点的坐标（0V，12.5mA），N 点的坐标（1V，0A）。在图 10-6（d）中，连接 M、N 两点作负载线，它与隧道二极管伏安曲线交于 Q 点，Q 点的坐标为（0.6V，5mA）。过 Q 点作隧道二极管伏安曲线的切线，求得小信号电阻 r_d 为

$$r_d=\frac{\Delta u}{\Delta i}=\frac{0-0.6}{0.008-0.005}=-200(\Omega)$$

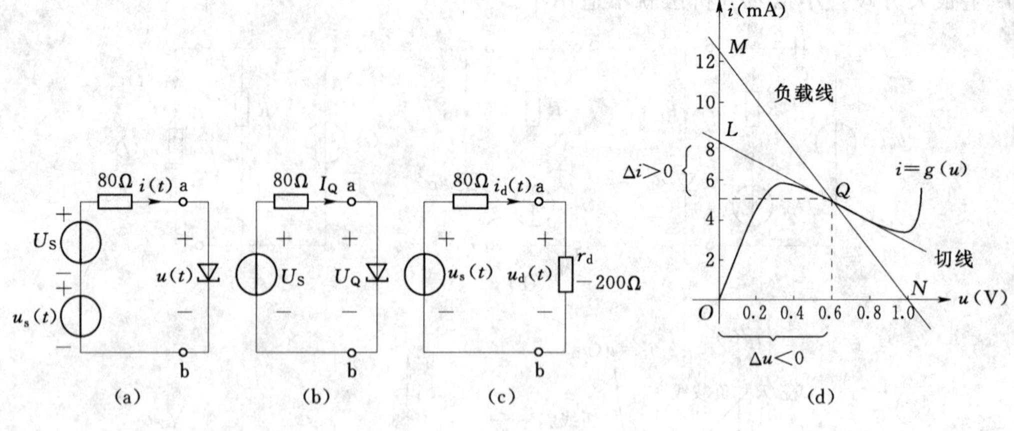

图 10-6　[例 10-3] 图

若沿切线方向从 Q 点变化到 L 点取电压与电流的增量，则 $\Delta i>0$、$\Delta u<0$，所以 r_d 为负值。

(2) 画小信号动态电路，如图 10-6 (c) 所示，求隧道二极管上电压、电流的变化量为

$$u_d(t)=\frac{-200}{80-200}\times 0.1\sin\omega t=0.1667\sin\omega t\,\text{V}$$

$$i_d(t)=\frac{0.1\sin\omega t}{80-200}=-0.83\sin\omega t\,\text{mA}$$

(3) 综合静态和动态分析得

$$u(t)=U_Q+u_d(t)=0.6+0.1667\sin\omega t\,\text{V}$$

$$i(t)=I_Q+i_d(t)=5-0.83\sin\omega t\,\text{mA}$$

习　题　10

一、问答题

10-1　非线性电阻有哪些特性？

10-2　非线性电阻有几种类型？

10-3　什么是静态电阻和动态电阻？它们是否均为正值？当静态电阻越大时，动态电阻是否也越大？

二、计算题

10-1　题图 10-1(a) 电路中非线性电阻 R 的伏安特性曲线如题图 10-1(b) 所示。(1) 求非线性电阻在 a 点的静态电阻值与动态电阻值；(2) 求电压 u 和电流 i。

10-2　如题图 10-2 所示电路，已知非线性电阻的 VCR 式为 $i=u+0.13u^2$，试求电压 u 和电流 i (设 $u>0$)。

10-3　如题图 10-3(a) 所示晶体二极管电路，已知直流偏置电压 $U_S=1\text{V}$，$R_0=125\Omega$，信号电压 $u_s(t)=0.1\sin\omega t\text{V}$ ($\omega=3140\text{rad/s}$)，二极管伏安特性如题图 10-3 (b)

所示。试求二极管两端的电压 u 和电流 i。

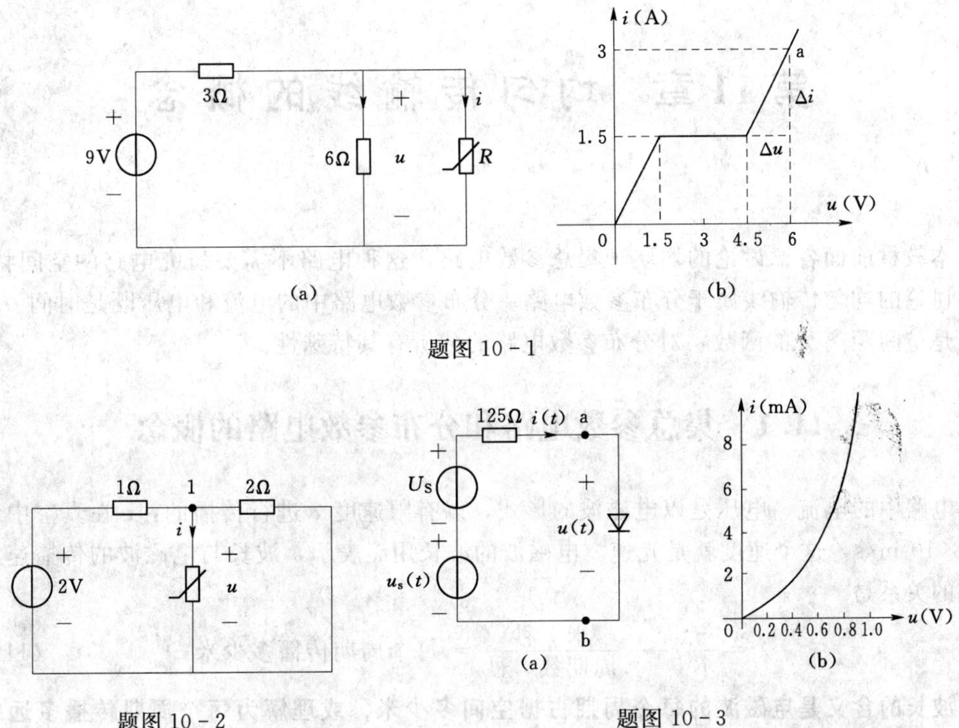

题图 10－1

题图 10－2

题图 10－3

第 11 章　均匀传输线的概念

本教材前面各章讨论的均属于集总参数电路，这种电路不需要研究电路的空间特性，本章讨论的均匀传输线属于分布参数电路。分布参数电路中的电流和电压既是时间 t 的函数又是空间距离 x 的函数，对分布参数电路的分析有其特殊性。

11.1　集总参数电路和分布参数电路的概念

电路中的电流、电压是以电磁波的形式，以有限速度 v 进行传播的，v 在真空中约等于 3×10^{8}m/s，这个速度就是光速。电磁波的波长用 λ 表示，波长与电磁波的传播速度及频率的关系是

$$\lambda=\frac{v}{f}\ \rightarrow\ \frac{\text{米}/\text{秒}}{\text{周期数}/\text{秒}}=\text{每个周期传播多少米} \tag{11-1}$$

波长的含义是电磁波的每个周期占据空间多少米，或理解为每个周期传播多远的距离。电磁波的频率越高，波长越短。

不同频率的电磁波波长相差很大。设传播线路中电磁波的传播速度也等于 3×10^{8}m/s，电力系统的供电频率 $f_1=50$Hz，其波长 $\lambda_1=6000$km，那么一般电路及电路元件的实际尺寸 l 都远远小于 λ_1，可以忽略其尺寸；而几百上千公里的长距离输电线与 λ_1 相比就不能忽略了。当信号的频率 $f_2=10\times10^{9}$Hz 时，其波长 $\lambda_2=3$cm，这时一般电路及电路元件的实际尺寸都能与 λ_2 相比较了，电磁波通过这些电路元件时，空间各点的电流、电压大小不相等，相位也不相等。某电路元件与不同频率电磁波波长的比较如图 11－1 所示，其中 x 是电磁波传播的距离。

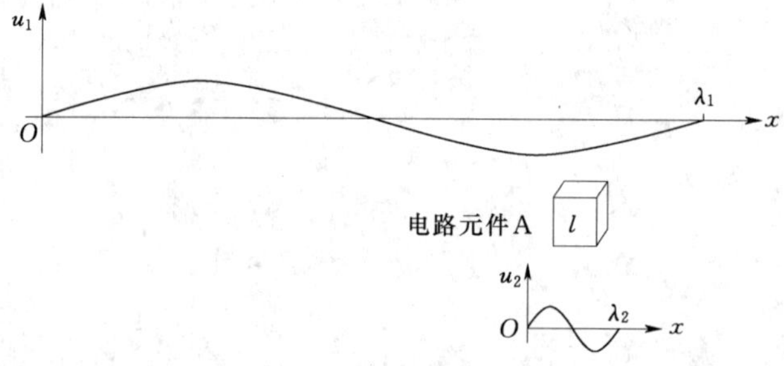

图 11－1　不同频率电磁波的波长 λ_1、λ_2 与电路实际尺寸 l 的比较示意图

既然**电磁波是以有限速度 v 在空间传播的，那么它由电路的一端传播到另一端是需要时间的**，该时间 t 为

$$t = \frac{l}{v} \tag{11-2}$$

当电路实际尺寸 $l \ll \lambda$ 时，该时间 t 比电磁波的周期 T 小很多，$t \ll T$，则可以不考虑电压、电流在该电路中传播时的空间位置如何，即电磁波通过该电路的时间可以忽略不计；当 l 与 λ 相比较不容忽略时，电磁波从该电路的一端传播到另一端的时间也不容忽略，就必须考虑电磁波在该电路中传播时的空间位置。

11.1.1 集总参数电路

电路元件的实际尺寸远远小于应用信号的波长时，$l \ll \lambda$，称为集总参数元件，由集总参数元件组成的电路称为集总参数电路。任何时刻流入某二端集总参数元件的电流等于流出该元件的电流，集总参数电路的同一根导线上流过同一电流，同一根导线上各个点的电位也是相同的。例如，电阻、电感、电容等元件应用频率较低时，皆按集总参数元件处理。

11.1.2 分布参数电路

电路的实际尺寸与应用信号的波长可以相比较时，电磁波从该电路的一端传播到另一端的时间相对于周期 T 就不可忽略。此时，同一瞬间电路的同一根导线上各处的电流是不相同的，沿线各处线间电压也是不相等的。线间各处电压的有效值及相位不但与时间有关，还与空间坐标 x 有关，就是说沿线电压和电流的分布不但是时间 t 的函数也是空间坐标 x 的函数，这时必须考虑电路参数的分布特性，称为分布参数电路。

一般而言，**当输电线路长度 $l > \frac{1}{20}\lambda$ 时，就应该按分布参数电路来处理，这包括高频下一般尺寸的电路；低频下长距离输电线**。**虽不是应用于高频信号和长距离输电线，但是送电电压很高（$U \geqslant 330$kV）或输电线中出现雷电冲击波，有时也应按分布参数电路来处理**。

11.2 均匀传输线的原参数及其电路模型

11.2.1 均匀传输线

最典型的传输线是由在均匀介质中放置的两根平行直导体构成的，通常的形式如图11-2所示。

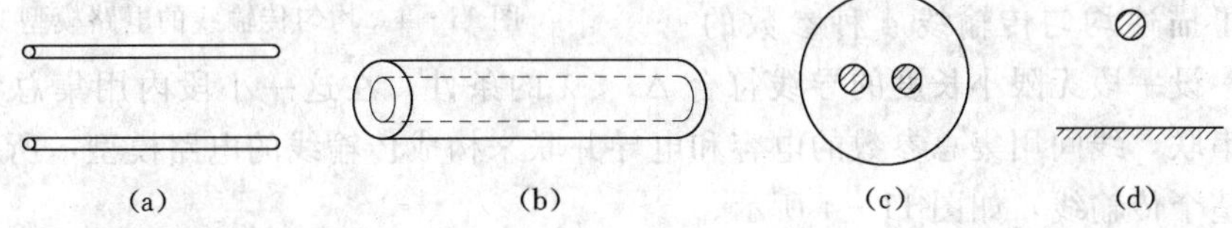

(a)　　(b)　　(c)　　(d)

图 11-2 最典型的传输线

(a) 两线架空线；(b) 同轴电缆；(c) 二芯电缆；(d) 一线一地传输线

传输线是有电阻的，当导线中有电流时，电流会在导线周围产生磁场，这一磁场效应可用与电阻串联的电感元件加以描述。两根导线平行放置，导线间还会有类似电容的充、放电效应，这时沿线有电荷分布，其电容效应可用跨接在两线间的电容元件来描述。此外，由于线间介质并不绝对绝缘，两根导线间还有漏电流（如电晕放电等）存在，可用跨接在两线间的电导（电阻）元件来描述。所以，完整的描述传输线的电磁效应的参数一共有 4 类，即电阻、电感、电导和电容。这些参数都是沿线分布在传输线上的。

若传输线单位长度上的电阻、电感及单位长度上的线间电导、电容处处相等，称为均匀传输线。在实际工程中，传输线不可能完全均匀，但为便于分析，通常忽略不均匀因素而把实际的传输线当作均匀传输线来处理。

11.2.2 均匀传输线的原参数

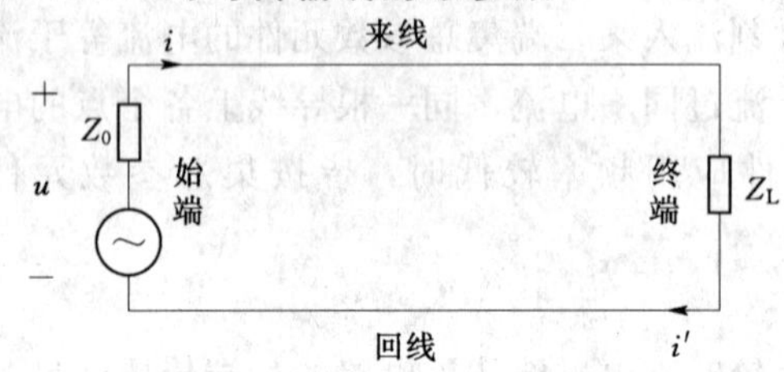

图 11-3　包括来、回线的均匀传输线

图 11-3 所示为包括来、回线的均匀传输线，一端和电源连接，称为始端；另一端与负载相连，称为终端。来线是指电流的参考方向从始端指向终端的传输线；回线是指电流的参考方向从终端指向始端的传输线。

均匀传输线的原参数是以单位长度的传输线（包括来回线）所具有的参数值来表示的，即：

R_0：两根导线每单位长度具有的电阻，其单位为 Ω/m（或 Ω/km）。

L_0：两根导线每单位长度具有的电感，其单位为 H/m（或 H/km）。

G_0：两根导线线间每单位长度的电导，其单位为 S/m（或 S/km）。

C_0：两根导线线间每单位长度的电容，其单位为 F/m（或 F/km）。

均匀传输线的原参数 R_0、G_0、L_0、C_0 沿线处处相等，可通过实验的方法测得。

11.2.3 均匀传输线的电路模型

在均匀传输线中，电流流经导线的电阻引起了沿线的电压降；电流在导线周围形成磁场，变动的磁场在沿线的电感上产生感应电动势；两线之间构成的电容随着两线间电压的变化会有充、放电电流通过；两线间绝缘不够理想会有漏电流通过。因此，同一瞬间传输线上各处的电流是不相同的，沿线各处线间电压也是不相等的。为了描述均匀传输线 4 种参数的分布特性，设一段无限小长度的导线符合 $\Delta x \ll \lambda$ 的条件，在这一小段内用集总参数的电阻和电感串联，线间用集总参数的电容和电导并联来构成传输线的电路模型，所有小段级联就组成整个传输线，如图 11-4 所示。

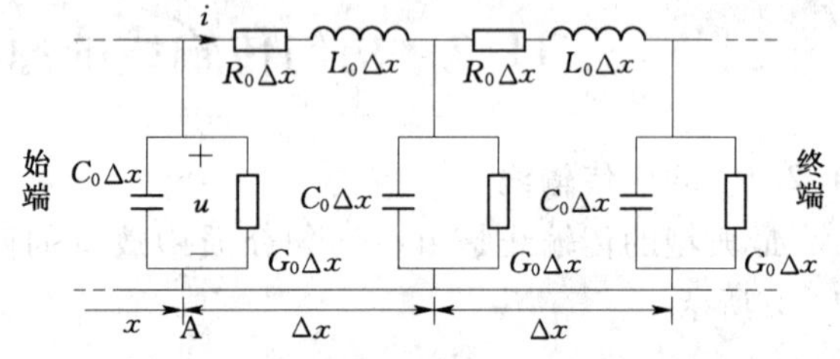

图 11-4　均匀传输线的电路模型

11.3 均匀传输线的副参数及电压、电流变化规律

11.3.1 均匀传输线中电压与电流的相量表达式

在图 11-5（a）中，将均匀传输线的始端（电源端）作为计算距离 x 的起点，设电源为

正弦激励源且电压、电流为已知，则任意点 A 处的电压 u 和电流 i 是该处离开传输线始端的距离 x 的函数。也就是说，电压 u 和电流 i 既是时间 t 的函数，也是距离 x 的函数，即

$$u = f_1(x,t), \quad i = f_2(x,t) \tag{11-3}$$

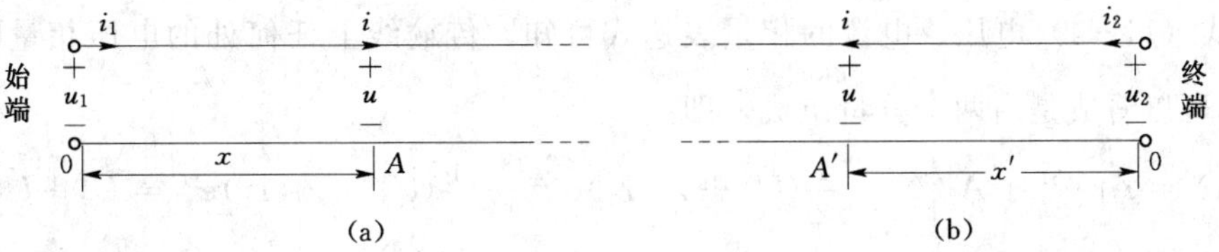

图 11-5 任意点 A 处的电压 u 和电流 i

在正弦稳态下，若采用相量表示沿线的电压、电流，则某处的电压、电流仅为距离 x 的函数。通过推导，可得到始端电压、电流相量已知时，均匀传输线上距始端为 x 处的电压、电流相量式如下

$$\begin{cases} \dot{U}(x) = A_1 e^{-\gamma x} + A_2 e^{\gamma x} = \dfrac{1}{2}(\dot{U}_1 + Z_C \dot{I}_1)e^{-\gamma x} + \dfrac{1}{2}(\dot{U}_1 - Z_C \dot{I}_1)e^{\gamma x} \\ \dot{I}(x) = \dfrac{A_1}{Z_C}e^{-\gamma x} - \dfrac{A_2}{Z_C}e^{\gamma x} = \dfrac{1}{2Z_C}(\dot{U}_1 + Z_C \dot{I}_1)e^{-\gamma x} - \dfrac{1}{2Z_C}(\dot{U}_1 - Z_C \dot{I}_1)e^{\gamma x} \end{cases} \tag{11-4}$$

其中

$$\begin{cases} A_1 = \dfrac{1}{2}(\dot{U}_1 + Z_C \dot{I}_1) \\ A_2 = \dfrac{1}{2}(\dot{U}_1 - Z_C \dot{I}_1) \end{cases} \tag{11-5}$$

将式（11-4）变换成正弦波的瞬时值表达式，就可观察到 $u=f_1(x, t)$、$i=f_2(x, t)$ 的变化规律。

在图 11-5（b）中，将均匀传输线的终端（负载端）作为计算距离 x'的起点，设负载电压、电流为已知，则任意点 A'处的电压 u 和电流 i 是该处离开传输线终端的距离 x'的函数，即

$$u = f_3(x',t), \quad i = f_4(x',t) \tag{11-6}$$

通过适当的数学变换与推导，也可得到仅是距离 x'的函数的电压、电流相量式。

$$\begin{cases} \dot{U}(x') = \dfrac{1}{2}(\dot{U}_2 + Z_C \dot{I}_2)e^{\gamma x'} + \dfrac{1}{2}(\dot{U}_2 - Z_C \dot{I}_2)e^{-\gamma x'} \\ \dot{I}(x') = \dfrac{1}{2Z_C}(\dot{U}_2 + Z_C \dot{I}_2)e^{\gamma x'} - \dfrac{1}{2Z_C}(\dot{U}_2 - Z_C \dot{I}_2)e^{-\gamma x'} \end{cases} \tag{11-7}$$

11.3.2 均匀传输线的副参数

式（11-4）中的常数 Z_C、γ 分别称为均匀传输线的特性阻抗和传播常数，又合称为均匀传输线的副参数。Z_C、γ 的定义分别为

$$Z_C = \sqrt{\frac{Z_0}{Y_0}} = \sqrt{\frac{R_0 + j\omega L_0}{G_0 + j\omega C_0}} = |Z_C| e^{j\varphi_c} \tag{11-8}$$

Z_C 与电阻的单位相同，又称为均匀传输线的波阻抗。

$$\gamma = \sqrt{Z_0 Y_0} = \sqrt{(R_0 + j\omega L_0)(G_0 + j\omega C_0)} = \alpha + j\beta \tag{11-9}$$

传播常数 γ 是一个复数，反映了每单位距离对被传输信号的影响。由于 Z_0、Y_0 的实部、虚部均为正值，所以 γ 的实部 α、虚部 β 也均为正值。

均匀传输线的副参数 Z_C、γ 依其原参数 R_0、L_0、G_0、C_0 及 ω 而确定，其物理意义反映在均匀传输线的行波中。

11.3.3 均匀传输线的行波

由式（11-4）电压、电流的相量表达式可知，传输线上任何处的电压相量$\dot{U}$和电流相量$\dot{I}$都可以看成是由两个分量组成，即

$$\left.\begin{aligned}\dot{U}(x) &= A_1 e^{-\gamma x} + A_2 e^{\gamma x} = \frac{1}{2}(\dot{U}_1 + Z_C\,\dot{I}_1)e^{-\gamma x} + \frac{1}{2}(\dot{U}_1 - Z_C\,\dot{I}_1)e^{\gamma x} = \dot{U}^+ + \dot{U}^- \\ \dot{I}(x) &= \frac{A_1}{Z_C}e^{-\gamma x} - \frac{A_2}{Z_C}e^{\gamma x} = \frac{1}{2Z_C}(\dot{U}_1 + Z_C\,\dot{I}_1)e^{-\gamma x} - \frac{1}{2Z_C}(\dot{U}_1 - Z_C\,\dot{I}_1)e^{\gamma x} = \dot{I}^+ - \dot{I}^-\end{aligned}\right\} \tag{11-10}$$

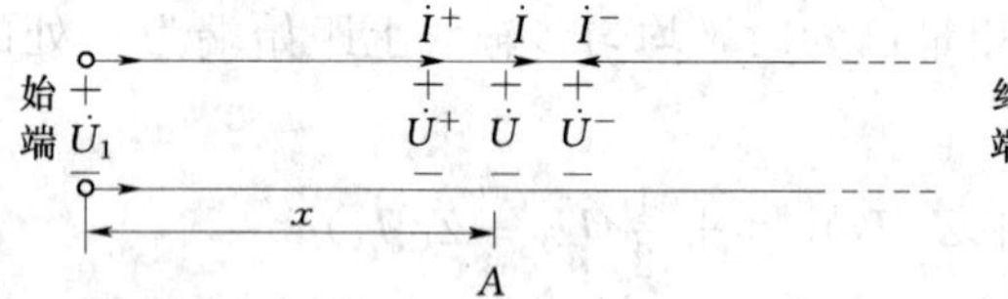

图 11-6　电压相量$\dot{U}$和电流相量$\dot{I}$的两个分量

它们的参考方向如图 11-6 所示，电压相量分量$\dot{U}^+$ 和$\dot{U}^-$ 的参考方向与$\dot{U}$的参考方向一致；电流相量分量$\dot{I}^+$ 的参考方向与$\dot{I}$的参考方向一致，$\dot{I}^-$ 的参考方向与$\dot{I}$的参考方向相反。

1. 均匀传输线的正向电压行波

A_1 和 γ 都是复数，令 $A_1 = |A_1| e^{j\psi_1}$，$\gamma = \alpha + j\beta$，则电压相量分量$\dot{U}^+$ 和对应的时间函数分别为

$$\dot{U}^+(x) = A_1 e^{-\gamma x} = |A_1| e^{j\psi_1} \times e^{-(\alpha + j\beta)x} = |A_1| e^{-\alpha x} e^{j(\psi_1 - \beta x)} \tag{11-11}$$

$$u^+(x,t) = \sqrt{2}|A_1| e^{-\alpha x}\sin(\omega t + \psi_1 - \beta x) \tag{11-12}$$

由此可知：

（1）在传输线上某一距离的固定点 $x = x_1$ 处，电压 u^+ 将随时间 t 作正弦变化，其振幅$\sqrt{2}|A_1| e^{-\alpha x_1}$是常数，如图 11-7 所示。

（2）对于某一固定时刻 $t = t_1$，电压 u^+ 沿传输线按减幅正弦规律分布，各点的振幅为 $\sqrt{2}|A_1| e^{-\alpha x}$，由于 $\alpha > 0$，所以**随着 x 的增加，u^+ 的振幅按负指数规律衰减，反映了传输线沿线有电压降落在分布电阻和电感上**，如图 11-8 所示。因此，传播常数 $\gamma = \alpha + j\beta$的实部 α 又称为衰减系数，**衰减系数 α 决定了在信号传输过程中电压振幅的衰减程度**，沿电压传播方向相隔单位距离的两点，后一点的振幅衰减为前一点的 $e^{-\alpha}$倍。

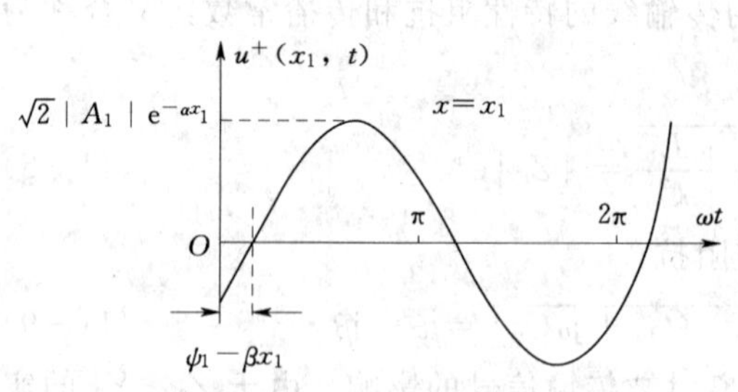

图 11-7　$x = x_1$ 处，u^+ 随时间 t 作正弦变化

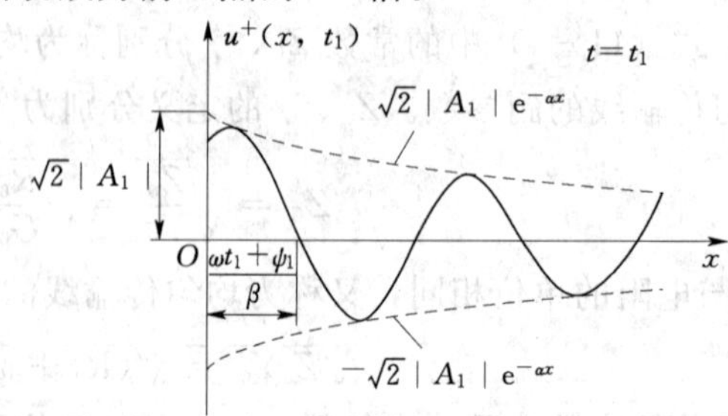

图 11-8　$t = t_1$ 时刻 u^+ 沿传输线按减幅正弦规律分布

图 11-8 中，上、下两条虚线称为电压振幅的包络线，振幅的大小在包络线之内变化。应注意：波形的横轴变量是距离 x，不是波形的相位。

（3）设 $t_1 < t_2$，观察电压 u^+ 的波形上不同时间、不同距离的两点：

$$t = t_1 \text{ 时 } x_1 \text{ 处}: u^+(x_1, t_1) = \sqrt{2}|A_1|e^{-\alpha x_1}\sin(\omega t_1 + \psi_1 - \beta x_1)$$

$$t = t_2 \text{ 时 } x_2 \text{ 处}: u^+(x_2, t_2) = \sqrt{2}|A_1|e^{-\alpha x_2}\sin(\omega t_2 + \psi_1 - \beta x_2)$$

设该两点相位角相同，则有

$$\omega t_1 + \psi_1 - \beta x_1 = \omega t_2 + \psi_1 - \beta x_2$$

由此得

$$\beta(x_2 - x_1) = \omega(t_2 - t_1)$$

即

$$\Delta x = \frac{\omega}{\beta}\Delta t$$

由于 $\beta > 0$ 总为正值，因此 Δx 总是正的，**所以 u^+ 的波形上相位角保持相同的点的位置随着时间的增长向 x 增加的方向移动**。其移动速度是

$$v = \lim_{\Delta t \to 0}\frac{\Delta x}{\Delta t} = \frac{\omega}{\beta} \tag{11-13}$$

这个速度叫做 u^+ 的相位速度，简称为相速或波速，它等于同相点移动的速度。为了方便可观察图 11-9 中 90°相位角（正最大值的点）的移动。注意：图 11-9 中的实线波形可看作 t_1 时刻 u^+ 沿 x 分布的“照片”；虚线则看作 t_2 时刻 u^+ 沿 x 分布的“照片”。

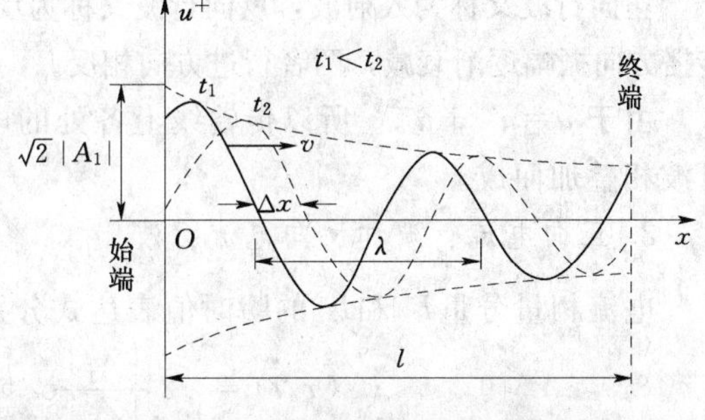

图 11-9 电压正向行波 u^+ 沿线的分布曲线

可观察到 u^+ 波形上的同相点在向 x 增加的方向行进，形成一个移动的波，称为正向行波。正向行波随着时间的增长，不断从传输线的始端向终端的负载方向传播。

传播常数 $\gamma = \alpha + j\beta$ 的虚部 β 又称为相位系数，决定了行波的传播速度，同一瞬间，沿行波传播方向相隔单位距离的两点，后一点的相位比前一点滞后 β 弧度。

（4）行波的波长用 λ 表示，它是同一瞬间，相位差为 2π 的相邻两点间的距离，即

$$(\omega t + \psi_1 - \beta x) - [\omega t + \psi_1 - \beta(x + \lambda)] = 2\pi$$

故

$$\lambda = \frac{2\pi}{\beta} \tag{11-14}$$

由式（11-13）$v = \dfrac{\omega}{\beta}$ 得 $\beta = \omega / v$ 代入上式，得

$$\lambda = \frac{2\pi}{\beta} = v\frac{2\pi}{\omega} = vT \tag{11-15}$$

式（11-15）中的 T 为 u^+ 随时间变化的周期。所以**在一个周期的时间内，行波行进的距离正好是一个波长。**

综上所述，电压分量 u^+ 是一个以 $v = \dfrac{\omega}{\beta}$ 的速度从始端向终端推进的、振幅沿推进方

向逐渐衰减的行波。

2. 均匀传输线的反向电压行波

同理，令 $A_2=|A_2|e^{j\psi_2}$，$\gamma=\alpha+j\beta$，则电压相量分量$\dot{U}^-$和对应的时间函数分别为

$$\dot{U}^-(x)=A_2e^{\gamma x}=|A_2|e^{j\psi_2}\times e^{(\alpha+j\beta)x}=|A_2|e^{\alpha x}e^{j(\psi_2+\beta x)} \quad (11-16)$$

$$u^-(x,t)=\sqrt{2}|A_2|e^{\alpha x}\sin(\omega t+\psi_2+\beta x) \quad (11-17)$$

可见 u^- 也是一个行波，如图 11-10 所示。和 u^+ 相比，有两点不同：

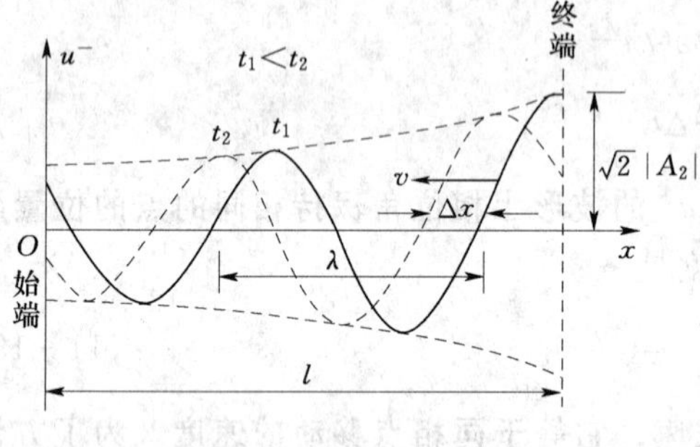

图 11-10　电压反向行波 u^- 沿线的分布曲线

(1) u^- 的振幅$\sqrt{2}|A_2|e^{\alpha x}$随着 x 的增加而递增，即负载侧振幅大于电源侧，终端振幅大于始端。

(2) u^- 的相位为 $\omega t+\psi_2+\beta x$，若令相位角 $\omega t+\psi_2+\beta x$ 不变，则 t 增加时，x 必减小。即传输线上相位角保持相同的点的位置随着时间的增长必向 x 减小的方向移动。所以 u^- 称为反向行波，传播方向从终端返回始端，即从负载端返回电源端。

正向行波又称为入射波，反向行波又称为反射波。u^+ 和 u^- 的相速和波长都相同，都是沿传播方向振幅逐渐衰减，两者行进方向相反。

由于 $u=u^++u^-$，所以传输线上各处的电压可以看成是由正向电压行波与反向电压行波相叠加而成。

3. 正向电流行波和反向电流行波

电流相量分量$\dot{I}^+$和$\dot{I}^-$的瞬时值表达式分别为

$$i^+(x,t)=\sqrt{2}\frac{|A_1|}{|Z_C|}e^{-\alpha x}\sin(\omega t+\psi_1-\beta x-\varphi_C) \quad (11-18)$$

$$i^-(x,t)=\sqrt{2}\frac{|A_2|}{|Z_C|}e^{\alpha x}\sin(\omega t+\psi_2+\beta x-\varphi_C) \quad (11-19)$$

i^+ 为正向电流行波，从始端传播到终端；i^- 为反向电流行波，从终端返回始端。由于 $i=i^+-i^-$，所以传输线上各处的电流可以看成是由正向电流行波与反向电流行波逐点相减而成。

电流行波 i^+、i^- 和电压行波 u^+、u^- 的相速和波长相同，沿传播方向振幅也是逐渐衰减，反映了沿线的分布电容及分布电导会引起的分流。

由式（11-18）、式（11-19）可以得出

$$\dot{I}^+=\frac{\dot{U}^+}{Z_C},\dot{I}^-=\frac{\dot{U}^-}{Z_C} \quad (11-20)$$

i^+、i^- 在各点的振幅分别等于同一点 u^+、u^- 的振幅除以$|Z_C|$；i^+、i^- 在各点的相位分别比同一点 u^+、u^- 的相位滞后 φ_C。**因此 Z_C 称为波阻抗，$|Z_C|$ 等于同一点的同向电压行波振幅与电流行波振幅之比，幅角 φ_C 为同一点的同向电压行波比电流行波超前的相位角。**

11.3.4　终端接特性阻抗的均匀传输线

已知负载侧电压、电流，将均匀传输线的终端作为计算距离 x'的起点，由式(11-7)

可求各点的电压与电流，即

$$\dot{U}(x')=\frac{1}{2}(\dot{U}_2+Z_C\dot{I}_2)e^{\gamma x'}+\frac{1}{2}(\dot{U}_2-Z_C\dot{I}_2)e^{-\gamma x'}=\dot{U}^{+}+\dot{U}^{-}$$

$$\dot{I}(x')=\frac{1}{2Z_C}(\dot{U}_2+Z_C\dot{I}_2)e^{\gamma x'}-\frac{1}{2Z_C}(\dot{U}_2-Z_C\dot{I}_2)e^{-\gamma x'}=\dot{I}^{+}-\dot{I}^{-} \qquad (11-21)$$

由式（11-21）也可写出与$\dot{U}^{+}$、$\dot{U}^{-}$对应的电压正向行波及反向行波瞬时值表达式，只是此时已知的是终端边界条件$\dot{U}_2$、$\dot{I}_2$。**如果均匀传输线终端所接的负载阻抗$Z_2=Z_C$，则$\dot{U}_2=Z_C\dot{I}_2$，那么式（11-21）中的$\dot{U}^{-}=0$，$\dot{I}^{-}=0$，即电压、电流的反向行波为零，这种情况下的均匀传输线称为无反射线，也称为负载与均匀传输线匹配。匹配情况下，由于没有反向行波，由正向行波传输到终端的功率全部为负载吸收，所以传输效率较高。**

在电信线路及微波技术中，常要求负载与传输线匹配，以得到较高的传输质量（信号失真小）和传输效率。电视机的天线、馈线均应与电视机的输入阻抗匹配。

习　题　11

11-1　输电线路按集总参数电路还是按分布参数电路处理的依据是什么？试举出分布参数电路例子。

11-2　什么样的传输线是均匀传输线？请画出均匀传输线的等效电路。

11-3　均匀传输线的电压u和电流i是什么变量的函数？

11-4　均匀传输线上各处电流不相等的原因是什么？

11-5　均匀传输线上各处电压不相等的原因是什么？

11-6　均匀传输线的原参数副参数分别指什么？各有什么意义？

11-7　随着x的增加，正向电压行波的振幅和相位如何变化？请画出正向电压行波。

11-8　正向电压行波和反向电压行波的波长和相速相同吗？

11-9　正向电压行波与正向电流行波之间有何关系？

11-10　无反射线的条件是什么？

参考答案

习题 1

1-1 $U_1+U_2-U_3-U_4-U_5=0$

1-2 $U_{AB}=1V$，$U_{CA}=-5V$，$\varphi_A=5V$，$\varphi_B=4V$

1-3 $-32W$，$12W$

1-4 $P_1=-24W$，$P_3=6W$，$P_5=-22W$

1-5 $-1A$，$-3A$，$-1A$

1-6 1V，2V，4V

1-7 $-11A$，19A

1-8 11V，8V，$-6A$

1-9 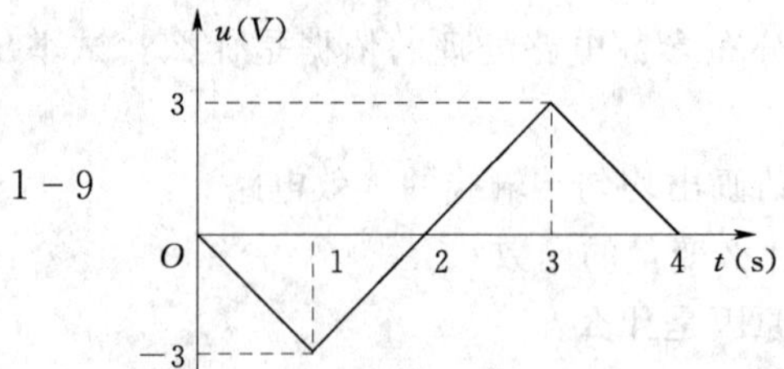

1-10 $I_1=5A$，$I_2=-8A$，$I_3=6A$，$I_4=1A$，$I_5=3A$，$I_6=2A$，$U_{12}=6V$，$U_{13}=-10V$，$U_{14}=18V$，$U_{23}=-16V$，$U_{24}=12V$，$U_{34}=28V$

1-11 18V，18V

1-12 $\varphi_a=15V$、$\varphi_b=15V$、$\varphi_c=10V$、$\varphi_f=17.5V$、$U_{ab}=0V$、$I=0A$、$I_1=1A$、$I_2=-0.5A$

1-13 $U=3I+10$，$U=40-4I$

习题 2

2-1 $R_{ab}=7.5\Omega$，$R_{ab}=6\Omega$，$R_{ab}=1\Omega$
$R_{ab}=2.73\Omega$，$R_{ab}=10\Omega$，$R_{ab}=30\Omega$

2-2 $R_{ab}=3.67\Omega$，$R_{ab}=5\Omega$，$R_{ab}=2\Omega$

2-3 2.5V，1.2mA

2-4 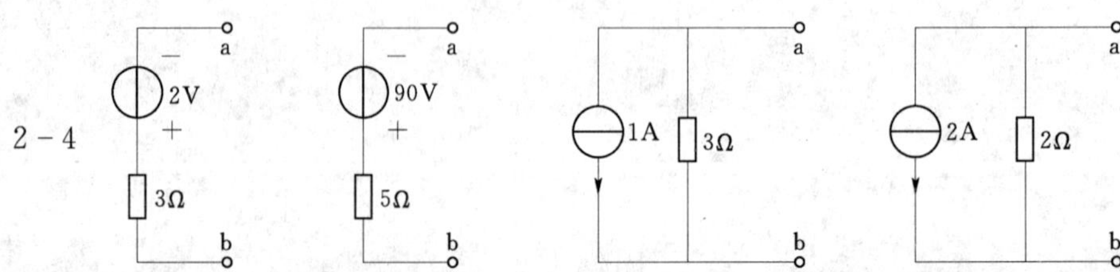

2-5　−1A，−3V

2-6 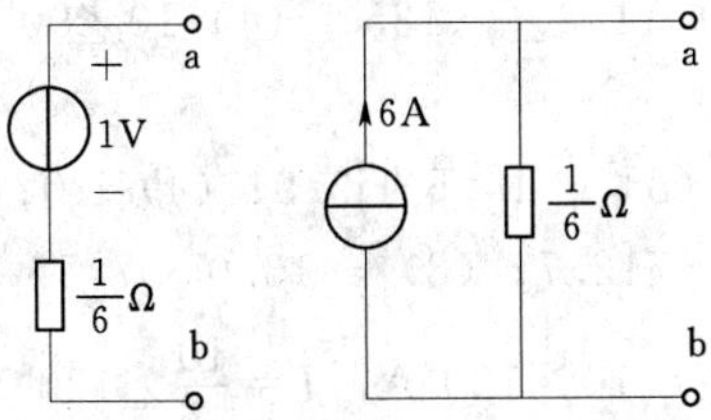　$I_{ab}=0.46\text{A}$

2-7　1A

2-8　−0.05A

2-9　−1A，4A

2-10　3A，−1A，2A，−1A，4A，3A

2-11
$$\begin{cases}\left(\frac{1}{6}+\frac{1}{2}\right)U_a-\frac{1}{2}U_c=-18\\ U_b=-2\\ \left(\frac{1}{3}+\frac{1}{2}\right)U_c-\frac{1}{2}U_a-\frac{1}{3}U_b=-6\end{cases}\qquad I=\frac{U_b-U_c}{3}=9.64\text{A}$$

2-12　6V，−1A

2-13　1.82A

2-14　4.8V，2.67V

2-15　5.8V，0.3Ω

2-16　$U_{oc}=2.67\text{V}$，$R_0=7.33\Omega$

2-17　$U_{oc}=8\text{V}$，$R_0=7.33\Omega$，$I_{sc}=1.091\text{A}$

2-18　1.5A

2-19　1Ω，2.77W

2-20　7V

2-21　56.1mA

2-22　7.67V

2-23　$R_{ab}=1/(1+\beta)\ \Omega$，$R_{ab}=6/(5-\gamma)\ \Omega$，$R_{ab}=2/(3-\alpha)\ \Omega$

2-24　−1A，5A，13V

2-25　32V

2-26　10V，8Ω

习 题 3

3-1　$U=220\text{V}$，$U_m=311\text{V}$，$f=100\text{Hz}$，$T=0.01\text{s}$，$\omega=628\text{rad/s}$，$\psi_u=\frac{\pi}{2}$，

$u(0.00125)=220\text{V}$，$u(0.005)=-311\text{V}$

3-2　$u=658.2\sin(314t-30°)$ V　波形（略）

3-3　（1）电压 u 滞后电流 i 150°；

（2）电流 i_1 超前 $i_2 105°$

3-4 （1）$10\angle 36.9°$；（2）$10\angle 126.9°$；（3）$11.3\angle -135°$；（4）$10\angle 90°$；
（5）$4\angle 180°$；（6）$9.6\angle -73.2°$

3-5 （1）5－j8.66；（2）－93.0＋j199.4；（3）－14.5＋j3.9；（4）j30；
（5）－17.5；（6）－j18；（7）－12.7－j12.7；（8）－13.0－j7.5

3-6 $\dot{U}_m=220\angle 60°V$，$\dot{U}=\frac{220}{\sqrt{2}}\angle 60°V$；$\dot{I}_m=10\angle 120°A$，$\dot{I}=\frac{10}{\sqrt{2}}\angle 120°V$　相量图（略）

3-7 $\dot{U}_1=12\angle 30°V$，$\dot{U}_2=6\angle 45°V$，$\dot{I}_1=4\angle -120°mA$，$\dot{I}_2=30\angle -30°mA$，相量图（略）；$i_1$ 滞后 $u_1 150°$，i_2 滞后 $u_2 75°$

3-8 $u_1(t)=100\sqrt{2}\sin(300t+53.1°)V$，$u_2(t)=200\sin(300t+36.9°)V$，$u_3(t)=170\sqrt{2}\sin(300t-61.9°)V$；$u_1$ 超前 $u_2 16.2°$，u_2 超前 $u_3 98.8°$　相量图（略）

3-9 （1）$u=24.13\sin(314t+155.5°)V$；
（2）$i=13.88\sqrt{2}\sin(10t-36.42°)V$

3-10 $2200\angle 55°$，$450\angle -105°$，$0.97\angle -90°$，$1.2\angle -15°$

3-11 （1）$i(t)=0.31\sqrt{2}\sin(314t+60°)A$，62W；（2）1.24kW·h，（3）（略）。

3-12 （1）$i(t)=5.5\sqrt{2}\sin(100\pi t+150°)A$，1.21kvar，相量图（略）；
（2）1.83A，402.6var

3-13 （1）0.314A，31.4var；（2）1.26A，125.6var

3-14 （1）12.56A，50.2kvar；（2）160J

3-15 （a）50V；（b）25V

3-16 $\dot{U}_C=320\angle -36.9°V$，$\dot{U}_L=200\angle 106.2°V$，相量图（略）

3-17 $R=5.52k\Omega$，$\dot{U}_2=5.0\angle -30°V$，$u_2(t)=5\sqrt{2}\sin(2\pi\times 500t-30°)V$

3-18 133Ω，0.475H

3-19 $Y=(0.1+j0.058)S$，$\dot{I}_R=12\angle 0°A$，$\dot{I}_L=8\angle -90°A$，$\dot{I}_C=15\angle 90°A$，$\dot{I}=13.9\angle 30.3°A$，相量图（略）

3-20 6A

3-21 （a）2Ω，0.5S；（b）（1＋j1）Ω，（0.5－j0.5）S

3-22 $i_1=44\sqrt{2}\sin(100\pi t-23°)A$，$i_2=22\sqrt{2}\sin(100\pi t+67°)A$，
$i=49.2\sqrt{2}\sin(100\pi t+3.7°)A$

3-23 $I=I_R=0$，$I_L=I_C=5A$，相量图（略）

3-24 $\dot{I}=2\sqrt{2}\angle 45°A$，$\dot{U}=200\angle 90°V$，相量图（略）

3-25 $\dot{U}=8.94\angle 63.4°V$

3-26 （1）154W，－72var，$\cos\varphi=0.91$，容性负载；
（2）623.5W，360var，$\cos\varphi=0.866$，感性负载；

(3) 10.8W，3.6var，$\cos\varphi=0.95$，感性负载；

(4) 173.2W，−99.7var，$\cos\varphi=0.866$，容性负载

3-27　1300W，1971var，2360VA，0.55，10.7A

3-28　774W，581var，968VA，0.8；403W，−403var，570VA，0.7；1179W，178var，1192VA，0.99

3-29　设$\dot{U}_1=25\angle 0^\circ$ V，则$\dot{I}=5\angle -53.1^\circ$ A，$X_L=4\Omega$，$\dot{U}_2=50\angle -106.2^\circ$ V，$Q=-100$var，相量图（略）

3-30　$C=24.8\mu$F

3-31　$C=2.55\mu$F

3-32　(1) 400kHz，442Ω，88.4；(2) 2mV，176.8mV，176.8mV

3-33　$R=10\Omega$，$L=0.1$H，$C=10\mu$F

3-34　15.9μF，1A

习　题　4

4-1　1H

4-2

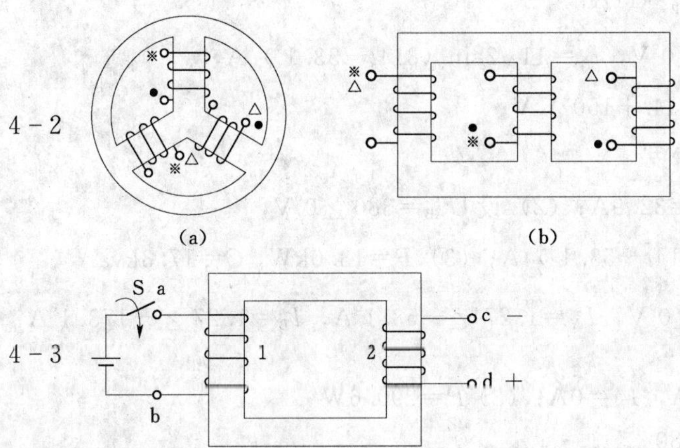

(a)　(b)

4-3

4-4　(a) 正确，(b) 错误

4-5　(1) $R_1 i_1 + L_1\dfrac{di_1}{dt}$，$-M\dfrac{di_1}{dt}$；

(2) $R_1 i_1 + L_1\dfrac{di_1}{dt} - M\dfrac{di_2}{dt}$，$R_2 i_2 + L_2\dfrac{di_2}{dt} - M\dfrac{di_1}{dt}$

4-6　4H，2H

4-7　1.75H，0.875H

4-8　$M=0.1$H

4-9　(1) 第一种连接情况为顺向串联，第二种连接情况为反向串联；

(2) $M=53$mH

4-10　(1) $\dot{I}=0.61\angle -56.3^\circ$A，$\dot{U}_1=136.4\angle -119.74^\circ$V，$\dot{U}_2=311.0\angle 22.4^\circ$V；

（2）$C=33.33\mu F$；

（3）略

4-11 （1）$\dot{I}=0.584\angle-50.7°A$，$\dot{I}_1=0.827\angle-28.4°A$，$\dot{I}_2=0.363\angle-170.4°A$

（2）$\tilde{S}_1=181.9\angle 28.4°VA$，$\tilde{S}_2=79.9\angle 170.4°VA$；$\tilde{S}=81.2+j99.7VA$

（3）$Z=377\angle-50.7°\Omega$

4-12 （a）6H；（b）6H

4-13 $I_1=0.91A$，$R_1=242\Omega$

4-14 $n=2$

4-15 $Z=j1\Omega$

习　题　5

5-1 （1）$u_A=220\sqrt{2}\sin(314t+60°)$ V，$u_B=220\sqrt{2}\sin(314t-60°)$ V，

$u_C=220\sqrt{2}\sin(314t+180°)$ V；（2）$\dot{U}_{AB}=380\angle 90°V$，$\dot{U}_{BC}=380\angle-30°V$，

$\dot{U}_{CA}=380\angle-150°V$；（3）相量图（略）

5-2 （1）$U_P=220V$，$I_p=11A$；

（2）设$\dot{U}_A=220\angle 0°V$，$i_A=11\sqrt{2}\sin(314t-53.1°)$ A，

$u_{CA}=380\sqrt{2}\sin(314t+150°)$ V；

（3）4.4kW，5.8kvar

5-3 （1）$I_p=19A$，$I_l=32.9A$；（2）设$\dot{U}_{AB}=380\angle 0°V$，

$i_A=32.9\sqrt{2}\sin(314t-53.1°)$ A；（3）$P=13.0kW$，$Q=17.3kvar$

5-4 （1）设$\dot{U}_{AN}=\frac{220}{\sqrt{3}}\angle 0°V$，$\dot{I}_A=1.27\angle-53.1°A$，$\dot{I}_B=1.27\angle-173.1°A$；

$\dot{I}_C=1.27\angle 66.9°A$，$\dot{I}_N=0A$；（2）$P=290.6W$

5-5 （1）设电源$\dot{U}_A=\frac{380}{\sqrt{3}}\angle 0°V$，$\dot{I}_A=1.17\angle-27°A$，$\dot{I}_B=1.17\angle-147°A$，

$\dot{I}_C=1.17\angle 93°A$，$\dot{I}_N=0$；

（2）$\dot{U}_{A'N'}=216.7\angle 0°V$，$\dot{U}_{A'B'}=375.3\angle 30°V$，$\dot{U}_{B'C'}=375.3\angle-90°V$，

$\dot{U}_{O'A'}=375.3\angle 150°V$ 相量图（略）

5-6 （1）$\dot{U}_{C'A'}=380\angle 150°V$，$\dot{U}_{CA}=488\angle 148.2°V$；（2）$P_S=23.2kW$

5-7 （1）设$\dot{U}_A=220\angle 0°V$，$\dot{I}_A=30.1\angle-65.8°A$；$\dot{I}_{A'B'}=17.4\angle-35.8°A$，相量图（略）；（2）$\dot{U}_{A'B'}=255.5\angle 36.4°V$

5-8 $U_Y=217V$，$I_Y=5.4A$，$U_\Delta=376V$，$I_\Delta=6.3A$，$P_Y=3000W$，$P_\Delta=5660W$，$P=8740W$

5-9 A、B两相灯泡串联后所加电压为线电压，B相灯泡极亮，A相灯泡很暗；C相接有中线，灯泡正常发光。相量图（略）

5-10 设$\dot{U}_A=220\angle 0°V$ (1) $\dot{I}_A=11.2\angle 11°A$，$\dot{U}'_A=112\angle 11°V$ $\dot{I}_B=9.25\angle -142.4°A$，$\dot{U}'_B=277.5\angle -142.4°V$ $\dot{I}_C=5.09\angle 136.1°A$，$\dot{U}'_C=305.4\angle 136.1°V$；

(2) $\dot{I}'_A=22\angle 0°A$，$\dot{I}'_B=7.33\angle -120°A$，$\dot{I}'_C=3.67\angle 120°A$，$\dot{I}_N=16.8\angle -10.9°A$，三相四线各负载相电压等于电源相电压

5-11 设$\dot{U}_A=50\angle 0°V$，$\dot{I}_A=10.92\angle 67.5°A$，$\dot{I}_B=31.4\angle -69.9°A$，$\dot{I}_C=24.6\angle 127.6°A$

5-12 384.3V，312.5V

5-13 (1) $Z_Y=(15.4+j11.5)\Omega$；(2) $Z_\Delta=(46.2+j34.6)\Omega$

5-14 (1) $\lambda=\cos\varphi=0.5$；(2) $C_Y=49.3\mu F$；电容接线图（略）

5-15 (1) 设$\dot{U}_A=\frac{380}{\sqrt{3}}\angle 0°V$，$\dot{I}_A=2\angle -60°A$，$\dot{I}_B=2\angle 60°A$，$\dot{I}_C=2\angle -180°A$；

(2) $\dot{I}_A=2\angle -60°A$，$\dot{I}_C=2\angle -180°A$，$\dot{I}_N=2\angle -120°A$

5-16 (1) 8300W，3280W，11580W；

(2) 7240W，7240W，14480W；

(3) 6250W，−444W，5806W

5-17 $Z=(69+j52)\Omega$

习 题 6

6-1 0.64V

6-2 $u(t)=[50+9\sin(\omega t+1.3°)]V$，50.4V，25.5W

6-3 $u=8+7.2\sin(\omega t-23.1°)V$

6-4 $i_C=0.4\sin(2\omega t+90°)V$

6-5 21A

6-6 21.8A，11.8A

习 题 7

7-1 $U_2=10V$ $I_2=4A$

7-2 (a) $Y_{11}=0.5S$，$Y_{12}=-2S$，$Y_{21}=-0.5S$，$Y_{22}=2S$；

(b) $Y_{11}=j\left(\omega C_1-\frac{1}{\omega L}\right)$，$Y_{12}=j\frac{1}{\omega L}=Y_{21}$，$Y_{22}=\frac{1}{R}+j\left(\omega C_2-\frac{1}{\omega L}\right)$

7-3 $Z_{11}=8\Omega$；$Z_{21}=6\Omega$；$Z_{12}=6\Omega$；$Z_{22}=10\Omega$

7-4 (a) $Z_{11}=\frac{1}{j\omega C}+R$，$Z_{21}=R=Z_{12}$，$Z_{22}=j\omega L+R$；

(b) $Z_{11}=\frac{5}{3}\Omega$，$Z_{12}=\frac{5}{3}\Omega$，$Z_{21}=\frac{5}{3}\Omega$，$Z_{22}=\frac{5}{3}\Omega$

7-5 2.5V

7-6 (a) $A=1$，$B=5\Omega$，$C=1S$，$D=4$；

(b) $A=1-\frac{1}{\omega^2 LC}$，$B=\frac{1}{j\omega C}$，$C=\frac{1}{j\omega L}$，$D=1$

7-7 (a) $H_{11}=(R_1+R_2)$，$H_{12}=-1$，$H_{21}=1$，$H_{22}=0$；

(b) $H_{11}=R_1$，$H_{12}=\mu$，$H_{21}=\beta$，$H_{22}=\frac{1}{R_2}\Omega$

7-8 传输参数方程：$\begin{cases}\dot{U}_1=n\dot{U}_2+\frac{R}{n}(-\dot{I}_2)\\ \dot{I}_1=\frac{1}{n}(-\dot{I}_2)\end{cases}$

混合参数方程：$\begin{cases}\dot{U}_1=R\dot{I}_1+n\dot{U}_2\\ \dot{I}_2=-n\dot{I}_1\end{cases}$

7-9 Z 参数：$Z_{11}=Z_{22}=1.5\Omega$；$Z_{21}=Z_{12}=-0.5\Omega$；

T 形等效电路：$Z_1=2\Omega$；$Z_2=2\Omega$；$Z_3=-0.5\Omega$；

Y 参数：$Y_{11}=Y_{22}=\frac{3}{4}S$；$Y_{12}=Y_{21}=\frac{1}{4}S$；

π 形等效电路：$Y_1=1S$；$Y_2=1S$；$Y_3=-\frac{1}{4}S$

7-10 $A=1$；$B=5\Omega$；$C=0.2S$；$D=2$

7-11 $A=A_2+RC_2$；$B=B_2+RD_2$；$C=C_2$；$D=D_2$

习 题 8

8-1 (1) 400A；(2) 1990A

8-2 铁芯中磁阻为 $7.29\times10^5 H^{-1}$；气隙磁阻为 $4.78\times10^6 H^{-1}$

8-3 应减少 330 匝

8-4 $R=2\Omega$；$G_0=0.635\times10^{-3}S$；$B_0=-12.5\times10^{-3}S$

习 题 9

9-1 $i(0_+)=0$；$i_1(0_+)=1A$

9-2 $i(0_+)=-1.5A$；$u_L(0_+)=6V$

9-3 $i_C(0_+)=4A$；$u_L(0_+)=0$

9-4 $u_{C2}(0_+)=6V$；$i(0_+)=-1A$

9-5 $u_C(t)=6e^{-100t}V$，$i(t)=0.2e^{-100t}mA$

9-6 9.79s

9-7 $i_L(t)=2e^{-10t}$A；$i_1(t)=i_2(t)=e^{-10t}$A

9-8 $3\Omega\leqslant R_0\leqslant10\Omega$

9-9 $i_1=10e^{-\frac{t}{3\times10^{-3}}}$mA；$i_2=(10+5e^{-\frac{t}{1.2}}-10e^{-\frac{t}{3\times10^{-3}}})$ mA；$i_3=-5e^{-\frac{t}{1.2}}$mA

9-10 $u_C(t)=-12(1-e^{-33.3t})$ V；$i_1(t)=0.4e^{-33.3t}$A

9-11 $u_C(t)=9(1-e^{-\frac{t}{15}})$ V；$i(t)=(3-0.6e^{-\frac{t}{15}})$ A

9-12 $u(t)=(440+160e^{-500t})$ V

9-13 $i_2(t)=(1-e^{-1500t})$ A；$i_3(t)=(1+0.5e^{-1500t})$ A；

$i_1(t)=(2-0.5e^{-1500t})$ A 波形图（略）

9-14 （1）$i(t)=[0.746e^{-80t}+2\sin(60t-21.9°)]$ A；

（2）$\psi_u=36.9°$或$\psi_u=-143.1°$时无过渡过程

9-15 $u_C(t)=(36+12e^{-50t})$ V$=[48e^{-50t}+36(1-e^{-50t})]$ V，其中的零输入响应为$48e^{-50t}$V，零状态响应为$36(1-e^{-50t})$ V，稳态分量为36V，暂态分量为$12e^{-50t}$V

9-16 $u_C(t)=(12-6e^{-10^6t})$ V 波形图（略）

9-17 $i_L(t)=(1.5+1.5e^{-4.5t})$ A；$u_L(t)=-6.75e^{-4.5t}$V

9-18 $i_L(t)=(3.4+0.6e^{-4t})$ A；$u(t)=(54.4-14.4e^{-4t})$ A

9-19 $i(t)=(4+2e^{-10^5t}-2e^{-10^4t})$ A

9-20 $i_L(t)=(4+6e^{-5t})$ A

9-21 $U(s)=\dfrac{30s+5000}{s(s+100)}$

9-22 $i(t)=4\cos100\sqrt{2}t$A $t>0$

9-23 $i_2(t)=10$A

习 题 10

10-1 2Ω，1Ω；3V，1.5A

10-2 $u=0.769$V，$i=0.846$A

10-3 $u=(0.6+0.052\sin\omega t)$ V，$i=(3+0.39\sin\omega t)$ mA

参 考 文 献

［1］ 邱关源. 电路. 4 版. 北京：高等教育出版社，1996.

［2］ 蔡元宇. 电路及磁路. 2 版. 北京：高等教育出版社，2000.

［3］ 李翰荪. 电路分析基础. 3 版. 北京：高等教育出版社，1993.

［4］ 祁鸿芳. 电路分析基础. 北京：清华大学出版社，2006.